磨矿环境与矿物浮选

Grinding Environment and Mineral Flotation

何发钰　宋振国　呼振峰　宋　磊　孙传尧　著

科学出版社

北　京

内 容 简 介

本书主要内容包括矿物加工磨矿-浮选领域的基础理论。作者在长期从事磨矿环境与矿物浮选理论研究及工业磨矿-浮选生产实践的基础上，全面梳理当前国内外在磨矿环境与矿物浮选领域的研究现状，系统论述不同磨矿环境对硫化矿物、硅酸盐矿物、碳酸盐矿物和氧化矿物浮选行为的影响；深入研究和探讨不同磨矿介质、磨矿方式和药剂添加方式等磨矿过程参数对几类矿物浮选行为产生影响的机理；简要总结近几年国内外关于不同磨矿设备、磨矿方式对矿石浮选特性差异影响的实验室研究结果；最后介绍通过改变磨矿环境或磨矿设备提高浮选指标的典型工业实践。

本书可供从事有色金属硫化矿和氧化矿、黑色金属矿和盐类矿物等领域矿物加工专业的科研、设计人员，企业的工程技术人员和高等院校的师生参考。

图书在版编目(CIP)数据

磨矿环境与矿物浮选 = Grinding Environment and Mineral Flotation / 何发钰等著. —北京：科学出版社，2021.1

ISBN 978-7-03-067053-3

Ⅰ. ①磨… Ⅱ. ①何… Ⅲ. ①磨矿 ②浮游选矿 Ⅳ. ①TD921 ②TD923

中国版本图书馆CIP数据核字(2020)第237923号

责任编辑：李 雪 孙静惠 / 责任校对：王萌萌
责任印制：吴兆东 / 封面设计：无极书装

科 学 出 版 社 出版
北京东黄城根北街 16 号
邮政编码：100717
http://www.sciencep.com

北京九州迅驰传媒文化有限公司 印刷
科学出版社发行 各地新华书店经销

*

2021 年 1 月第 一 版 开本：720 × 1000 1/16
2021 年 1 月第一次印刷 印张：22
字数：450 000

定价：150.00 元
(如有印装质量问题，我社负责调换)

作 者 简 介

何发钰

何发钰，1968 年 8 月生，工学博士、研究员，博士生导师，中国[[限公司科技管理部副部长。国务院政府特殊津贴获得者，2017 年入选[[万人才工程"并被授予"国家有突出贡献中青年专家"荣誉称号。兼[[联合会选矿委员会委员、中国有色金属工业协会专家委员会委员。

先后主持和参加了国家重点基础研究发展计划(973 计划)、国家[[发展计划(863 计划)、国家科技支撑计划、国家自然科学基金和国家[[化项目等重大科研项目 40 余项。获得省部级奖励 3 项。发表论文 40 余[[博士研究生、硕士研究生 15 人。

孙传尧

孙传尧，1944 年 12 月 13 日生，研究员，博士生导师。中国工程院[[际矿物加工大会理事会理事，俄罗斯工程科学院院士，全国劳动模范。[[加工科学与技术国家重点实验室主任、中国矿业联合会选矿委员会主任委[[国有色金属学会选矿学术委员会主任等职务，东北大学、北京科技大学等[[职教授、博士生导师。2006 年获得第六届光华工程科技奖和中国有色金属[[技进步特别贡献奖。

在锂铍钽铌、铅锌、铜镍、钨铋钼复杂多金属矿和铁矿石等选矿领域i[[贡献突出，是我国矿物加工领域的主要学术带头人之一。以矿物晶体化学[[与合作者系统研究了硅酸盐矿物浮选，研究水平在国内外领先并撰写出版了[[盐矿物浮选原理》。提出的和谐选矿、基因选矿和智能选矿学术观点，将"[[山"发展引向深入。2015 年，在矿物加工领域创造性地提出基因矿物加工工[[理念，受到业界的广泛关注。主编审专业书 3 部，历时 5 年，组织 130 余位[[主编完成《选矿工程师手册》。获国家科学技术进步奖二等奖 4 项，省部级奖[[发明专利 4 项，发表论文 100 余篇，指导博士研究生 45 人、硕士研究生 5 人。

前　　言

　　磨矿作为浮选前的一道必备工序，对矿物的浮选有着非同寻常的意义。磨矿-浮选体系是一个不可分割的有机整体。磨矿过程发生的各类物理化学反应都直接关系到矿物本身的表面性质和矿浆性质，进而影响浮选作业参数的确定以及选矿技术经济指标。

　　长期以来，国内外研究者针对磨矿环境对矿物浮选的影响开展了大量实验室研究、半工业与工业实践研究工作，获得了一系列对生产实践具有指导意义的研究成果。但对磨矿环境与不同类型矿物浮选行为之间的内在联系还缺乏较为全面和系统的研究，迄今尚未见到反映磨矿-浮选体系基础理论研究的专著。

　　作者长期从事各类工业矿物的浮选实践及科研工作，在生产实践中发现浮选指标与磨矿环境有着紧密联系。在国内外研究工作的基础上，作者以硫化物、硅酸盐、碳酸盐和氧化物的代表性矿物为研究对象，就磨矿环境与矿物浮选行为间的关系进行了较系统的研究，并从中得出了某些规律。通过研究，初步查明了磨矿环境对硫化矿物、硅酸盐矿物、碳酸盐矿物和氧化矿物矿浆化学性质、矿物表面性质和浮选行为影响的规律，探讨了磨矿环境影响四类矿物矿浆化学性质、矿物表面性质和浮选行为的机理。

　　长期的科研与生产实践使作者深刻认识到磨矿-浮选体系协同运转的重要性，同时也认识到磨矿-浮选体系的复杂性，尤其是关于磨矿环境与矿物浮选关系的研究，需要在基础理论研究的基础上，紧密结合生产实践，综合考虑生产实际、经济性与工艺适用性，才能够开发出具有实际应用价值的可以提高选矿指标的磨矿-浮选生产工艺。

　　作者总结了以往在科研和生产中的相关工作并参考国内外学者的研究成果撰成本书。目的是使国内外同行了解该研究方向的研究动态及存在问题，为进一步开展相关研究工作提供借鉴，同时也为科研、设计机构和企业相关专业的科技人员、高等院校师生提供一本研究内容较新、较为翔实的参考书。

　　本书按不同矿物体系分别介绍磨矿环境对矿物浮选行为的影响。主要采用 X 射线衍射(XRD)、扫描电镜(SEM)、X 射线光电子能谱(XPS)以及其他物理、化学等现代分析技术检测不同磨矿环境条件下，矿物表面性质和矿浆化学性质的变化，通过大量的浮选试验系统地研究磨矿环境和浮选药剂的添加方式对单矿物的可浮性和双矿物浮选分离的影响，探讨磨矿环境影响矿物可浮性的作用机理，并探索了磨矿环境对实际矿石浮选分离的影响。除作者的研究结果之外，本书还重点介绍了国内外针对不同磨矿设备影响磨矿产品浮选行为的部分研究成果，并介绍了通过改变磨矿环境或应用新型磨矿设备提高浮选指标的工业实践。

本书在矿样采集、试验研究以及书稿的撰写过程中得到了原北京矿冶研究总院(现矿冶科技集团有限公司)王福良、程新朝、魏明安、吴卫国和陈经华等教授，以及矿冶科技集团有限公司吴熙群、肖仪武、贾木欣、汤集刚、陶淑凤、隋娟玲、李艳峰、李华昌、李万春、孙志健、卢烁十和东北大学魏德州、韩跃新和印万忠等同行的帮助。北京师范大学的吴正龙和北京理工大学的郝建薇帮助完成了 X 射线光电子能谱的测试，江西铜业集团有限公司德兴铜矿、云南驰宏锌锗股份有限公司和中国地质博物馆提供了矿样。本书的出版还得到了国家自然科学基金、国家基础研究重大项目前期研究专项和原北京矿冶研究总院研究生培养基金的资助。在此，作者一并表示感谢。

感谢南非开普敦大学矿物研究中心(CMR)奥康纳(Cycil O'Connor)教授及其学术团队在磨矿环境与矿物浮选研究领域铂族金属矿物及贱金属硫化矿相关研究中提供的素材及试验数据。

参加本书的试验研究及书稿撰写工作的还有刘书杰、张明伟高级工程师。本书编写工作分工如下：第 1 章，何发钰、宋振国、宋磊；第 2 章，何发钰、宋磊、刘书杰；第 3 章，呼振峰；第 4 章，宋振国；第 5 章，何发钰、宋振国、张明伟；第 6 章，宋振国。全书由何发钰和孙传尧统稿。

作　者

2020 年 6 月

目　　录

第1章 绪 论

1.1 磨矿在矿物加工中的作用

在选矿工业中，除少数砂矿和部分高品位富矿可以不经磨矿直接利用外，大多数矿石中的有用矿物和脉石矿物常常紧密连生在一起，必须进一步处理后才能加以利用。而将有用矿物和脉石矿物进行处理使它们解离，通常是靠选矿之前的磨矿来实现的。

随着人类对矿产资源的进一步开采和利用，富矿资源日益减少，选矿工业面临的问题也越来越严峻。矿石的贫、细、杂问题已成为我国矿产资源的主要特点。若要进一步利用这些资源，必须采用新的工艺、技术和装备。在众多的新工艺、技术和装备中，与磨矿相关的进步，特别是磨矿工艺的改进格外引人注目，其在对原有选矿厂不作大的改动情况下即可获得意想不到的效果，而且对环境的污染也较少。因此，磨矿作业无论是在过去、现在还是将来，其在选矿工业中都有举足轻重和不可替代的作用。

在选矿工艺过程中，磨矿作业承担着为后续的选别作业提供入选物料的任务。磨矿的目的是使矿石中的有用矿物和脉石矿物充分地解离和粒度适合选别要求，并且过粉碎尽量减轻，产品粒度均匀。

世界著名选矿学者塔加尔特将矿石入选前磨矿的任务确定为[1]："磨矿的功用和目的依其所磨原料不同而不同。在选矿厂磨矿的主要任务是将矿物原料粉碎，以使大部分有用矿物得以从脉石中解离出来，并在许多情况下使两种矿物分离开来；其次是将单体的有用矿物依其粒度的必要缩小程度减小，以使它们在下一个选矿过程中得以有不同的形态表现。"

目前不少人士指出，应该针对不同的矿石性质采用不同的磨矿工艺，并认为现代矿石准备流程的主要发展趋势是在磨矿过程中增加矿物解离的选择性，以争取在最小能耗下获得最大的矿物选择性解离。因此，为选别作业准备解离充分且过粉碎轻的入选物料，就是磨矿的基本任务。磨矿作业质量直接影响选矿指标的高低，磨矿工段设计及操作的好坏直接影响选矿厂的技术经济指标。

1.2 磨矿过程的物理化学作用

矿物的磨矿-浮选是一个复杂的物理化学过程，磨矿过程中的物理化学作用是理解磨矿环境影响矿物浮选行为的关键，磨矿过程的物理化学作用对矿物表面性质、浮选矿浆的溶液化学性质产生影响，进而影响矿物浮选行为，对浮选指标产生了影响。

在磨矿-浮选研究中，主要物理化学作用有：电化学作用、溶液化学作用及机械力化学作用等。

1.2.1　磨矿中的电化学作用

硫化矿磨矿浮选体系是一个复杂的体系，同时存在着局部电池和伽伐尼(Galvanic)电偶的作用。局部电池是一个在同一固体表面上含有阳极和阴极区的单一相，固体总的表面积等于阳极和阴极区面积之和。当两个或更多的固相处在电接触状态时则形成伽伐尼电偶，其中的每一个固相不是起着阳极作用就是起着阴极作用，且有各自的反应表面。各种硫化矿物以及磨矿介质在矿浆中的表面静电位不相同，硫化矿物及磨矿介质在中性去离子水中的静电位如表 1.1 所示。从表 1.1 可以看出，总体说来，硫化矿矿浆体系中铁介质的表面静电位最低，黄铁矿的表面静电位相对最高。因此，硫化矿物之间以及矿物与磨矿介质之间相互接触时，就会由于表面电位的差异形成伽伐尼电偶。磨矿介质、硫化矿物自身的局部电池以及磨矿介质与硫化矿物、不同硫化矿物之间的伽伐尼电偶作用模型分别如图 1.1 与图 1.2 所示。

表 1.1　硫化矿物及磨矿介质在中性去离子水中的静电位[2-6]

矿物	静电位/(mV vs. SHE)		
	氮气	空气	氧气
黄铁矿	405	445	485
毒砂	277	303	323
硫化钴矿	200	275	303
黄铜矿	190	355	371
磁黄铁矿	125	262	295
方铅矿	142	172	218
闪锌矿	—	188	225
铁介质	−355	−255	−135

在硫化矿物体系中，采用铁介质进行湿式球磨时，硫化矿物之间、硫化矿物与铁介质之间将发生原电池相互作用，因而对捕收剂在硫化矿物表面的作用过程产生较大的影响。

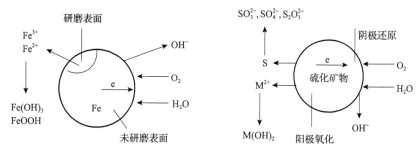

图 1.1 磨矿过程中铁介质或硫化矿物自身氧化的局部电池

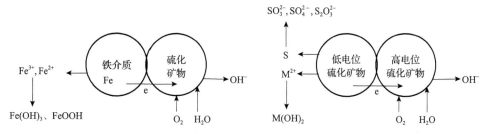

图 1.2 磨矿过程中铁介质与硫化矿物或不同硫化矿物之间形成的伽伐尼电偶

在硫化矿磨矿-浮选体系中,硫化矿物自身形成的局部电池以及磨矿介质与硫化矿物、不同硫化矿物之间形成的伽伐尼电偶都会造成矿物表面性质和矿浆化学性质的变化,在很大程度上决定着矿物的浮选行为。而在非硫化矿磨矿-浮选体系中,铁介质自身氧化的局部电池作用(图 1.1)产生的铁氧化物及氢氧化物进入矿浆体相或在矿物表面发生吸附或罩盖将造成矿物矿浆化学性质和矿物表面性质的变化,从而影响矿物浮选行为。

(1) 磨矿-浮选体系中,磨矿介质的氧化产物对各类矿物(石)产生不同程度的影响。

一般情况下,磨矿介质阳极氧化反应产生的金属铁离子将形成金属氢氧化物。Fe^{2+} 是铁介质自身氧化的中间产物,在氧气存在时,铁介质的自身氧化产物通常是 $Fe(OH)_3$,$Fe(OH)_3$ 形成之后在矿物表面的罩盖则有可能降低矿物的可浮性。铁离子(Fe^{3+})的半径是 0.67×10^{-10}m,其离子电位值很高,极化能力较强,能和溶液中的 OH^- 结合,形成难溶的、含水分子数不同的各种氧化铁的水化物。通常铁氧化物的水化物有以下几种:$Fe_2O_3 \cdot 3H_2O$[即 $Fe(OH)_3$]、一水氧化铁 $Fe_2O_3 \cdot H_2O$(即 FeOOH),该水化物在成分上和天然矿物针铁矿或水化针铁矿相同,金属铁在大气中氧化得到的黄色铁锈也是这种水化物。除此之外,铁氧化物水化物还有半水氧化铁 $Fe_2O_3 \cdot 1/2H_2O$、一水半氧化铁 $Fe_2O_3 \cdot 3/2H_2O$(褐铁矿)以及两水氧化铁 $Fe_2O_3 \cdot 2H_2O$(黄针铁矿)等。

(2)硫化矿磨矿-浮选体系中,硫化矿物表面的氧化是一个电化学的过程,不同的硫化矿物具有不同的氧化速度,将对硫化矿物(石)的可浮性产生影响。

目前,针对硫化矿物的氧化和浮选,一致的看法是:硫化矿物表面的适度氧化是进行浮选的重要条件之一,适度的氧化犹如活化剂能促进矿物的浮选,但深度氧化往往恶化浮选。对氧化促进硫化矿物浮选的机理,比较一致的认识是在硫化矿物的表面生成了 S^0 或形成了缺金属富硫表面,增加了矿物表面的疏水性和天然可浮性,促进了矿物表面与捕收剂的作用。

(3)在不同磨矿-浮选环境中,硫化矿物表面发生的化学和电化学反应、表面产物和表面性质均不尽相同,硫化矿物的浮选行为也存在明显的差异。

硫化矿物表面的氧化产物与矿浆环境、矿物表面的氧化深度关系密切。低价态的硫可以氧化至 0、+2、+4 和 +6 等高价态,氧化产物的种类显著地影响硫化矿物表面性质和浮选行为,这也是硫化矿区别于非硫化矿的最重要的特征之一。硫化矿物表面可能生成的氧化产物见表 1.2[7-12]。

表 1.2　硫化矿物表面氧化的产物

硫化矿物	氧化物和氢氧化物	硫化物	硫的氧化产物
黄铁矿	FeO、FeOOH、Fe(OH)$_3$	—	SO_4^{2-},S^0
磁黄铁矿	FeO、FeOOH、Fe(OH)$_3$	—	S^0,SO_4^{2-}
斑铜矿	FeO、FeOOH、Fe(OH)$_3$	Cu_5S_4	—
黄铜矿	FeOOH、Fe(OH)$_3$	$M_{1-x}S$	S^0、S_n^{2-}、$S_2O_3^{2-}$、SO_4^{2-}
辉铜矿	Cu(OH)$_2$	$Cu_{2-x}S$	—
方铅矿	PbO、Pb(OH)$_2$	—	S^0、$S_2O_3^{2-}$、SO_4^{2-}
镍黄铁矿	Fe(OH)$_3$	NiS_4	S^0、SO_4^{2-}
铜蓝	Cu(OH)$_2$	—	S^0、SO_3^{2-}
闪锌矿	ZnO、Zn(OH)$_2$	—	S^0、SO_4^{2-}

许多研究表明,分别采用玻璃球磨、瓷球磨、不锈钢球磨和铁球磨,干磨和湿磨,自磨和常规铁介质磨矿等时,硫化矿物的表面化学和电化学反应及其产物均不尽相同,其浮选行为也存在很大的差别。

采用非铁介质磨矿时,硫化矿物形成了缺金属表面或在矿物表面生成了 S^0 或多聚硫,增强了硫化矿物的疏水性,有利于硫化矿物的无捕收剂浮选。与此同时可促进捕收剂在矿物表面的吸附,提高硫化矿物的可浮性。采用铁介质磨矿时,铁的羟基络合物沉淀并吸附在硫化矿物表面使矿物表面亲水性加强,降低了硫化矿物的可浮性。

在采用铁介质作磨矿介质的条件下，湿磨时，硫化矿物颗粒表面形成了大量的特殊区域(如氢氧化物、氧化物、硫酸盐的罩盖层区)，其表面更光滑、氧化程度更深；而干磨时，硫化矿物颗粒则形成了大量表面晶格缺陷，硫化矿物表面不存在氢氧化物、氧化物或硫酸盐，颗粒表面较粗糙、活性较强，可以促进颗粒表面离子的溶解和浮选药剂在矿物表面的吸附以及矿物颗粒与气泡的附着。分析干磨的浮选精矿和湿磨的浮选尾矿发现，干磨浮选精矿中硫化矿物表面的铁离子几乎都以硫化铁的形式存在，而湿磨尾矿中未上浮的硫化矿物颗粒表面均罩盖了一层稳定的羟基铁络合物。

相对于常规的铁介质磨矿而言，采用自磨的硫化矿物颗粒更圆整、表面更光滑，自磨可以避免磨矿介质和硫化矿物之间产生电化学腐蚀及其对硫化矿物浮选的影响，因而有利于改善硫化矿物的浮游性，使硫化矿物的浮选速率、浮选分离的选择性和回收率提高。

1.2.2 磨矿中的溶液化学作用

在矿物磨矿-浮选过程中，还涉及矿物溶解、解离与表面电荷平衡及浮选剂与矿物相互作用的溶液化学作用。

矿物都有一定的溶解度，特别是盐类矿物，溶解度较大(表 1.3)[13]。在它们的饱和水溶液中，溶解有较多的矿物晶格离子，对浮选过程产生一定的影响。盐类矿物的溶解使溶液 pH 上升或下降，但其 pH 一般维持在某一狭小范围，这就是盐类矿物矿浆的缓冲性质。这意味着，无论矿浆的初始 pH 是多大，经过一定时间平衡后，盐类矿物矿浆的 pH 最终会趋于某一狭小范围。

表 1.3 几种典型盐类矿物在纯水中的溶解度

盐类矿物	溶解度/(mol/L)
孔雀石	4.5×10^{-7}
白铅矿	8.29×10^{-8}
菱锌矿	2.24×10^{-4}
菱锰矿	5.23×10^{-5}
方解石	1.18×10^{-4}
菱镁石	3.22×10^{-4}
重晶石	1.05×10^{-5}
铅矾	7.94×10^{-4}
天青石	5.62×10^{-4}
石膏	4.9×10^{-3}
萤石	2.1×10^{-4}
白钨矿	2.23×10^{-5}

矿物溶解能力的大小，取决于晶格离子的水化和离子间的相互作用，分别以水化能和晶格能来度量。水化能越大，其溶解度越大，矿物亲水性越大，可浮性越差。盐类矿物溶解度最大，亲水性强，是最难浮的一类矿物。

不同的磨矿环境对盐类矿物溶解平衡产生影响，如盐类矿物干、湿磨产品的溶解程度存在差异，从而影响其浮游性。不同的磨矿环境的溶液化学作用将对 pH、动电位和离子浓度等矿浆化学性质产生影响，进而影响盐类矿物的浮选行为及浮选分离的结果。

硫化矿物在纯水中的溶解度一般很小[13,14]（表 1.4）。矿浆中的溶解氧、磨矿介质与硫化矿物及硫化矿物之间的伽伐尼电偶作用，将对硫化矿物的溶解产生影响。不同磨矿环境中的溶液化学作用同时也会对硫化矿物 pH、Eh 电位和离子浓度等矿浆化学性质产生影响，从而影响硫化矿浮选行为。

表 1.4　几种典型硫化矿物在纯水中的溶解度

硫化矿物	溶解度/(mol/L)
黄铜矿	1.9×10^{-14}
黄铁矿	6.1×10^{-10}
闪锌矿	2.6×10^{-13}
辉铜矿	4.5×10^{-24}
方铅矿	1.9×10^{-14}

1.2.3　磨矿中的机械力化学作用

1962 年，Peters 首次提出了机械力化学的概念，把它定义为：物质受机械力的作用而发生化学变化或者物理化学变化的现象。物质受到机械力作用时，常受到激活作用，若体系的化学组成不发生变化时称为机械激活，若化学组成或结构发生变化就称为机械化学激活。机械力对固体物质的作用可以归纳为图 1.3 所示的几类[15,16]。

目前，机械力化学已在材料制备、矿物和废弃物处理、无机粉体合成、高分子材料合成及机械合金化等领域得到广泛的应用。在矿物加工过程中，利用细磨的机械力激活矿物的化学活性，以强化后续加工工艺过程的机械活化技术，近年来越来越受到矿冶工作者的关注。在磨矿环境中，矿物界面相互作用表现为一种机械力化学行为，这种行为是力学和电化学过程共同作用的结果。在冲击力和磨剥力的作用下，矿物会发生解离或脱去被氧化的表面，裸露出新鲜表面，并且使表面及次表层产生不同的弹塑性变形，影响矿物表面的半导体性质，进而影响其电化学行为，机械力作用足够强时则引起矿物的晶格畸变。同样，由于体系中存在不同的矿物成分，受机械力和电化学作用的影响而产生的高浓度的难免离子和不同活性表面，以及药剂活化或抑制作用，使得整个磨矿-浮选环境变为一个高度复杂的系统。

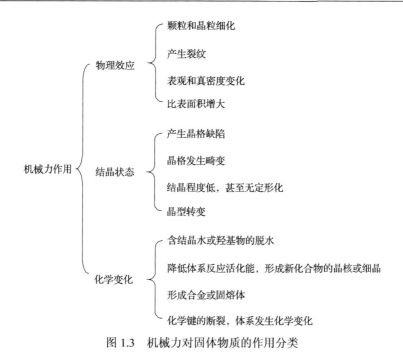

图 1.3 机械力对固体物质的作用分类

1. 不同类型作用力对磨矿产品性质的影响

不同的磨矿设备具有不同的磨矿理论,其在磨矿过程中的碎磨机制也存在差异。总体上,在磨矿过程中,有三种主要的碎磨作用力:挤压力、冲击力、研磨力。不同磨矿设备磨矿过程中的作用力不同,可能只存在三种作用力中的其中一种,或者多种作用力共同作用、某一种作用力占主导。

由于不同磨矿作用力的施力方式不同,因此矿物(颗粒)破碎方式存在差异,由此造成磨矿产品粒度分布、矿物单体解离度以及矿物颗粒形貌的差异,粒度分布、矿物单体解离度以及矿物颗粒相貌对矿物(石)浮选行为都有重要影响。因此,磨矿过程中碎磨作用力的差异将对矿物(石)的浮选行为产生影响。

2. 机械力化学作用对矿物表面形态和性质的影响

采用不同的磨矿介质和磨矿方法进行磨矿,矿物颗粒的表面形态,特别是其表面粗糙度存在很大的区别。磨矿过程中的研磨作用对矿物表面的腐蚀比冲击作用更强,可使矿物表面更光滑。矿物颗粒表面的形态和粗糙度对其表面的疏水性/亲水性以及它们的浮选行为起着十分重要的作用。颗粒的表面越光滑,其疏水性越好,其可浮性也越好。

3. 机械力化学作用对矿物晶体结构的影响

矿物均具有较典型的晶体特征。磨矿方法或时间的不同将引起矿物颗粒产生破裂、孔隙和弯曲等，改变矿物的晶体结构，形成晶体缺陷，进而影响矿物的可浮性。

矿物的晶体缺陷会对浮游性产生影响。矿物的晶体常常会由于内部或表面产生原子空位、填隙原子或晶体位错而形成缺陷。实际晶体的缺陷就其作用方向可分为点缺陷、线缺陷、面缺陷和体缺陷四大类[17]。晶体的缺陷常导致晶体位能增加，稳定性下降。因此矿物晶格缺陷越多，其化学性质越活泼，越易对矿物晶体的浮游性产生影响。磨矿过程的机械力作用可能引起多形转变、晶格变形和去晶现象。磨矿过程不仅可使矿物连生体解离和生成新表面，其动能的累积还将导致矿物晶格结构的变化。相同粒级矿物的晶体结构，其磨矿时经受的机械作用时间越长，畸变程度就越大。晶格畸变程度越大，矿物的浮游性就越低。

还应注意的是，磨矿将造成矿物晶格键的断裂，使矿物表面存在大量的具有很高活性的不饱和键。磨矿将促使矿物同周围环境中的介质发生反应，特别是在水溶液中。

1.3　磨矿环境与矿物浮选

浮选已有一百多年的历史，至今仍然是硫化矿、某些非金属矿和氧化矿的一种高效分离富集手段，其主要是充分利用矿物颗粒表面物理化学性质(特别是表面润湿性)的差异，在固-液-气三相界面，有选择性富集一种或几种目的物料，从而达到与废弃物料分离的一种选别技术。

磨矿作为浮选前的一道必备工序对矿物的浮选有着非同寻常的意义[18-20]。矿物浮选体系是一个多相的多化学反应的流体动力学体系。入选颗粒的表面性质、浮选矿浆中的溶液化学性质等是影响浮选指标的决定性因素。磨矿过程是一个复杂的物理、化学及物理化学过程，国内外已有的许多理论研究和工业实践均表明，磨矿过程发生的各类物理化学反应都直接关系到矿物本身的解离特性、粒度分布、表面性质和矿浆性质，进而影响矿物浮选过程。磨矿对矿物的主要影响如图 1.4 所示。

矿石浮选前需要进行磨矿以达到要求的给矿粒度，磨矿-浮选体系是一个不可分割的有机整体。从磨矿-浮选体系整体考虑，深入地研究磨矿环境与矿物浮选关系，探索磨矿环境对矿物浮选影响的机制，将有助于更好地理解矿物浮选现象、完善磨矿-浮选理论。

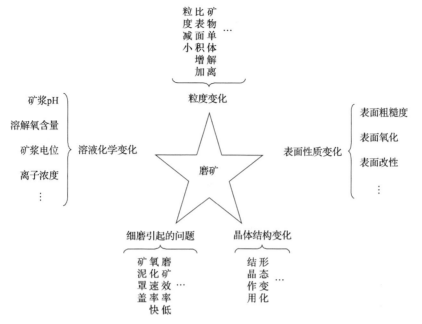

图 1.4　磨矿可能引起的各种物理、化学变化

　　众多实验研究及工业实践表明，磨矿环境对矿物浮选行为及矿物的浮选分离具有重要影响。随着矿产资源的日益消耗，对贫、细、杂矿产资源的开发利用逐渐增多，对矿石磨矿作业要求越来越高，矿物解离所需的磨矿细度呈现出越来越细的趋势。在浮选实践中，可以通过磨矿-浮选工艺和操作条件的调整，在达到磨矿产品粒度要求的前提下，减少磨矿环境对矿物浮选及浮选分离的消极影响、合理利用磨矿对矿物浮选行为的促进作用，实现矿产资源的高效回收利用、提高选矿厂经济效益。由此可见，系统地研究磨矿环境与矿物浮选无论对磨矿浮选理论还是工业实践均具有十分重要的意义。

　　在磨矿环境影响矿物浮选行为的研究领域，国内外学者开展了大量实验研究及工业实践。以硫化矿物、铂族金属(PGM)矿物、碳酸盐矿物、硅酸盐矿物和氧化矿物的单矿物、人工混合矿和实际矿石为研究对象，针对磨矿介质、磨矿气氛、磨矿方式(干磨与湿磨)和不同磨矿设备等不同磨矿环境对矿物浮选行为的影响开展了大量研究工作，取得了一系列研究成果。

　　在磨矿环境对硫化矿浮选影响方面研究较多的有澳大利亚南澳大学伊恩沃克(Ian Wark)研究所的 Grano、Yang 等，瑞典的 Forssberg、Yuan，美国的 Natarajan，以及 Guy、van Deventer 等。在中国，原北京矿冶研究总院和中南大学在该领域开展了诸多研究工作。

　　国内外许多学者研究了磨矿介质对矿物特别是硫化矿物浮选的影响，研究表明，不同的磨矿介质对单矿物的可浮性及矿物浮选分离的选择性有着重要的影响。

还原性磨矿介质(铁介质)对硫化矿浮选具有明显的抑制作用。氧化环境下磨矿降低了铜、铅、锌硫化矿物与铁硫化矿物浮选分离的选择性。

众多学者研究了磨矿时充入不同气体对硫化矿浮选的影响,研究结果表明,使用同种磨矿介质,充氮磨矿的浮选回收率都是最高的,充空气磨矿的次之,充氧气的回收率最低。采用强还原介质磨矿时,氧气的存在将会加剧对硫化矿浮选的抑制。

选矿工作者还研究了不同药剂添加方式对矿物浮选的影响。众多研究表明,浮选药剂添加地点的选择非常重要,浮选药剂优先吸附在矿物新生表面能够消除其他因素对颗粒可浮性的影响。许多工业实践表明,捕收剂添加在磨矿作业中,可以强化某些硫化矿物的浮选。钟素姣等[21]研究了硫化矿浮选过程中药剂添加方式对磁黄铁矿浮选的影响,指出捕收剂加在浮选槽中比加在磨机中时磁黄铁矿的浮选效果好。Natarajan 在研究中发现,在磨机中添加油酸钠或硅酸钠,磷酸盐的浮选回收率有明显的提高[22]。

伴随着矿物加工行业设备大型化及产品细磨的需要,自磨机、半自磨机、高压辊磨机和 Isa 磨机等新型碎磨设备应用日益广泛。针对不同磨矿设备对矿物浮选的影响也开展了一系列研究,主要有不同新型磨矿设备与传统球磨机磨矿产品粒度分布、矿物解离度及浮选行为的对比研究,取得了一定成果。

作者在他人研究工作的基础上,系统研究了磨矿介质、磨矿方式和浮选药剂的添加方式对硫化矿物、碳酸盐矿物、硅酸盐矿物和氧化矿物浮选的影响,探讨了不同磨矿介质、磨矿方式下不同类型的浮选药剂与矿物的作用机理。

近年来随着磨矿浮选理论以及现代测试技术的不断发展、各种新型磨矿设备与磨矿工艺的工业应用,国内外学者在磨矿环境与矿物浮选的研究方面开展了大量工作并取得了重要的进展。作者将自己的研究工作及国内外部分学者的研究成果整理后呈现给读者,以期对磨矿-浮选的理论研究及工业实践发挥一定的参考与借鉴作用。

参 考 文 献

[1] 塔加尔特 A F. 选矿手册 第二卷 第二分册[M]. 冶金工业部选矿研究院, 等, 译. 北京: 冶金工业出版社, 1959.

[2] 冯其明. 硫化矿矿浆体系中的电偶腐蚀及对浮选的影响(Ⅰ): 电偶腐蚀原理及硫化矿矿浆体系中的电偶腐蚀模型[J]. 国外金属矿选矿, 1999, (9): 2-4.

[3] 冯其明. 硫化矿矿浆体系中的电偶腐蚀及对浮选的影响(Ⅱ): 电偶腐蚀对磨矿介质损耗及硫化矿物浮选的影响[J]. 国外金属矿选矿, 1999, (9): 5-8.

[4] Pozzo R L, Iwasaki I. Effect of pyrite and pyrrhotite on the corrosive wear of grinding media[J]. Miner. Metall. Process., 1987, 4(2): 166-171.

[5] Adam K, Iwasaki I. Pyrrhotite-grinding media interaction and its effect floatability at different applied potentials[J]. Miner. Metall. Process., 1984, (1): 81-87.

[6] 欧乐明, 冯其明, 卢毅屏, 等. 硫化矿物浮选体系中外控电位电极与矿物颗粒间的电偶腐蚀作用及其浮选[J]. 科学技术与工程, 2004, 4(8): 668-671.

[7] Cases J M. 细磨方铅矿和戊基钾黄药的反应与浮选的关系: pH、磨矿及捕收剂浓度的影响[J]. 郑昕, 译. 国外金属矿选矿, 1992, (9): 15-20.

[8] McCarron J J, Walker G W, Buckly A N. An X-ray photoelectron spectroscopic investigation of chalcopyrite and pyrite surface after conditioning in sodium sulfide solution[J]. International Journal of Mineral Processing, 1990, 30: 1-16.

[9] Nowak P, Laajalehto K, Kartio I. A flotation related X-ray photoelectron spectroscopic study of the oxidation of galena surface[J]. Colloids and Surface A: Physicochemical and Engineering Aspects, 2000, 161: 447-460.

[10] Shapter J G, Brooker M H, Skinner W M. Observation of the oxidation of galena using Raman spectroscopy[J]. International Journal of Mineral Processing, 2000, 60: 199-211.

[11] Brion D, Hayer J, Predali J J. Characterization by ESCA of surface compounds of fine pyrite during the flotation process[C]//Somasundaran P. Fine Particle Processing. NewYork: AIME, 1980: 544-557.

[12] Woods R. 硫化浮选的电化学[J]. 顾帼华, 章顺力, 孙水裕, 译. 国外金属矿选矿, 1993, (4): 10-28.

[13] 王淀佐, 胡岳华. 浮选溶液化学[M]. 长沙: 湖南科学技术出版社, 1988.

[14] 格列姆博茨基 B A. 浮选过程物理化学基础[M]. 郑飞, 译. 北京: 冶金工业出版社, 1985.

[15] 杨南如. 机械力化学过程及效应(Ⅰ)——机械力化学效应[J]. 建筑材料学报, 2000, 3(1): 19-26.

[16] 杨南如. 机械力化学过程及效应(Ⅱ)——机械力化学过程及应用[J]. 建筑材料学报, 2000, 3(2): 93-97.

[17] 崔林. 矿物的晶体缺陷与浮游性[J]. 国外金属矿选矿, 1982, (10): 10-20.

[18] 王淀佐. 浮选理论的新进展[M]. 北京: 科学出版社, 1992.

[19] Fuerstenau D W. The froth flotation century[C]//Parekh B K, Miller J D. Advances in Flotation Technology. Denver: SME, 1999: 3-21.

[20] Chander S. Fundamentals of sulfide mineral flotation[C]//Parekh B K, Miller J D. Advances in Flotation Technology. Denver: SME, 1999: 129-145.

[21] 钟素姣, 顾帼华, 锁军. 氮气环境下磨矿介质对磁黄铁矿浮选的影响[J]. 金属矿山, 2006, (4): 26-28.

[22] Deshoande R J, Natarajan K A. Studies on grinding media wear and its effect on flotation of ferruginous phosphate ore[J]. Minerals Engineering, 1999, 12(9): 1119-1125.

第2章 磨矿环境与硫化矿物浮选

矿物浮选体系是一个多相的多化学反应的流体动力学体系，在硫化矿物、磨矿介质、矿浆中的溶解氧(DO)和浮选药剂之间会发生不同类型的反应，矿物与溶液组分之间的物理化学反应以及矿粒与气泡之间的物理反应决定了硫化矿物浮选指标的优劣。

硫化矿物和浮选药剂的种类繁多，本章主要以方铅矿、闪锌矿、黄铜矿和黄铁矿四种硫化矿物及工业实践中常用的浮选药剂作为研究和讨论对象，重点探讨磨矿环境对硫化矿物表面性质、矿浆溶液化学性质和浮游特性等的影响。本书有关章节中所采用的磨矿介质有两种：铸铁球(铁介质)和氧化锆球(瓷介质)。

2.1 磨矿环境与矿浆性质

球磨机中磨矿介质的总磨损包括冲击磨损、磨蚀磨损和腐蚀磨损，研磨含硫化矿物的矿石时，由磨矿介质自身形成的局部电池、磨矿介质与硫化矿物之间的电耦合造成的腐蚀磨损尤其严重，其产物将对硫化矿物的浮选带来影响。通常介质的磨损主要分为机械磨损和化学腐蚀两大类。机械磨损主要由冲击、磨剥、摩擦、疲劳等作用引起；化学腐蚀则主要是由矿浆中的离子及化学药剂的作用引起。影响介质化学腐蚀速率的因素有：介质的化学成分及物理性质、矿浆的化学成分及性质、被磨物料的物质组成及性质。用苛性钠、苏打、石灰调整 pH 时，矿浆的 pH 对磨矿介质的磨损将产生影响[1]。Iwasaki 等的研究表明[2-4]，在磨矿时腐蚀磨损主要是由研磨介质和硫化矿物之间的电偶造成的，存在氧的情况下，研磨含硫化矿多的矿石时，腐蚀磨损尤其严重。在高碱(pH>11)条件下，钢球的化学腐蚀作用很小，当 pH 在 7～10 时化学腐蚀作用最大。

2.1.1 磨矿环境对矿浆 pH 的影响

1. 湿磨条件下磨矿环境对矿浆 pH 的影响

图 2.1 所示为磨矿环境对硫化矿矿浆 pH 影响的试验结果。可以看出，无论是采用铁介质还是瓷介质磨矿，硫化矿矿浆的 pH 均随磨矿时间的延长而增加，且铁磨硫化矿矿浆的 pH 均比瓷磨的高。方铅矿和闪锌矿矿浆的 pH 均呈弱碱性，黄铜矿矿浆的 pH 呈弱酸性，而黄铁矿矿浆的 pH 则呈酸性。采用铁介质磨矿时黄铁矿矿浆的 pH 比瓷介质磨矿时高 2.3～2.9，其差值明显大于方铅矿、闪锌矿和黄铜

矿的情形。与其他三种硫化矿物相比，磨矿介质对黄铜矿的矿浆 pH 影响最小。

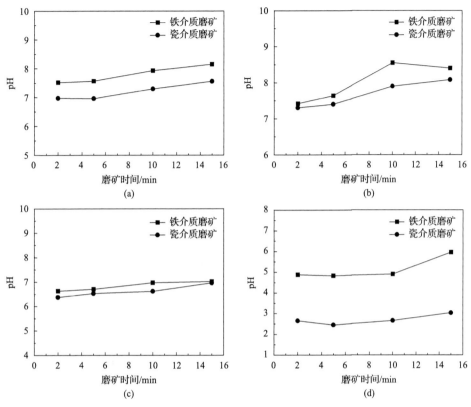

图 2.1　磨矿环境对硫化矿矿浆 pH 的影响

(a) 方铅矿；(b) 闪锌矿；(c) 黄铜矿；(d) 黄铁矿

2. 干磨条件下磨矿环境对矿浆 pH 的影响

图 2.2 所示为干式磨矿对硫化矿矿浆 pH 影响的试验结果。可以看出，无论是

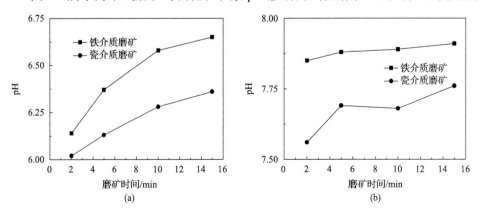

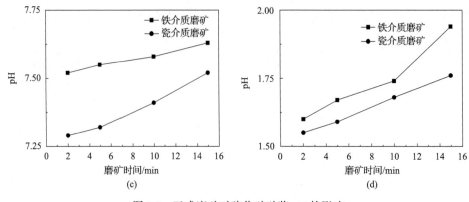

图 2.2　干式磨矿对硫化矿矿浆 pH 的影响
(a) 方铅矿；(b) 闪锌矿；(c) 黄铜矿；(d) 黄铁矿

采用铁介质还是瓷介质磨矿，硫化矿矿浆的 pH 均随磨矿时间的延长而增加，且铁磨硫化矿矿浆的 pH 均比瓷磨的高。闪锌矿和黄铜矿矿浆的 pH 均呈弱碱性，方铅矿矿浆的 pH 呈弱酸性，而黄铁矿矿浆的 pH 则呈强酸性。

2.1.2　磨矿环境对矿浆电位的影响

1. 湿磨条件下不同磨矿介质对矿浆 Eh 的影响

图 2.3 所示为磨矿环境对硫化矿矿浆电位影响的试验结果。可以看出：整体而言，硫化矿磨矿矿浆的电位大多随着磨矿时间的延长而降低，且铁磨硫化矿的矿浆电位比瓷磨硫化矿的矿浆电位低。四种硫化矿矿浆的电位随着矿浆中溶解氧含量的降低而降低。黄铁矿在磨矿过程的氧化和溶解作用及其产物对矿浆电位影响比较大。这主要是由于采用铁介质磨矿时，除了硫化矿物本身的氧化和溶解消耗氧外，作为磨矿介质的铁的氧化反应也消耗了大量的溶解氧，降低了矿浆的氧化性，同时铁介质磨损和氧化生成的铁屑和低价铁离子使矿浆更具还原性。

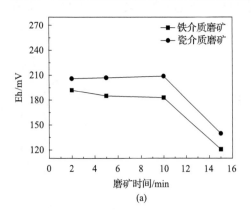

(a)

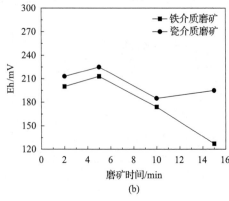

(b)

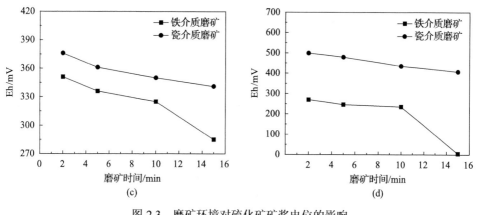

图 2.3　磨矿环境对硫化矿矿浆电位的影响

(a)方铅矿；(b)闪锌矿；(c)黄铜矿；(d)黄铁矿

2. 干磨条件下不同磨矿介质对矿浆 Eh 的影响

图 2.4 所示为干式磨矿对硫化矿矿浆电位影响的试验结果。可以看出：整体

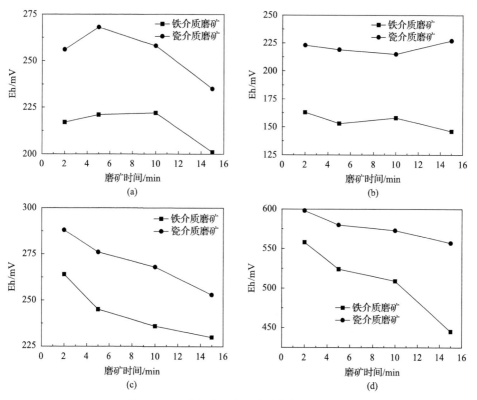

图 2.4　干式磨矿对硫化矿矿浆电位的影响

(a)方铅矿；(b)闪锌矿；(c)黄铜矿；(d)黄铁矿

而言，硫化矿矿浆电位大多随着磨矿时间的延长而降低，且铁磨硫化矿的矿浆电位比瓷磨硫化矿的矿浆电位低。

2.1.3　磨矿环境对矿浆溶解氧含量的影响

1. 湿磨条件下不同磨矿介质对矿浆中溶解氧含量的影响

图 2.5 所示为磨矿环境对硫化矿矿浆中溶解氧含量影响的试验结果。

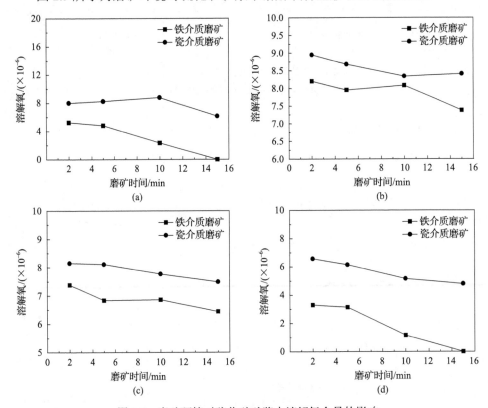

图 2.5　磨矿环境对硫化矿矿浆中溶解氧含量的影响

(a)方铅矿；(b)闪锌矿；(c)黄铜矿；(d)黄铁矿

(1)无论是采用铁介质还是瓷介质磨矿，方铅矿矿浆中的溶解氧含量总体上随着磨矿时间的延长而降低，铁介质比瓷介质磨矿矿浆中溶解氧的含量低。采用铁介质磨矿时，随着磨矿时间的延长，方铅矿矿浆中溶解氧的浓度迅速减少，体积分数由 5.25×10^{-6} 降至 0。

(2)无论是采用铁介质还是瓷介质磨矿，虽然闪锌矿矿浆中溶解氧的含量总体上随磨矿时间的延长而降低，但是矿浆中溶解氧的绝对含量仍然维持在较高的水平，其下降的幅度不大，说明矿浆中的溶解氧在磨矿过程中被消耗得比较少。

（3）和闪锌矿类似，无论是采用铁介质还是瓷介质磨矿，黄铜矿矿浆中溶解氧的含量均随磨矿时间的延长而降低，但是矿浆中溶解氧的绝对含量仍然维持在较高的水平，其下降的幅度较小，说明矿浆中的溶解氧在磨矿过程中被消耗得比较少。磨矿时间从 2min 延长到 15min，采用瓷介质和铁介质磨矿时，矿浆中溶解氧的含量(体积分数)分别从 8.2×10^{-6} 和 7.4×10^{-6} 缓慢地降到 7.5×10^{-6} 和 6.4×10^{-6}。

（4）无论是采用铁介质还是瓷介质磨矿，黄铁矿矿浆中溶解氧含量均随磨矿时间的延长而逐渐降低，但铁磨矿浆中溶解氧的含量远低于瓷磨矿浆中溶解氧含量。磨矿时间由 2min 延长至 15min 时，瓷磨时矿浆中溶解氧体积分数由 6.58×10^{-6} 降至 4.80×10^{-6}，铁磨矿浆中溶解氧体积分数由 3.30×10^{-6} 迅速降至 0。

整体而言，瓷磨硫化矿矿浆中溶解氧含量比铁磨硫化矿矿浆中的高。这说明采用铁介质磨矿时，除了硫化矿物本身的氧化溶解消耗氧外，作为磨矿介质的铁也参与了氧化还原反应，消耗了一定量的溶解氧。

2. 干磨条件下不同磨矿介质对矿浆中溶解氧含量的影响

图 2.6 所示为干式磨矿对硫化矿矿浆中溶解氧含量影响的试验结果。

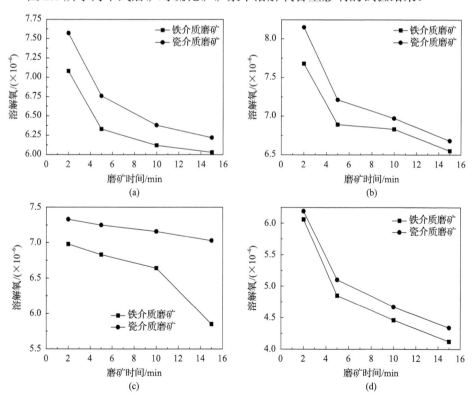

图 2.6　干式磨矿对硫化矿矿浆中溶解氧含量的影响

(a)方铅矿；(b)闪锌矿；(c)黄铜矿；(d)黄铁矿

磨矿时间由 2min 延长至 15min 时，溶解氧含量趋势如下。

(1) 瓷磨方铅矿矿浆中溶解氧体积分数由 7.57×10^{-6} 降至 6.22×10^{-6}，铁磨方铅矿矿浆中溶解氧体积分数由 7.08×10^{-6} 降至 6.03×10^{-6}。

(2) 瓷磨闪锌矿矿浆中溶解氧体积分数由 8.15×10^{-6} 降至 6.68×10^{-6}，铁磨闪锌矿矿浆中溶解氧体积分数由 7.68×10^{-6} 降至 6.55×10^{-6}。

(3) 瓷磨黄铜矿矿浆中溶解氧体积分数由 7.33×10^{-6} 降至 7.03×10^{-6}，铁磨黄铜矿矿浆中溶解氧体积分数由 6.98×10^{-6} 降至 5.85×10^{-6}。

(4) 瓷磨黄铁矿矿浆中溶解氧体积分数由 6.19×10^{-6} 降至 4.34×10^{-6}，铁磨黄铁矿矿浆中溶解氧体积分数由 6.06×10^{-6} 降至 4.12×10^{-6}。

整体而言，无论是采用铁介质还是瓷介质磨矿，硫化矿矿浆中溶解氧含量均随磨矿时间的延长而逐渐降低，其差值很小，但瓷磨硫化矿矿浆中溶解氧含量比铁磨硫化矿矿浆中的高；随着磨矿时间的延长，瓷磨黄铜矿矿浆中溶解氧含量变化不大，铁磨黄铜矿矿浆中溶解氧含量在磨矿时间延长时下降幅度较大。其余三种硫化矿矿浆中溶解氧的变化趋势大致相同。

2.1.4 磨矿环境对矿浆离子浓度的影响

图 2.7 所示为湿磨条件下磨矿环境对矿浆中金属离子浓度影响的试验结果。

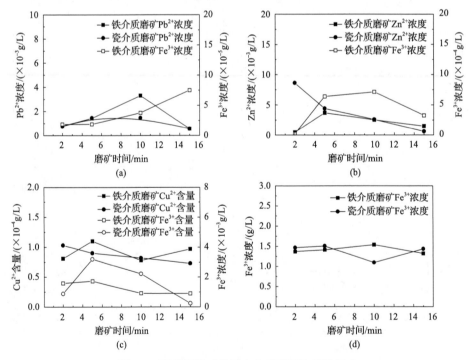

图 2.7　磨矿环境对矿浆中金属离子浓度的影响

(a) 方铅矿；(b) 闪锌矿；(c) 黄铜矿；(d) 黄铁矿

(1)随着磨矿时间的延长，无论是采用铁介质磨矿还是瓷介质磨矿，方铅矿矿浆中 Pb^{2+} 浓度的变化都是先升高后降低，但铁介质磨矿时其变化幅度较大。磨矿时间分别为 2min、5min 时，铁磨与瓷磨矿浆中 Pb^{2+} 的浓度基本相同，分别为 7.5×10^{-4}g/L 和 1.5×10^{-3}g/L。但是在磨矿时间为 10min 时，铁磨矿浆中 Pb^{2+} 的浓度显著增大，达到 3.3×10^{-3}g/L，而瓷磨矿浆中 Pb^{2+} 的浓度保持在 1.5×10^{-3}g/L。磨矿时间为 15min 时，铁磨与瓷磨矿浆中 Pb^{2+} 的浓度又趋于相同，为 5.6×10^{-4}g/L。由于铁介质的存在，铁磨矿浆中还含有 Fe^{3+}，随着磨矿时间的延长，Fe^{3+} 浓度由 1.9×10^{-5}g/L 逐渐增加至 7.5×10^{-5}g/L。

(2)采用铁介质磨矿时，闪锌矿矿浆中 Zn^{2+} 和 Fe^{3+} 的浓度的变化规律相似，都是随着磨矿时间的延长先升后降，Zn^{2+} 从磨矿时间为 2min 时的 4.5×10^{-4}g/L 升至 5min 时的 3.7×10^{-3}g/L，而 Fe^{3+} 从磨矿时间为 2min 时的 4.5×10^{-5}g/L 升至 10min 时的 7.1×10^{-4}g/L，又分别降至磨矿时间为 15min 时的 1.5×10^{-3}g/L 和 3.2×10^{-4}g/L。采用瓷介质磨矿时，矿浆中 Zn^{2+} 的浓度则随磨矿时间延长而不断降低，从 8.6×10^{-3}g/L 降至 6.0×10^{-4}g/L，其变化幅度较大。

(3)磨矿时间从 2min 延长到 15min，采用瓷介质磨矿时，黄铜矿矿浆中 Cu^{2+} 的浓度由 1.0×10^{-4}g/L 减少到 7.3×10^{-5}g/L，一直呈下降的趋势，而采用铁介质磨矿时，矿浆中 Cu^{2+} 的浓度则在 $0.8 \times 10^{-4} \sim 1.2 \times 10^{-4}$g/L 范围内波动。瓷磨和铁磨的矿浆中 Fe^{3+} 浓度的变化规律相似，瓷磨时，矿浆中 Fe^{3+} 的浓度先由磨矿时间为 2min 的 0.88×10^{-3}g/L 急剧升至 5min 时的 3.2×10^{-3}g/L，再迅速降到 15min 时的 0.25×10^{-3}g/L，其升降幅度高达约 13 倍。而铁磨时则由磨矿时间为 2min 的 1.58×10^{-3}g/L 缓升至 5min 时的 1.72×10^{-3}g/L，再略降到 10min 时的 0.91×10^{-3}g/L，后趋于稳定。由黄铜矿矿浆中 Cu^{2+} 和 Fe^{3+} 浓度变化的共同规律可以发现，采用铁介质磨矿时，铁介质的磨损和氧化溶解产生的一定量的低价铁离子对矿浆中 Cu^{2+} 和 Fe^{3+} 浓度变化起到一定缓冲作用。

(4)无论是采用铁介质还是瓷介质磨矿，在黄铁矿矿浆中 Fe^{3+} 的浓度均维持在较高的水平，达到 $1.0 \sim 1.5$g/L。由此说明，磨矿过程中黄铁矿的氧化溶解作用比较强烈，这势必对矿浆的其他性质(如矿浆 Eh)和后续的浮游性产生直接的影响。

干式磨矿环境下，矿物粉末在水溶液中浸泡的时间在 20min 以内时，未检测到明显的离子变化，因此，采用干式磨矿时，不考虑其对矿浆金属离子的具体影响。

2.1.5　磨矿环境对双矿物体系矿浆化学性质的影响

1. 湿磨条件下磨矿环境对双矿物体系矿浆化学性质的影响

表 2.1 所示试验条件为：双矿物磨矿时，固液比为 1:4，其中两种硫化矿物各 5g、去离子水 40mL，磨矿 8min 后直接检测矿浆的有关参数。

表 2.1　湿磨环境下双矿物体系的矿浆溶液化学性质

矿物体系	化学性质	单位	磨矿介质	
			铁介质	瓷介质
方铅矿-闪锌矿	pH		7.79	6.99
	矿浆电位 Eh	mV *vs.* SHE	250	252
	溶解氧含量	体积分数	3.94×10^{-6}	8.92×10^{-6}
	Pb^{2+}浓度	g/L	3.75×10^{-5}	8.63×10^{-4}
	Zn^{2+}浓度	g/L	2.51×10^{-3}	6.11×10^{-3}
	SO_4^{2-} 浓度	g/L	7.99×10^{-2}	7.88×10^{-2}
方铅矿-黄铁矿	pH		5.30	5.27
	矿浆电位 Eh	mV *vs.* SHE	380	405
	溶解氧含量	体积分数	2.53×10^{-6}	5.02×10^{-6}
	Pb^{2+}浓度	g/L	1.75×10^{-2}	2.57×10^{-2}
	Fe^{3+}浓度	g/L	0.49	0.42
	SO_4^{2-} 浓度	g/L	1.16	1.23
方铅矿-黄铜矿	pH		7.27	6.59
	矿浆电位 Eh	mV *vs.* SHE	151	193
	溶解氧含量	体积分数	4.52×10^{-6}	8.57×10^{-6}
	Pb^{2+}浓度	g/L	3.75×10^{-5}	5.25×10^{-4}
	Cu^{2+}浓度	g/L	3.75×10^{-5}	1.5×10^{-4}
	SO_4^{2-} 浓度	g/L	0.11	0.12
黄铜矿-黄铁矿	pH		5.60	3.45
	矿浆电位 Eh	mV *vs.* SHE	61	223
	溶解氧含量	体积分数	2.77×10^{-6}	6.69×10^{-6}
	Cu^{2+}浓度	g/L	5.25×10^{-4}	1.11×10^{-2}
	Fe^{3+}浓度	g/L	0.56	0.63
	SO_4^{2-} 浓度	g/L	1.26	1.42
黄铜矿-闪锌矿	pH		6.81	6.67
	矿浆电位 Eh	mV *vs.* SHE	200	231
	溶解氧含量	体积分数	2.54×10^{-6}	7.78×10^{-6}
	Cu^{2+}浓度	g/L	7.5×10^{-5}	2.63×10^{-4}
	Zn^{2+}浓度	g/L	6.68×10^{-3}	1.16×10^{-2}
	SO_4^{2-} 浓度	g/L	8.29×10^{-2}	9.98×10^{-2}
闪锌矿-黄铁矿	pH		5.19	4.74
	矿浆电位 Eh	mV *vs.* SHE	255	414
	溶解氧含量	体积分数	0	4.87×10^{-6}
	Zn^{2+}浓度	g/L	1.02×10^{-2}	1.11×10^{-2}
	Fe^{3+}浓度	g/L	0.79	0.72
	SO_4^{2-} 浓度	g/L	1.64	1.69

(1)在方铅矿与闪锌矿双矿物体系中,铁介质与瓷介质磨矿矿浆的 Eh 基本一致,铁介质磨矿矿浆 pH 略高于瓷介质磨矿矿浆 pH,但溶解氧含量明显低于瓷介质磨矿矿浆,这是由于采用铁介质磨矿时,硫化物和铁介质都会消耗溶解氧。同方铅矿、闪锌矿单矿物体系相比,无论是采用铁介质还是瓷介质磨矿,双矿物体系的矿浆 pH 均略有降低,矿浆电位 Eh 均有所升高。采用瓷介质磨矿时,双矿物磨矿体系矿浆中溶解氧含量高于方铅矿、闪锌矿单矿物磨矿矿浆中的含量;采用铁介质磨矿时,双矿物体系磨矿矿浆中的溶解氧含量介于两种单矿物磨矿矿浆中的含量之间,比方铅矿磨矿矿浆中的含量高,比闪锌矿磨矿矿浆中的含量低。

在方铅矿与闪锌矿双矿物体系中,铁介质磨矿矿浆中的 SO_4^{2-} 浓度略高于瓷介质磨矿矿浆中的浓度,矿浆中 Pb^{2+} 和 Zn^{2+} 的浓度低于采用瓷介质磨矿时的浓度。无论是采用铁介质还是瓷介质磨矿,双矿物体系中 Pb^{2+} 的浓度均比方铅矿单矿物磨矿时低,Zn^{2+} 的浓度均比闪锌矿单矿物磨矿时低。

(2)在方铅矿与黄铁矿双矿物体系中,铁介质磨矿与瓷介质磨矿矿浆的 pH 基本相同,而矿浆电位 Eh 和溶解氧含量则低于瓷介质磨矿矿浆,这是由于采用铁介质磨矿时,硫化矿物和铁介质都会消耗溶解氧。同方铅矿、黄铁矿单矿物体系相比,无论是采用铁介质还是瓷介质磨矿,双矿物体系的矿浆 pH 介于方铅矿和黄铁矿的矿浆 pH 之间,大于黄铁矿单矿物体系的矿浆 pH,小于方铅矿单矿物体系的矿浆 pH。双矿物体系比方铅矿单矿物体系中的矿浆溶解氧含量低,这说明在方铅矿和黄铁矿混合时将消耗更多的溶解氧。采用铁介质磨矿时,双矿物体系的矿浆电位 Eh 比单矿物体系高;采用瓷介质磨矿时,双矿物体系的矿浆电位 Eh 介于方铅矿与黄铁矿的矿浆电位之间,大于方铅矿的矿浆电位,小于黄铁矿的矿浆电位。

在方铅矿与黄铁矿双矿物体系中,铁介质磨矿矿浆中的 SO_4^{2-} 和 Pb^{2+} 的浓度略低于瓷介质磨矿矿浆中的浓度,Fe^{3+} 的浓度则略高于采用瓷介质磨矿时的浓度。无论是采用铁介质还是瓷介质磨矿,双矿物体系中 Pb^{2+} 的浓度均比方铅矿单矿物磨矿时高,Fe^{3+} 的浓度均比黄铁矿单矿物磨矿时低。

(3)在方铅矿与黄铜矿双矿物体系中,采用铁介质磨矿时的矿浆 pH 比采用瓷介质磨矿时高,而矿浆电位 Eh 与溶解氧含量则均比采用瓷介质磨矿时低。与方铅矿单矿物体系相比,无论是采用铁介质还是瓷介质磨矿,双矿物体系的矿浆 pH 和矿浆电位均较低。与黄铜矿单矿物体系相比,无论是采用铁介质还是瓷介质磨矿,双矿物体系的矿浆电位 Eh 均明显降低;采用铁介质磨矿时,双矿物体系的矿浆 pH 比黄铜矿单矿物体系高;采用瓷介质磨矿时,双矿物体系与黄铜矿单矿物体系的矿浆 pH 基本相同。采用铁介质磨矿时,双矿物体系的矿浆溶解氧含量介于两种单矿物体系的矿浆溶解氧含量之间,大于方铅矿矿浆中的含量,小于黄铜矿矿浆中的含量；采用瓷介质磨矿时，双矿物体系中溶解氧的含量比黄铜矿矿浆中的含量高，基本与方铅矿矿浆中的含量相同。

双矿物体系中，铁介质磨矿矿浆中的 SO_4^{2-}、Pb^{2+} 和 Cu^{2+} 的浓度比锆球磨矿矿浆中的浓度低。与方铅矿单矿物体系相比，无论采用铁介质还是锆球磨矿，双矿物体系矿浆中的 Pb^{2+} 含量均较低；与黄铜矿单矿物体系相比，采用铁介质磨矿时，双矿物体系的矿浆中 Cu^{2+} 的含量略低，采用锆球磨矿，双矿物体系的矿浆中 Cu^{2+} 的含量略高。

(4)在黄铜矿与黄铁矿双矿物体系中，采用铁介质磨矿时，矿浆 pH 比采用瓷介质磨矿时高，矿浆中的溶解氧含量和矿浆电位 Eh 均比采用锆球磨矿时低。无论是采用铁介质还是瓷介质磨矿，双矿物体系矿浆 pH 均介于两种单矿物体系之间。双矿物体系比黄铜矿、黄铁矿单矿物体系的矿浆电位 Eh 低。双矿物体系矿浆中的溶解氧含量比黄铜矿单矿物体系低，比黄铁矿单矿物体系高。

双矿物体系中，采用铁介质磨矿时，矿浆中 SO_4^{2-}、Cu^{2+} 和 Fe^{3+} 的浓度均比采用瓷介质磨矿时低。无论采用铁介质还是瓷介质磨矿，双矿物体系中的 Cu^{2+} 浓度均比黄铜矿单矿物体系高，Fe^{3+} 的浓度均比黄铁矿单矿物体系低。

(5)在黄铜矿与闪锌矿双矿物体系中，采用铁介质磨矿时，矿浆 pH 比采用瓷介质磨矿时略有上升，矿浆电位 Eh 和溶解氧含量均比采用锆球磨矿时低。采用铁介质磨矿时，双矿物体系的矿浆 pH 和溶解氧含量均比单矿物体系的低，矿浆电位 Eh 介于两种单矿物体系的 Eh 之间；采用瓷介质磨矿时，双矿物体系的矿浆 pH 和矿浆电位 Eh 均高于黄铜矿单矿物体系，低于闪锌矿单矿物体系，双矿物体系的溶解氧含量比黄铜矿、闪锌矿单矿物体系的低。

在双矿物体系中，采用铁介质磨矿时，矿浆中的 Cu^{2+}、Zn^{2+} 和 SO_4^{2-} 浓度均比采用瓷介质磨矿时低。

(6)在闪锌矿与黄铁矿双矿物体系中，采用铁介质磨矿时，矿浆 pH 比采用瓷介质磨矿时大，矿浆电位 Eh 和溶解氧含量均比采用锆球磨矿时低。同闪锌矿、黄铁矿单矿物体系相比，采用铁介质磨矿，双矿物体系比单矿物体系矿浆中的溶解氧含量低，双矿物体系的矿浆 pH 均介于两种单矿物体系之间，大于黄铁矿单矿物体系的矿浆 pH，小于闪锌矿单矿物体系的矿浆 pH。采用铁介质磨矿时，双矿物体系比单矿物体系的矿浆电位 Eh 高；采用瓷介质磨矿时，双矿物体系的矿浆电位 Eh 介于闪锌矿和黄铁矿两种单矿物体系之间，高于闪锌矿单矿物体系，低于黄铁矿单矿物体系。

双矿物体系中，采用铁介质磨矿时，矿浆中 SO_4^{2-} 和 Zn^{2+} 的浓度均比采用瓷介质磨矿时低，矿浆中 Fe^{3+} 的浓度比采用瓷介质磨矿时高。同闪锌矿、黄铁矿单矿物体系相比，无论是采用铁介质还是瓷介质磨矿，双矿物体系矿浆中的 Zn^{2+} 浓度均较高，Fe^{3+} 的浓度均较低。

Sui 及其合作者也研究发现[5]，在黄铁矿、磁黄铁矿、方铅矿和闪锌矿的单矿物和双矿物体系中，矿浆溶液中金属离子的产物将受到磨矿介质、矿浆 pH 和黄药存在与否的影响。在单矿物体系矿浆中金属离子组分和双矿物体系矿浆中金属离子组分存在很大的差异。在双矿物体系中，溶液中金属离子的总量遵循伽伐尼反应模型：阳极矿物的金属离子总量是增加的，而阴极矿物的金属离子总量是减少的。但是，用 EDTA 萃取分离检测的结果表明，两种矿物表面金属离子的浓度均有所增加。阴极矿物表面金属离子浓度增加的原因可能是伽伐尼电偶的作用在矿物表面形成的 OH⁻ 与矿物自身的反应有关。矿物表面金属离子的产物随着 pH 升高而增加，但伽伐尼电偶的作用则呈现减弱的趋势。黄药的存在也降低矿物表面金属离子的产物。在双矿物体系中，由于伽伐尼电偶的作用，组成矿物的金属离子将发生转移，来自黄铁矿或磁黄铁矿体相的大部分铁离子仍留在矿物表面，50%以上的源自闪锌矿的 Zn^{2+} 和方铅矿的 Pb^{2+} 被转移到了黄铁矿的表面。Rao 等[6,7]研究了黄铁矿、闪锌矿、方铅矿及黄铜矿相互接触时的伽伐尼电偶作用对黄药吸附与金属离子释放的影响。他们发现，由于闪锌矿和黄铁矿接触时的伽伐尼电偶作用，从闪锌矿表面溶解的 Zn^{2+} 在矿浆溶液中的量明显增加。黄铁矿-闪锌矿混合时，黄药在闪锌矿表面的吸附量远高于在单一闪锌矿表面的吸附量，其在黄铁矿表面的吸附量则远低于在单一黄铁矿上的吸附量。当硫化矿物在密闭体系磨矿时，矿浆中的溶解氧不断被硫化矿物所消耗，磨矿环境变得缺氧，矿浆中硫的主要氧化产物为硫代硫酸根。

2. 干磨条件下磨矿环境对双矿物体系矿浆化学性质的影响

表 2.2 所示试验条件为：双矿物磨矿时，两种硫化矿各 5g，磨矿 8min 后加去离子水 40mL，配制成矿浆，搅拌均匀后直接检测有关参数。

(1)在方铅矿与闪锌矿双矿物体系中，采用铁介质与瓷介质磨矿时其矿浆的 Eh 基本一致，铁介质磨矿矿浆 pH 略高于瓷介质磨矿矿浆，溶解氧含量略低于瓷介质磨矿矿浆。与方铅矿、闪锌矿单矿物体系相比，无论是采用铁介质还是瓷介质磨矿，双矿物体系的矿浆 pH 有所降低、矿浆电位 Eh 略有升高。无论采用铁介质磨矿还是采用瓷介质磨矿，双矿物体系矿浆中的溶解氧含量比方铅矿矿浆中的含量高，比闪锌矿矿浆中的含量低。

(2)在方铅矿与黄铁矿双矿物体系中，采用铁介质磨矿与瓷介质磨矿时其矿浆的 pH 基本相同，而铁介质磨矿矿浆电位 Eh 和溶解氧含量则低于瓷介质磨矿矿浆。与方铅矿、黄铁矿单矿物体系相比，无论是采用铁介质还是瓷介质磨矿，双矿物

表 2.2　干磨环境下双矿物体系的矿浆溶液化学性质

矿物体系	化学性质	单位	磨矿介质	
			铁介质	瓷介质
方铅矿-闪锌矿	pH		6.36	6.20
	矿浆电位 Eh	mV *vs.* SHE	221	246
	溶解氧含量	体积分数	6.26×10^{-6}	6.42×10^{-6}
方铅矿-黄铁矿	pH		5.25	5.20
	矿浆电位 Eh	mV *vs.* SHE	182	192
	溶解氧含量	体积分数	4.30×10^{-6}	4.83×10^{-6}
方铅矿-黄铜矿	pH		5.58	5.45
	矿浆电位 Eh	mV *vs.* SHE	210	232
	溶解氧含量	体积分数	6.35×10^{-6}	6.63×10^{-6}
黄铜矿-黄铁矿	pH		2.43	2.35
	矿浆电位 Eh	mV *vs.* SHE	518	540
	溶解氧含量	体积分数	5.90×10^{-6}	6.37×10^{-6}
黄铜矿-闪锌矿	pH		6.28	6.15
	矿浆电位 Eh	mV *vs.* SHE	207	216
	溶解氧含量	体积分数	5.00×10^{-6}	5.80×10^{-6}
闪锌矿-黄铁矿	pH		2.33	2.26
	矿浆电位 Eh	mV *vs.* SHE	523	537
	溶解氧含量	体积分数	5.36×10^{-6}	5.08×10^{-6}

体系的矿浆 pH 介于方铅矿和黄铁矿的矿浆 pH 之间，大于黄铁矿单矿物体系的矿浆 pH，小于方铅矿单矿物体系的矿浆 pH。双矿物体系比单矿物体系中的矿浆溶解氧含量低，这说明在方铅矿和黄铁矿混合时将消耗更多的溶解氧。无论采用铁介质磨矿还是采用瓷介质磨矿，双矿物体系的矿浆电位 Eh 比单矿物体系低。

(3)在方铅矿与黄铜矿双矿物体系中，采用铁介质磨矿时的矿浆 pH 比采用瓷介质磨矿时高，而矿浆电位 Eh 与溶解氧含量则均比采用锆球磨矿时低。与方铅矿单矿物体系相比，采用铁介质磨矿时，双矿物体系的矿浆 pH 较低、矿浆电位相差不大。与黄铜矿单矿物体系相比，无论是采用铁介质还是瓷介质磨矿，双矿物体系的 pH、矿浆电位 Eh 均明显降低。

(4)在黄铜矿与黄铁矿双矿物体系中，采用铁介质磨矿时，矿浆 pH 比采用瓷介质磨矿时高，矿浆中的溶解氧含量和矿浆电位 Eh 均比采用瓷介质磨矿时低。无论是采用铁介质还是瓷介质磨矿，双矿物体系矿浆 pH 均介于两种单矿物体系之间，大于黄铁矿单矿物体系的 pH，小于黄铜矿单矿物体系的 pH。双矿物体系比黄铜矿、黄铁矿单矿物体系的矿浆电位 Eh 低。双矿物体系矿浆中的溶解氧含量比黄铜矿单矿物体系低,比黄铁矿单矿物体系高。

(5)在黄铜矿与闪锌矿双矿物体系中,采用铁介质磨矿时,矿浆 pH 比采用瓷介质磨矿时略有上升,矿浆电位 Eh 和溶解氧含量均比采用锆球磨矿时低。无论采用铁介质磨矿还是采用瓷介质磨矿,双矿物体系的矿浆 pH、溶解氧含量和矿浆电位 Eh 均比单矿物体系的低。

(6)在闪锌矿与黄铁矿双矿物体系中,采用铁介质磨矿时,矿浆 pH 比采用瓷介质磨矿时略高,矿浆电位 Eh 比采用瓷介质磨矿时低。同闪锌矿、黄铁矿单矿物体系相比,无论是采用铁介质还是瓷介质磨矿,双矿物体系均比单矿物体系矿浆中的溶解氧含量低,双矿物体系的矿浆 pH 均介于两种单矿物体系之间,大于黄铁矿单矿物体系的矿浆 pH,小于闪锌矿单矿物体系的矿浆 pH。采用铁介质磨矿时,双矿物体系比单矿物体系的矿浆电位 Eh 高;采用瓷介质磨矿时,双矿物体系的矿浆电位 Eh 介于闪锌矿和黄铁矿两种单矿物体系之间,高于闪锌矿单矿物体系,低于黄铁矿单矿物体系。

2.2　磨矿环境与矿物表面性质

硫化矿物颗粒表面的形态和表面性质对其表面的疏水性/亲水性及其浮选行为起着十分重要的影响。采用不同的磨矿介质进行磨矿时,硫化矿物颗粒的表面形态,特别是其表面粗糙度存在很大的差异。机械力化学反应对硫化矿物的氧化分解有促进作用,采用不同介质进行磨矿时,在硫化矿物表面形成的产物也不尽相同,对硫化矿物的可浮性将带来不同的影响。

2.2.1　表面形貌

除闪锌矿外,方铅矿、黄铜矿和黄铁矿具有良好的半导体性质,在不同摩擦介质与机械力作用下,将会导致矿物表面电位发生变化,使得其表面性质也发生改变。通过考察硫化矿物表面形态的变化可以了解磨矿介质对矿物表面的作用及其引起的表面反应与变化的程度。

1. 湿磨环境下矿物表面扫描电镜图像分析

硫化矿物的湿磨处理条件为:矿物质量为 10g、去离子水 40mL 分别置于铁介质和瓷介质磨矿机中磨 8min,过滤并低温(35℃)干燥后对磨矿产品进行扫描电镜(SEM)及能量色散 X 射线(EDX)能谱分析检测。

1) 方铅矿

图 2.8、图 2.9 所示分别为采用铁介质和瓷介质磨矿后放大 35000 倍的方铅矿表面形态。

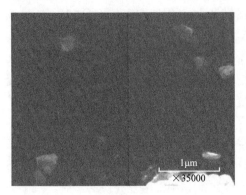 

图 2.8 湿磨环境下铁磨方铅矿的扫描电镜图像　图 2.9 湿磨环境下瓷磨方铅矿的扫描电镜图像

可以看出，采用铁介质磨矿时，方铅矿表面较粗糙，有明显的腐蚀带，表面腐蚀严重，大量大小不均的絮状物生成并广泛分布于方铅矿表面；而采用瓷介质磨矿时，方铅矿表面光滑、平整，未见明显的腐蚀带出现，只生成了少量的絮状物零星分布在表面。由此说明，铁介质磨矿条件下，在方铅矿表面的机械力和机械力化学作用强烈，方铅矿表面具有更高的反应活性。而瓷介质磨矿条件下，在方铅矿表面的机械力，特别是机械力化学作用弱，方铅矿表面反应活性较低。

2) 黄铜矿

图 2.10、图 2.11 所示分别为采用铁介质和瓷介质磨矿放大 35000 倍后黄铜矿的表面形态。

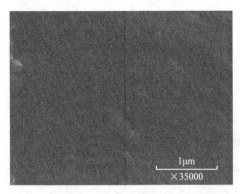 

图 2.10 湿磨环境下铁磨黄铜矿的扫描电镜图像　图 2.11 湿磨环境下瓷磨黄铜矿的扫描电镜图像

从图中可以看出，采用铁介质磨矿时，黄铜矿表面凹凸不平，形成了大量深浅不一的腐蚀沟，生成的大量大小不均的絮状物均匀地分布于黄铜矿颗粒表面，其腐蚀极其严重；而采用瓷介质磨矿时，黄铜矿表面光滑、平整，未见明显的腐蚀沟出现，只有少量较大的絮状物生成且散落在矿物颗粒表面。由此说明，铁介质磨矿条件下，在黄铜矿表面的机械力和机械力化学作用十分强烈，黄铜矿表面具有很高的反应活性。而瓷介质磨矿条件下，在黄铜矿表面的机械力和机械力化学作用弱，黄铜矿表面反应活性较低。

3）黄铁矿

图 2.12、图 2.13 所示分别为采用铁介质和瓷介质磨矿放大 35000 倍后黄铁矿的表面形态。

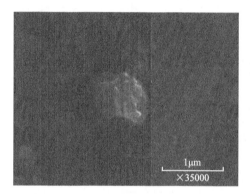 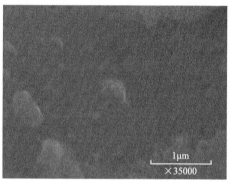

图 2.12　湿磨环境下铁磨黄铁矿的扫描电镜图像　图 2.13　湿磨环境下瓷磨黄铁矿的扫描电镜图像

从图中可以看出，采用铁介质磨矿时，黄铁矿表面极不平整，呈蜂窝状，生成大小不均的絮状物堆积罩盖在黄铁矿颗粒表面，表面腐蚀极其严重；采用瓷介质磨矿时，黄铁矿表面较光滑、平整，虽未见明显的腐蚀沟出现，但大量大小不均的絮状物生成并广泛分布在矿物颗粒表面。由此说明，铁介质磨矿条件下，在黄铁矿表面的机械力和机械力化学作用极其强烈，黄铁矿表面具有极高的反应活性。瓷介质磨矿条件下，机械力与机械力化学作用对黄铁矿表面产生了一定的影响，黄铁矿表面具有一定的反应活性。

4）闪锌矿

图 2.14、图 2.15 所示分别为采用铁介质和瓷介质磨矿放大 35000 倍后闪锌矿的表面形态。

从图中可以看出，采用铁介质磨矿时，闪锌矿表面有大小不均的絮状物生成并分布于闪锌矿表面，但其表面仍较平整，其表面腐蚀不明显。采用瓷介质磨矿时，闪锌矿表面极其光滑、平整，只有少量的絮状物生成且零星散落在表面。由此说明，铁磨和瓷磨条件下，在闪锌矿表面的机械力和机械力化学作用均较弱，其表面反应活性也较低。

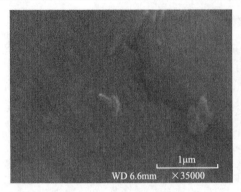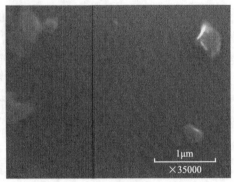

图 2.14　湿磨环境下铁磨闪锌矿的扫描电镜图像　图 2.15　湿磨环境下瓷磨闪锌矿的扫描电镜图像

2. 湿磨环境下矿物表面能谱分析

表面及絮状物成分的 EDX 能谱检测结果(表 2.3)表明,瓷介质磨矿条件下,方铅矿表面和生成的絮状物仍以 PbS 为主;铁介质磨矿时,方铅矿表面主要成分仍为 PbS,而在其表面生成的絮状物的组成则较为复杂,除 Pb、S 外,还发现了

表 2.3　湿磨环境下矿物表面和絮状物成分 EDX 能谱分析

矿物名称	磨矿介质	检测对象	元素原子分数/%					
			S	Pb	O	Fe	Cu	Zn
方铅矿	瓷介质	矿物表面	48.13	51.87	—	—	—	—
		絮状物	50.49	49.51	—	—	—	—
	铁介质	矿物表面	51.78	48.22	—	—	—	—
		絮状物	21.01	20.38	51.97	6.64	—	—
黄铜矿	瓷介质	矿物表面	49.46	—	—	25.34	25.19	—
		絮状物	49.75	—	—	24.49	26.76	—
	铁介质	矿物表面	48.75	—	—	25.34	25.91	—
		絮状物	33.08	—	32.53	20.57	13.82	—
黄铁矿	瓷介质	矿物表面	68.31	—	—	31.69	—	—
		絮状物	67.53	—	—	32.47	—	—
	铁介质	矿物表面	60.76	—	—	39.24	—	—
		絮状物	46.17	—	26.35	27.47	—	—
闪锌矿	瓷介质	矿物表面	48.46	—	—	1.39	—	50.15
		絮状物	52.29	—	—	3.19	—	44.52
	铁介质	矿物表面	46.18	—	—	2.57	—	51.25
		絮状物	43.21	—	11.10	3.50	—	42.20

大量 O 和 Fe，其成分将以 X 射线光电子能谱（XPS）确定。瓷介质磨矿条件下，黄铜矿表面和生成的絮状物仍以 $CuFeS_2$ 为主；铁介质磨矿时，黄铜矿表面主要成分为 $CuFeS_2$，但在其表面生成的絮状物的组成则较复杂，除组成黄铜矿本身的元素 Cu、Fe、S 外，还发现了大量 O，后续将以 XPS 确定 O 在絮状物中的存在形式。瓷介质磨矿条件下，黄铁矿表面和生成的絮状物仍以 FeS_2 为主；铁介质磨矿时，黄铁矿表面主要成分为 FeS_2，但其表面生成的絮状物的组成则较复杂，除有组成黄铁矿本身的元素 Fe、S 外，还发现了大量的 O，其存在形式将以 XPS 确定。瓷介质磨矿条件下，闪锌矿表面和生成的絮状物以含铁 ZnS 为主；铁介质磨矿时，闪锌矿表面主要成分仍为含铁 ZnS，但其表面生成的絮状物同时含有 Zn、Fe、S、O，后续将以 XPS 确定其成分。

3. 干磨环境下矿物表面扫描电镜图像分析

1）方铅矿

图 2.16、图 2.17 所示分别为采用铁介质和瓷介质磨矿后放大 35000 倍的方铅矿表面形态。

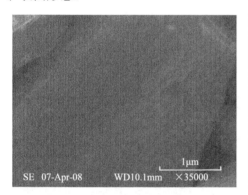 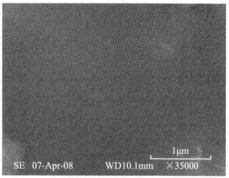

图 2.16　干磨环境下铁磨方铅矿的扫描电镜图像　图 2.17　干磨环境下瓷磨方铅矿的扫描电镜图像

如图所示，采用铁介质磨矿时，方铅矿表面较粗糙，有微弱的腐蚀带，表面腐蚀明显；而采用瓷介质磨矿时，方铅矿表面光滑、平整，未见明显的腐蚀带出现，只生成了少量的絮状物零星分布在表面。由此说明，铁介质磨矿条件下，在方铅矿表面的机械力和机械力化学作用强烈，方铅矿表面具有更高的反应活性。而瓷介质磨矿条件下，在方铅矿表面的机械力，特别是机械力化学作用弱，方铅矿表面反应活性较低。

2）黄铜矿

图 2.18、图 2.19 所示分别为采用铁介质和瓷介质磨矿放大 35000 倍后黄铜矿的表面形态。

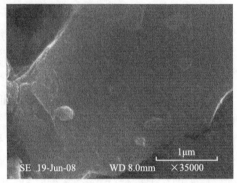

图 2.18　干磨环境下铁磨黄铜矿的扫描电镜图像　图 2.19　干磨环境下瓷磨黄铜矿的扫描电镜图像

从图中可以看出，采用铁介质磨矿时，黄铜矿表面生成的大量大小不均的絮状物均匀地分布于黄铜矿颗粒表面，其腐蚀较为严重；而采用瓷介质磨矿时，黄铜矿表面光滑、平整，只有少量的絮状物生成且散落在矿物颗粒表面。由此说明，铁介质磨矿条件下，在黄铜矿表面的机械力和机械力化学作用十分强烈，黄铜矿表面具有很高的反应活性。而瓷介质磨矿条件下，在黄铜矿表面的机械力和机械力化学作用弱，黄铜矿表面反应活性较低。

3) 黄铁矿

图 2.20、图 2.21 所示分别为采用铁介质和瓷介质磨矿放大 35000 倍后黄铁矿的表面形态。

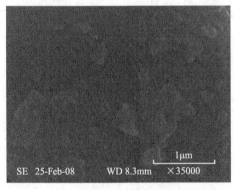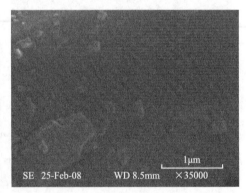

图 2.20　干磨环境下铁磨黄铁矿的扫描电镜图像　图 2.21　干磨环境下瓷磨黄铁矿的扫描电镜图像

从图中可以看出，采用铁介质磨矿时，生成大量的絮状物均匀分布在黄铁矿颗粒表面，表面腐蚀极其严重；采用瓷介质磨矿时，黄铁矿表面较光滑、平整，但大量大小不均的絮状物生成并广泛分布在矿物颗粒表面。由此说明，铁介质磨矿条件下，黄铁矿表面的机械力和机械力化学作用极其强烈，黄铁矿表面具有极高的反应活性。瓷介质磨矿条件下，机械力与机械力化学作用对黄铁矿表面产生了一定的影响，黄铁矿表面具有一定的反应活性。

4) 闪锌矿

图 2.22、图 2.23 所示分别为采用铁介质和瓷介质磨矿放大 35000 倍后闪锌矿的表面形态。

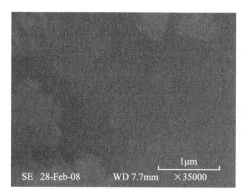 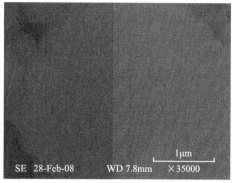

图 2.22　干磨环境下铁磨闪锌矿的扫描电镜图像　图 2.23　干磨环境下瓷磨闪锌矿的扫描电镜图像

采用铁介质磨矿时，闪锌矿表面有大小不均的絮状物生成并分布于闪锌矿表面，但其表面仍较平整，其表面腐蚀不明显。采用瓷介质磨矿时，闪锌矿表面极其光滑、平整，只有少量的絮状物生成且零星散落在表面。由此说明，铁磨和瓷磨条件下，在闪锌矿表面的机械力和机械力化学作用均较弱，其表面反应活性也较低。

4. 干磨环境下矿物表面能谱分析

表 2.4 所示能谱检测结果表明，干式磨矿时，无论采用瓷介质磨矿还是铁介质磨矿，方铅矿表面和生成的絮状物仍为 PbS；黄铜矿表面和生成的絮状物仍为 $CuFeS_2$ 且絮状物中硫的含量高于矿物表面；在黄铁矿表面除有组成黄铁矿本身的元素 Fe、S 外，还发现了大量的 O，其存在形式将以 XPS 确定；闪锌矿表面和生成的絮状物均以含铁 ZnS 为主。

Forssberg 等的研究表明[8]，硫化矿物颗粒形状及其表面的粗糙度对单矿物浮选及矿物分离浮选均有较大的影响。胡岳华、董青海等的研究表明[9,10]，在矿相显微镜下可以观察到方铅矿、黄铁矿在非机械力存在时，矿物表面很平整，状态单一，有少量异色物质生成。当方铅矿、黄铁矿受到机械力化学作用时，由于摩擦作用，矿物表面变得不平整，由于表面存在高差，整个视域不处在同一焦点，局部出现模糊，视域内出现与方铅矿、黄铁矿具有不同光学性质的深色物质，说明矿物表面发生了反应，可能生成了新的物质。这些结果表明，机械力作用后，方铅矿、黄铁矿表面具有更高的反应活性。

表 2.4　干磨环境下矿物表面和絮状物成分 X 射线能谱分析

矿物名称	磨矿介质	检测对象	元素原子分数/%					
			S	Pb	O	Fe	Cu	Zn
方铅矿	瓷介质	矿物表面	51.19	48.81	—			
		絮状物	51.08	48.92	—			
	铁介质	矿物表面	48.96	51.04	—			
		絮状物	48.79	51.21	—			
黄铜矿	瓷介质	矿物表面	46.08	—	—	26.71	27.21	
		絮状物	51.57		—	23.82	24.61	
	铁介质	矿物表面	46.83		—	27.86	25.31	
		絮状物	52.42		—	23.47	24.12	
黄铁矿	瓷介质	矿物表面	42.83	—	27.40	29.78	—	
		絮状物	40.85		37.44	21.72	—	
	铁介质	矿物表面	40.96		32.44	26.60	—	
		絮状物	38.08		45.07	16.85	—	
闪锌矿	瓷介质	矿物表面	43.14	—		2.73		54.13
		絮状物	46.63			3.50		49.87
	铁介质	矿物表面	39.80			3.28		56.92
		絮状物	47.23			2.16		50.61

　　P. Balaz 和合作者系统地研究了方铅矿、黄铜矿、黄铁矿、闪锌矿、黝铜矿等多种硫化矿物的机械力活化问题[11-15]。机械力化学反应对硫化矿物的氧化分解有促进作用,在颗粒表面形成的絮凝物将阻碍机械力化学反应的进一步发生。在机械力化学的作用下,硫化矿物将形成缺金属表面,并有 S^0、金属氧化物、硫酸盐和碳酸盐等物质生成。根据矿物表面 S^{2-} 氧化为 S^{6+} 的速率递减的规律,硫化矿物受机械力化学作用活化的顺序为:$FeS_2 > PbS > CuFeS_2 > ZnS$。

2.2.2　表面组分

1. 湿磨环境下矿物表面光电子能谱分析

1) 方铅矿

　　图 2.24 所示为湿磨环境下瓷磨方铅矿的 XPS 检测结果。图 2.24 (a) 中的 Pb 4f 双峰发生明显分裂,Pb $4f_{7/2}$ 的结合能为 138.00eV,Pb $4f_{5/2}$ 的结合能为 143.00eV,二者间距为 5.00eV,峰形尖锐且强度大。图 2.24 (b) 中的 S 2p 谱图表明,在方铅矿表面上硫的化学态不止一种,结合能为 161.50eV 的峰对应于 PbS 中的硫 (S^{2-}),结合能为 168.80eV 的峰对应于 $PbSO_4$ 中的硫 (S^{6+}),结合能为 163.75eV 的峰对应

于 S^0。硫峰较铅峰弱得多，背景噪声也大，这主要是由 Pb 4f 的能量损失峰引起的，说明在方铅矿表面生成了 $PbSO_4$ 和 S^0。

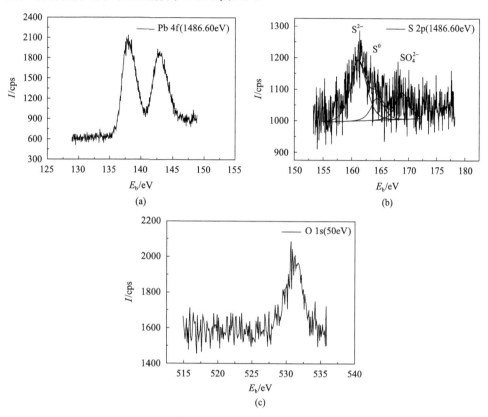

图 2.24　湿磨环境下瓷磨方铅矿的 XPS 谱图
(a)Pb 4f 谱线；(b)S 2p 谱线；(c)O 1s 谱线

图 2.25 所示为湿磨环境下铁磨方铅矿的 XPS 检测结果。图 2.25(a) 中 Pb 4f 的双峰与图 2.24(a) 的情形相同，发生了明显分裂。图 2.25(b) 中的 S 2p 谱图表明，在方铅矿表面上的硫有多种化学态，结合能为 161.50eV 的峰对应于 PbS 中的硫 (S^{2-})，结合能为 164.35eV 的峰对应于 S^0，结合能为 168.30eV 的峰对应于 $PbSO_4$ 中的硫(S^{6+})。在方铅矿表面还检测到了 Fe 元素，图 2.25(c) 为 Fe 2p 的谱图，结合能为 711.00eV 的峰对应于 FeOOH 中的铁(Fe^{3+})。这说明在方铅矿表面生成了 $PbSO_4$、S^0 和 FeOOH 等物质。

表 2.5 为磨矿后方铅矿表面元素的 XPS 分析。由表中数据可以看出，采用瓷介质磨矿时，方铅矿表面 Pb∶S=1∶1.81，形成了缺金属富硫的矿物表面。采用铁介质磨矿时，方铅矿表面 Pb∶S=1∶3.01，形成了缺金属富硫的方铅矿表面，且表面铅含量远较锆球磨矿时低。

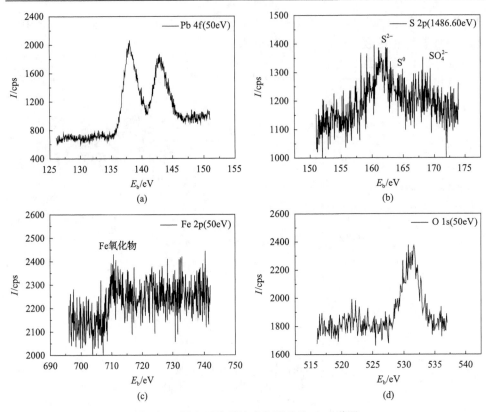

图 2.25　湿磨环境下铁磨方铅矿的 XPS 谱图

(a) Pb 4f 谱线；(b) S 2p 谱线；(c) Fe 2p 谱线；(d) O 1s 谱线

表 2.5　湿磨环境下磨矿后方铅矿表面元素的 XPS 分析

磨矿介质	元素	原子分数/%	主峰位/eV
瓷介质	C 1s	24.63	284.80
	O 1s	33.25	531.40
	S 2p	27.15	161.50
	Pb 4f	14.97	138.00
铁介质	C 1s	47.15	284.80
	O 1s	22.91	531.15
	S 2p	20.56	161.50
	Pb 4f	6.84	138.00
	Fe 2p3	2.55	711.00

2) 黄铁矿

图 2.26 所示为湿磨环境下瓷磨黄铁矿的 XPS 检测结果。图 2.26(a) 为 Fe 2p 的谱图，结合能为 706.85eV 的峰对应于 FeS_2 中的铁(Fe^{2+})，结合能为 711.50eV 的峰对应于 FeOOH 中的铁(Fe^{3+})。图 2.26(b) 中的 S 2p 谱图表明，在黄铁矿表面

上的硫有两种化学态，结合能为 163.35eV 的峰对应于 FeS_2 中的硫（S^{2-}），结合能为 169.55eV 的峰对应于 $Fe_2(SO_4)_3$ 中的硫（S^{6+}）。图 2.26(c) 为 O 1s 的谱图，结合能为 531.65eV 的峰对应于 FeOOH 中的氧（O^{2-}）。这说明在黄铁矿表面生成了 $Fe_2(SO_4)_3$ 和 FeOOH。

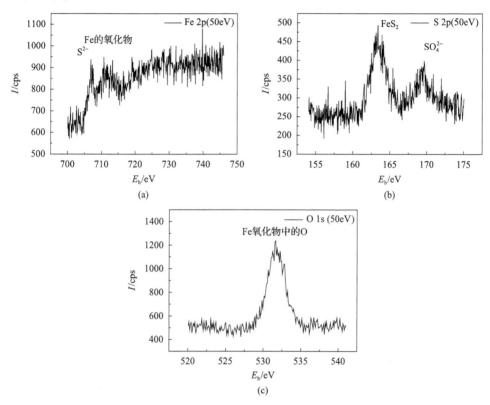

图 2.26 湿磨环境下瓷磨黄铁矿的 XPS 谱图
(a) Fe 2p 谱线；(b) S 2p 谱线；(c) O 1s 谱线

图 2.27 所示为湿磨环境下铁磨黄铁矿的 XPS 检测结果。图 2.27(a) 为 Fe 2p 谱图，结合能为 706.85eV 的峰对应于 FeS_2 中的铁（Fe^{2+}），结合能为 711.50eV 的峰对应于 FeOOH 中的铁（Fe^{3+}）。图 2.27(b) 中的 S 2p 谱图表明，在黄铁矿表面上的硫有两种化学态，结合能为 163.50eV 的峰对应于 FeS_2 中的硫（S^{2-}），结合能为 169.55eV 的峰对应于 $Fe_2(SO_4)_3$ 中的硫（S^{6+}）。图 2.27(c) 为 O 1s 的谱图，结合能为 531.70eV 的峰对应于 FeOOH 中的氧（O^{2-}）。这说明在黄铁矿表面生成了 $Fe_2(SO_4)_3$ 和 FeOOH。

表 2.6 所示的湿磨环境下磨矿后黄铁矿表面元素的 XPS 分析结果表明，采用瓷介质球磨矿时，黄铁矿表面 Fe：S=1：1.64，形成了缺金属富硫的黄铁矿表面；而采用铁介质磨矿时，黄铁矿表面 Fe：S=1：1.00，矿物表面金属和硫基本平衡。

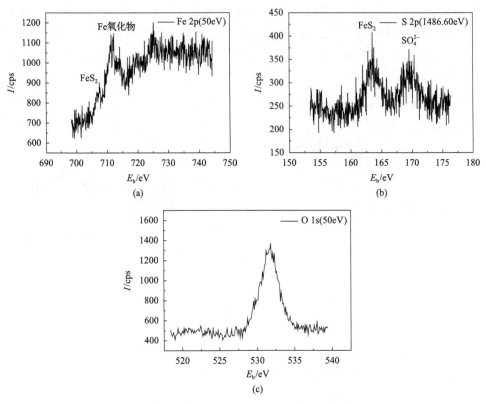

图 2.27　湿磨环境下铁磨黄铁矿的 XPS 谱图

(a)Fe 2p 谱线；(b)S 2p 谱线；(c)O 1s 谱线

表 2.6　湿磨环境下磨矿后黄铁矿表面元素的 XPS 分析

磨矿介质	元素	原子分数/%	主峰位/eV
瓷介质	C 1s	43.89	284.80
	O 1s	36.57	531.65
	S 2p	3.46	169.55
	S 2p	8.68	163.35
	Fe 2p3	4.69	711.50
	Fe 2p3	2.71	706.85
铁介质	C 1s	48.23	284.80
	O 1s	39.70	531.70
	S 2p	3.46	163.50
	S 2p	2.59	169.55
	Fe 2p3	5.29	711.50
	Fe 2p3	0.73	706.85

3）黄铜矿

标准手册未列出 $CuFeS_2$ 的标准峰值，以文献[16]中报道的数据作参考。

图 2.28 所示为瓷磨黄铜矿的 XPS 检测结果。图 2.28（a）为 Cu 2p 谱图，结合能为 931.70eV 的峰对应于 $CuFeS_2$ 中的铜（Cu^{2+}）。图中在 935.00eV 处左右有微弱的峰出现，应对应于 $CuSO_4$ 和 $Cu(OH)_2$ 中的铜（Cu^{2+}）；图 2.28（b）为 Fe 2p 的谱图，结合能为 711.40eV 的峰应对应于 $FeOOH$ 和 $Fe_2(SO_4)_3$ 中的铁（Fe^{3+}）；图 2.28（c）为 S 2p 谱图，可以看出在黄铜矿表面上的硫有两种化学态，结合能为 162.10eV 的峰对应于 $CuFeS_2$ 中的硫（S^{2-}），结合能为 169.40eV 的峰对应于 $CuSO_4$ 和 $Fe_2(SO_4)_3$ 中的硫（S^{6+}）；图 2.28（d）为 O 1s 的谱图，结合能为 531.10eV 的峰对应于 $Cu(OH)_2$ 和 $FeOOH$ 中的氧（O^{2-}）。这说明在黄铜矿表面生成了 $CuSO_4$、$Cu(OH)_2$、$FeOOH$、$Fe_2(SO_4)_3$ 等物质。

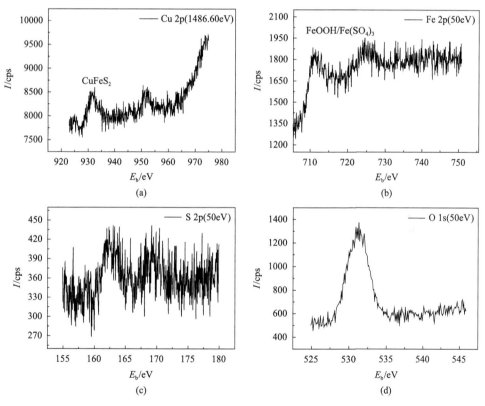

图 2.28　湿磨环境下瓷磨黄铜矿的 XPS 谱图

(a)Cu 2p 谱线；(b)Fe 2p 谱线；(c)S 2p 谱线；(d)O 1s 谱线

图 2.29 所示为湿磨环境下铁磨黄铜矿的 XPS 检测结果。图 2.29（a）为 Cu 2p 谱图，结合能为 931.70eV 的峰对应于 $CuFeS_2$ 中的铜（Cu^{2+}）。精细谱图显示，在

935.00eV 左右有微弱的峰出现，应对应于 $CuSO_4$ 和 $Cu(OH)_2$ 中的铜(Cu^{2+})；图 2.29(b) 为 Fe 2p 的谱图，结合能为 711.40eV 的峰应对应于 FeOOH 和 $Fe_2(SO_4)_3$ 中的铁(Fe^{3+})；图 2.29(c) 中 S 2p 谱图表明，在黄铜矿表面上的硫有两种化学态，结合能为 162.50eV 的峰对应于 $CuFeS_2$ 中的硫(S^{2-})，结合能为 169.05eV 的峰对应于 $CuSO_4$ 和 $Fe_2(SO_4)_3$ 中的硫(S^{6+})；图 2.29(d) 为 O 1s 的谱图，结合能为 530.80eV 的峰对应于 $Cu(OH)_2$ 和 FeOOH 中的氧(O^{2-})。这说明铁介质磨矿条件同样也在黄铜矿表面生成 $CuSO_4$、$Cu(OH)_2$、FeOOH、$Fe_2(SO_4)_3$ 等物质。

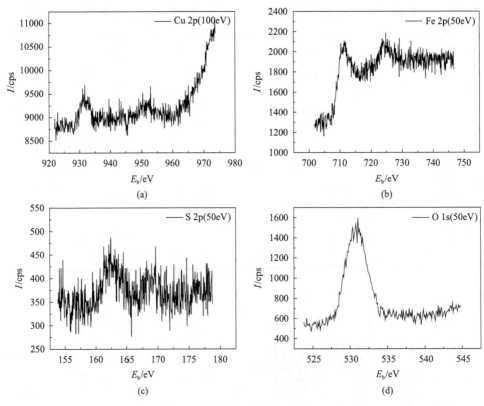

图 2.29　湿磨环境下铁磨黄铜矿的 XPS 谱图

(a) Cu 2p 谱线；(b) Fe 2p 谱线；(c) S 2p 谱线；(d) O 1s 谱线

表 2.7 所示磨矿后黄铜矿表面元素 XPS 分析结果表明，采用瓷介质磨矿时，黄铜矿表面 Cu∶S=1∶3.68、Fe∶S=1∶1.08，形成了缺金属富硫表面。铁磨黄铜矿表面元素的 XPS 分析结果表明，采用铁介质磨矿时，黄铜矿表面 Cu∶S=1∶2.79、Fe∶S=1∶0.64，也形成了缺金属富硫表面，但表面硫的含量明显比瓷介质磨矿时低。

表 2.7　湿磨环境下磨矿后黄铜矿表面元素的 XPS 分析

磨矿介质	元素	原子分数/%	主峰位/eV
瓷介质	C 1s	43.36	284.80
	O 1s	30.31	531.10
	S 2p	11.97	162.10
	Fe 2p	11.10	711.40
	Cu 2p	3.25	931.70
铁介质	C 1s	31.07	284.80
	O 1s	37.50	530.80
	S 2p	10.75	162.50
	Fe 2p	16.84	711.40
	Cu 2p	3.85	931.70

4) 闪锌矿

由于铁磨闪锌矿的成分不稳定，标准手册未列出其标准峰值。因此，以文献 [16, 17] 中报道的数据作参考。

图 2.30 所示为湿磨环境下瓷磨闪锌矿的 XPS 检测结果。图 2.30 (a) 为 Zn 2p 谱图，结合能为 1020.70eV 的峰可能对应于 $Zn_{1-x}Fe_xS$ 中的锌 (Zn^{2+})。图 2.30 (b) 为 Fe 2p 的谱图，结合能为 715.60eV 的峰可能对应于 $Zn_{1-x}Fe_xS$ 中的铁 (Fe^{2+})。图 2.30 (c) 为 S 2p 的谱图，结合能为 162.20eV 的峰可能对应于 $Zn_{1-x}Fe_xS$ 中的硫 (S^{2-})。图 2.30 (d) 为 O 1s 的谱图，结合能为 531.10eV 的峰对应于 O^{2-}，但没有出现可能与其匹配元素的峰值。这说明在闪锌矿表面没有生成新物质。

图 2.31 所示为湿磨环境下铁磨闪锌矿的 XPS 检测结果。图 2.31 (a) 为 Zn 2p 谱图，结合能为 1020.70eV 的峰可能对应于 $Zn_{1-x}Fe_xS$ 中的锌 (Zn^{2+})。图 2.31 (b) 为 Fe 2p3 谱图，结合能为 711.30eV 的峰对应于 FeOOH 中的铁 (Fe^{3+})。图 2.31 (c)

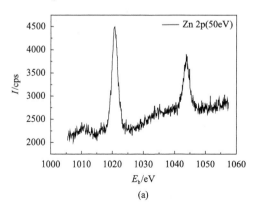
(a)

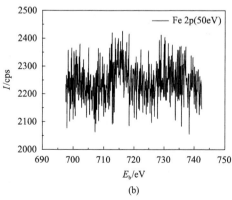
(b)

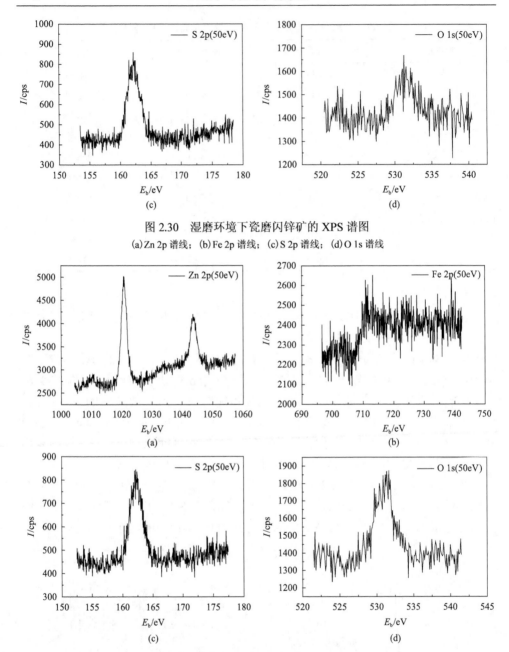

图 2.30　湿磨环境下瓷磨闪锌矿的 XPS 谱图

(a)Zn 2p 谱线；(b)Fe 2p 谱线；(c)S 2p 谱线；(d)O 1s 谱线

图 2.31　湿磨环境下铁磨闪锌矿的 XPS 谱图

(a)Zn 2p 谱线；(b)Fe 2p 谱线；(c)S 2p 谱线；(d)O 1s 谱线

为 S 2p 谱图，结合能为 162.25eV 的峰可能对应于 $Zn_{1-x}Fe_xS$ 中的硫 (S^{2-})。图 2.31(d) 为 O 1s 谱图，结合能为 531.00eV 的峰对应于 FeOOH 中的氧 (O^{2-})。这说明在闪锌矿表面生成了 FeOOH 等物质。

表 2.8 所示为湿磨环境下磨矿后闪锌矿表面元素的 XPS 分析结果。由表中数据可以看出，采用瓷介质磨矿时，闪锌矿表面 Fe：S=1：3.95，Zn：S=1：0.17，形成了缺硫富金属的表面。采用铁介质磨矿时，闪锌矿表面 Fe：S=1：1.38，Zn：S=1：0.16，形成了缺硫富金属的表面。

表 2.8　湿磨环境下磨矿后闪锌矿表面元素的 XPS 分析

磨矿介质	元素	原子分数/%	主峰位/eV
瓷介质	C 1s	18.30	284.80
	O 1s	4.75	531.10
	S 2p	10.86	162.20
	Fe 2p	2.75	715.60
	Zn 2p	63.34	1020.70
铁介质	C 1s	12.02	284.80
	O 1s	15.98	531.00
	S 2p	9.10	162.25
	Fe 2p	6.61	711.30
	Zn 2p	56.29	1020.70

热力学研究表明[18]，铁水解产物在热力学上的稳定结构是 FeOOH 而不是胶态的 $Fe(OH)_3$，但从亚稳态 $Fe(OH)_3$ 向稳态 FeOOH 转变的难易和速率并不是完全依赖于热力学，还与动力学因素有关。

国内外的研究均表明[19-30]，对浮选来说，铁介质的腐蚀产物无论是形成 $Fe(OH)_3$ 还是 FeOOH，都将对硫化矿的可浮性带来重要影响。顾帼华、Rao 等认为，在方铅矿和闪锌矿等硫化矿物磨矿-浮选体系中，钢球的氧化产物 $Fe(OH)_3$ 在矿物表面的罩盖，对硫化矿物的可浮性将带来负面的影响。高 pH 下钢球的自身氧化产物有利于减少钢球消耗。钢球在磨矿过程中的自身氧化产物 $Fe(OH)_3$ 或者 FeOOH 在球体的罩盖在一定程度上对钢球的磨损有"钝化"作用。

2. 干磨环境下矿物表面光电子能谱分析

1）方铅矿

图 2.32 所示为干磨环境下瓷磨方铅矿的 XPS 检测结果。图 2.32（a）中的 Pb 4f 双峰发生明显分裂，$Pb\ 4f_{7/2}$ 的结合能为 137.85eV，$Pb\ 4f_{5/2}$ 的结合能为 143eV，二者间距约为 5eV，峰形尖锐且强度大。图 2.32（b）中的 S 2p 谱图表明，在方铅矿

表面上硫的化学态只有一种，结合能为 161.30eV 的峰对应于 PbS 中的硫（S^{2-}）。图 2.32(c) 为 O 1s 的谱图，结合能为 531.70eV 的峰值对应于 O^{2-}，但没有出现可能与其匹配元素的峰值。这说明在方铅矿表面没有生成新物质。

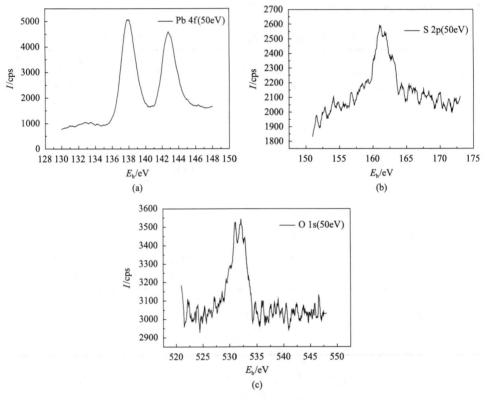

图 2.32　干磨环境下瓷磨方铅矿的 XPS 谱图
(a) Pb 4f 谱线；(b) S 2p 谱线；(c) O 1s 谱线

　　图 2.33 所示为干磨环境下铁磨方铅矿的 XPS 检测结果。图 2.33(a) 中 Pb 4f 的双峰与图 2.32(a) 的情形相同，发生了明显分裂。图 2.33(b) 中的 S 2p 谱图表明，在方铅矿表面上的硫只有一种化学态，结合能为 161.55eV 的峰对应于 PbS 中的硫（S^{2-}）。图 2.33(c) 为 O 1s 的谱图，结合能为 531.40eV 的峰值对应于 O^{2-}，但没有出现可能与其匹配元素的峰值。这说明在方铅矿表面没有生成新物质。

　　表 2.9 所示为干磨方铅矿表面元素的 XPS 分析结果。以 C 1s 为标准，由表中数据可以得到，采用瓷介质磨矿时，方铅矿表面 Pb：S=1：1.70，形成了缺金属富硫的矿物表面。采用铁介质磨矿时，方铅矿表面 Pb：S=1：2.04，形成了缺金属富硫的方铅矿表面，且表面铅含量较锆球磨矿时低。

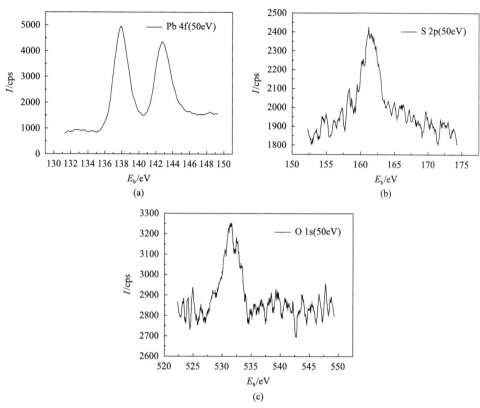

图 2.33　干磨环境下铁磨方铅矿的 XPS 谱图

(a) Pb 4f 谱线；(b) S 2p 谱线；(c) O 1s 谱线

表 2.9　干磨方铅矿表面元素 XPS 分析

磨矿介质	元素	原子分数/%	主峰位/eV
瓷介质	C 1s	47.99	284.80
	O 1s	17.23	531.70
	S 2p	21.90	161.30
	Pb 4f	12.88	137.85
铁介质	C 1s	48.45	284.80
	O 1s	12.97	531.40
	S 2p	25.90	161.55
	Pb 4f	12.68	137.95

2) 黄铁矿

图 2.34 所示为干磨环境下瓷磨黄铁矿的 XPS 检测结果。图 2.34 (a) 为 Fe 2p 的谱图，结合能为 707.10eV 的峰对应于 FeS_2 中的铁 (Fe^{2+})。图 2.34 (b) 中的 S 2p 谱图表明，在黄铁矿表面上的硫有两种化学态，结合能为 163.60eV 的峰对应于

FeS_2 中的硫(S^{2-})，结合能为 169.55eV 的峰对应于 $FeSO_4$ 中的硫(S^{6+})。图 2.34(c) 为 O 1s 的谱图，结合能为 532.10eV 的峰对应于 $FeSO_4$ 中的氧(O^{2-})。这说明在黄铁矿表面生成了 $FeSO_4$。

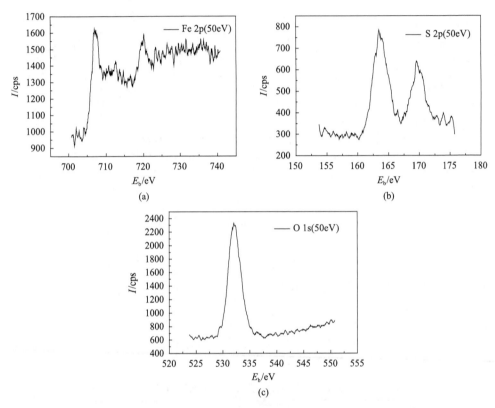

图 2.34　干磨环境下瓷磨黄铁矿的 XPS 谱图
(a)Fe 2p 谱线；(b)S 2p 谱线；(c)O 1s 谱线

　　图 2.35 所示为干磨环境下铁磨黄铁矿的 XPS 检测结果。图 2.35(a) 为 Fe 2p 谱图，结合能为 707.00eV 的峰对应于 FeS_2 中的铁(Fe^{2+})。图 2.35(b) 中的 S 2p 谱图表明，在黄铁矿表面上的硫有两种化学态，结合能为 163.35eV 的峰对应于 FeS_2 中的硫(S^{2-})，结合能为 169.90eV 的峰对应于 $FeSO_4$ 中的硫(S^{6+})。图 2.35(c) 为 O 1s 的谱图，结合能为 532.20eV 的峰对应于 $FeSO_4$ 中的氧(O^{2-})。这说明在黄铁矿表面生成了 $FeSO_4$。

　　表 2.10 所示为干磨黄铁矿表面元素的 XPS 分析结果。由表中数据可知，以 C 1s 为标准，采用瓷介质磨矿时，黄铁矿表面 Fe：S=1：2.94，形成了缺金属富硫的黄铁矿表面。采用铁介质磨矿时，黄铁矿表面 Fe：S=1：3.44，形成了缺金属富硫的黄铁矿表面。

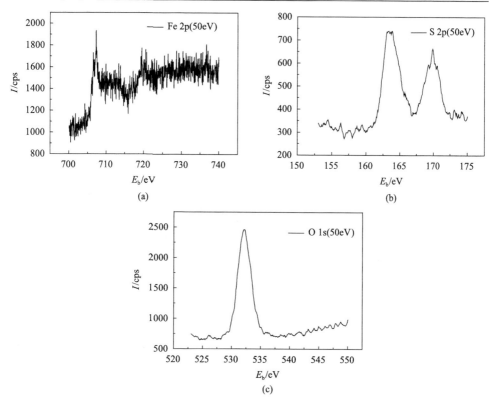

图 2.35　干磨环境下铁磨黄铁矿的 XPS 谱图

(a) Fe 2p 谱图；(b) S 2p 谱图；(c) O 1s 谱图

表 2.10　干磨黄铁矿表面元素的 XPS 分析

磨矿介质	元素	原子分数/%	主峰位/eV
	C 1s	32.10	284.80
	O 1s	40.70	532.10
瓷介质	S 2p	7.22	169.55
	S 2p	13.08	163.60
	Fe 2p	6.90	707.10
	C 1s	38.24	284.80
	O 1s	40.05	532.20
铁介质	S 2p	10.75	163.35
	S 2p	6.07	169.90
	Fe 2p	4.89	707.00

3) 黄铜矿

图 2.36 所示为干磨环境下瓷磨黄铜矿的 XPS 检测结果。图 2.36(a) 为 Cu 2p

谱图，结合能为 930.95eV 的峰对应于 CuFeS$_2$ 中的铜(Cu^{2+})。图 2.36(b)为 Fe 2p 的谱图，结合能为 710.00eV 的峰应对应于 CuFeS$_2$ 中的铁(Fe^{2+})；图 2.36(c)为 S 2p 谱图，可以看出在黄铜矿表面上的硫只有一种化学态，结合能为 161.85eV 的峰对应于 CuFeS$_2$ 中的硫(S^{2-})；图 2.36(d)为 O 1s 的谱图，结合能为 531.45eV 的峰对应于 O^{2-}，但没有出现可能与其匹配元素的峰值。这说明在黄铜矿表面没有生成新物质。

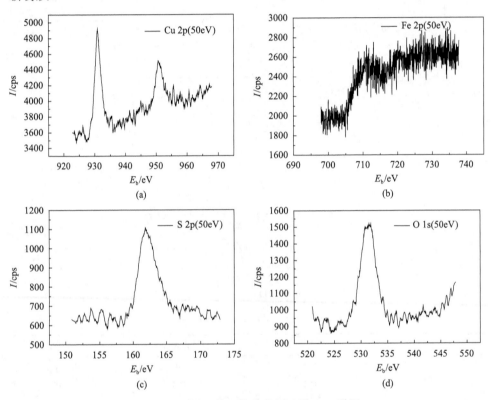

图 2.36　干磨环境下瓷磨黄铜矿的 XPS 谱图

(a)Cu 2p 谱线；(b)Fe 2p 谱线；(c)S 2p 谱线；(d)O 1s 谱线

图 2.37 所示为干磨环境下铁磨黄铜矿的 XPS 检测结果。图 2.37(a)为 Cu 2p 谱图，结合能为 930.90eV 的峰对应于 CuFeS$_2$ 中的铜(Cu^{2+})。图 2.37(b)为 Fe 2p 的谱图，结合能为 709.90eV 的峰对应于 CuFeS$_2$ 中的铁(Fe^{2+})；图 2.37(c)为 S 2p 谱图，可以看出在黄铜矿表面上的硫只有一种化学态，结合能为 161.95eV 的峰对应于 CuFeS$_2$ 中的硫(S^{2-})；图 2.37(d)为 O 1s 的谱图，结合能为 531.45eV 的峰对应于 O^{2-}，但没有出现可能与其匹配元素的峰值。这说明在黄铜矿表面没有生成新物质。

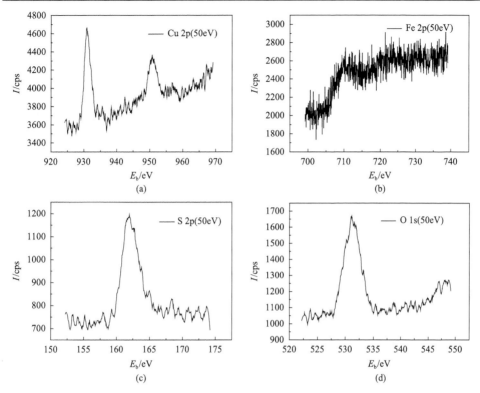

图 2.37　干磨环境下铁磨黄铜矿的 XPS 谱图
(a)Cu 2p 谱线；(b)Fe 2p 谱线；(c)S 2p 谱线；(d)O 1s 谱线

　　表 2.11 所示干磨黄铜矿表面元素 XPS 分析结果表明，以 C 1s 为标准，采用瓷介质磨矿时，黄铜矿表面 Cu∶S=1∶2.51、Fe∶S=1∶1.82，形成了缺金属富硫表面。采用铁介质磨矿时，黄铜矿表面 Cu∶S=1∶3.08、Fe∶S=1∶1.53，也形成了缺金属富硫表面。

表 2.11　干磨黄铜矿表面元素的 XPS 分析

磨矿介质	元素	原子分数/%	主峰位/eV
瓷介质	C 1s	41.52	284.80
	O 1s	22.89	531.45
	S 2p	18.27	161.85
	Fe 2p	10.05	710.00
	Cu 2p	7.27	930.95
铁介质	C 1s	45.57	284.80
	O 1s	19.30	531.45
	S 2p	17.76	161.95
	Fe 2p	11.61	709.90
	Cu 2p	5.76	930.90

4) 闪锌矿

图 2.38 所示为干磨环境下瓷磨闪锌矿的 XPS 检测结果。图 2.38(a) 为 Zn 2p 谱图，结合能为 1020.90eV 的峰可能对应于 ZnS 中的锌 (Zn^{2+})。图 2.38(b) 为 S 2p 的谱图，结合能为 162.20eV 的峰可能对应于 ZnS 中的硫 (S^{2-})。图 2.38(c) 为 O 1s 的谱图，结合能为 531.40eV 的峰对应于 O^{2-}，但没有出现可能与其匹配元素的峰值。这说明在闪锌矿表面没有生成新物质。

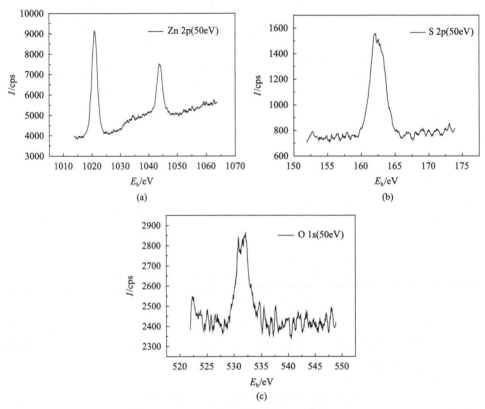

图 2.38　干磨环境下瓷磨闪锌矿的 XPS 谱图

(a) Zn 2p 谱线；(b) S 2p 谱线；(c) O 1s 谱线

图 2.39 所示为干磨环境下铁磨闪锌矿的 XPS 检测结果。图 2.39(a) 为 Zn 2p 谱图，结合能为 1020.95eV 的峰可能对应于 ZnS 中的锌 (Zn^{2+})。图 2.39(b) 为 S 2p 谱图，结合能为 162.30eV 的峰可能对应于 ZnS 中的硫 (S^{2-})。图 2.39(c) 为 O 1s 谱图，但没有出现可能与其匹配元素的峰值。这说明在闪锌矿表面没有生成新物质。

表 2.12 所示的干磨闪锌矿表面元素的 XPS 分析结果表明，以 C 1s 为标准，采用铁介质磨矿时，闪锌矿表面 Zn：S=1：1.88，形成了缺金属富硫的表面。采用瓷介质磨矿时，闪锌矿表面 Zn：S=1：1.45，形成了缺金属富硫的表面。

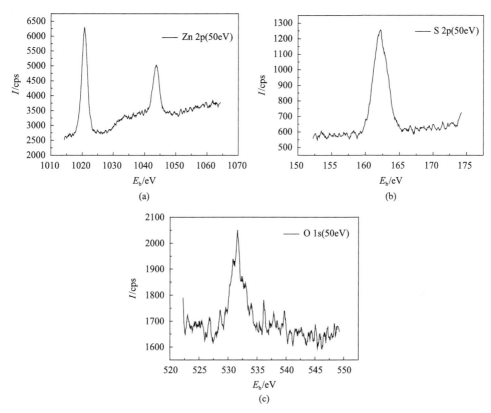

图 2.39　干磨环境下铁磨闪锌矿的 XPS 谱图

(a)Zn 2p 谱线；(b)S 2p 谱线；(c)O 1s 谱线

表 2.12　干磨闪锌矿表面元素的 XPS 分析

磨矿介质	元素	原子分数/%	主峰位/eV
	C 1s	43.08	284.80
瓷介质	O 1s	12.76	531.40
	S 2p	26.13	162.20
	Zn 2p3	18.04	1020.90
	C 1s	45.96	284.80
铁介质	O 1s	14.93	531.50
	S 2p	25.51	162.30
	Zn 2p	13.60	1020.95

J. M. Cases 等[23,24]、X. Chen 等[25]不同的研究团队研究了不同磨矿环境中黄铁矿的表面产物及其对矿物可浮性的影响。在方铅矿表面有 FeOOH、$Fe_2(SO_4)_3$ 和 $FeSO_4$ 存在，在黄铁矿表面有 S^0、$Fe_2(SO_4)_3$、FeOOH、FeO、Fe_2O_3、$FeSO_4$ 出现。

采用铁介质磨矿时，由于组成矿物的金属离子的氧化产物和铁介质的氧化产物的共同影响，矿物表面的亲水性被加强，方铅矿和黄铁矿的可浮性均降低。X. H. Wang 等详细讨论了磨矿环境中铁介质与磁黄铁矿接触形成电偶时，在磁黄铁矿表面的氧化产物(羟基氧化铁和硫酸铁)的覆盖问题[26,27]，发现在磁黄铁矿表面羟基氧化铁比硫酸铁的罩盖层厚度厚，并进一步说明对磁黄铁矿浮选产生影响起决定性作用的是羟基氧化铁而非硫酸铁。

Ye 等[28]、Peng 等[29,30]研究发现，不同磨矿环境下在方铅矿、黄铜矿和黄铁矿表面形成的金属氧化物，对方铅矿、黄铜矿的浮选以及方铅矿、黄铜矿与黄铁矿的浮选分离影响很大。

2.3　磨矿环境与硫化矿物浮选

2.3.1　磨矿环境对硫化矿物单矿物浮选的影响

常规的磨矿过程与环境对矿物的表面性质和矿浆溶液化学性质会产生显著的影响，进而将对硫化矿物的浮选产生不同程度的作用。本小节主要讨论磨矿环境对方铅矿、黄铜矿、黄铁矿和闪锌矿等四种单矿物浮选行为的影响，探讨采用不同磨矿介质磨矿、浮选捕收剂或调整剂分别添加在磨矿机或浮选槽时，矿物浮选效果的变化。

浮选捕收剂、抑制剂或活化剂分别添加在磨矿机和浮选槽中时的原则流程如图 2.40 所示，四种硫化矿物的浮选粒度控制在小于 0.074mm 的占 90%以上。

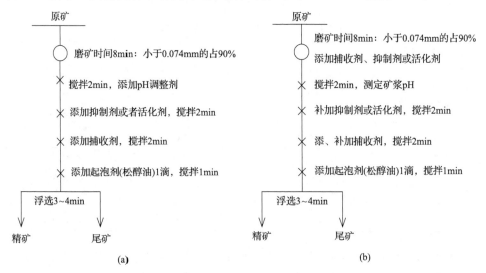

图 2.40　硫化矿物浮选流程
(a)药剂全部添加到浮选槽；(b)部分药剂添加到磨矿机

1. 湿磨条件下的硫化矿单矿物浮选

1) 矿浆 pH 对硫化矿物浮选的影响

(1) 方铅矿。

无捕收剂和添加捕收剂时矿浆 pH 对方铅矿浮选影响如图 2.41 所示。

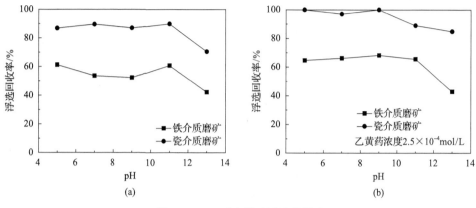

图 2.41   pH 对方铅矿浮选的影响
(a) 无捕收剂；(b) 有捕收剂

i) 采用瓷介质磨矿时，无捕收剂条件下，pH 在 5～11 方铅矿的回收率基本稳定在 87%～90%，pH 为 13 时，方铅矿的浮选回收率降至 70%；在浮选槽中添加乙黄药(2.5×10^{-4}mol/L)，pH 为 5～9 时方铅矿的回收率几乎达到 100%，随着 pH 升至 11、13，其回收率则降至 89%、85%。这说明瓷磨方铅矿具有良好的可浮性，其浮选 pH 范围较宽。

ii) 采用铁介质磨矿时，无捕收剂条件下，pH 在 5～11 方铅矿的回收率在 52%～61% 之间波动，pH 为 13 时，方铅矿的浮选回收率降至 42%；在浮选槽中添加乙黄药(2.5×10^{-4}mol/L)，pH 为 5～11 时方铅矿的回收率也只有 65%～68%，pH 为 13 时，其回收率则降至 43%。这说明在 pH 5～13 铁磨方铅矿的可浮性均较差。

iii) 采用瓷介质磨矿时，方铅矿的浮选对捕收剂的存在与否反应比采用铁介质磨矿更为敏感。当浮选槽中乙黄药浓度为 2.5×10^{-4}mol/L 时，在 pH 5～9 瓷磨方铅矿几乎可全部上浮，pH 为 13 时仍高达 85%；而在 pH 5～13，铁磨方铅矿的回收率均未超过 70%。

(2) 闪锌矿。

未添加和添加捕收剂时矿浆 pH 对闪锌矿浮选影响如图 2.42 所示。

i) 无捕收剂条件下，无论是采用瓷介质磨矿还是铁介质磨矿，闪锌矿浮选效果相对较好的 pH 范围均在 5～9。采用铁介质磨矿时，闪锌矿的浮选回收率仅有

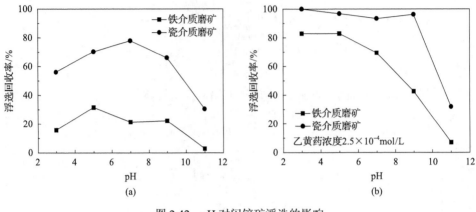

图 2.42　pH 对闪锌矿浮选的影响

(a)无捕收剂；(b)有捕收剂

21%~32%。采用瓷介质磨矿时，其回收率可达 66%~78%，明显高于采用铁介质磨矿的情形。这说明瓷磨闪锌矿在无捕收剂条件下具有一定的可浮性，而采用铁介质磨矿时，不能实现闪锌矿的无捕收剂浮选。

ii)在浮选槽中添加乙黄药条件下，采用铁介质磨矿时，随着 pH 的升高闪锌矿的浮选回收率逐步降低，在 pH 为 3~7 范围内，闪锌矿的回收率为 70%~83%，可有效地浮选回收；采用瓷介质磨矿时，在 pH 为 3~9 范围内，闪锌矿的回收率达 94%以上，其浮选回收效果较理想。在高 pH(11)条件下，无论是否添加捕收剂，闪锌矿均被抑制。

(3)黄铁矿。

M. C. Fuerstenau 等的研究也表明[31]，矿浆 pH 的变化对黄铁矿的浮选影响较大。图 2.43 所示为 pH 对黄铁矿浮选的影响。

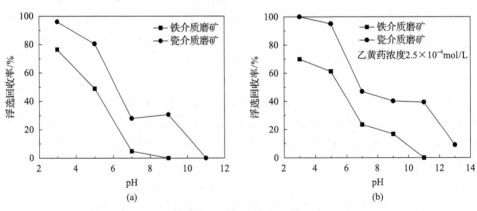

图 2.43　pH 对黄铁矿浮选的影响

(a)无捕收剂；(b)有捕收剂

i)无捕收剂条件下，采用铁介质磨矿，当矿浆 pH 由 3 升至 7 时，黄铁矿浮选回收率由 77%逐渐下降至 5%，在 pH 为 9 时则被完全抑制。采用瓷介质磨矿时，在 pH 为 11 时才被完全抑制。

ii)添加乙黄药条件下，采用铁介质磨矿，当矿浆 pH 由 3 升至 9 时，黄铁矿浮选回收率则由 70%逐渐下降至 17%，在 pH 为 11 时则被完全抑制。采用瓷介质磨矿时，当矿浆 pH 由 3 升至 13 时，黄铁矿浮选回收率则由 100%逐渐下降至 9%，在 pH 13 时仍不能被完全抑制。

(4)黄铜矿。

无捕收剂和添加捕收剂时矿浆 pH 对黄铜矿浮选的影响如图 2.44 所示。

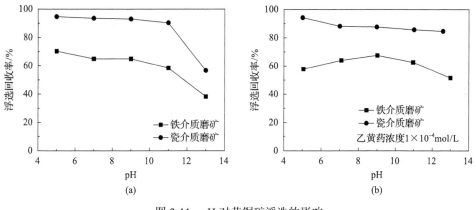

图 2.44　pH 对黄铜矿浮选的影响

(a)无捕收剂；(a)有捕收剂

i)采用瓷介质磨矿时，无捕收剂条件下，pH 在 5～11 黄铜矿的回收率基本稳定在 90%～95%之间，pH 为 13 时，黄铜矿的浮选回收率降至 57%；在浮选槽中添加乙黄药(1×10^{-4}mol/L)条件下，黄铜矿的回收率从 pH 为 5 时的 95%降到 pH 为 7 时的 86%后保持稳定。这说明瓷磨黄铜矿具有良好的可浮性，其浮选 pH 范围较宽。

ii)采用铁介质磨矿时，无捕收剂条件下，pH 在 5～11 之间黄铜矿的回收率由 70%缓慢降至 58%，pH 为 13 时，黄铜矿的浮选回收率迅速降至 38%；在浮选槽中添加乙黄药(1×10^{-4}mol/L)条件下，黄铜矿的回收率先由 pH 为 5 时的 58%上升到 pH 为 9 时的 67%，再降到 pH 13 时的 51%。这说明在 pH 为 5～13 铁磨黄铜矿的可浮性均较差。

整体而言，无论捕收剂存在与否，采用瓷介质磨矿时，方铅矿、闪锌矿、黄铁矿和黄铜矿等四种硫化矿物的浮选回收率平均比采用铁介质磨矿高出许多，瓷磨时它们可浮的 pH 范围也比铁磨的宽。由此说明，采用瓷介质磨矿比采用铁介质磨矿更有利于这四种硫化矿物的浮选。

事实上，不同磨矿介质、不同磨矿方式，磨矿介质的磨损状况、氧化作用及其产物对硫化矿物浮选的影响也不完全一样。另外，自磨和球磨对硫化矿物浮选的影响也不尽相同。

Pozzo 等[4]、Adam 等[32]、Wills[33]的研究表明，合金钢、低碳钢和铸铁之类的磨矿介质会对硫化矿物的浮游性产生有害影响，其主要取决于接触时间、电介质的电导率、氧的存在与否以及与金属矿物相关的电化学活性等因素。磨矿介质对黄铜矿浮游性的不良影响与接触的金属材料(阳极铁)的溶解程度有关，黄铜矿表面预先与合金钢球介质接触，出现的氧及氢氧化铁会改变矿物的化学特性，存在于磨矿介质-矿物之间的电相互作用对黄铜矿浮游性的影响是永久的，捕收剂浓度足够高时，在矿物表面上初始吸附的黄原酸盐薄膜，可以有效地防止后续的氧及氢氧化铁在矿物表面的吸附和沉积，将有助于降低上述有害影响。采用马氏铁、奥氏铁、低碳钢等作为磨矿介质时，它们与磁黄铁矿的电位相比较顺序为：磁黄铁矿>奥氏铁>马氏铁>低碳钢，当磨矿介质与磁黄铁矿发生电化学作用时，它总是作为阳极，而硫化矿物总是作为阴极。采用 AES 和 XPS 检测发现，在磁黄铁矿表面形成了铁的氢氧化物、氧化物及硫酸盐。

2)捕收剂对硫化矿物浮选的影响

(1)方铅矿。

乙黄药浓度及乙黄药的添加方式对方铅矿浮选的影响如图 2.45 所示。

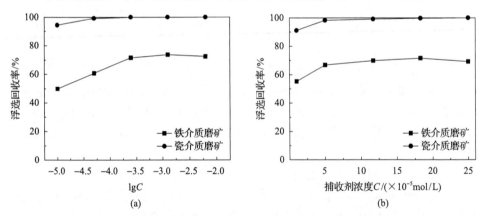

图 2.45　乙黄药浓度及其添加方式对方铅矿浮选的影响

(a)乙黄药全部添加在浮选槽中；(b)乙黄药部分添加在磨机中，其余补加在浮选槽中

i)当乙黄药全部添加在浮选槽中时，采用铁介质磨矿，乙黄药的浓度由 1×10^{-5}mol/L 增加至 2.5×10^{-4}mol/L，方铅矿的浮选回收率由 50%升至 72%。乙黄药浓度超过 2.5×10^{-4}mol/L 后，方铅矿的浮选回收率基本稳定在 72%左右；由于采用瓷介质磨矿的方铅矿具有良好的可浮性，当乙黄药浓度仅有 5×10^{-5}mol/L 时，

方铅矿即可全部上浮。综合考虑采用不同磨矿介质条件下方铅矿的浮选结果，确定方铅矿浮选时捕收剂的浓度为 2.5×10^{-4}mol/L。

ii) 预先添加部分乙黄药磨矿，使浮选槽中乙黄药起始浓度为 1×10^{-5}mol/L，采用铁介质磨矿，未补加乙黄药时方铅矿回收率为 55%，向浮选槽中补加部分捕收剂使其起始浓度由 1×10^{-5}mol/L 增加至 2.5×10^{-4}mol/L，方铅矿浮选回收率基本稳定在 70%左右；采用瓷介质磨矿时，未补加乙黄药时方铅矿浮选回收率为 91%，补加部分乙黄药使其浓度由 1×10^{-5}mol/L 增加至 2.5×10^{-4}mol/L，方铅矿浮选回收率基本保持在 100%。

(2) 闪锌矿。

乙黄药浓度及其添加方式对闪锌矿浮选的影响如图 2.46 所示。

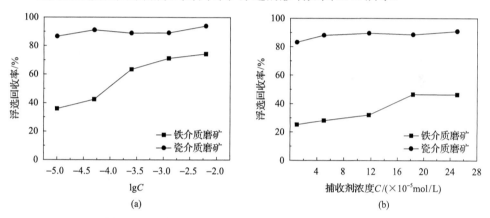

图 2.46　乙黄药浓度及其添加方式对闪锌矿浮选的影响

(a)乙黄药全部添加在浮选槽中；(b)乙黄药部分添加在磨机中，其余补加在浮选槽中

i) 采用瓷介质磨矿条件下，当乙黄药全部添加在浮选槽中时，其浓度由 1×10^{-5}mol/L 增加至 6.25×10^{-3}mol/L，闪锌矿浮选回收率由 87%缓慢升至 94%。当预先添加部分乙黄药磨矿，并使浮选矿浆中乙黄药的起始浓度为 1×10^{-5}mol/L 时，未补加乙黄药时闪锌矿回收率为 83%。补加部分乙黄药使其起始浓度由 1×10^{-5}mol/L 增加至 2.5×10^{-4}mol/L，闪锌矿浮选回收率则由 88%略升至 91%。

ii) 采用铁介质磨矿条件下，当乙黄药全部添加在浮选槽中时，其浓度由 1×10^{-5}mol/L 增加至 6.25×10^{-3}mol/L，闪锌矿浮选回收率由 36%逐步升至 74%。当预先添加部分乙黄药磨矿，并使浮选矿浆中乙黄药的起始浓度为 1×10^{-5}mol/L 时，未补加乙黄药时闪锌矿回收率为 25%。补加部分乙黄药使其起始浓度由 1×10^{-5}mol/L 增加至 1.83×10^{-4}mol/L，闪锌矿浮选回收率则由 28%缓慢升至 46%，继续增加浮选槽中乙黄药的浓度，闪锌矿的回收率保持不变。

(3) 黄铁矿。

乙黄药浓度及其添加方式对黄铁矿浮选的影响如图 2.47 所示。

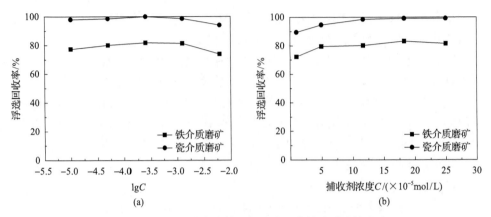

图 2.47 乙黄药浓度及其添加方式对黄铁矿浮选的影响
(a)乙黄药全部添加在浮选槽中；(b)乙黄药部分添加在磨机中，其余补加在浮选槽中

i)将乙黄药直接添加在浮选槽中，随着浮选槽中乙黄药浓度由 $1×10^{-5}$mol/L 增加至 $1.25×10^{-3}$mol/L，采用铁介质磨矿时，黄铁矿浮选回收率由77%缓慢上升至82%；采用瓷介质磨矿时，黄铁矿浮选回收率基本稳定在98%左右。当乙黄药的浓度增加至 $6.25×10^{-3}$mol/L 时，采用铁、瓷介质磨矿的黄铁矿浮选回收率均有所回落，分别降至74%、94%。

ii)预先添加部分乙黄药磨矿后，向浮选槽中补加乙黄药，使浮选槽中乙黄药浓度由 $1×10^{-5}$mol/L 增加至 $2.5×10^{-4}$mol/L，采用铁介质磨矿的黄铁矿浮选回收率由72%缓慢增长至80%，并稳定在82%左右；采用瓷介质磨矿的黄铁矿浮选回收率由89%平缓增至99%。

(4)黄铜矿。

乙黄药浓度及其添加方式对黄铜矿浮选的影响如图 2.48 所示。

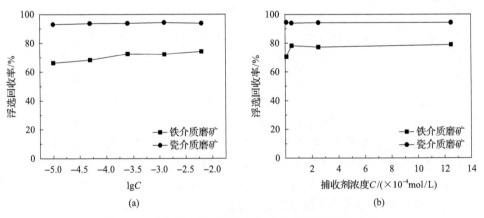

图 2.48 乙黄药浓度及其添加方式对黄铜矿浮选的影响
(a)乙黄药全部添加在浮选槽中；(b)乙黄药部分添加在磨机中，其余补加在浮选槽中

i) 将乙黄药直接添加在浮选槽中，随着乙黄药浓度由 1×10^{-5}mol/L 增加至 6.25×10^{-3}mol/L，采用铁介质磨矿时，黄铜矿浮选回收率由 66%缓慢上升至 74%；采用瓷介质磨矿时，黄铜矿浮选回收率基本稳定在 94%左右。

ii) 预先添加部分乙黄药磨矿后，向浮选槽中补加乙黄药，使浮选槽中乙黄药浓度由 1×10^{-5}mol/L 增加至 1.25×10^{-3}mol/L，采用铁介质磨矿的黄铜矿浮选回收率先由 71%缓慢增长至 79%，而后稳定在 79%左右；采用瓷介质磨矿的黄铜矿浮选回收率则基本稳定在 94%。

综合比较采用乙黄药作为捕收剂时四种硫化矿物的浮选结果发现，采用瓷介质磨矿时，适量添加捕收剂，四种硫化矿物的浮选效果均很好。而采用铁介质磨矿时，较大的乙黄药浓度情况下，四种硫化矿物的浮选效果远较瓷磨时差。这再次证实，采用瓷介质磨矿更有利于硫化矿物的浮选。

乙黄药的添加方式对四种硫化矿物浮选的影响不尽相同。乙黄药的添加方式对瓷磨和铁磨方铅矿的浮选没有明显的影响；对铁磨闪锌矿而言，将乙黄药直接添加在浮选槽中的浮选效果要好于预先部分添加在磨机中，但乙黄药的添加方式对瓷磨闪锌矿没有明显影响；无论是采用铁介质磨矿还是瓷介质磨矿，将乙黄药直接添加在浮选槽中时，黄铁矿浮选回收率略好于预先将乙黄药添加在磨机中；将部分乙黄药添加在磨机中，铁磨黄铜矿的浮选效果略好于直接将乙黄药全部添加在浮选槽中，但乙黄药的添加方式对瓷磨黄铜矿没有影响。

3) CaO 对硫化矿物浮选的影响

(1) 方铅矿。

CaO 浓度及其添加方式对方铅矿浮选的影响如图 2.49 所示。

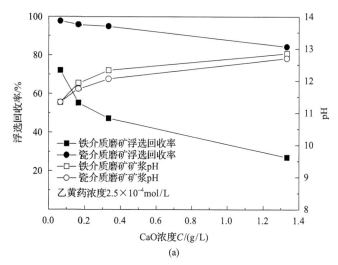

(a)

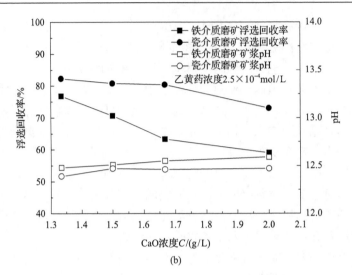

图 2.49　CaO 浓度及其添加方式对方铅矿浮选的影响

(a)CaO 全部添加在浮选槽中；(b)CaO 部分添加在磨机中，其余补加在浮选槽中

i) 当 CaO 全部添加在浮选槽中时，采用铁介质磨矿，随着浮选槽中 CaO 的浓度由 0.07g/L 增加至 1.33g/L，方铅矿的浮选回收率由 72% 大幅度降至 27%，降幅高达 45 个百分点；而采用瓷介质磨矿时，随着浮选槽中 CaO 的浓度由 0.07g/L 增加至 1.33g/L，方铅矿浮选回收率由 98% 缓慢降至 84%。瓷磨和铁磨矿浆的 pH 均由约 11 上升至约 13，变化比较平缓。

ii) 预先添加 CaO 磨矿，并使浮选矿浆中 CaO 的起始浓度为 1.33g/L 时，采用铁介质磨矿，未补加 CaO 时方铅矿回收率为 77%。向浮选槽中补加部分 CaO 使其起始浓度由 1.33g/L 增加至 2g/L，方铅矿浮选回收率降至 60%，降低了 17 个百分点。采用瓷介质磨矿时，未补加 CaO 时方铅矿浮选回收率为 82%。向浮选槽中补加部分 CaO 使其起始浓度增加至 2g/L，方铅矿浮选回收率降低至 73% 左右，降低幅度较小。瓷磨和铁磨矿浆的 pH 均保持在 12.5 左右。

(2) 闪锌矿。

CaO 浓度以及添加方式对闪锌矿浮选的影响如图 2.50 所示。

i) 当 CaO 全部添加在浮选槽中时，采用铁介质磨矿，浮选槽中 CaO 的浓度由 1.33×10^{-2}g/L 增加至 0.27g/L，闪锌矿的浮选回收率从 12% 降至 3%，基本上被完全抑制；而采用瓷介质磨矿时，随着浮选槽中 CaO 的浓度由 1.33×10^{-2}g/L 增加至 0.67g/L，闪锌矿浮选回收率先由 81% 迅速降至 32%，随后再缓慢降至 22%。这两种情况下，矿浆的 pH 均由 10 左右上升至 12 左右，变化比较平缓。

ii) 采用铁介质磨矿情况下，添加部分 CaO 磨矿再向浮选槽补加，使浮选矿浆中 CaO 的起始浓度由 6.67×10^{-2}g/L 增加至 0.33g/L 时，闪锌矿的回收率先从 51%

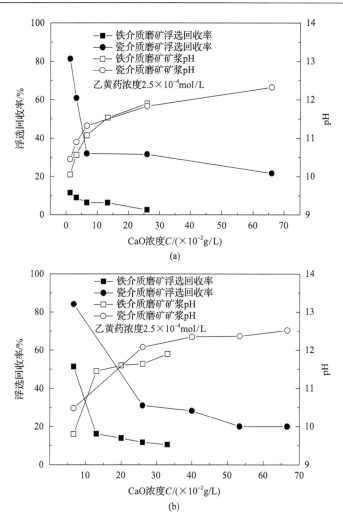

图 2.50　CaO 浓度及其添加方式对闪锌矿浮选的影响
(a) CaO 全部添加在浮选槽中；(b) CaO 部分添加在磨机中，其余补加在浮选槽中

迅速降至 16%，再缓慢降至 11%。此时矿浆的 pH 由约 10 缓慢升至 12；采用瓷介质磨矿情况下，添加部分 CaO 磨矿再向浮选槽补加，使浮选矿浆中 CaO 的起始浓度由 6.67×10^{-2}g/L 增加至 0.67g/L 时，闪锌矿的回收率先从 84% 迅速降至 31%，再缓慢降至 20%。矿浆的 pH 则由 10.5 升至 12.5。

(3) 黄铁矿。

CaO 浓度以及添加方式对黄铁矿浮选的影响如图 2.51 所示。

i) 当 CaO 全部添加在浮选槽中时，采用铁介质磨矿，浮选槽中 CaO 的浓度小于 1.33×10^{-2}g/L 时，黄铁矿的浮选回收率可达 67%，随着 CaO 浓度的升高黄铁矿的浮选回收率逐渐下降，其浓度达到 1.33g/L 时黄铁矿基本上被完全抑制；采

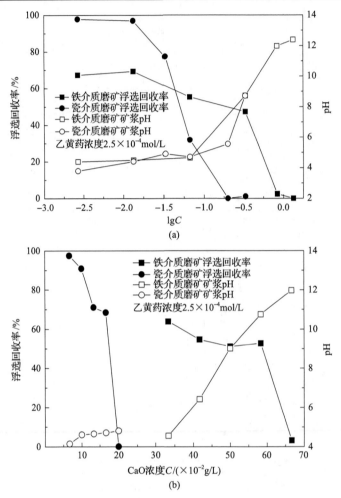

图 2.51　CaO 浓度及其添加方式对黄铁矿浮选的影响

(a) CaO 全部添加在浮选槽中；(b) CaO 部分添加在磨机中，其余补加在浮选槽中

用瓷介质磨矿时，浮选槽中 CaO 的浓度小于 1.33×10^{-2}g/L 时，黄铁矿的浮选回收率可达 97%，随着 CaO 浓度的升高黄铁矿的浮选回收率逐渐下降，其浓度达到 0.20g/L 时黄铁矿基本上被完全抑制。铁磨时矿浆的 pH 由 4.4 上升至 12.4，其变化较大；瓷磨时矿浆的 pH 由 3.80 上升至 8.7，其变化幅度较小。

ii) 采用铁介质磨矿情况下，预先添加部分 CaO 磨矿再向浮选槽补加用量，使其在浮选矿浆中的起始浓度由 0.33g/L 增加至 0.58g/L 时，黄铁矿的回收率从 63% 平缓地降至 53%，略增加 CaO 用量黄铁矿即被完全抑制。此时矿浆的 pH 由 4.55 快速升至 10.75。采用瓷介质磨矿情况下，预先添加部分 CaO 磨矿再向浮选槽补加用量，使其在浮选矿浆中的起始浓度由 6.67×10^{-2}g/L 增加至 0.17g/L 时，黄铁矿的回收率从 97% 快速降至 68%，略增加 CaO 用量黄铁矿即被完全抑制。此时矿浆的 pH 仅由 4.14 升至 4.70，增加的幅度很小。

(4) 黄铜矿。

CaO 浓度及其添加方式对黄铜矿浮选的影响如图 2.52 所示。

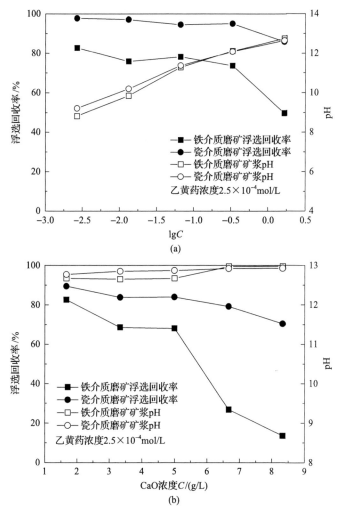

(a)

(b)

图 2.52　CaO 浓度及其添加方式对黄铜矿浮选的影响

(a)CaO 全部添加在浮选槽中；(b)CaO 部分添加在磨机中，其余补加在浮选槽中

i) 当 CaO 全部添加在浮选槽中，其浓度由 2.67×10^{-3} g/L 增加至 0.33g/L 时，铁磨黄铜矿的浮选回收率从 83% 降至 74%，瓷磨黄铜矿的浮选回收率则由 98% 降至 95%。CaO 的浓度为 1.67g/L 时，铁磨和瓷磨黄铜矿的浮选回收率均有较大幅度的下降，分别达到 50% 和 86%。铁介质磨矿矿浆 pH 由 8.82 逐渐上升至 12.76，瓷磨矿浆的 pH 则由 9.21 上升至 12.65。

ii) 采用瓷介质磨矿时，预先添加部分 CaO 磨矿，当浮选矿浆中 CaO 的浓度由 1.67g/L 增加至 8.33g/L 时，黄铜矿的浮选回收率由 89%降至 70%；采用铁介质磨矿时，预先添加部分 CaO 磨矿，当浮选矿浆中 CaO 的浓度由 1.67g/L 增加至 5g/L 时，黄铜矿的浮选回收率由 83%降至 68%，继续增加浮选槽中 CaO 的浓度，黄铜矿被有效抑制，回收率迅速降低至 14%。试验中铁磨和瓷磨黄铜矿的矿浆 pH 基本保持在 12.5～13.0。

CaO 对硫化矿物浮选的影响的综合分析如下：

采用瓷介质磨矿条件下，将 CaO 预先添加在磨矿中与直接添加到浮选槽中，对方铅矿浮选的抑制效果大体相当，均较弱。采用铁介质磨矿时，方铅矿很容易被 CaO 抑制，且将 CaO 直接添加到浮选槽中比预先添加在磨矿中对方铅矿浮选的抑制作用更强。

将 CaO 添加到浮选槽中比预先部分添加在磨机中对闪锌矿浮选的抑制作用更强，只要将浮选槽中 CaO 的浓度略微增加即可起到较好的抑制作用。采用铁介质磨矿时 CaO 对闪锌矿浮选的抑制效果明显好于采用瓷介质磨矿的情形。

预先将 CaO 添加在磨机中比直接将 CaO 添加到浮选槽中对黄铁矿浮选的抑制作用更强，只要向浮选槽中补加很少量的 CaO 即可起到较好的抑制作用。采用瓷介质磨矿时，CaO 对黄铁矿浮选的抑制效果明显好于铁介质磨矿的情形，且瓷磨黄铁矿对 CaO 的用量变化反应十分敏感。值得注意是，不同加药方式瓷磨黄铁矿被完全抑制时的 CaO 浓度均为 0.20g/L。

CaO 对瓷磨黄铜矿无明显的抑制作用，其添加方式对瓷磨黄铜矿的浮选没有明显的影响。CaO 浓度较低时对铁磨黄铜矿也无明显的抑制作用，高浓度时可对黄铜矿的浮选产生明显的抑制作用，将 CaO 全部添加在浮选槽中对铁磨黄铜矿浮选的抑制效果略好。

4）Na$_2$S 对硫化矿物浮选的影响

（1）方铅矿。

Na$_2$S 浓度及其添加方式对方铅矿浮选的影响如图 2.53 所示。

i) 当 Na$_2$S 全部添加在浮选槽中，采用铁介质磨矿时，在 8×10^{-6}～4×10^{-5}mol/L 的较低浓度范围内，方铅矿的浮选回收率先由 75%升至 88%，随着 Na$_2$S 的浓度由 4×10^{-5}mol/L 增至 5×10^{-3}mol/L，其回收率再由 88%降至 66%，而后方铅矿的回收率迅速降为 0；采用瓷介质磨矿时，Na$_2$S 浓度在 8×10^{-6}～5×10^{-3}mol/L 范围内方铅矿基本全部上浮，Na$_2$S 浓度再升高时，则被完全抑制。无论是采用铁介质还是采用瓷介质磨矿矿浆的 pH 均由 8 逐渐上升至 12.5。

ii) 预先添加部分 Na$_2$S 磨矿，采用铁介质磨矿时，当浮选矿浆中 Na$_2$S 的起始浓度为 5×10^{-3}mol/L 时，未补加 Na$_2$S 时方铅矿浮选回收率为 91%，补加部分 Na$_2$S，使其起始浓度由 7.5×10^{-3}mol/L 增至 1×10^{-2}mol/L 时，方铅矿浮选回收率由 88%

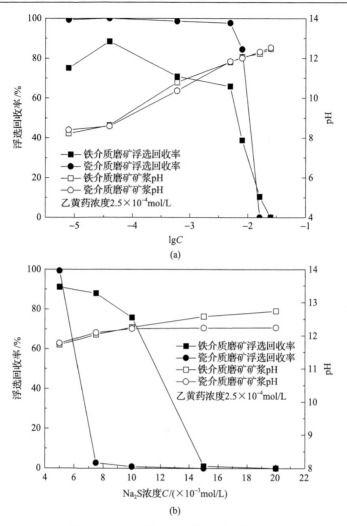

图 2.53 Na₂S 浓度对方铅矿浮选的影响

(a) Na₂S 全部添加在浮选槽中；(b) Na₂S 部分添加在磨机中，其余补加在浮选槽中

降至 76%，当 Na₂S 浓度达到 1.5×10^{-2}mol/L 后，方铅矿几乎全部被抑制；而采用瓷介质磨矿，当浮选矿浆中 Na₂S 的起始浓度为 5×10^{-3}mol/L 时，未补加 Na₂S 时方铅矿浮选回收率为 99%，仅向浮选槽中补加少量 Na₂S（浓度达到 7.67×10^{-3}mol/L），方铅矿几乎全部被抑制。无论是采用铁介质还是采用瓷介质磨矿矿浆的 pH 均保持在 12 左右。

(2) 闪锌矿。

Na₂S 浓度及其添加方式对闪锌矿浮选的影响如图 2.54 所示。

i) 采用铁介质磨矿情况下，当 Na₂S 全部添加在浮选槽中，其浓度由 3.33×10^{-5}mol/L 增加到 5×10^{-3}mol/L 时，闪锌矿浮选回收率由 43%逐渐降至 0；预先添

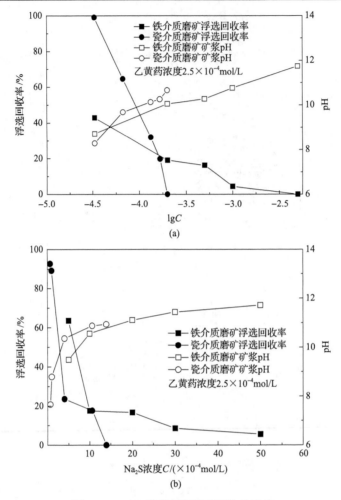

图 2.54　Na₂S 浓度对闪锌矿浮选的影响

(a) Na₂S 全部添加在浮选槽中；(b) Na₂S 部分添加在磨机中，其余补加在浮选槽中

加部分 Na₂S 磨矿，使浮选槽中的起始浓度为 5×10^{-4}mol/L 时，闪锌矿的浮选回收率为 64%，当浮选槽中 Na₂S 浓度增加至 1×10^{-3}mol/L 时，闪锌矿浮选回收率急剧降低至 18%，而浮选槽中 Na₂S 浓度大于 2×10^{-3}mol/L 后，闪锌矿浮选回收率由 18%逐渐降至 6%。这两种情况下矿浆的 pH 由 9 逐渐升至 12。

ii) 采用瓷介质磨矿情况下，当 Na₂S 全部添加在浮选槽中，其浓度仅由 3.33×10^{-5}mol/L 增加至 2×10^{-4}mol/L 时，闪锌矿浮选回收率则由 99%急剧降为 0；预先添加 Na₂S 磨矿，使浮选槽中的 Na₂S 浓度为 6.67×10^{-5}mol/L 时，闪锌矿的浮选回收率为 93%，当浮选槽中 Na₂S 浓度增加至 1×10^{-4}mol/L 时，闪锌矿浮选回收率降至 89%，继续增加浮选槽中 Na₂S 浓度至 1.4×10^{-3}mol/L，闪锌矿浮选回收率也迅速降至 0。这两种情况下矿浆 pH 均由 8 逐渐升至 11。

(3) 黄铁矿。

Na₂S 浓度以及添加方式对黄铁矿浮选的影响如图 2.55 所示。

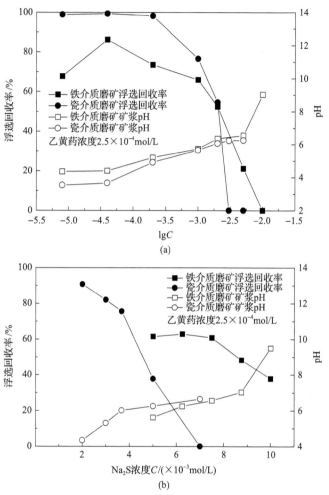

图 2.55　Na₂S 浓度对黄铁矿浮选的影响

(a) Na₂S 全部添加在浮选槽中；(b) Na₂S 部分添加在磨机中，其余补加在浮选槽中

i) 当 Na₂S 全部添加在浮选槽中，在 $8\times10^{-6}\sim4\times10^{-5}$mol/L 的较低浓度范围内，铁磨黄铁矿的浮选回收率由 68% 升至 86%。而瓷磨黄铁矿则基本全部上浮。随着浮选槽中 Na₂S 浓度由 2×10^{-4}mol/L 增至 1×10^{-2}mol/L，铁磨黄铁矿的浮选回收率由 73% 迅速降至 0。而采用瓷介质磨矿时，当浮选槽中 Na₂S 的浓度由 2×10^{-4} 增至 3×10^{-3}mol/L，黄铁矿的浮选回收率由 98% 急剧降为 0。铁磨矿浆的 pH 由 4.36 逐渐上升至 9.02，瓷磨矿浆的 pH 由 3.53 逐渐上升至 6.23。

ii) 采用铁介质磨矿情况下，预先添加部分 Na₂S 磨矿并向浮选槽补加用量，使其在浮选矿浆中的起始浓度由 5×10^{-3}mol/L 增至 1×10^{-2}mol/L 时，黄铁矿的回收率从 62%逐渐地降至 38%。此时矿浆的 pH 由 5.62 快速升至 9.50。采用瓷介质磨矿情况下，预先添加部分 Na_2S 磨矿并向浮选槽补加用量，使其在浮选矿浆中的起始浓度由 2×10^{-3}mol/L 增至 7×10^{-3}mol/L 时，黄铁矿的回收率从 91%快速降至 0。此时矿浆的 pH 仅由 4.34 升至 6.65。

(4)黄铜矿。

Na_2S 浓度及其添加方式对黄铜矿浮选的影响如图 2.56 所示。

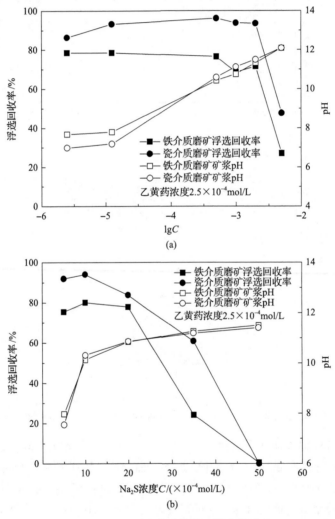

图 2.56 Na_2S 浓度对黄铜矿浮选的影响

(a)Na_2S 全部添加在浮选槽中；(b)Na_2S 部分添加在磨机中，其余补加在浮选槽中

i) 当 Na_2S 全部添加在浮选槽中，其浓度由 2.5×10^{-6}mol/L 增至 5×10^{-4}mol/L

时，铁磨黄铜矿的浮选回收率基本稳定在 78%左右，瓷磨黄铜矿的浮选回收率则由 86%升至 96%。Na$_2$S 的浓度为 2×10^{-3}mol/L 时，铁磨和瓷磨黄铜矿的浮选回收率均开始略有下降。当 Na$_2$S 的浓度高于 2×10^{-3}mol/L 后，铁磨和瓷磨黄铜矿的浮选回收率均迅速下降，分别达到 27%和 48%。采用铁介质磨矿矿浆、瓷介质磨矿矿浆的 pH 则分别由 7.68 和 6.99 逐渐上升至 12.09。

ii) 预先添加部分 Na$_2$S 磨矿，当浮选矿浆中 Na$_2$S 的浓度由 5×10^{-4}mol/L 增加至 1×10^{-3}mol/L 时，铁磨黄铜矿的浮选回收率由 75%升高至 80%，瓷磨黄铜矿的浮选回收率由 92%升至 94%。继续增加浮选槽中 Na$_2$S 的浓度，无论是铁磨黄铜矿还是瓷磨黄铜矿均被有效抑制，回收率均迅速降低至 0。试验中铁磨黄铜矿的矿浆 pH 由 7.97 上升至 11.50，瓷磨黄铜矿的矿浆 pH 由 7.55 上升至 11.40。

由 Na$_2$S 浓度及其添加方式对四种硫化矿物浮选的影响的试验结果可以看出：

无论是采用瓷介质磨矿还是采用铁介质磨矿，当 Na$_2$S 浓度较低时，其对方铅矿、闪锌矿、黄铁矿和黄铜矿等四种硫化矿物的浮选均起到了一定的促进作用。

采用瓷介质磨矿时，方铅矿、闪锌矿、黄铁矿和黄铜矿等四种硫化矿物更容易被 Na$_2$S 所抑制，当 Na$_2$S 浓度达到某一定值时，只需少量补加即可将它们有效抑制，而 Na$_2$S 对铁磨硫化矿物的抑制作用相对较差。

将部分 Na$_2$S 添加在磨机中，其对瓷磨和铁磨方铅矿、黄铁矿的抑制效果要好于将其直接添加在浮选槽中。采用铁介质磨矿时，将 Na$_2$S 直接添加在浮选槽中对闪锌矿的抑制效果比预先添加在磨机中更为明显。Na$_2$S 的添加方式对黄铜矿的浮选没有明显的影响。

5) 腐殖酸钠对硫化矿物浮选的影响

(1) 方铅矿。

腐殖酸钠浓度及其添加方式对方铅矿浮选的影响如图 2.57 所示。

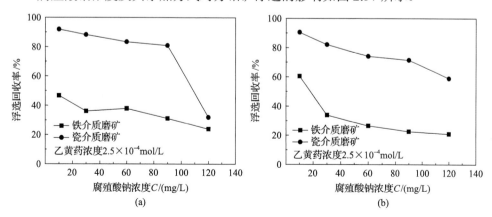

图 2.57　腐殖酸钠浓度及其添加方式对方铅矿浮选的影响

(a)腐殖酸钠全部添加在浮选槽中；(b)腐殖酸钠部分添加在磨机中，其余补加在浮选槽中

i) 当腐殖酸钠全部添加在浮选槽中，其浓度由 10mg/L 增加至 120mg/L 时，铁磨方铅矿的浮选回收率由 47% 逐渐降至 24%；瓷磨方铅矿的浮选回收率由 92% 降至 32%。这说明腐殖酸钠对瓷磨和铁磨方铅矿均具有良好的抑制作用。

ii) 预先添加腐殖酸钠磨矿，并使浮选矿浆中腐殖酸钠的起始浓度为 10mg/L，采用铁介质磨矿，未补加腐殖酸钠时方铅矿浮选回收率为 60%。随着浮选槽中腐殖酸钠的浓度由 30mg/L 增加至 120mg/L，方铅矿浮选回收率由 34% 逐渐降至 21%。采用瓷介质磨矿，未补加腐殖酸钠时方铅矿浮选回收率为 90%。随着浮选槽中腐殖酸钠的浓度由 30mg/L 增加至 120mg/L，方铅矿浮选回收率由 82% 逐渐降至 59%。

(2) 闪锌矿。

腐殖酸钠浓度变化及其添加方式对闪锌矿浮选的影响如图 2.58 所示。

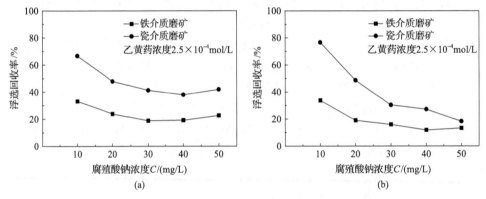

图 2.58　腐殖酸钠浓度及其添加方式对闪锌矿浮选的影响
(a) 腐殖酸钠全部添加在浮选槽中；(b) 腐殖酸钠部分添加在磨机中，其余补加在浮选槽中

i) 当腐殖酸钠全部添加在浮选槽中时，随着浮选槽中腐殖酸钠的浓度由 10mg/L 增加至 50mg/L，铁磨闪锌矿的浮选回收率由 33% 逐渐降至 23%，瓷磨闪锌矿的浮选回收率由 67% 逐渐降至 42%。

ii) 当预先添加部分腐殖酸钠在磨机中并向浮选槽补加用量时，随着浮选矿浆中腐殖酸钠的起始浓度由 10mg/L 增加至 50mg/L，铁磨闪锌矿的浮选回收率从 34% 逐渐降至 13%，瓷磨闪锌矿的浮选回收率由 77% 大幅度降至 18%。

(3) 黄铁矿。

腐殖酸钠浓度以及添加方式对黄铁矿浮选的影响如图 2.59 所示。

i) 将腐殖酸钠直接添加在浮选槽中，随着浮选槽中腐殖酸钠浓度由 10mg/L 增加至 100mg/L，采用瓷介质磨矿时，黄铁矿浮选回收率基本稳定在 99% 左右；采用铁介质磨矿时，黄铁矿浮选回收率由 68% 降至 58% 左右。

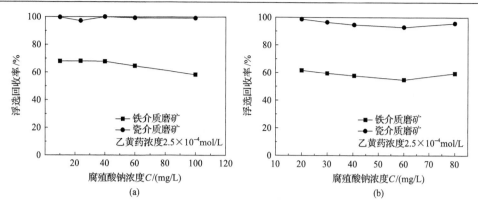

图 2.59　腐殖酸钠浓度及其添加方式对黄铁矿浮选的影响

(a)腐殖酸钠全部添加在浮选槽中；(b)腐殖酸钠部分添加在磨机中，其余补加在浮选槽中

　　ii)预先添加部分腐殖酸钠磨矿后，向浮选槽中补加用量，使其在浮选槽中的浓度由 20mg/L 增加至 60mg/L，瓷磨黄铁矿的浮选回收率基本保持在 95%左右；腐殖酸钠的浓度由 20mg/L 增加至 60mg/L 时，铁磨黄铁矿的浮选回收率由 62%缓慢降至 59%。

　　(4)黄铜矿。

　　腐殖酸钠浓度及其添加方式对黄铜矿浮选的影响如图 2.60 所示。

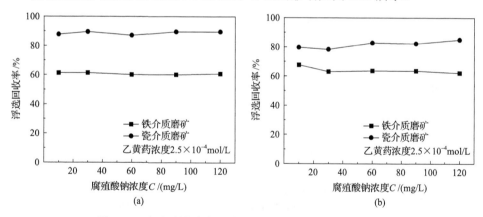

图 2.60　腐殖酸钠浓度及其添加方式对黄铜矿浮选的影响

(a)腐殖酸钠全部添加在浮选槽中；(b)腐殖酸钠部分添加在磨机中，其余补加在浮选槽中

　　i)将腐殖酸钠直接添加在浮选槽中，随着浮选槽中腐殖酸钠浓度由 10mg/L 增加至 120mg/L，瓷磨黄铜矿的浮选回收率基本稳定在 90%左右；铁磨黄铜矿的浮选回收率基本稳定在 60%左右。

　　ii)预先添加部分腐殖酸钠磨矿后，向浮选槽中补加用量，使其在浮选槽中的浓度由 10mg/L 增加至 120mg/L，瓷磨黄铜矿的浮选回收率基本保持在 80%~85%，铁磨黄铜矿的浮选回收率基本保持在 62%~68%。

综合分析试验结果可以看出：

腐殖酸钠对瓷磨和铁磨方铅矿的浮选均具有一定的抑制作用，尤其是对铁磨方铅矿的抑制效果更为明显。将腐殖酸钠直接添加在浮选槽中，其对方铅矿浮选的抑制作用更为有效。

无论是采用铁介质还是瓷介质磨矿，将腐殖酸钠预先添加在磨机中并向浮选槽适当补加用量，对闪锌矿浮选的抑制效果明显比直接添加在浮选槽中好，但瓷磨闪锌矿的浮选总比铁磨的更难于被抑制。

腐殖酸钠对瓷磨黄铁矿没有明显的抑制作用，对铁磨黄铁矿浮选有一定的抑制作用，但其添加方式对黄铁矿的抑制没有影响。

腐殖酸钠浓度的变化对铁磨和瓷磨黄铜矿的浮选均无明显的影响。采用瓷介质磨矿时，将腐殖酸钠预先添加在磨机中，其对黄铜矿浮选的抑制效果略好于全部添加在浮选槽中。采用铁介质磨矿时情形正好相反。

6) $Na_2S_2O_3$ 对闪锌矿和黄铁矿浮选的影响

(1) 闪锌矿。

$Na_2S_2O_3$ 浓度及其添加方式对闪锌矿浮选的影响如图 2.61 所示。

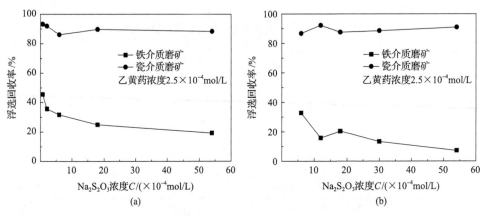

图 2.61　$Na_2S_2O_3$ 浓度及其添加方式对闪锌矿浮选的影响

(a) $Na_2S_2O_3$ 全部添加在浮选槽中；(b) $Na_2S_2O_3$ 部分添加在磨机中，其余补加在浮选槽中

i) 当 $Na_2S_2O_3$ 全部添加在浮选槽中，采用铁介质磨矿时，随着浮选槽中 $Na_2S_2O_3$ 的浓度由 6.67×10^{-5} mol/L 增加至 5.4×10^{-3} mol/L，闪锌矿的浮选回收率由 45% 逐渐降至 19%；采用瓷介质磨矿时，随着 $Na_2S_2O_3$ 的浓度由 6.67×10^{-5} mol/L 增加至 6×10^{-4} mol/L，闪锌矿的浮选回收率由 93% 逐渐降至 86%，浮选槽中 $Na_2S_2O_3$ 的浓度继续增加，闪锌矿的浮选回收率基本保持不变，稳定在 88% 左右。

ii) 预先添加部分 $Na_2S_2O_3$ 磨矿并向浮选槽补加用量，使浮选矿浆中 $Na_2S_2O_3$ 的起始浓度由 6×10^{-4} mol/L 增加至 5.4×10^{-3} mol/L 时，采用铁介质磨矿情况下闪锌矿的回收率从 33%逐渐降至 7%；采用瓷介质磨矿情况下，闪锌矿的回收率基本保持在 90%左右。

（2）黄铁矿。

$Na_2S_2O_3$ 浓度及其添加方式对黄铁矿浮选的影响如图 2.62 所示。

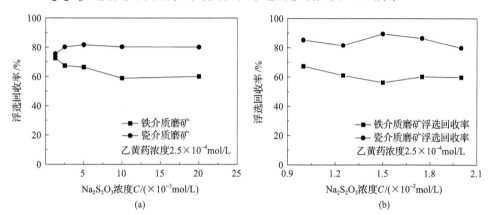

图 2.62　$Na_2S_2O_3$ 浓度及其添加方式对黄铁矿浮选的影响

(a)$Na_2S_2O_3$ 全部添加在浮选槽中；(b)$Na_2S_2O_3$ 部分添加在磨机中，其余补加在浮选槽中

i）将 $Na_2S_2O_3$ 直接添加在浮选槽中时，随着 $Na_2S_2O_3$ 的浓度由 1.25×10^{-3}mol/L 增加至 1×10^{-2}mol/L，铁磨黄铁矿的浮选回收率由 73%降至 60%左右，再提高 $Na_2S_2O_3$ 浓度，其回收率基本保持不变；瓷磨黄铁矿的浮选回收率基本稳定在 80% 左右。

ii）预先添加部分 $Na_2S_2O_3$ 磨矿后，向浮选槽中补加用量，使其在浮选槽中的浓度由 1.0×10^{-2}mol/L 增加至 2.0×10^{-2}mol/L，铁磨黄铁矿的浮选回收率由 67% 缓慢降至 60%并稳定在 60%左右，瓷磨黄铁矿的浮选回收率基本保持在 85%左右。

综合分析试验结果可以发现：

$Na_2S_2O_3$ 对瓷磨闪锌矿的浮选几乎没有抑制作用，而对铁磨闪锌矿的抑制效果比较明显。将 $Na_2S_2O_3$ 添加在磨机中，其对铁磨闪锌矿的抑制效果比将 $Na_2S_2O_3$ 直接添加到浮选槽中好。这说明 $Na_2S_2O_3$ 对闪锌矿浮选的抑制与铁介质的存在与否有着密切关系。

$Na_2S_2O_3$ 对瓷磨黄铁矿的抑制作用十分有限，对铁磨黄铁矿的抑制作用相对较好。将 $Na_2S_2O_3$ 直接添加在浮选槽中，对瓷磨和铁磨黄铁矿的抑制作用均略好于预先将 $Na_2S_2O_3$ 添加在磨机中。

7）$ZnSO_4$ 对闪锌矿浮选的影响

工业实践中，常常采用 $ZnSO_4$ 作闪锌矿浮选的抑制剂以实现其与其他硫化矿物的浮选分离。$ZnSO_4$ 浓度以及添加方式对闪锌矿浮选的影响如图 2.63 所示。

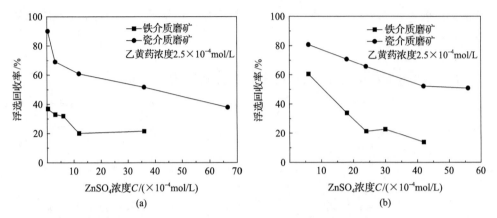

图 2.63　ZnSO₄浓度及其添加方式对闪锌矿浮选的影响

(a)ZnSO₄全部添加在浮选槽中；(b)ZnSO₄部分添加在磨机中，其余补加在浮选槽中

i) 当 $ZnSO_4$ 全部添加在浮选槽中时，采用铁介质磨矿，浮选槽中 $ZnSO_4$ 的浓度由 3.33×10^{-5}mol/L 增加至 3.6×10^{-3}mol/L，闪锌矿的浮选回收率由37%逐渐降至 20%后趋于稳定；采用瓷介质磨矿时，随着浮选槽中 $ZnSO_4$ 的浓度由 3.33×10^{-5}mol/L 增加至 6.67×10^{-3}mol/L，闪锌矿浮选回收率由90%逐渐降至38%。

ii) 采用铁介质磨矿情况下，预先添加部分 $ZnSO_4$ 磨矿并向浮选槽补加用量，使浮选矿浆中 $ZnSO_4$ 的起始浓度由 6×10^{-4}mol/L 增加至 4.2×10^{-3}mol/L 时，闪锌矿的回收率从61%逐渐降至14%；采用瓷介质磨矿情况下，预先添加部分 $ZnSO_4$ 磨矿并向浮选槽补加用量，使浮选矿浆中 $ZnSO_4$ 的起始浓度由 6×10^{-4}mol/L 增加至 5.6×10^{-3}mol/L 时，闪锌矿的回收率由81%逐渐降至51%。

整体而言，采用瓷介质磨矿时 $ZnSO_4$ 对闪锌矿浮选的抑制效果明显比采用铁介质磨矿时差。将 $ZnSO_4$ 添加到浮选槽中比预先部分添加在磨机中对闪锌矿浮选的抑制效果更好。

8)$CuSO_4$ 对闪锌矿和黄铁矿浮选的影响

(1)闪锌矿。

$CuSO_4$ 浓度以及添加方式对闪锌矿浮选的影响如图 2.64 所示。

i) 当 $CuSO_4$ 全部添加在浮选槽中时，随着浮选槽中 $CuSO_4$ 的浓度由 3.33×10^{-5}mol/L 增加至 8×10^{-4}mol/L，采用铁介质磨矿时，闪锌矿的浮选回收率由87%逐渐升至95%；采用瓷介质磨矿时，闪锌矿的浮选回收率基本稳定在100%。

ii) 当预先添加 $CuSO_4$ 磨矿并向浮选槽补加 $CuSO_4$ 时，随着浮选矿浆中 $CuSO_4$ 的起始浓度由 2×10^{-4}mol/L 增加至 1×10^{-3}mol/L，采用铁介质磨矿的闪锌矿浮选回收率由 79%逐渐升至 93%；采用瓷介质磨矿的闪锌矿浮选回收率完全稳定在100%。

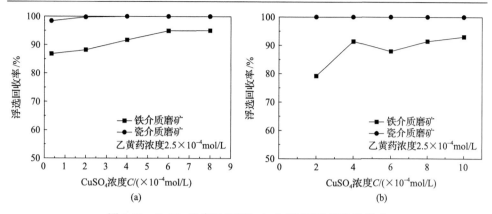

图 2.64　CuSO₄ 浓度及其添加方式对闪锌矿浮选的影响

(a) CuSO₄ 全部添加在浮选槽中；(b) CuSO₄ 部分添加在磨机中，其余补加在浮选槽中

(2) 黄铁矿。

CuSO₄ 浓度以及添加方式对黄铁矿浮选的影响如图 2.65 所示。

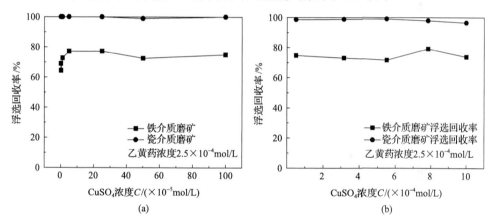

图 2.65　CuSO₄ 浓度及其添加方式对黄铁矿浮选的影响

(a) CuSO₄ 全部添加在浮选槽中；(b) CuSO₄ 部分添加在磨机中，其余补加在浮选槽中

i) 当 CuSO₄ 全部添加在浮选槽中时，随着浮选槽中 CuSO₄ 的浓度由 1×10^{-7}mol/L 增加至 5×10^{-5}mol/L，采用铁介质磨矿时，黄铁矿的浮选回收率先由 64% 逐渐升至 77%，但提高 CuSO₄ 的浓度，黄铁矿的浮选并不能进一步得到改善；采用瓷介质磨矿时，由于黄铁矿本身的浮选性能已经较好，CuSO₄ 的浓度很低时就能使黄铁矿完全上浮。

ii) 当预先添加部分 CuSO₄ 磨矿并向浮选槽补加用量时，随着 CuSO₄ 的浓度的升高，铁磨黄铁矿的浮选回收率基本稳定在 75% 左右，瓷磨黄铁矿则基本完全上浮。

上述各种条件下，CuSO₄ 均能对闪锌矿和黄铁矿浮选起到明显的活化作用。采用瓷介质磨矿，当 CuSO₄ 的浓度很低时就能很好地活化闪锌矿和黄铁矿，CuSO₄

的添加方式对闪锌矿和黄铁矿浮选的活化均没有明显的影响。采用铁介质磨矿条件下，直接添加 $CuSO_4$ 在浮选槽中的效果好于添加 $CuSO_4$ 在磨矿中，但闪锌矿和黄铁矿均不能被 $CuSO_4$ 完全活化。

9) 磨矿环境对硫化矿物浮选速度的影响

在硫化矿物浮选的条件试验中，发现不同磨介质条件下硫化矿物的浮选效果差异较大，图 2.66 所示的硫化矿物浮选速度试验结果再次证实了这一现象。

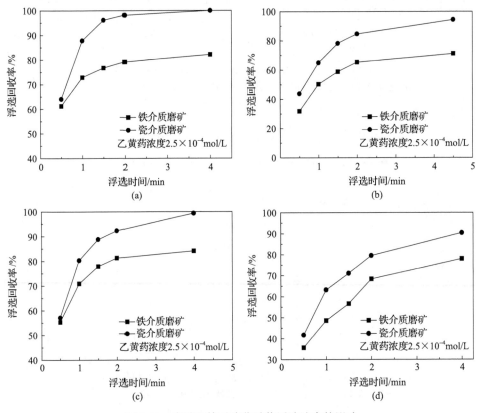

图 2.66 磨矿环境对硫化矿物浮选速度的影响
(a)方铅矿；(b)闪锌矿；(c)黄铁矿；(d)黄铜矿

(1)方铅矿浮选速度的试验结果见图 2.66(a)，结果表明：当浮选时间为 30s 时，采用瓷介质磨矿和采用铁介质磨矿方铅矿的回收率接近(均小于 65%)，但是随着浮选时间的延长，采用瓷介质磨矿时，方铅矿的回收率迅速上升，浮选 1min 的回收率就高达 88%，浮选 4min 即达到 100%。而采用铁介质磨矿时，方铅矿的回收率虽有较大幅度的上升，但浮选 4min 仅达到 82%。

(2)闪锌矿浮选速度的试验结果见图 2.66(b)，结果表明：当浮选时间为 0.5min 时，瓷磨闪锌矿的浮选回收率为 44%，而铁磨闪锌矿的回收率只为 32%，比采用瓷磨时低 12 个百分点。随着浮选时间的延长，采用瓷介质磨矿时，闪锌矿的回收率迅速上升，浮选 1.5min 的回收率就达到 78%，浮选 4.5min 时达 94%。而采用铁介质磨矿时，闪锌矿的回收率虽上升幅度较大，但浮选 4.5min 时仍仅达到 71%。

(3) 黄铁矿的浮选速度试验结果见图 2.66(c)。可以看出，当浮选时间为 0.5min 时，瓷磨黄铁矿与铁磨黄铁矿的回收率比较接近，分别为 57% 和 55%。随着浮选时间的延长，采用瓷介质磨矿时，黄铁矿的回收率迅速上升，浮选 1.5min 的回收率就达到 89%，浮选 4min 时达 99%。而采用铁介质磨矿时，黄铁矿的回收率虽上升幅度较大，但浮选 1.5min 时仍仅达到 78%，浮选 4min 时可达到 84%。

(4) 黄铜矿的浮选速度试验结果见图 2.66(d)。可以看出，当浮选时间为 0.5min 时，瓷磨黄铜矿与铁磨黄铜矿的回收率比较接近，分别为 42% 和 36%。随着浮选时间的延长，采用瓷介质磨矿时，黄铜矿的回收率迅速上升，浮选 2min 的回收率就达到 80%，浮选 4min 时达 90%。而采用铁介质磨矿时，黄铜矿的回收率虽上升幅度较大，但浮选 2min 时仍仅达到 68%，浮选 4min 时可达到 78%。由此说明，采用瓷介质磨矿时，黄铜矿的浮选速度明显快于采用铁介质磨矿的情形。

整体而言，采用瓷介质磨矿时，硫化矿物的浮选速度明显快于采用铁介质磨矿时的浮选速度，更有利于硫化矿物的快速浮选。

2. 干磨条件下的硫化矿单矿物浮选

1) 矿浆 pH 对硫化矿物浮选的影响

(1) 方铅矿。

无捕收剂和添加捕收剂时矿浆 pH 对方铅矿浮选影响如图 2.67 所示。

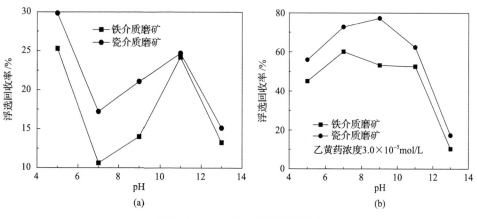

图 2.67　pH 对方铅矿浮选的影响

(a) 无捕收剂；(b) 有捕收剂

i) 无捕收剂条件下，无论采用铁介质还是采用瓷介质磨矿，方铅矿浮选回收率均在 30%以下。

ii)添加乙黄药条件下,采用铁介质磨矿,当矿浆 pH 由 5 升至 11 时,方铅矿浮选回收率先由 45.08%上升至 60.12%,然后缓慢下降至 52.49%。采用瓷介质磨矿时,当矿浆 pH 由 5 升至 11 时,方铅矿浮选回收率由 55.96%缓慢上升至 77.27%,在 pH=9 时达到极大值,然后下降到 62.32%。当矿浆 pH 由 11 升至 13 时,铁磨和瓷磨的浮选回收率均迅速下降,分别达到 10.35%和 17.24%。

(2)闪锌矿。

未添加和添加捕收剂时矿浆 pH 对闪锌矿浮选影响如图 2.68 所示。

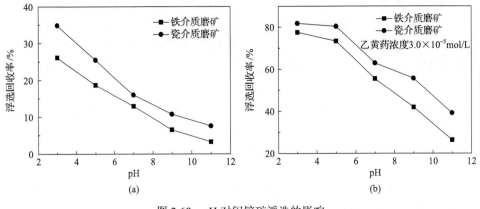

图 2.68　pH 对闪锌矿浮选的影响
(a)无捕收剂;(b)有捕收剂

i)无捕收剂条件下,无论采用铁介质还是采用瓷介质磨矿,闪锌矿浮选回收率均随 pH 的升高逐渐下降;采用瓷介质磨矿比采用铁介质磨矿的浮选回收率高10 个百分点左右。

ii)添加乙黄药条件下,无论采用铁介质磨矿还是采用瓷介质磨矿,当矿浆 pH 由 3 升至 5 时,闪锌矿浮选回收率分别稳定在 70%和 80%,然后随着 pH 的升高浮选回收率迅速下降到 26.30%和 39.08%。

由以上分析发现:在有捕收剂存在的条件下,闪锌矿的浮选回收率在 pH=3~5 时相差不大,在 pH 高于 5 以后,回收率迅速下降;无捕收剂时,闪锌矿的浮选回收率随着 pH 的升高迅速下降。

(3)黄铁矿。

矿浆 pH 的变化对黄铁矿的浮选影响较大。对于采用瓷、铁介质干式磨矿下的黄铁矿,分别考察 pH 变化对黄铁矿浮选的影响(图 2.69)。

i)无捕收剂条件下,无论采用铁介质还是采用瓷介质磨矿,黄铁矿浮选回收率均在 10%以下,在 pH=5 时被完全抑制。

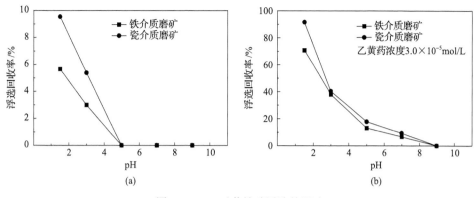

图 2.69　pH 对黄铁矿浮选的影响

(a)无捕收剂；(b)有捕收剂

ii)添加乙黄药条件下，采用铁介质磨矿，当矿浆 pH 由 1.5 升至 7 时，黄铁矿浮选回收率由 70.66%迅速下降至 6.53%，在 pH=9 时被完全抑制。采用瓷介质磨矿时，当矿浆 pH 由 1.5 升至 7 时，黄铁矿浮选回收率由 91.54%急剧下降至 9.25%，在 pH=9 时被完全抑制。

(4)黄铜矿。

无捕收剂和添加捕收剂时矿浆 pH 对黄铜矿浮选的影响如图 2.70 所示。

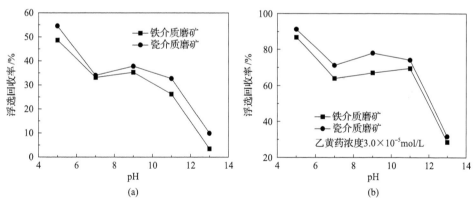

图 2.70　pH 对黄铜矿浮选的影响

(a)无捕收剂；(b)有捕收剂

i)无捕收剂条件下，采用铁介质磨矿，当矿浆 pH 由 5 升至 11 时，黄铜矿浮选回收率先由 48.69%快速下降至 33.07%。采用瓷介质磨矿时，当矿浆 pH 由 5 升至 11 时，黄铜矿浮选回收率由 54.55%快速下降至 34.00%。当矿浆 pH 由 11 升至 13 时，铁磨和瓷磨的浮选回收率均迅速下降至 3.47%和 9.89%。

ii)添加乙黄药条件下，采用铁介质磨矿，当矿浆 pH 由 5 升至 11 时，黄铜矿浮选回收率由 86.78%下降至 63.89%，然后稳定在 67.01%左右。采用瓷介质磨矿时，当矿浆 pH 由 5 升至 11 时，黄铜矿浮选回收率由 91.26%下降至 71.14%。当矿浆 pH 由 11 升至 13 时，铁磨和瓷磨的浮选回收率均迅速下降，分别到达 28.51%和 31.63%。

整体而言，无论捕收剂存在与否，采用瓷介质磨矿时，方铅矿、闪锌矿、黄铁矿和黄铜矿等四种硫化矿物的浮选回收率平均比采用铁介质磨矿高 10%左右，干磨后矿物的可浮性对 pH 反应敏感。由此说明，采用干式磨矿时，应严格控制 pH 来实现目的矿物的上浮。

2）捕收剂对硫化矿物浮选的影响

黄药类捕收剂常用于浮选硫化矿。下面分别考察采用瓷、铁介质磨矿时浮选槽中乙黄药浓度变化对方铅矿、闪锌矿、黄铁矿和黄铜矿浮选的影响。

（1）方铅矿。

乙黄药浓度对方铅矿浮选的影响如图 2.71 所示。结果表明：将乙黄药直接添加在浮选槽，随着浮选槽中乙黄药浓度由 3.0×10^{-5}mol/L 增加至 1.5×10^{-4}mol/L，采用铁介质磨矿时，方铅矿浮选回收率由 79.81%缓慢上升至 100%；采用瓷介质磨矿时，方铅矿浮选回收率由 81.84%迅速上升至 100%。可见，无论采用瓷介质磨矿还是采用铁介质磨矿，方铅矿在乙黄药浓度较低的情况下仍然具有良好的可浮性。

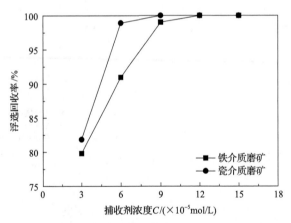

图 2.71　乙黄药浓度对方铅矿浮选的影响

（2）闪锌矿。

乙黄药浓度对闪锌矿浮选的影响如图 2.72 所示。结果表明：将乙黄药直接添加在浮选槽，随着浮选槽中乙黄药浓度由 3×10^{-5}mol/L 增加至 1.5×10^{-4}mol/L，采用铁介质磨矿时，闪锌矿浮选回收率由 77.28%缓慢上升至 86.46%；采用瓷介质磨矿时，闪锌矿浮选回收率由 84.96%缓慢上升至 90.13%。可见，采用瓷介质磨矿时，闪锌矿在乙黄药浓度较低的情况下较铁介质磨矿时的可浮性好。

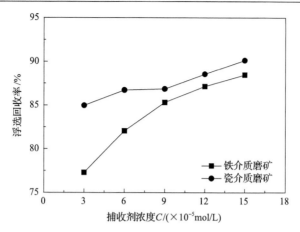

图 2.72　乙黄药浓度对闪锌矿浮选的影响

（3）黄铁矿。

乙黄药浓度对黄铁矿浮选的影响如图 2.73 所示。结果表明：将乙黄药直接添加在浮选槽，随着浮选槽中乙黄药浓度由 3.0×10^{-5}mol/L 增加至 2.7×10^{-4}mol/L，采用铁介质磨矿时，黄铁矿浮选回收率由 70.66% 缓慢上升至 92.17%；采用瓷介质磨矿时，黄铁矿浮选回收率基本稳定在 95% 左右。可见，采用瓷介质磨矿时，黄铁矿在乙黄药浓度较低的情况下仍然具有良好的可浮性；采用铁介质磨矿时，黄铁矿在乙黄药浓度较低的情况下其可浮性相对较差。

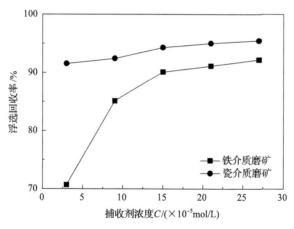

图 2.73　乙黄药浓度对黄铁矿浮选的影响

（4）黄铜矿。

乙黄药浓度对黄铜矿浮选的影响如图 2.74 所示。结果表明：将乙黄药直接添加在浮选槽，随着浮选槽中乙黄药浓度由 3.0×10^{-5}mol/L 增加至 1.5×10^{-4}mol/L，采用铁介质磨矿时，黄铜矿浮选回收率由 75.99% 缓慢上升至 89.41%；采用瓷介质磨矿时，黄铜矿浮选回收率由 85.46%缓慢上升至 97.74%。可见，无论采用瓷介质磨矿还是采用铁介质磨矿，黄铜矿在乙黄药浓度较低的情况下仍然具有良好的可浮性。

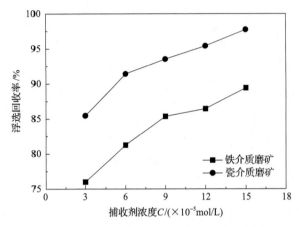

图 2.74　乙黄药浓度对黄铜矿浮选的影响

　　综合比较采用乙黄药作为捕收剂时四种硫化矿物的浮选结果发现，适量添加捕收剂，四种硫化矿物的浮选效果均较好。在同等药剂浓度的条件下采用瓷介质磨矿时均比采用铁介质磨矿得到更高的浮选回收率。这再次证实，采用瓷介质磨矿更有利于硫化矿物的浮选。

3) CaO 对硫化矿物浮选的影响

（1）方铅矿。

CaO 浓度对方铅矿浮选的影响如图 2.75 所示。试验结果表明：无论采用铁介

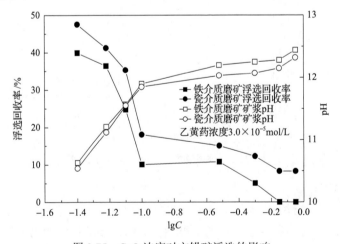

图 2.75　CaO 浓度对方铅矿浮选的影响

质磨矿还是采用瓷介质磨矿，随着 CaO 的浓度的升高方铅矿的浮选回收率逐渐下降。随着其浓度从 0.04g/L 增加至 0.1g/L，方铅矿的回收率迅速下降，采用铁介质磨矿时 CaO 浓度为 0.7g/L 时方铅矿被完全抑制；采用瓷介质磨矿时 CaO 浓度达到 0.9g/L 时方铅矿仍然有 8.05%的回收率，说明瓷磨方铅矿较铁磨方铅矿难以抑制。铁磨时矿浆的 pH 由 11.21 上升至 12.44，瓷磨时矿浆的 pH 由 11.12 上升至 12.32，其变化幅度均较小。

（2）闪锌矿。

CaO 浓度对闪锌矿浮选的影响如图 2.76 所示。结果表明：无论采用铁介质还是采用瓷介质磨矿，浮选槽中 CaO 的浓度小于 0.04g/L 时，闪锌矿的浮选回收率均稳定在 40%左右，随着 CaO 浓度的升高，其浓度达到 0.1g/L 时闪锌矿基本上被完全抑制。这说明瓷磨闪锌矿和铁磨闪锌矿在采用石灰作抑制剂时的浮选特性相差不大。铁磨时矿浆的 pH 由 9.54 上升至 10.95，瓷磨时矿浆的 pH 由 9.01 上升至 11.10，其变化幅度均较小。

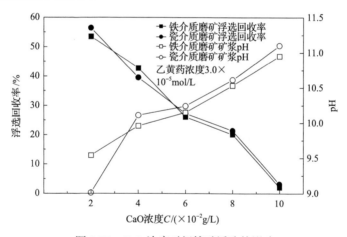

图 2.76　CaO 浓度对闪锌矿浮选的影响

（3）黄铁矿。

CaO 浓度对黄铁矿浮选的影响如图 2.77 所示。结果表明：采用铁介质磨矿，浮选槽中 CaO 的浓度为 0.08g/L 时，黄铁矿的浮选回收率可达 46.35%，随着 CaO 浓度的升高，黄铁矿的浮选回收率逐渐下降，其浓度达到 0.6g/L 时黄铁矿基本上被完全抑制；采用瓷介质磨矿时，浮选槽中 CaO 的浓度为 0.08g/L 时，黄铁矿的浮选回收率可达 68.93%，随着 CaO 浓度的升高黄铁矿的浮选回收率逐渐下降，其浓度达到 0.8g/L 时黄铁矿仍然有 20.69%的回收率，说明瓷磨黄铁矿较铁磨黄铁矿难以抑制。铁磨时矿浆的 pH 由 3.40 上升至 6.66，其变化较大；瓷磨时矿浆的 pH 由 2.35 只上升至 3.16，其变化幅度较小。

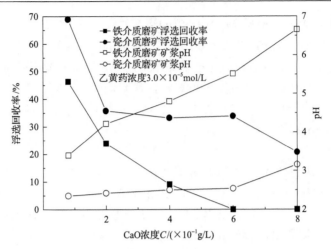

图 2.77 CaO 浓度对黄铁矿浮选的影响

(4)黄铜矿。

CaO 浓度对黄铜矿浮选的影响如图 2.78 所示。结果表明：无论采用铁介质磨矿还是采用瓷介质磨矿，随着 CaO 浓度的升高黄铜矿的浮选回收率逐渐下降，其浓度从 0.08g/L 提高至 0.1g/L 时，铁磨和瓷磨黄铜矿的浮选回收率分别由 74.77% 和 78.62% 急剧下降到 39.51% 和 50.33%。铁磨时矿浆的 pH 由 10.36 上升至 12.67，瓷磨时矿浆的 pH 由 10.34 上升至 12.54。

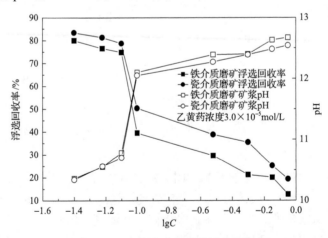

图 2.78 CaO 浓度对黄铜矿浮选的影响

将 CaO 直接添加到浮选槽中，综合分析其对硫化矿物浮选的影响发现：

四种硫化矿在采用铁介质磨矿时，均比在采用瓷介质磨矿时容易被 CaO 抑制。

黄铁矿在采用瓷介质磨矿后难以被 CaO 抑制，原因在于 CaO 对瓷磨黄铁矿矿浆的 pH 影响较小，CaO 用量达到 0.8g/L 时瓷磨黄铁矿矿浆的 pH 为 3.16，而铁磨黄铁矿矿浆的 pH 为 6.66，差异明显。

CaO 对闪锌矿的抑制效果大体相当，无论采用瓷介质还是采用铁介质磨矿，在药剂浓度相同的情况下相差不大。

黄铜矿采用瓷介质磨矿，在 CaO 浓度为 0.9g/L 时仍有 20%的回收率，此时的矿浆 pH 达到 12 以上。

铁磨方铅矿在 CaO 浓度为 0.7g/L 时基本上被完全抑制，此时矿浆的 pH 超过 12，由此说明铁磨方铅矿对 pH 的反应敏感。

4）Na_2S 对硫化矿物浮选的影响

（1）方铅矿。

Na_2S 浓度对方铅矿浮选的影响如图 2.79 所示。

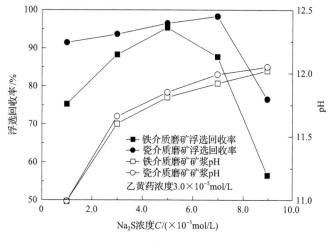

图 2.79　Na_2S 浓度对方铅矿浮选的影响

i）随着浮选槽中 Na_2S 浓度由 1.0×10^{-3}mol/L 增至 5.0×10^{-3}mol/L，铁磨方铅矿的浮选回收率由 75.25%升至 95.34%，然后随 Na_2S 浓度的增加方铅矿的浮选回收率逐渐下降，当 Na_2S 浓度增至 9.0×10^{-3}mol/L 时，方铅矿的浮选回收率下降到 56.49%。

ii）采用瓷介质磨矿时，当浮选槽中 Na_2S 的浓度由 1.0×10^{-3} 增至 7.0×10^{-3}mol/L，方铅矿的浮选回收率缓慢升高到 98.27%，当 Na_2S 浓度增至 9.0×10^{-3}mol/L 时，方铅矿的浮选回收率下降到 76.50%。铁磨矿浆的 pH 由 10.99 逐渐上升至 12.02；瓷磨矿浆的 pH 由 10.99 逐渐上升至 12.05。

（2）闪锌矿。

Na_2S 浓度对闪锌矿浮选的影响如图 2.80 所示。结果表明：随着浮选槽中 Na_2S 浓度由 2.0×10^{-4}mol/L 增至 6.0×10^{-4}mol/L，铁磨和瓷磨闪锌矿的浮选回收率均表现出先升高再下降的趋势；随着 Na_2S 浓度的继续升高，闪锌矿的回收率快速下降，当 Na₂S 浓度增至 1.2×10^{-3}mol/L 时，铁磨和瓷磨的闪锌矿回收率分别下降到 10.76%和 23.66%。铁磨矿浆的 pH 由 9.68 逐渐上升至 10.76，瓷磨矿浆的 pH 由 9.73 缓慢上升至 10.84。

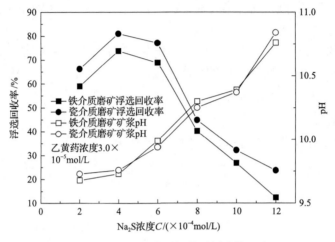

图 2.80　Na₂S 浓度对闪锌矿浮选的影响

(3)黄铁矿。

Na₂S 浓度对黄铁矿浮选的影响如图 2.81 所示。结果表明：随着浮选槽中 Na₂S 浓度由 2.0×10^{-4}mol/L 增至 8.0×10^{-4}mol/L，铁磨和瓷磨黄铁矿的浮选回收率分别由 62.08%和 70.26%缓慢增加至 73.15%和 82.32%。随着其浓度的继续升高，黄铁矿的浮选回收率逐渐下降，当其浓度由 1.0×10^{-3}mol/L 增至 1.2×10^{-2}mol/L 时，铁磨和瓷磨黄铁矿的浮选回收率分别由 54.14%和 60.07%迅速降至 0。铁磨矿浆的 pH 由 1.95 逐渐上升至 7.02，瓷磨矿浆的 pH 由 1.88 逐渐上升至 5.97。

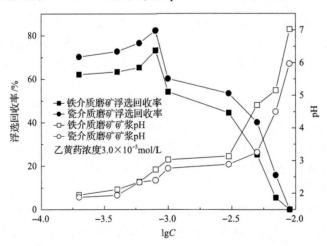

图 2.81　Na₂S 浓度对黄铁矿浮选的影响

(4)黄铜矿。

Na₂S 浓度对黄铜矿浮选的影响如图 2.82 所示。结果表明：随着浮选槽中 Na₂S 浓度的逐渐增加，铁磨和瓷磨黄铜矿的浮选回收率最初分别维持在 82%和 89%，然后迅速下降。随着其浓度由 1.0×10^{-3}mol/L 增加至 9.0×10^{-3}mol/L，铁磨和瓷磨黄铜矿的浮选回收率分别由 72.49%和 81.80%迅速降至 5.13%和 11.67%。铁磨矿浆的 pH 由 8.52 逐渐上升至 11.74，瓷磨矿浆的 pH 由 8.50 逐渐上升至 11.70。

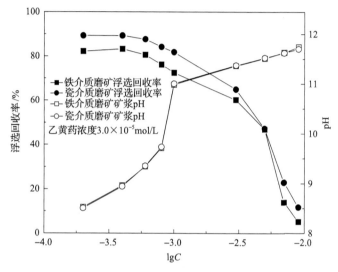

图 2.82 Na₂S 浓度对黄铜矿浮选的影响

由 Na₂S 浓度对四种硫化矿物浮选的影响的试验结果可以看出：无论是采用瓷介质磨矿还是采用铁介质磨矿，当 Na₂S 浓度较低时，其对方铅矿、闪锌矿、黄铁矿和黄铜矿等四种硫化矿物的浮选均起到了一定的促进作用。而随着其用量的增加，四种硫化矿均不同程度地受到抑制。

5)Na₂S₂O₃ 对闪锌矿和黄铁矿浮选的影响

(1)闪锌矿。

Na₂S₂O₃ 浓度对闪锌矿浮选的影响如图 2.83 所示。结果表明：随着浮选槽中 Na₂S₂O₃ 的浓度由 0 增加至 1.6×10^{-3}mol/L，铁磨闪锌矿的浮选回收率由 64.05%快速降低至 30.06%；瓷磨闪锌矿的浮选回收率由 68.02%缓慢降低至 53.11%。

(2)黄铁矿。

Na₂S₂O₃ 浓度对黄铁矿浮选的影响如图 2.84 所示。结果表明：随着浮选槽中 Na₂S₂O₃ 的浓度由 1.0×10^{-3}mol/L 增加至 5.0×10^{-3}mol/L，瓷磨和铁磨黄铁矿的浮选回收率分别稳定在 55%和 45%左右，然后快速降至 6.73%和 6.46%。瓷磨黄铁矿的矿浆 pH 稳定在 1.88，铁磨黄铁矿的矿浆 pH 稳定在 2.10，两者变化均不大。

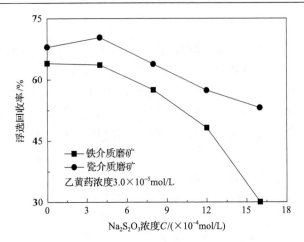

图 2.83　Na$_2$S$_2$O$_3$ 浓度对闪锌矿浮选的影响

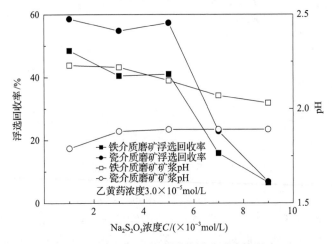

图 2.84　Na$_2$S$_2$O$_3$ 浓度对黄铁矿浮选的影响

对图 2.83 和图 2.84 所示的试验结果的综合分析如下。

i)Na$_2$S$_2$O$_3$ 对瓷磨闪锌矿的浮选几乎没有抑制作用,而在用量较大时,对铁磨闪锌矿的抑制效果比较明显,用量达到 1.6×10^{-3}mol/L 时,铁磨闪锌矿的浮选回收率迅速下降到 30%左右。

ii)Na$_2$S$_2$O$_3$ 浓度较低时对瓷磨黄铁矿几乎没有抑制作用,在用量增大时对两种介质磨矿后矿物浮游性的抑制效果均较好。用量达到 9.0×10^{-3}mol/L 时,瓷磨和铁磨黄铁矿的浮选回收率均降低至 10%以下。

6)ZnSO$_4$ 对闪锌矿浮选的影响

ZnSO$_4$ 浓度对闪锌矿浮选的影响如图 2.85 所示。结果表明:采用铁介质磨矿,浮选槽中 ZnSO$_4$ 的浓度由 3.0×10^{-4}mol/L 增加至 2.7×10^{-3}mol/L,闪锌矿的浮选回收率由 63.59%逐渐降至 27.67%；采用瓷介质磨矿时，随着浮选槽中 ZnSO$_4$ 的浓度由 $3.0×10^{-4}$mol/L 增加至 $1.2×10^{-3}$mol/L，闪锌矿浮选回收率由 54.31%逐渐降至 37.75%，然后随着 ZnSO$_4$ 浓度的降低，闪锌矿浮选回收率最终维持在 30%左右。

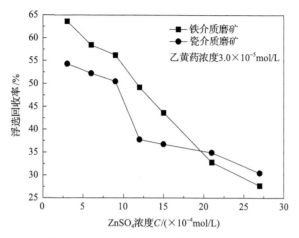

图 2.85　ZnSO$_4$ 浓度对闪锌矿浮选的影响

整体而言，采用瓷介质磨矿，ZnSO$_4$ 浓度低时对闪锌矿浮选的抑制效果比采用铁介质磨矿时稍好，随着 ZnSO$_4$ 浓度的升高铁磨闪锌矿浮选的抑制效果比瓷磨的效果好。

7) 干式磨矿对硫化矿物浮选速度的影响

在硫化矿物浮选的条件试验中，发现不同磨矿介质条件下硫化矿物的浮选效果差异较大，图 2.86 所示的硫化矿物浮选速度试验结果再次证实了这一现象。

(1) 方铅矿浮选速度的试验结果见图 2.86(a)，结果表明：当浮选时间为 0.5min 时，瓷磨方铅矿与铁磨方铅矿的回收率分别为 58.9%和 50.95%。随着浮选时间的延长，瓷磨方铅矿的回收率迅速上升，浮选 2min 的回收率就达到 95.67%，浮选 4min 时达 100%；而铁磨方铅矿的回收率虽上升幅度较大，但浮选 2min 时仍仅达到 90.65%，浮选 4min 时可达到 100%。整体上，瓷磨方铅矿的浮选回收率比铁磨方铅矿的回收率高 10%。由此说明，浮选时间较短时，采用瓷介质磨矿，方铅矿的浮选效果略好于采用铁介质磨矿的情况，然而随浮选时间的延长，铁磨方铅矿的浮选回收率最终也可以达到 100%。

(2) 闪锌矿浮选速度的试验结果见图 2.86(b)，结果表明：当浮选时间为 0.5min 时，铁磨闪锌矿与瓷磨闪锌矿的回收率比较接近，分别为 28.62%和 31.97%。随着浮选时间的延长，瓷磨和铁磨闪锌矿的回收率逐渐上升，浮选 4min 时瓷磨和铁磨闪锌矿的浮选回收率仅相差 10 个百分点。

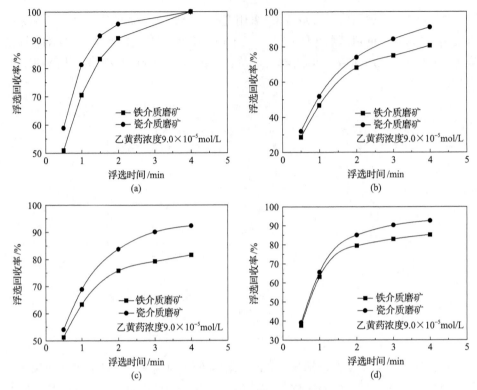

图 2.86　干式磨矿对硫化矿物浮选速度的影响
(a)方铅矿；(b)闪锌矿；(c)黄铁矿；(d)黄铜矿

(3)黄铁矿的浮选速度试验结果见图 2.86(c)，结果表明：当浮选时间为 0.5min 时，瓷磨黄铁矿与铁磨黄铁矿的回收率比较接近，分别为 54.09%和 51.25%。随着浮选时间的延长，瓷磨黄铁矿的回收率迅速上升，浮选 2min 的回收率就达到 83.71%，浮选 4min 时达 92.30%。而铁磨黄铁矿的回收率虽上升幅度较大，但浮选 4min 时才可达到 81.58%。整体上，瓷磨黄铁矿的浮选回收率比铁磨黄铁矿的回收率高 10 个百分点。

(4)黄铜矿的浮选速度试验结果见图 2.86(d)，结果表明：当浮选时间为 0.5min 时，瓷磨黄铜矿与铁磨黄铜矿的回收率分别为 39.16%和 37.58%。随着浮选时间的延长，瓷磨黄铜矿和铁磨黄铜矿的回收率均迅速上升，浮选 4min 时分别达到 92.61%和 85.25%。

整体而言，采用瓷介质磨矿时，硫化矿物的浮选速度明显快于采用铁介质磨矿时的浮选速度，更有利于硫化矿物的快速浮选。

2.3.2　磨矿环境对硫化矿物双矿物浮选分离的影响

在分离 1、2 两种矿物时，假定 1 为浮选的目的矿物，必然希望精矿中成分 1

的回收率 ε_{1I} 尽可能高，成分 2 的回收率 ε_{2I} 尽可能低，所以可用相对回收率 $\varepsilon_{I相} = \varepsilon_{1I} / \varepsilon_{2I}$ 来表示分离效果。同样对尾矿也可用类似的相对回收率 $\varepsilon_{II相} = \varepsilon_{2II} / \varepsilon_{1II}$ 来表示。但它们均只考虑了精矿或尾矿某一相的问题，不够全面。因此采用 A. M. Gaudin 提出的相对回收率的几何平均值作为分离效果的判据，称为选择性指数，用 I 表示[34]：

$$I = \sqrt{\frac{\varepsilon_{1I}}{\varepsilon_{2I}} \times \frac{\varepsilon_{2II}}{\varepsilon_{1II}}} \tag{2.1}$$

1. 湿磨条件下的硫化矿物双矿物浮选分离

1）方铅矿-闪锌矿体系

针对方铅矿-闪锌矿体系，考察 $ZnSO_4$ 浓度及其添加方式对瓷磨和铁磨条件下方铅矿与闪锌矿浮选分离的影响。

（1）$ZnSO_4$ 只添加在浮选槽中情形。

$ZnSO_4$ 浓度对铅锌浮选分离的影响见表 2.13。

表 2.13 浮选槽中 $ZnSO_4$ 浓度对铅锌浮选分离的影响

磨矿介质	$ZnSO_4$ 浓度/(mol/L)	β_{Pb}/%	β_{Zn}/%	θ_{Pb}/%	θ_{Zn}/%	ε_{PbK}/%	ε_{ZnK}/%	ε_{PbX}/%	ε_{ZnX}/%	I
铁介质	0	58.85	19.70	28.45	41.59	59.10	24.86	40.90	75.14	2.09
	2×10^{-4}	70.36	11.99	20.24	47.38	70.20	14.64	29.80	85.36	3.71
	5×10^{-4}	71.16	11.21	20.74	47.15	69.10	13.42	30.90	86.58	3.80
	1×10^{-3}	72.44	9.94	20.40	47.10	68.18	11.29	31.82	88.71	4.10
	1.8×10^{-3}	73.96	9.22	13.01	45.24	75.07	9.74	24.93	90.26	5.28
	3.3×10^{-3}	73.85	8.53	24.38	44.51	59.06	8.36	40.94	91.64	3.98
	4×10^{-3}	76.60	7.34	23.87	44.57	58.61	6.77	41.39	93.23	4.41
	1.2×10^{-2}	75.33	8.31	24.84	44.86	58.13	7.82	41.87	92.18	4.05
	2.4×10^{-2}	78.46	5.92	23.97	44.27	63.41	6.61	36.59	93.39	4.95
	3.6×10^{-2}	77.63	6.87	23.43	44.79	62.46	7.15	37.54	92.85	4.65
瓷介质	0	53.46	23.89	2.87	58.83	98.45	58.08	1.55	41.92	6.77
	2×10^{-4}	61.57	18.08	1.75	60.63	98.72	39.45	1.28	60.55	10.86
	5×10^{-4}	66.02	14.47	1.34	61.28	98.91	30.37	1.09	69.63	14.44
	2×10^{-3}	70.41	11.61	2.04	60.81	97.93	20.74	2.07	79.26	13.45
	5×10^{-3}	69.63	11.80	2.05	60.66	98.01	22.01	1.99	77.99	13.21
	1.2×10^{-2}	73.50	9.36	2.34	61.07	97.18	14.40	2.82	85.60	14.32
	2.4×10^{-2}	76.85	7.52	2.09	55.55	97.51	12.60	2.49	87.40	16.48
	3.6×10^{-2}	76.12	7.53	2.14	61.23	97.76	13.13	2.24	86.87	17.01
	4.8×10^{-2}	77.73	6.68	3.17	59.80	96.59	11.42	3.41	88.58	14.82

注：①β. 精矿品位；θ. 尾矿品位；ε. 回收率；K. 精矿；X. 尾矿。

②本章其他表格中同一符号的含义与此相同。

采用铁介质磨矿时，$ZnSO_4$ 浓度为 1.8×10^{-3}mol/L 时，方铅矿-闪锌矿的选择性指数最高达到 5.28，此时精矿中 Pb 品位为 73.96%、回收率为 75.07%，Zn 品位为 9.22%、回收率为 9.74%；尾矿中 Pb 品位为 13.01%、回收率为 24.93%，Zn 品位为 45.24%、回收率为 90.26%。

采用瓷介质磨矿时，$ZnSO_4$ 浓度为 3.6×10^{-2}mol/L 时，方铅矿-闪锌矿的选择性指数最高，达到 17.01，此时精矿中 Pb 品位为 76.12%、回收率为 97.76%，Zn 品位为 7.53%、回收率为 13.13%；尾矿中 Pb 品位为 2.14%、回收率为 2.24%，Zn 品位为 61.23%、回收率为 86.87%，实现了较好的分离效果。

瓷磨条件下，两种矿物的可浮性均比铁磨时的情形好。铁磨和瓷磨铅锌浮选分离选择性指数均为最高时，瓷磨精矿中 Pb 的回收率与 Zn 的回收率分别比铁磨精矿中的高约 23 个百分点和 3 个百分点。采用铁介质磨矿时，方铅矿-闪锌矿浮选分离的选择性指数最高仅达 5.28，铅锌分离的效果相对较差；而采用瓷介质磨矿时，方铅矿-闪锌矿浮选分离的选择性指数最大可达 17.01，铅锌分离的效果比较理想。

(2) $ZnSO_4$ 同时添加在磨机和浮选槽中情形。

添加部分 $ZnSO_4$ 磨矿后再向浮选槽中补加 $ZnSO_4$ 对铅锌浮选分离的影响见表 2.14。

表 2.14　磨机和浮选槽中 $ZnSO_4$ 浓度对铅锌浮选分离的影响

磨矿介质	$ZnSO_4$ 起始浓度/(mol/L)	$ZnSO_4$ 浓度/(mol/L)	β_{Pb}/%	β_{Zn}/%	θ_{Pb}/%	θ_{Zn}/%	ε_{PbK}/%	ε_{ZnK}/%	ε_{PbX}/%	ε_{ZnX}/%	I
铁介质	3×10^{-4}	3×10^{-4}	74.32	8.60	16.14	50.66	77.88	11.49	22.12	88.51	5.21
		5×10^{-4}	78.09	5.70	30.29	45.62	63.21	7.69	36.79	92.31	4.54
瓷介质	2×10^{-3}	2×10^{-3}	70.26	11.55	1.60	60.29	98.32	20.30	1.68	79.70	15.14
		2.2×10^{-3}	73.83	9.65	1.22	60.39	98.71	16.83	1.29	83.17	19.46

采用铁介质磨矿时，预先添加部分 $ZnSO_4$ 在磨机中不能有效地抑制闪锌矿，即使在浮选槽中再补加部分 $ZnSO_4$ 也不能改善方铅矿与闪锌矿的分离效果，得到的选择性指数和各项指标与将 $ZnSO_4$ 直接添加在浮选槽中的结果基本相当。

采用瓷介质磨矿时，预先添加部分 $ZnSO_4$ 磨矿对抑制闪锌矿是有利的，再向浮选槽中补加极少量的 $ZnSO_4$ 就能够明显提高方铅矿与闪锌矿的分离效果，可将选择性指数提高到 19.46，此时精矿中 Pb 品位为 73.83%、回收率为 98.71%，Zn 品位为 9.65%、回收率为 16.83%；尾矿中 Pb 品位为 1.22%、回收率为 1.29%，Zn 品位为 60.39%、回收率为 83.17%。

综合比较可知，瓷磨条件下，两种矿物的可浮性均比铁磨时的情形好，铁磨和瓷磨铅锌浮选分离选择性指数均为最高时，瓷磨精矿中 Pb 的回收率与 Zn 的回收率分别比铁磨精矿中的高 21 个百分点和 5 个百分点。$ZnSO_4$ 的添加方式对铁磨双矿物体系的浮选分离没有明显的影响。而采用瓷介质磨矿时，预先添加部分 $ZnSO_4$ 磨矿后再补加 $ZnSO_4$ 能够实现方铅矿和闪锌矿较为理想的浮选分离效果。瓷磨条件下，两种矿物的可浮性均比铁磨时的情形好。

2) 方铅矿-黄铁矿体系

单矿物体系的浮选试验表明，矿浆 pH、CaO 浓度及其添加方式对黄铁矿的浮选有较大的影响。因此，考察采用瓷介质和铁介质磨矿时，矿浆 pH、CaO 浓度及其添加方式对方铅矿-黄铁矿双矿物浮选分离的影响。

(1) pH 的影响。

矿浆 pH 对方铅矿-黄铁矿浮选分离的影响见表 2.15。结果表明：整体而言，瓷磨条件下，两种矿物的可浮性均比铁磨时的情形好。当瓷磨和铁磨的浮选分离选择性指数均为最高时，瓷磨精矿中 Pb 的回收率与 S 的回收率分别比铁磨精矿中的高 45 个百分点和 31 个百分点。

表 2.15　矿浆 pH 对铅硫浮选分离的影响

磨矿介质	矿浆 pH	β_{Pb}/%	β_S/%	θ_{Pb}/%	θ_S/%	ε_{PbK}/%	ε_{SK}/%	ε_{PbX}/%	ε_{SX}/%	I
铁介质	5	57.08	14.98	17.41	34.63	81.20	36.30	18.80	63.70	2.75
	7	64.96	8.58	28.81	26.89	31.57	6.13	68.43	93.87	2.66
	9	63.58	6.91	25.54	26.58	32.66	4.82	67.34	95.18	3.09
	11	74.95	7.02	32.04	26.49	26.52	3.93	73.48	96.07	2.97
瓷介质	5	47.72	19.28	28.77	37.04	88.16	70.02	11.84	29.98	1.79
	7	52.42	17.33	27.78	29.02	66.95	39.06	33.05	60.94	1.78
	9	50.79	17.71	21.37	31.97	79.75	47.86	20.25	52.14	2.07
	11	55.42	13.74	20.31	32.60	78.06	35.47	21.94	64.53	2.54

在 pH 5～11 之间，采用铁介质磨矿时，方铅矿与黄铁矿浮选分离的效果比采用瓷介质磨矿时略好。pH 9 时，铁磨方铅矿与黄铁矿的浮选分离选择性指数最高，为 3.09，此时精矿中 Pb 品位为 63.58%、回收率为 32.66%，S 品位为 6.91%、回收率为 4.82%。尾矿中 Pb 品位为 25.54%、回收率为 67.34%，S 品位为 26.58%、回收率为 95.18%。

在 pH 11 时，瓷介质磨矿方铅矿与黄铁矿的浮选分离效果较好，选择性指数为 2.54，精矿中 Pb 品位为 55.42%、回收率为 78.06%，S 品位为 13.74%、回收率 35.47%；尾矿中 Pb 品位为 20.31%、回收率为 21.94%，S 品位为 32.60%、回收率 64.53%。

(2) CaO 的影响。

添加部分 CaO 磨矿后再向浮选槽中补加 CaO 对方铅矿-黄铁矿浮选分离的影

响见表 2.16。

表 2.16　磨机和浮选槽中 CaO 浓度对铅硫浮选分离的影响

磨矿介质	CaO起始浓度/(g/L)	CaO浓度/(g/L)	β_{Pb}/%	β_S/%	θ_{Pb}/%	θ_S/%	ε_{PbK}/%	ε_{SK}/%	ε_{PbX}/%	ε_{SX}/%	I
铁介质	0.33	0.33	45.79	20.79	23.85	29.56	82.02	62.56	17.98	37.44	1.65
		0.63	62.19	11.75	17.77	33.67	76.55	24.55	23.45	75.45	3.17
		0.83	65.35	10.49	20.44	32.35	69.57	18.83	30.43	81.17	3.14
		1.33	64.20	10.64	24.08	29.82	59.98	16.71	40.02	83.29	2.73
		2	67.44	8.52	31.60	27.02	39.44	8.78	60.56	91.22	2.60
	0.5	0.5	53.81	16.61	17.72	35.25	83.38	43.78	16.62	56.22	2.54
	0.67	0.67	68.44	8.10	18.33	34.49	72.08	13.97	27.92	86.03	3.99
瓷介质	0.33	0.33	43.92	21.34	27.41	29.13	87.97	76.97	12.03	23.03	1.48
		0.83	59.12	12.97	20.18	32.58	74.75	28.69	25.25	71.31	2.71
		1.33	59.09	13.11	25.42	29.05	65.08	26.57	34.92	73.43	2.27
		1.63	57.80	13.97	26.14	29.70	63.51	27.02	36.49	72.98	2.17
		2	51.57	15.65	33.64	24.62	37.86	20.17	62.14	79.83	1.55
	0.5	0.5	60.36	15.29	16.18	35.37	85.94	41.47	14.06	58.53	2.94
	0.67	0.67	67.17	9.49	18.66	33.06	72.67	17.50	27.33	82.50	3.54

从表中可以看出，在不同 CaO 浓度和不同添加方式的条件下，方铅矿-黄铁矿双矿物体系的浮选选择性指数均在 1.4～4 之间波动，铁介质磨矿略好于瓷介质磨矿的分离效果。

CaO 的起始浓度为 0.67g/L 时，铁磨的选择性指数最高，为 3.99，此时精矿中 Pb 品位为 68.44%、回收率为 72.08%，S 品位为 8.10%、回收率 13.97%。尾矿中 Pb 品位为 18.33%、回收率为 27.92%，S 品位为 34.49%、回收率 86.03%。

CaO 的起始浓度为 0.67g/L 时，瓷磨的选择性指数也最高，为 3.54，此时精矿中 Pb 品位为 67.17%、回收率为 72.67%，S 品位为 9.49%、回收率 17.50%。尾矿中 Pb 品位为 18.66%、回收率为 27.33%，S 品位为 33.06%、回收率 82.50%。

整体而言，瓷磨和铁磨方铅矿的可浮性相当，但瓷磨黄铁矿的可浮性明显比铁磨的情形好。当方铅矿-黄铁矿的浮选分离选择性指数最高时，瓷磨精矿中黄铁矿的回收率比铁磨精矿中的高 3.5 个百分点。

整体上看，瓷磨方铅矿-黄铁矿的可浮性较铁磨的要好，但方铅矿-黄铁矿双矿物的浮选分离效果较差。相对而言，铁磨方铅矿-黄铁矿的浮选分离效果比瓷磨的好，将部分 CaO 添加在磨机中并向浮选槽中补加 CaO 可适当提高双矿物浮选分离的效果。

3) 方铅矿-黄铜矿体系

单矿物的浮选试验研究表明，腐殖酸钠对方铅矿和黄铜矿均具有一定的抑制作用。因此考察采用瓷、铁介质磨矿，用腐殖酸钠作为抑制剂时，方铅矿-黄铜矿双矿物体系浮选分离的效果。

表 2.17 所示为将腐殖酸钠直接添加在浮选槽中的浮选试验结果，表 2.18 所示为预先添加部分腐殖酸钠磨矿后再向浮选槽中补加腐殖酸钠的试验结果。

表 2.17　浮选槽中腐殖酸钠浓度对铅铜浮选分离的影响

磨矿介质	腐殖酸钠浓度/(g/L)	β_{Pb}/%	β_{Cu}/%	θ_{Pb}/%	θ_{Cu}/%	ε_{PbK}/%	ε_{CuK}/%	ε_{PbX}/%	ε_{CuX}/%	I
铁介质	0.1	36.16	18.56	40.00	16.30	28.71	33.66	71.29	66.34	0.89
	0.2	34.25	20.28	41.10	15.61	25.68	35.01	74.32	64.99	0.80
	0.24	34.25	21.64	33.31	15.22	28.80	35.87	71.20	64.13	0.85
	0.36	44.55	20.65	42.57	14.93	38.00	44.75	62.00	55.25	0.87
	0.48	27.88	20.83	41.91	15.60	18.76	31.67	81.24	68.33	0.71
瓷介质	0.2	38.14	17.70	39.91	16.43	44.33	47.31	55.67	52.69	0.94
	0.24	34.16	21.07	40.31	16.24	18.74	26.09	81.26	73.91	0.81
	0.36	34.98	17.57	44.13	14.20	65.36	74.65	34.64	25.35	0.80
	0.48	37.27	18.55	42.36	15.32	58.17	65.68	41.83	34.32	0.85

表 2.18　磨机和浮选槽中腐殖酸钠浓度对铅铜浮选分离的影响

磨矿介质	腐殖酸钠起始浓度/(g/L)	腐殖酸钠浓度/(g/L)	β_{Pb}/%	β_{Cu}/%	θ_{Pb}/%	θ_{Cu}/%	ε_{PbK}/%	ε_{CuK}/%	ε_{PbX}/%	ε_{CuX}/%	I
铁介质	0.24	0.24	33.02	20.91	42.61	15.44	24.09	35.68	75.91	64.32	0.76
		0.34	31.14	21.44	42.36	15.39	24.41	37.96	75.59	62.04	0.73
		0.44	32.85	20.48	42.95	14.82	28.39	41.73	71.61	58.27	0.74
瓷介质	0.24	0.24	38.32	17.20	59.44	16.52	72.36	80.87	27.64	19.13	0.79
		0.34	62.94	20.76	40.71	17.15	21.49	17.65	78.51	82.35	1.13
		0.44	40.08	17.06	38.20	16.53	54.02	53.61	45.98	46.39	1.01

由表 2.17 和表 2.18 的试验结果可以看出，瓷磨方铅矿和黄铜矿的可浮性均比较好，较难实现浮选分离。将腐殖酸钠直接添加在浮选槽中，方铅矿与黄铜矿的选择性指数基本稳定在 0.8～1。预先添加部分腐殖酸钠磨矿后再向浮选槽中补加，方铅矿和黄铜矿的选择性指数基本稳定在 0.70～1.20。三种情况下均不能实现方铅矿与黄铜矿的有效浮选分离。

4) 黄铜矿-黄铁矿体系

受铜离子活化的黄铁矿可浮性好，黄铁矿可浮性的变化使铜硫分离过程难以控制，有效抑制黄铁矿是铜硫矿石浮选分离的关键。因此，考察 pH 变化、CaO

和腐殖酸钠浓度及它们的添加方式对黄铜矿-黄铁矿浮选分离的影响。

(1)pH 的影响。

矿浆 pH 对黄铜矿-黄铁矿浮选分离的影响见表 2.19。试验结果表明，瓷磨时，黄铜矿和黄铁矿的可浮性均较铁磨时的要好，但矿浆 pH 的变化对黄铜矿-黄铁矿浮选分离产生的影响不显著。采用铁介质磨矿时，该双矿物体系的选择性指数保持在 2～3，pH 为 13 时选择性指数最高，也仅为 3.20，但此时黄铜矿与黄铁矿均大部分被抑制，没有实现有效的浮选分离；采用瓷介质磨矿时，该体系的浮选选择性指数保持在 1.4～1.9，略小于铁介质磨矿时的选择性指数。瓷磨双矿物体系中黄铜矿和黄铁矿均大部分进入浮选精矿中，特别是 pH 4 时，黄铜矿与黄铁矿均完全上浮。当瓷磨和铁磨的浮选分离选择性指数均为最高时，瓷磨精矿中 Cu 的回收率与 S 的回收率分别比铁磨精矿中的高 63 个百分点和 56 个百分点。

表 2.19　矿浆 pH 对铜硫浮选分离的影响

磨矿介质	矿浆 pH	β_{Cu}/%	β_S/%	θ_{Cu}/%	θ_S/%	ε_{CuK}/%	ε_{SK}/%	ε_{CuX}/%	ε_{SX}/%	I
铁介质	4	23.02	34.65	6.75	41.62	83.40	37.45	16.60	62.55	2.90
	7	24.92	34.27	12.68	39.94	45.38	15.45	54.62	84.55	2.13
	9	26.05	33.45	10.92	40.31	54.94	15.05	45.06	84.95	2.62
	11	23.76	34.61	10.58	39.28	64.38	27.03	35.62	72.97	2.21
	13	30.46	31.76	14.86	38.56	18.91	2.22	81.09	97.78	3.20
瓷介质	4	16.87	37.11	—	—	100.00	100.00	0.00	0.00	—
	7	19.30	36.72	13.15	38.56	61.51	44.39	38.49	55.61	1.41
	9	19.86	36.97	11.52	39.56	71.58	49.26	28.42	50.74	1.61
	11	18.86	37.47	10.06	39.39	85.66	68.60	14.34	31.40	1.65
	13	19.38	36.92	9.23	40.12	82.41	58.16	17.59	41.84	1.84

(2)CaO 的影响。

将 CaO 直接添加在浮选槽中对黄铜矿-黄铁矿浮选分离的影响见表 2.20。试验结果表明，瓷磨时，黄铜矿和黄铁矿的可浮性均较铁磨时的要好。采用铁介质磨矿时，黄铜矿-黄铁矿双矿物体系的选择性指数随着 CaO 用量的增加而提高，CaO 浓度为 1.67g/L 时最大，达到 5.09，此时精矿中 Cu 品位为 32.19%、回收率为 37.39%，S 品位为 30.97%、回收率 2.26%，尾矿中 Cu 品位为 12.37%、回收率为 62.61%，S 品位为 38.70%、回收率 97.74%，说明浮选过程中黄铁矿能够被 CaO 较好地抑制，但黄铜矿也同样受到 CaO 抑制作用的影响；采用瓷介质磨矿时，随着 CaO 的浓度由 0.33g/L 上升至 1.67g/L，体系的选择性指数由 1.81 上升至 3.58，CaO 的浓度达到 2.33g/L 时，体系的选择性指数下降为 2.60。

表 2.20　浮选槽中 CaO 浓度对铜硫浮选分离的影响

磨矿介质	CaO 浓度/(g/L)	β_{Cu}/%	β_S/%	θ_{Cu}/%	θ_S/%	ε_{CuK}/%	ε_{SK}/%	ε_{CuX}/%	ε_{SX}/%	I
铁介质	0.33	30.34	31.61	13.28	38.90	32.45	3.76	67.55	96.24	3.51
	0.67	30.21	31.47	10.36	39.78	54.80	6.38	45.20	93.62	4.22
	1.00	31.35	31.12	10.44	39.72	52.65	4.27	47.35	95.73	4.99
	1.67	32.19	30.97	12.37	38.70	37.39	2.26	62.61	97.74	5.09
瓷介质	0.33	23.62	36.03	12.91	38.70	62.07	33.40	37.93	66.60	1.81
	1.00	23.19	35.28	6.24	42.09	86.15	40.64	13.85	59.36	3.01
	1.67	26.74	34.05	7.47	44.69	77.67	21.34	22.33	78.66	3.58
	2.33	26.09	32.19	12.28	40.55	47.47	11.79	52.53	88.21	2.60

整体上，采用瓷介质磨矿时两矿物的浮选选择性指数要低于采用铁介质磨矿时的选择性指数，分离效果比铁介质磨矿时差。当瓷磨和铁磨的浮选分离选择性指数均为最高时，瓷磨精矿中 Cu 的回收率与 S 的回收率分别比铁磨精矿中的高 40 个百分点和 19 个百分点。

添加部分 CaO 磨矿后再向浮选槽中补加 CaO 对黄铜矿-黄铁矿浮选分离的影响见表 2.21。

表 2.21　磨机和浮选槽中 CaO 浓度对铜硫浮选分离的影响

磨矿介质	CaO 起始浓度/(g/L)	CaO 浓度/(g/L)	β_{Cu}/%	β_S/%	θ_{Cu}/%	θ_S/%	ε_{CuK}/%	ε_{SK}/%	ε_{CuX}/%	ε_{SX}/%	I
铁介质	0.33	0.33	19.73	35.76	11.28	38.69	73.54	50.49	26.46	49.51	1.65
		0.83	28.53	32.81	8.60	39.68	68.18	13.61	31.82	86.39	3.69
		1.33	31.16	31.62	10.42	38.88	54.34	5.50	45.66	94.50	4.52
		1.83	31.92	30.89	10.45	40.28	55.35	3.71	44.65	96.29	5.67
		2.33	31.71	30.74	13.78	37.42	29.36	2.09	70.64	97.91	4.42
	1.67	1.67	30.61	30.56	8.06	41.01	69.30	6.20	30.70	93.80	5.84
		3.33	30.90	31.75	10.26	39.19	55.19	6.00	44.81	94.00	4.39
		4.17	31.39	30.32	10.68	38.57	52.30	3.52	47.70	96.48	5.49
		5	31.62	29.95	11.14	37.42	48.03	2.62	51.97	97.38	5.87
瓷介质	0.33	0.33	17.42	37.17	11.51	37.82	87.89	79.12	12.11	20.88	1.38
		0.83	21.04	35.92	7.73	39.56	82.56	48.16	17.44	51.84	2.26
		1.33	25.00	33.73	6.56	41.21	82.09	28.68	17.91	71.32	3.38
		2.33	26.69	32.16	9.42	39.98	66.81	16.47	33.19	83.53	3.20
		3.33	25.23	31.96	14.49	37.53	25.44	7.23	74.56	92.77	2.09
	1.67	1.67	23.82	34.35	6.14	41.59	85.19	35.61	14.81	64.39	3.23
		3.33	27.56	31.83	6.80	41.06	77.66	15.86	22.34	84.14	4.29
		6.67	28.11	31.44	7.36	38.44	72.80	13.04	27.20	86.96	4.23
		10	7.59	36.61	26.64	32.41	27.92	81.75	72.08	18.25	0.29

采用铁介质磨矿条件下，预先将 CaO 添加在磨机中未补加用量使浮选槽中 CaO 浓度为 0.33g/L 时，黄铜矿-黄铁矿双矿物体系的选择性指数仅为 1.65，逐渐向浮选槽中补加 CaO 后，两矿物的选择性指数逐渐升高。当浮选槽中 CaO 的浓度为 1.83g/L 时，选择性指数最高，达 5.67，此时精矿中 Cu 品位为 31.92%、回收率 55.35%，S 品位为 30.89%、回收率 3.71%；尾矿中 Cu 品位 10.45%、回收率 44.65%，S 品位 40.28%、回收率 96.29%。此条件下，黄铁矿被抑制，大部分黄铜矿上浮，基本实现了浮选分离。提高磨机中 CaO 用量，使浮选槽中的起始浓度为 1.67g/L，并向浮选槽补加 CaO 也不能有效地改善体系的分离效果，其选择性指数保持在 4~6。

采用瓷介质磨矿条件下，预先将 CaO 添加在磨机中未补加用量使浮选槽中 CaO 浓度为 0.33g/L 时，黄铜矿-黄铁矿双矿物体系的选择性指数仅为 1.38，向浮选槽中补加 CaO 后，两种矿物的选择性指数略有提高，当浮选槽中 CaO 的浓度为 1.33g/L 时，选择性指数最大，为 3.38，此时精矿中 Cu 品位为 25.00%、回收率 82.09%，S 品位为 33.73%、回收率 28.68%；尾矿中 Cu 品位为 6.56%、回收率为 17.91%，S 品位 41.21%、回收率为 71.32%。进一步提高磨机中 CaO 用量，使浮选槽中的起始浓度为 1.67g/L，并向浮选槽补加 CaO 对两种矿物分离效果的改善作用有限，两种矿物的选择性指数最高也仅达 4.29。

整体上，瓷磨时黄铜矿和黄铁矿的可浮性均较铁磨时的好，当瓷磨和铁磨的浮选分离选择性指数均为最高时，瓷磨精矿中 Cu 的回收率与 S 的回收率分别比铁磨精矿中的高 30 个百分点和 13 个百分点。但铁磨黄铜矿-黄铁矿双矿物体系的选择性指数比瓷磨体系的选择性指数略高。无论是采用瓷介质还是铁介质磨矿，预先添加部分 CaO 磨矿比直接添加 CaO 到浮选槽中的分离效果好。

(3) 腐殖酸钠的影响。

将腐殖酸钠直接添加在浮选槽中对黄铜矿-黄铁矿浮选分离的影响见表 2.22。结果表明，采用铁介质磨矿时，该双矿物体系的选择性指数随着腐殖酸钠浓度的增高而逐渐增高，腐殖酸钠的浓度为 0.13g/L 时，选择性指数最大，达到 3.72，此时精矿中 Cu 品位 27.10%、回收率为 70.87%，S 品位 31.62%、回收率为 14.93%；尾矿中 Cu 品位 8.38%、回收率 29.13%，S 品位 41.22%、回收率为 85.07%，取得了一定的浮选分离效果。采用瓷介质磨矿时，腐殖酸钠浓度的变化对黄铜矿和黄铁矿的浮选回收没有明显的影响，黄铜矿和黄铁矿均大部分上浮，两者不能有效分离。整体上，瓷磨时黄铜矿和黄铁矿的可浮性均较铁磨时的好，当瓷磨和铁磨的浮选分离选择性指数均为最高时，瓷磨精矿中 Cu 的回收率与 S 的回收率分别比铁磨精矿中的高 15 个百分点和 77 个百分点。

表 2.22　浮选槽中腐殖酸钠浓度对铜硫浮选分离的影响

磨矿介质	腐殖酸钠浓度/(g/L)	β_{Cu}/%	β_S/%	θ_{Cu}/%	θ_S/%	ε_{CuK}/%	ε_{SK}/%	ε_{CuX}/%	ε_{SX}/%	I
铁介质	0.01	25.54	34.26	7.88	40.65	76.10	25.74	23.90	74.26	3.03
	0.05	26.18	34.16	7.86	41.36	74.48	22.23	25.52	77.77	3.19
	0.1	27.50	32.24	8.58	40.86	68.93	14.51	31.07	85.49	3.62
	0.13	27.10	31.62	8.38	41.22	70.87	14.93	29.13	85.07	3.72
瓷介质	0.01	16.07	37.28	20.72	23.73	90.94	98.17	9.06	1.83	0.43
	0.05	16.10	40.80	19.61	31.32	89.53	95.16	10.47	4.84	0.66
	0.1	16.55	37.06	20.68	31.35	85.53	92.64	14.47	7.36	0.69
	0.13	16.83	39.65	20.03	31.81	85.43	92.41	14.57	7.59	0.69

添加部分腐殖酸钠磨矿后再向浮选槽中补加腐殖酸钠对黄铜矿-黄铁矿浮选分离的影响见表 2.23。由表可知，预先添加腐殖酸钠在磨机中，使浮选槽中腐殖酸钠的起始浓度为 0.01g/L 时，铁磨黄铜矿-黄铁矿双矿物体系的选择性指数为 2.87，有一定的分离效果。随着浮选槽中腐殖酸钠的浓度增加至 0.13g/L，该体系的选择性指数最高，为 4.90，此时精矿中 Cu 品位为 30.14%、回收率为 72.83%，S 品位为 31.72%、回收率为 10.03%；尾矿中 Cu 品位为 7.91%、回收率为 27.17%，S 品位为 40.66%、回收率为 89.97%，黄铜矿与黄铁矿的浮选分离效果较好；预先添加部分腐殖酸钠磨矿后再向浮选槽中补加用量时，随着浮选槽中腐殖酸钠浓度的增高，瓷磨黄铜矿-黄铁矿双矿物体系的选择性指数虽有所提高，但也仅达 1.05，且黄铜矿和黄铁矿无法有效分离。整体上，瓷磨时黄铜矿和黄铁矿的可浮性均较铁磨时的好，当瓷磨和铁磨的浮选分离选择性指数均为最高时，瓷磨精矿中 Cu 的回收率与 S 的回收率分别比铁磨精矿中的高 18 个百分点和 80 个百分点。

表 2.23　磨机和浮选槽中腐殖酸钠浓度对铜硫浮选分离的影响

磨矿介质	腐殖酸钠起始浓度/(g/L)	腐殖酸钠浓度/(g/L)	β_{Cu}/%	β_S/%	θ_{Cu}/%	θ_S/%	ε_{CuK}/%	ε_{SK}/%	ε_{CuX}/%	ε_{SX}/%	I
铁介质	0.01	0.01	23.28	33.92	7.38	41.81	77.02	28.94	22.98	71.06	2.87
		0.1	26.81	32.60	7.86	40.73	72.85	17.52	27.15	82.48	3.55
		0.13	30.14	31.72	7.91	40.66	72.83	10.03	27.17	89.97	4.90
		0.18	27.03	33.04	7.55	41.02	74.20	17.98	25.80	82.02	3.62
		0.34	26.98	32.25	7.61	41.55	72.40	15.49	27.60	84.51	3.78
瓷介质	0.01	0.01	16.28	38.04	—	—	100.00	100.00	0.00	0.00	—
		0.1	16.36	37.74	19.41	32.09	86.32	92.07	13.68	7.93	0.74
		0.13	16.19	38.28	19.38	33.08	88.66	93.33	11.34	6.67	0.75
		0.18	15.94	38.00	19.90	37.64	85.53	89.77	14.47	10.23	0.82
		0.34	16.69	37.30	14.20	33.67	90.70	89.86	9.30	10.14	1.05

综合分析试验结果可知，采用腐殖酸钠作为抑制剂时，铁磨双矿物体系比瓷磨双矿物体系的分离效果好，但精矿中铁磨矿物的回收率比瓷磨矿物的低。无论是采用铁磨还是瓷磨，预先添加部分腐殖酸钠在磨机中比直接添加腐殖酸钠在浮选槽中的分离效果好。

5) 黄铜矿-闪锌矿体系

下面考察 $ZnSO_4$ 浓度及其添加方式对黄铜矿-闪锌矿浮选分离的影响。将 $ZnSO_4$ 直接添加在浮选槽中对黄铜矿-闪锌矿浮选分离的影响见表 2.24。

表 2.24　浮选槽中 $ZnSO_4$ 浓度对铜锌浮选分离的影响

磨矿介质	$ZnSO_4$ 浓度/(mol/L)	β_{Cu}/%	β_{Zn}/%	θ_{Cu}/%	θ_{Zn}/%	ε_{CuK}/%	ε_{ZnK}/%	ε_{CuX}/%	ε_{ZnX}/%	I
铁介质	0	17.73	28.44	13.64	35.14	68.48	57.49	31.52	42.51	1.27
	9×10^{-3}	27.31	10.90	10.51	42.08	56.85	11.61	43.15	88.39	3.17
	1.2×10^{-2}	26.83	11.16	10.16	42.54	60.10	13.01	39.90	86.99	3.17
	1.67×10^{-2}	26.22	12.63	9.80	42.72	61.83	15.18	38.17	84.82	3.01
瓷介质	0	16.60	30.51	13.19	43.38	93.46	88.87	6.54	11.13	1.34
	9×10^{-3}	22.34	20.38	7.23	48.70	81.60	37.53	18.40	62.47	2.72
	6×10^{-2}	22.48	18.54	6.95	49.72	83.35	36.58	16.65	63.42	2.95
	0.1	22.38	19.97	6.25	49.46	85.17	39.31	14.83	60.69	2.98

结果表明，采用铁介质磨矿时，随着 $ZnSO_4$ 的浓度由 0 增加至 9×10^{-3}mol/L 时，黄铜矿-闪锌矿双矿物体系的选择性指数由 1.27 上升至 3.17，此时精矿中 Cu 品位为 27.31%、回收率为 56.85%，Zn 品位为 10.90%、回收率为 11.61%，尾矿中 Cu 品位为 10.51%、回收率为 43.15%，Zn 品位为 42.08%、回收率为 88.39%，取得了一定的分离效果。随着 $ZnSO_4$ 浓度继续增加，黄铜矿-闪锌矿体系的选择性指数有所降低，$ZnSO_4$ 的浓度增加至 1.67×10^{-2}mol/L 时，该体系的选择性指数降至 3.01，仍保持较好的分离效果；瓷磨时黄铜矿和闪锌矿的可浮性均较铁磨时的好，当瓷磨和铁磨的浮选分离选择性指数均为最高时，瓷磨精矿中 Cu 的回收率与 Zn 的回收率均比铁磨精矿中的高 28 个百分点。

添加部分 $ZnSO_4$ 磨矿后再向浮选槽中补加 $ZnSO_4$ 对黄铜矿-闪锌矿浮选分离的影响见表 2.25。结果表明，采用铁介质磨矿时，添加部分 $ZnSO_4$ 磨矿使浮选槽中 $ZnSO_4$ 的起始浓度为 2×10^{-3}mol/L 时，随着浮选槽中 $ZnSO_4$ 补加量的增加，黄铜矿-闪锌矿双矿物体系的选择性指数呈逐渐增加趋势，$ZnSO_4$ 的浓度增至 4.2×10^{-2}mol/L 时，体系的选择性指数达到 5.03，此时精矿中 Cu 品位为 30.30%、回收率为 59.30%，Zn 品位为 5.54%、回收率为 5.45%。尾矿中 Cu 品位为 9.46%、回收率为 40.70%，Zn 品位为 43.72%、回收率为 94.55%。采用瓷介质磨矿时，添部分 ZnSO$_4$ 磨矿使浮选槽中 ZnSO$_4$ 的起始浓度为 4.8×10^{-2} mol/L 时，随着浮选槽中 ZnSO$_4$ 补加量的增加，黄铜矿-闪锌矿双矿物体系的选择性指数呈逐渐增加趋势，ZnSO$_4$ 的浓度增至 8.8×10^{-2} mol/L 时，体系的选择性指数达到 4.83，此时精矿中 Cu 品位为 27.13%、回收率为 83.52%，Zn 品位为 11.43%、回收率为 17.82%。尾矿中 Cu 品位为 5.27%、回收率为 16.48%，Zn 品位为 51.86%、回收率为 82.18%。瓷磨时黄铜矿和闪锌矿的可浮性均较铁磨时的好，当瓷磨和铁磨的浮选分离选择性指数均为最高时，瓷磨精矿中 Cu 的回收率与 Zn 的回收率分别比铁磨精矿中的高 24 个百分点和 12 个百分点。

表 2.25　磨机和浮选槽中 ZnSO$_4$ 浓度对铜锌浮选分离的影响

磨矿介质	ZnSO$_4$起始浓度/(mol/L)	ZnSO$_4$浓度/(mol/L)	β_{Cu}/%	β_{Zn}/%	θ_{Cu}/%	θ_{Zn}/%	ε_{CuK}/%	ε_{ZnK}/%	ε_{CuX}/%	ε_{ZnX}/%	I
铁介质	2×10^{-3}	2×10^{-3}	30.46	5.29	10.84	41.52	50.82	4.48	49.18	95.52	4.70
		1.2×10^{-2}	30.15	5.57	10.93	41.00	50.26	4.74	49.74	95.26	4.51
		2.2×10^{-2}	29.90	6.07	10.09	43.24	58.67	6.30	41.33	93.70	4.59
		4.2×10^{-2}	30.30	5.54	9.46	43.72	59.30	5.45	40.70	94.55	5.03
瓷介质	4.8×10^{-2}	4.8×10^{-2}	25.71	14.72	4.81	52.27	86.59	25.38	13.41	74.62	4.36
		5.8×10^{-3}	25.39	13.17	4.92	53.04	85.69	22.37	14.31	77.63	4.56
		6.8×10^{-2}	25.38	15.68	4.35	54.06	88.23	27.14	11.77	72.86	4.49
		8.8×10^{-2}	27.13	11.43	5.27	51.86	83.52	17.82	16.48	82.18	4.83

整体上，铁磨黄铜矿-闪锌矿双矿物体系的分离效果好于瓷磨双矿物体系，添加部分 ZnSO$_4$ 磨矿后再向浮选槽中补加 ZnSO$_4$ 时黄铜矿-闪锌矿双矿物体系的浮选选择性指数比直接添加在浮选槽中要高。

6）闪锌矿-黄铁矿体系

下面考察 ZnSO$_4$ 浓度及其添加方式对闪锌矿-黄铁矿浮选分离的影响。

将 ZnSO$_4$ 直接添加在浮选槽中对闪锌矿-黄铁矿浮选分离的影响见表 2.26。结果表明：采用铁介质磨矿时，随着浮选槽中 ZnSO$_4$ 的浓度由 6×10^{-4} mol/L 增至 1.8×10^{-2} mol/L，闪锌矿-黄铁矿双矿物体系的选择性指数逐渐由 1.87 上升至 3.69，继续增加 ZnSO$_4$ 的浓度至 3.6×10^{-2} mol/L 时，选择性指数降为 3.18。选择性指数为 3.69 时，精矿中 S 品位为 40.00%、回收率为 30.98%，Zn 品位为 5.86%、回收率为 3.19%。尾矿中 S 品位为 20.58%、回收率为 69.02%，Zn 品位为 36.84%、回收率为 96.81%。此时精矿中黄铁矿的回收率仍偏低。采用瓷介质磨矿时，随着浮选槽中 ZnSO$_4$ 的浓度由 1.8×10^{-3} mol/L 增至 5.4×10^{-2} mol/L，双矿物体系的选择性指数逐渐由 2.13 上升至 5.84，继续增加 ZnSO$_4$ 的浓度至 8.3×10^{-2} mol/L 时，选择性指数降为 4.07。选择性指数最高为 5.84 时，精矿中 S 品位为 38.84%、回收率为 85.25%，Zn 品位为 9.13%、回收率为 14.49%。尾矿中 S 品位为 9.87%、回收率为 14.75%，Zn 品位为 53.22%、回收率 85.51%。精矿、尾矿中，两种矿物的含量显著降低，取得了较理想的分离效果；瓷磨时闪锌矿和黄铁矿的可浮性均较铁磨时的好，当瓷磨和铁磨的浮选分离选择性指数均为最高时，瓷磨精矿中 S 的回收率与 Zn 的回收率分别比铁磨精矿中的高 54 个百分点和 11 个百分点。

表 2.26　浮选槽中 $ZnSO_4$ 浓度对锌硫浮选分离的影响

磨矿介质	$ZnSO_4$ 浓度/(mol/L)	β_S/%	β_{Zn}/%	θ_S/%	θ_{Zn}/%	ε_{SK}/%	ε_{ZnK}/%	ε_{SX}/%	ε_{ZnX}/%	I
铁介质	6×10^{-4}	29.61	22.12	17.53	41.15	64.99	34.59	35.01	65.41	1.87
	3×10^{-3}	37.23	11.83	17.42	41.69	54.12	11.96	45.88	88.04	2.95
	6×10^{-3}	39.19	7.80	21.25	35.91	28.97	4.17	71.03	95.83	3.06
	9×10^{-3}	39.67	9.56	16.39	41.64	56.72	9.60	43.28	90.40	3.51
	1.8×10^{-2}	40.00	5.86	20.58	36.84	30.98	3.19	69.02	96.81	3.69
	3.6×10^{-2}	36.06	13.73	14.58	46.16	67.95	17.32	32.05	82.68	3.18
瓷介质	1.8×10^{-3}	26.44	27.54	12.75	49.13	92.79	73.84	7.21	26.16	2.13
	9×10^{-3}	31.72	19.83	9.27	52.95	90.69	41.63	9.31	58.37	3.70
	1.8×10^{-2}	34.52	15.61	9.16	53.51	89.45	30.00	10.55	70.00	4.45
	3.6×10^{-2}	38.04	9.99	9.33	53.05	86.41	16.14	13.59	83.86	5.75
	5.4×10^{-2}	38.84	9.13	9.87	53.22	85.25	14.49	14.75	85.51	5.84
	8.3×10^{-2}	33.34	16.94	9.41	53.01	88.28	31.25	11.72	68.75	4.07

添加部分 $ZnSO_4$ 磨矿后再向浮选槽中补加 $ZnSO_4$ 对闪锌矿-黄铁矿浮选分离的影响见表 2.27。结果表明，采用铁介质磨矿时，$ZnSO_4$ 在磨机中的添加量以及在浮选槽中的补加量的变化，对闪锌矿-黄铁矿双矿物体系的浮选分离没有显著的影响，其选择性指数基本稳定在 4～5。浮选槽中 $ZnSO_4$ 总浓度为 4.51×10^{-2}mol/L 时，铁磨双矿物体系的选择性指数最高，为 4.97，此时精矿中 S 品位为 42.52%、回收率为 42.54%，Zn 品位为 4.38%、回收率为 2.91%。尾矿中 S 品位为 18.34%、回收率为 57.46%，Zn 品位为 40.45%、回收率为 97.09%。采用瓷介质磨矿时，预先将 $ZnSO_4$ 添加在磨机中，使浮选槽中 $ZnSO_4$ 的起始浓度为 5.4×10^{-2}mol/L 时，双矿物体系的选择性指数为 8.16，当浮选槽中 $ZnSO_4$ 的浓度增至 0.102mol/L 时，该双矿物体系的选择性指数升至 11.92。提高 $ZnSO_4$ 在磨机中的添加量使浮选槽中的总浓度为 8.3×10^{-2}mol/L 时，双矿物体系的分离效果最佳，选择性指数高达 13.84，此时精矿中 S 品位为 41.86%、回收率为 95.12%，Zn 品位为 5.53%、回收率为 9.24%。尾矿中 S 品位为 5.92%、回收率为 4.88%，Zn 品位为 58.18%、回收率为 90.76%。锆球瓷磨时闪锌矿和黄铁矿的可浮性均较铁磨时的好，当瓷磨和铁磨的浮选分离选择性指数均为最高时，瓷磨精矿中的 S 回收率与 Zn 回收率分别

比铁磨精矿中的高 52 个百分点和 6 个百分点。

表 2.27　磨机和浮选槽中 ZnSO₄ 浓度对锌硫浮选分离的影响

磨矿介质	ZnSO₄起始浓度/(mol/L)	ZnSO₄浓度/(mol/L)	β_S/%	β_{Zn}/%	θ_S/%	θ_{Zn}/%	ε_{SK}/%	ε_{ZnK}/%	ε_{SX}/%	ε_{Znx}/%	I
铁介质	9.07×10^{-3}	9.07×10^{-3}	41.28	4.31	18.80	40.35	40.59	2.82	59.41	97.18	4.86
		2.11×10^{-2}	39.92	7.26	15.36	45.16	63.87	8.28	36.13	91.72	4.43
		3.31×10^{-2}	41.76	5.44	16.87	42.66	54.06	4.89	45.94	95.11	4.78
		4.51×10^{-2}	42.52	4.38	18.34	40.45	42.54	2.91	57.46	97.09	4.97
	2×10^{-2}	2×10^{-2}	42.15	5.08	18.25	40.31	46.01	3.88	53.99	96.12	4.59
		5.6×10^{-2}	41.03	4.24	21.47	35.34	22.60	1.63	77.40	98.37	4.20
瓷介质	5.4×10^{-2}	5.4×10^{-2}	39.75	8.20	7.52	55.96	90.48	12.48	9.52	87.52	8.16
		6.6×10^{-3}	40.52	7.21	8.29	55.73	89.49	11.67	10.51	88.33	8.03
		7.8×10^{-2}	40.30	7.07	10.06	52.49	84.42	11.04	15.58	88.96	6.61
		9×10^{-2}	43.34	3.54	14.18	46.28	75.63	5.85	24.37	94.15	7.07
		0.102	40.48	6.99	5.95	57.86	94.46	10.71	5.54	89.29	11.92
	8.3×10^{-2}	8.3×10^{-2}	41.86	5.53	5.92	58.18	95.12	9.24	4.88	90.76	13.84
		0.095	41.62	6.07	6.34	57.65	93.77	9.51	6.23	90.49	11.97
		0.119	44.31	2.56	13.24	47.23	68.25	2.64	31.75	97.36	8.90

　　整体上，采用 ZnSO₄ 作为抑制剂分离闪锌矿和黄铁矿时，瓷磨双矿物体系的选择性指数高于铁磨双矿物体系，且分离效果较理想。无论是采用铁磨还是瓷磨，将 ZnSO₄ 预先添加在磨机中均比将 ZnSO₄ 直接添加在浮选槽中的选择性指数高。

2. 干磨条件下的硫化矿物双矿物浮选分离

1) 方铅矿-闪锌矿体系

针对方铅矿-闪锌矿体系，考察浮选槽中 ZnSO₄ 浓度对瓷磨和铁磨条件下方铅矿与闪锌矿浮选分离的影响。

ZnSO₄ 浓度对铅锌浮选分离的影响见表 2.28。

采用铁介质磨矿时，ZnSO₄ 浓度为 2.8×10^{-2}mol/L 时，方铅矿-闪锌矿的选择性指数最高，达到 3.13，此时精矿中 Pb 品位为 66.57%、回收率为 75.27%，Zn 品位为 13.72%、回收率为 23.66%；尾矿中 Pb 品位为 24.44%、回收率为 24.73%，Zn 品位为 49.46%、回收率为 76.34%。

采用瓷介质磨矿时，ZnSO₄ 浓度为 2.8×10^{-2}mol/L 时，方铅矿-闪锌矿的选择性指数最高达到 3.16，此时精矿中 Pb 品位为 62.89%、回收率为 82.80%，Zn 品位为 16.23%、回收率为 32.59%；尾矿中 Pb 品位为 20.82%、回收率为 17.20%，Zn 品位为 53.50%、回收率为 67.41%。

表 2.28　浮选槽中 ZnSO₄ 浓度对铅锌浮选分离的影响

磨矿介质	ZnSO₄浓度/(mol/L)	β_{Pb}/%	β_{Zn}/%	θ_{Pb}/%	θ_{Zn}/%	ε_{PbK}/%	ε_{ZnK}/%	ε_{PbX}/%	ε_{ZnX}/%	I
铁介质	1.0×10^{-2}	59.89	19.01	22.24	52.02	83.27	40.31	16.73	59.69	2.71
	1.2×10^{-2}	60.52	18.46	19.10	54.76	86.31	40.15	13.69	59.85	3.07
	1.4×10^{-2}	61.38	17.93	21.24	52.50	83.32	37.12	16.68	62.88	2.91
	2.0×10^{-2}	62.35	17.18	22.50	51.29	81.03	34.05	18.97	65.95	2.88
	2.4×10^{-2}	63.37	16.23	22.25	51.61	80.63	31.50	19.37	68.50	3.01
	2.8×10^{-2}	66.57	13.72	24.44	49.46	75.27	23.66	24.73	76.34	3.13
	3.2×10^{-2}	64.17	15.75	23.56	50.21	78.24	29.29	21.76	70.71	2.95
瓷介质	1.0×10^{-2}	55.36	22.19	22.26	54.23	87.48	53.48	12.52	46.52	2.47
	1.2×10^{-2}	55.06	22.15	23.24	54.20	86.87	53.30	13.13	46.70	2.41
	1.4×10^{-2}	58.38	19.82	22.35	52.99	84.43	43.72	15.57	56.28	2.64
	2.0×10^{-2}	59.57	18.42	24.05	51.95	81.28	38.33	18.72	61.67	2.64
	2.4×10^{-2}	62.43	16.38	21.76	53.07	81.93	32.79	18.07	67.21	3.05
	2.8×10^{-2}	62.89	16.23	20.82	53.50	82.80	32.59	17.20	67.41	3.16
	3.2×10^{-2}	62.42	16.31	21.47	53.47	82.31	32.80	17.69	67.20	3.09

　　瓷磨条件下，两种矿物的可浮性均比铁磨时的情形好。采用铁介质磨矿时，方铅矿-闪锌矿浮选分离的选择性指数最高仅达 3.13；而采用瓷介质磨矿时，方铅矿-闪锌矿浮选分离的选择性指数最大达 3.16，铅锌分离的效果相差不大。铁磨和瓷磨铅锌浮选分离选择性指数均为最高时，瓷磨精矿中 Pb 的回收率与 Zn 的回收率分别比铁磨精矿中的高 7.53 个百分点和 8.93 个百分点。

　　2) 方铅矿-黄铁矿体系

　　单矿物体系的浮选试验表明，矿浆 pH 对黄铁矿的浮选有较大的影响。因此，考察采用瓷介质和铁介质磨矿时，矿浆 pH 对方铅矿-黄铁矿双矿物浮选分离的影响。

　　矿浆 pH 对方铅矿-黄铁矿浮选分离的影响见表 2.29。结果表明：瓷磨条件下，两种矿物的可浮性均比铁磨时的情形好。在 pH 为 4~6，采用铁介质磨矿时，方铅矿与黄铁矿浮选分离的效果比采用瓷介质磨矿时略好。pH 5 时，铁磨方铅矿与黄铁矿的浮选分离选择性指数最高，为 1.28，此时精矿中 Pb 品位为 52.15%、回收率为 57.13%，S 品位为 28.41%、回收率为 44.72%。尾矿中 Pb 品位为 40.94%、回收率为 42.87%，S 品位为 36.74%、回收率为 55.28%。pH 为 5 时，瓷磨方铅矿与黄铁矿的浮选分离效果较好，选择性指数为 1.18，精矿中 Pb 品位为 49.15%、回收率为 60.69%，S 品位为 29.58%、回收率为 52.47%。尾矿中 Pb 品位为 43.30%、回收率为 39.31%，S 品位为 36.43%、回收率为 47.53%。当瓷磨和铁磨的浮选分离选择性指数均为最高时，瓷磨精矿中 Pb 的回收率与 S 的回收率分别比铁磨精矿中的高 3.56 个百分点和 7.75 个百分点。

表 2.29　矿浆 pH 对铅硫浮选分离的影响

磨矿介质	矿浆 pH	β_{Pb}/%	β_S/%	θ_{Pb}/%	θ_S/%	ε_{PbK}/%	ε_{SK}/%	ε_{PbX}/%	ε_{SX}/%	I
铁介质	4	39.25	34.58	85.70	21.43	70.67	89.46	29.33	10.54	0.53
	5	52.15	28.41	40.94	36.74	57.13	44.72	42.87	55.28	1.28
	6	52.82	26.29	44.34	34.83	31.14	22.27	68.86	77.73	1.26
瓷介质	4	35.78	35.89	82.45	21.26	58.78	84.73	41.22	15.27	0.51
	5	49.15	29.58	43.30	36.43	60.69	52.47	39.31	47.53	1.18
	6	50.85	28.43	44.87	34.22	32.73	26.30	67.27	73.70	1.17

整体上看，瓷磨方铅矿-黄铁矿的可浮性较铁磨的好，但方铅矿-黄铁矿双矿物的浮选分离效果很差。相对而言，铁磨方铅矿-黄铁矿的浮选分离效果比瓷磨的好。

3) 方铅矿-黄铜矿体系

单矿物的浮选试验研究表明，所选抑制剂对方铅矿和黄铜矿均具有一定的抑制作用，抑制效果相差不大。因此考察采用瓷介质、铁介质磨矿，用亚硫酸钠作为抑制剂时，方铅矿-黄铜矿双矿物体系浮选分离的效果。

表 2.30 所示为将 Na_2SO_3 直接添加在浮选槽中的浮选试验结果。由表 2.30 所示的试验结果可以看出，无论是铁磨还是瓷磨，方铅矿和黄铜矿的可浮性均比较好，较难实现浮选分离。将亚硫酸钠直接添加在浮选槽中，方铅矿与黄铜矿的选择性指数基本稳定在 0.9~1.2，均不能实现方铅矿与黄铜矿的有效浮选分离。

4) 黄铜矿-黄铁矿体系

受铜离子活化的黄铁矿可浮性好，黄铁矿可浮性的变化使铜硫分离过程难以控制，有效抑制黄铁矿是铜硫矿石浮选分离的关键。因此，考察 pH 变化、CaO 浓度对黄铜矿-黄铁矿浮选分离的影响。

(1) pH 的影响。

矿浆 pH 对黄铜矿-黄铁矿浮选分离的影响见表 2.31。试验结果表明，瓷磨时，黄铜矿和黄铁矿的可浮性均较铁磨时的好，且矿浆 pH 的变化对黄铜矿-黄铁矿浮选分离产生的影响非常显著。但是无论是铁磨还是瓷磨，黄铜矿-黄铁矿浮选分离的选择性指数均保持在 0.8~1.7，不能实现两者的有效分离。

(2) CaO 的影响。

将 CaO 直接添加在浮选槽中对黄铜矿-黄铁矿浮选分离的影响见表 2.32。试验结果表明：无论是铁磨还是瓷磨，黄铜矿-黄铁矿浮选分离的选择性指数均保持在 0.6~1.7，不能实现两者的有效分离。

表 2.30　浮选槽中 Na_2SO_3 浓度对铜铅浮选分离的影响

磨矿介质	Na_2SO_3 浓度/(mol/L)	β_{Cu}/%	β_{Pb}/%	θ_{Cu}/%	θ_{Pb}/%	ε_{CuK}/%	ε_{PbK}/%	ε_{CuX}/%	ε_{PbX}/%	I
铁介质	1.0×10^{-2}	15.01	47.36	17.06	45.63	56.94	60.94	43.06	39.06	0.92
	1.2×10^{-2}	15.50	46.98	16.32	46.21	58.54	60.18	41.46	39.82	0.97
	1.4×10^{-2}	15.56	46.70	16.28	46.62	61.40	62.51	38.60	37.49	0.98
	1.6×10^{-2}	16.31	43.60	14.90	52.64	68.04	61.69	31.96	38.31	1.15
	1.8×10^{-2}	16.24	46.03	15.21	47.64	61.83	59.45	38.17	40.55	1.05
瓷介质	1.0×10^{-2}	13.32	50.34	19.60	41.16	50.50	64.73	49.50	35.27	0.75
	1.2×10^{-2}	17.06	44.76	14.76	48.33	50.16	44.64	49.84	55.36	1.12
	1.4×10^{-2}	17.14	43.11	14.49	50.32	54.83	46.77	45.17	53.23	1.18
	1.6×10^{-2}	17.41	46.33	14.18	47.03	56.21	50.74	43.79	49.26	1.12
	1.8×10^{-2}	17.29	44.98	14.50	48.21	52.00	45.88	48.00	54.12	1.13

表 2.31　矿浆 pH 对铜硫浮选分离的影响

磨矿介质	矿浆 pH	β_{Cu}/%	β_{S}/%	θ_{Cu}/%	θ_{S}/%	ε_{CuK}/%	ε_{SK}/%	ε_{CuX}/%	ε_{SX}/%	I
铁介质	5	15.42	42.83	17.05	32.61	72.98	79.69	27.02	20.31	0.83
	6	23.26	38.19	9.65	42.00	66.75	43.08	33.25	56.92	1.63
	7	23.03	37.58	12.69	41.44	44.14	28.32	55.86	71.68	1.41
瓷介质	5	15.92	42.31	15.57	34.35	74.81	78.15	25.19	21.85	0.91
	6	24.04	38.48	9.14	41.73	68.17	42.90	31.83	57.10	1.69
	7	25.54	37.51	11.78	41.42	47.46	27.40	52.54	72.60	1.55

表 2.32　浮选槽中 CaO 浓度对铜硫浮选分离的影响

磨矿介质	CaO 浓度/(g/L)	β_{Cu}/%	β_{S}/%	θ_{Cu}/%	θ_{S}/%	ε_{CuK}/%	ε_{SK}/%	ε_{CuX}/%	ε_{SX}/%	I
铁介质	1×10^{-1}	14.60	44.20	18.19	32.72	60.65	72.18	39.35	27.82	0.77
	2×10^{-1}	16.26	43.27	15.16	35.58	62.65	65.53	37.35	34.47	0.94
	3×10^{-1}	22.19	39.86	8.29	40.76	76.05	53.70	23.95	46.30	1.65
	4×10^{-1}	21.56	39.32	9.36	41.34	72.22	51.78	27.78	48.23	1.56
	5×10^{-1}	20.73	40.05	8.84	40.58	77.01	58.48	22.99	41.52	1.54
瓷介质	1×10^{-1}	14.05	44.63	20.73	28.27	65.10	81.29	34.70	18.71	0.66
	2×10^{-1}	15.04	43.44	17.26	34.52	61.24	69.53	38.75	30.48	0.83
	3×10^{-1}	15.44	44.02	16.68	32.12	66.81	74.88	33.19	25.12	0.82
	4×10^{-1}	20.94	39.70	9.11	40.02	75.12	55.99	24.88	44.01	1.54
	5×10^{-1}	19.71	40.91	10.76	39.43	70.56	57.57	29.44	42.43	1.33

5) 黄铜矿-闪锌矿体系

下面考察 ZnSO₄ 浓度对黄铜矿-闪锌矿浮选分离的影响。将 ZnSO₄ 直接添加在浮选槽中对黄铜矿-闪锌矿浮选分离的影响见表 2.33。

表 2.33　浮选槽中 ZnSO₄ 浓度对铜锌浮选分离的影响

磨矿介质	ZnSO₄ 浓度 /(mol/L)	β_{Cu}/%	β_{Zn}/%	θ_{Cu}/%	θ_{Zn}/%	ε_{CuK}/%	ε_{ZnK}/%	ε_{CuX}/%	ε_{ZnX}/%	I
铁介质	1.0×10^{-2}	21.97	20.21	8.16	43.58	77.09	36.68	22.91	63.32	2.41
	1.2×10^{-2}	22.40	20.19	7.36	44.01	79.67	37.15	20.32	62.85	2.58
	1.4×10^{-2}	22.81	18.62	7.58	44.76	78.07	32.97	21.93	67.03	2.69
	1.6×10^{-2}	23.27	17.28	7.76	45.04	76.47	29.38	23.52	70.62	2.80
	1.8×10^{-2}	22.06	20.45	8.51	42.53	75.30	36.11	24.70	63.89	2.32
瓷介质	1.0×10^{-2}	21.65	20.25	4.12	51.43	91.36	44.21	8.64	55.79	3.65
	1.2×10^{-2}	21.70	21.83	2.39	50.68	95.40	49.65	4.60	50.35	4.59
	1.4×10^{-2}	24.56	16.24	2.05	63.27	94.99	32.49	5.01	67.51	6.28
	1.6×10^{-2}	24.21	17.37	3.53	50.02	90.97	33.76	9.03	66.24	4.45
	1.8×10^{-2}	23.45	17.19	4.10	51.24	89.79	34.05	10.21	65.95	4.13

结果表明，采用铁介质磨矿时，黄铜矿-闪锌矿双矿物体系的选择性指数保持在 2.32～2.80，变化较小，不能实现两者的有效分离；采用瓷介质磨矿时，随着 ZnSO₄ 的浓度由 1.0×10^{-2}mol/L 增加至 1.4×10^{-2}mol/L，黄铜矿-闪锌矿双矿物体系的选择性指数由 3.65 上升至 6.28，此时精矿中 Cu 品位为 24.56%、回收率为 94.99%，Zn 品位为 16.24%、回收率为 32.49%。尾矿中 Cu 品位为 2.05%、回收率为 5.01%，Zn 品位为 63.27%、回收率为 67.51%，取得了较好的分离效果。随着 ZnSO₄ 浓度继续增加，黄铜矿-闪锌矿体系的选择性指数有所降低，ZnSO₄ 的浓度增加至 1.8×10^{-2}mol/L 时，该体系的选择性指数降至 4.13，仍保持较好的分离效果。瓷磨时黄铜矿和闪锌矿的可浮性均较铁磨时的好，当瓷磨和铁磨的浮选分离选择性指数均为最高时，瓷磨精矿中 Cu 的回收率与 Zn 的回收率分别比铁磨精矿中的高 18.52 个百分点和 3.11 个百分点。

6) 闪锌矿-黄铁矿体系

下面考察 ZnSO₄ 浓度对闪锌矿-黄铁矿浮选分离的影响。

将 ZnSO₄ 直接添加在浮选槽中对闪锌矿-黄铁矿浮选分离的影响见表 2.34。结果表明，随着浮选槽中 ZnSO₄ 的浓度由 3.0×10^{-2}mol/L 增至 6.0×10^{-2}mol/L，瓷磨闪锌矿-黄铁矿双矿物体系的选择性指数逐渐由 1.06 上升至 2.11，继续增加 ZnSO₄ 的浓度至 7.0×10^{-2}mol/L 时，选择性指数降为 2.04。选择性指数为 2.11 时，精矿中 S 品位为 46.45%、回收率为 46.31%，Zn 品位为 12.21%、回收率为 16.29%；尾矿中 S 品位为 37.14%、回收率为 53.69%，Zn 品位为 43.28%、回收率为 83.71%。此时精矿中黄铁矿的回收率仍偏低。

表 2.34 浮选槽中 $ZnSO_4$ 浓度对锌硫浮选分离的影响

磨矿介质	$ZnSO_4$ 浓度/(mol/L)	β_S/%	β_{Zn}/%	θ_S/%	θ_{Zn}/%	ε_{SK}/%	ε_{ZnK}/%	ε_{SX}/%	ε_{ZnX}/%	I
铁介质	3×10^{-2}	44.19	21.64	38.25	38.03	48.92	32.05	51.08	67.95	1.43
	4×10^{-2}	44.40	19.36	37.98	40.21	49.97	29.15	50.03	70.85	1.56
	5×10^{-2}	44.71	21.69	37.38	39.01	53.04	34.43	46.96	65.57	1.47
	6×10^{-2}	46.45	16.18	37.33	40.05	44.92	20.93	55.08	79.07	1.76
	7×10^{-2}	46.17	17.02	36.80	41.34	49.80	24.57	50.20	75.43	1.75
瓷介质	3×10^{-2}	41.58	29.44	40.29	31.78	51.21	48.51	48.79	51.49	1.06
	4×10^{-2}	45.34	20.38	37.72	38.07	46.77	28.13	53.23	71.87	1.50
	5×10^{-2}	46.03	25.13	37.59	34.20	44.63	32.60	55.37	67.40	1.29
	6×10^{-2}	46.45	12.21	37.14	43.28	46.31	16.29	53.69	83.71	2.11
	7×10^{-2}	47.16	13.42	36.36	43.24	48.82	18.59	51.18	81.41	2.04

采用铁介质磨矿时，随着浮选槽中 $ZnSO_4$ 的浓度由 3.0×10^{-2}mol/L 增至 7.0×10^{-2}mol/L，双矿物体系的选择性指数维持在 1.4~1.8，不能实现两者的有效分离。

整体上，瓷磨和铁磨方铅矿-黄铁矿体系的浮选分离效果均较差。相对而言，铁磨方铅矿-黄铁矿的浮选分离效果比瓷磨的好。瓷磨或铁磨方铅矿和黄铜矿体系及黄铜矿-黄铁矿体系的浮选性能相近，对同一种药剂的反应类似，在确定的试验条件下，不能实现方铅矿与黄铜矿的有效浮选分离。瓷磨黄铜矿-闪锌矿体系的分离效果好于铁磨体系。采用 $ZnSO_4$ 作为抑制剂分离闪锌矿和黄铁矿时，瓷磨双矿物体系的选择性指数高于铁磨双矿物体系，但分离效果不甚理想。

2.3.3 磨矿环境对硫化矿物实际矿石浮选分离的影响

1. 磨矿环境对铜硫矿石浮选的影响

针对某工业铜硫矿石考察采用不同磨矿介质磨矿时，石灰浓度及其添加方式对铜硫浮选分离的影响。图 2.87 所示为铜硫矿石浮选分离的试验流程图。

1）CaO 添加在浮选槽中

将 CaO 直接添加在浮选槽中对铜硫矿石浮选分离影响的试验结果见表 2.35。

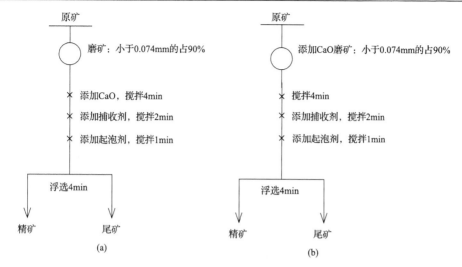

图 2.87　铜硫矿石浮选流程

(a)CaO 加入浮选槽；(b)CaO 加入磨机

表 2.35　浮选槽中 CaO 浓度对铜硫浮选分离的影响

磨矿方式	CaO 浓度/(g/L)	β_{Cu}/%	β_S/%	θ_{Cu}/%	θ_S/%	ε_{CuK}/%	ε_{SK}/%	ε_{CuX}/%	ε_{SX}/%	I
	0.17	6.27	15.91	0.12	2.94	76.20	18.38	23.80	81.62	3.77
	0.25	8.05	25.66	0.12	2.97	76.05	23.52	23.95	76.48	3.21
湿式铁磨	0.33	8.06	24.86	0.13	3.20	75.69	22.47	24.31	77.53	3.28
	0.42	7.18	21.03	0.12	3.05	76.00	20.95	24.00	79.05	3.46
	0.84	2.64	7.87	0.25	5.67	55.62	10.80	44.38	89.20	3.22
	1.68	1.50	6.04	0.32	5.88	49.90	15.21	50.10	84.79	2.36
	0.17	7.24	21.41	0.09	2.81	82.85	23.82	17.15	76.18	3.93
	0.25	7.43	22.82	0.08	2.72	85.69	27.64	14.31	72.36	3.96
湿式瓷磨	0.33	7.68	26.27	0.08	2.57	83.00	28.71	17.00	71.29	3.48
	0.42	7.40	23.43	0.09	2.36	82.96	29.82	17.04	70.18	3.38
	0.84	3.21	6.61	0.17	3.92	68.61	10.45	31.39	89.55	4.33
	1.68	1.58	4.03	0.40	3.88	26.26	6.33	73.74	93.67	2.29
	0.17	3.68	9.30	0.05	2.35	91.58	28.44	8.42	71.56	5.23
	0.25	4.64	11.75	0.06	2.29	91.26	31.32	8.74	68.68	4.78
干式铁磨	0.33	3.67	9.73	0.05	2.30	92.88	32.54	7.12	67.46	5.20
	0.42	4.96	11.74	0.06	2.34	90.69	26.57	9.31	73.43	5.19
	0.84	4.48	8.17	0.09	2.57	85.61	16.93	14.39	83.07	5.40
	1.68	4.35	6.69	0.14	2.92	76.95	9.97	23.05	90.03	5.49
	0.17	5.38	16.23	0.15	2.87	76.95	28.14	23.05	71.86	2.92
	0.25	4.51	14.79	0.10	2.48	83.59	33.85	16.41	66.15	3.15
干式瓷磨	0.33	4.55	13.94	0.09	2.39	85.73	33.61	14.27	66.39	3.45
	0.42	4.47	13.75	0.07	2.28	87.69	33.74	12.31	66.26	3.74
	0.84	3.67	9.70	0.09	2.48	85.07	26.96	14.93	73.04	3.93
	1.68	4.75	8.00	0.08	2.71	84.88	11.55	15.12	88.45	6.56

采用湿式磨矿时，将 CaO 添加在浮选槽中时，铁磨和瓷磨矿石铜硫的分离效率均保持在 2.2～4.5。CaO 浓度为 0.17g/L 时，铁磨矿石铜硫的选择性指数最高，为 3.77，此时精矿中 Cu 品位为 6.27%、回收率为 76.20%，S 品位为 15.91%、回收率为 18.38%；尾矿中 Cu 品位为 0.12%、回收率为 23.80%，S 品位为 2.94%、回收率为 81.62%。CaO 浓度为 0.84g/L 时，瓷磨矿石铜硫的选择性指数最高，为 4.33，此时精矿中 Cu 品位为 3.21%、回收率为 68.61%，S 品位为 6.61%、回收率为 10.45%；尾矿中 Cu 品位为 0.17%、回收率为 31.39%，S 品位为 3.92%、回收率为 89.55%。可见，瓷磨矿石铜硫的选择性指数比铁磨矿石的高。

采用干式磨矿时，能够得到较好的分选效果。浮选槽中 CaO 的浓度为 1.68g/L 时，干式铁磨与干式瓷磨铜硫矿石的选择性指数均达到最高，分别为 5.49 和 6.56。干式铁磨铜硫矿石的选择性指数为 5.49 时，精矿中 Cu 品位为 4.35%、回收率为 76.95%，S 品位为 6.69%、回收率为 9.97%；尾矿中 Cu 品位为 0.14%、回收率为 23.05%，S 品位为 2.92%、回收率为 90.03%。干式瓷磨铜硫矿石的选择性指数为 6.56 时，精矿中 Cu 品位为 4.75%、回收率为 84.88%，S 品位为 8.00%、回收率为 11.55%；尾矿中 Cu 品位为 0.08%、回收率为 15.12%，S 品位为 2.71%、回收率为 88.45%。

总体而言，干式铁磨、瓷磨和湿式瓷磨铜硫矿物的可浮性均比湿式铁磨的情况好，干磨铜硫矿石浮选分离的选择性指数比湿磨的高。

2) CaO 添加在磨机中

表 2.36 所示结果表明，将 CaO 添加在磨机中时，铁磨和瓷磨矿石铜硫的选择

表 2.36 磨机中 CaO 浓度对铜硫浮选分离的影响

磨矿方式	CaO 浓度/(g/L)	β_{Cu}/%	β_S/%	θ_{Cu}/%	θ_S/%	ε_{CuK}/%	ε_{SK}/%	ε_{CuX}/%	ε_{SX}/%	I
湿式铁磨	0.17	7.06	25.62	0.10	2.99	80.65	27.70	19.35	72.30	3.30
	0.25	7.05	27.68	0.09	2.85	81.45	31.28	18.55	68.72	3.11
	0.33	6.08	24.70	0.09	2.63	83.10	35.07	16.90	64.93	3.02
	0.42	5.73	22.98	0.08	2.73	85.97	35.11	14.03	64.89	3.37
	0.84	2.73	8.29	0.22	4.83	57.81	12.32	42.19	87.68	3.12
	1.68	2.22	6.47	0.18	4.38	69.59	16.60	30.41	83.40	3.39
湿式瓷磨	0.17	6.89	24.40	0.10	2.57	79.30	29.15	20.70	70.85	3.05
	0.25	6.12	22.64	0.08	2.51	83.01	31.42	16.99	68.58	3.27
	0.33	5.36	19.81	0.08	2.68	86.10	33.39	13.90	66.61	3.52
	0.42	5.95	21.38	0.07	2.43	86.20	31.74	13.80	68.26	3.66
	0.84	3.90	10.43	0.17	3.93	70.18	15.99	29.82	84.01	3.52
	1.68	2.31	5.81	0.17	3.66	69.36	15.24	30.64	84.76	3.55

性指数均保持在 3～4。CaO 浓度为 1.68g/L 时，铁磨矿石铜硫的选择性指数最高，为 3.39，此时精矿中 Cu 品位为 2.22%、回收率为 69.59%，S 品位为 6.47%、回收率为 16.60%。尾矿中 Cu 品位为 0.18%、回收率为 30.41%，S 品位为 4.38%、回收率为 83.40%。CaO 浓度为 0.42g/L 时，瓷磨矿石铜硫的选择性指数最高，为 3.66，此时精矿中 Cu 品位为 5.95%、回收率为 86.20%，S 品位为 21.38%、回收率为 31.74%。尾矿中 Cu 品位为 0.07%、回收率为 13.80%，S 品位为 2.43%、回收率为 68.26%。可见，整体上瓷磨矿石铜硫的选择性指数比铁磨矿石的高。当瓷磨和铁磨的浮选分离选择性指数均为最高时，瓷磨精矿中 Cu 的回收率与 S 的回收率分别比铁磨精矿中的高 17 个百分点和 15 个百分点。

比较表 2.35 和表 2.36 的试验结果发现，将 CaO 添加在浮选槽中比将其添加在磨机中对黄铁矿的抑制效果好，将 CaO 添加在浮选槽中，较低浓度时即可得到较高的选择性指数。

2. 磨矿环境对铅锌矿石浮选的影响

针对某工业铅锌矿石考察采用不同磨矿介质磨矿时，$ZnSO_4$ 浓度及其添加方式对其浮选分离的影响。

1）$ZnSO_4$ 添加在浮选槽中

将 $ZnSO_4$ 直接添加在浮选槽中对铅锌矿石浮选分离影响的试验结果见表 2.37。

采用湿式磨矿时，随着浮选槽中 $ZnSO_4$ 的浓度由 4×10^{-3}mol/L 增加至 3.3×10^{-2}mol/L，铁磨和瓷磨矿石铅锌的选择性指数均逐渐升高，分别由 4.83、3.57 上升至 6.10、4.05。铁磨矿石铅锌的选择性指数为 6.10 时，一段粗选精矿中 Pb 品位为 23.42%、回收率为 62.47%，Zn 品位为 6.86%、回收率为 4.28%。尾矿中 Pb 品位为 2.01%、回收率为 37.53%，Zn 品位为 21.93%、回收率为 95.72%。瓷磨矿石铅锌的选择性指数为 4.05 时，精矿中 Pb 品位为 19.62%、回收率为 54.43%，Zn 品位为 9.43%、回收率为 6.78%。尾矿中 Pb 品位为 2.78%、回收率为 45.57%，Zn 品位为 21.95%、回收率为 93.32%。

采用干式磨矿时，铁磨和瓷磨矿石铅锌的选择性指数均较好。$ZnSO_4$ 的浓度为 1.7×10^{-2}mol/L 时，干式铁磨铅锌矿石的选择性指数为 6.28，此时一段粗选精矿中 Pb 品位为 31.86%、回收率为 57.04%，Zn 品位为 7.46%、回收率为 3.26%。尾矿中 Pb 品位为 2.31%、回收率为 42.96%，Zn 品位为 21.34%、回收率为 96.74%。$ZnSO_4$ 的浓度为 0.1mol/L 时，干式瓷磨铅锌矿石的选择性指数为 6.00，此时一段粗选精矿中 Pb 品位为 21.58%、回收率为 71.62%，Zn 品位为 6.52%、回收率为 6.56%；尾矿中 Pb 品位为 2.08%、回收率为 28.38%，Zn 品位为 22.59%、回收率为 93.44%。

表 2.37　浮选槽中 $ZnSO_4$ 浓度对铅锌浮选分离的影响

磨矿方式	$ZnSO_4$ 浓度 /(mol/L)	β_{Pb}/%	β_{Zn}/%	θ_{Pb}/%	θ_{Zn}/%	ε_{PbK}/%	ε_{ZnK}/%	ε_{PbX}/%	ε_{ZnX}/%	I
湿式铁磨	4×10^{-3}	15.04	7.92	1.98	24.29	69.75	9.01	30.25	90.99	4.83
	8.3×10^{-3}	15.08	7.08	1.94	23.56	69.44	8.08	30.56	91.92	5.09
	1.7×10^{-2}	21.25	7.86	2.02	21.71	64.53	5.89	35.47	94.11	5.39
	3.3×10^{-2}	23.42	6.86	2.01	21.93	62.47	4.28	37.53	95.72	6.10
	6.7×10^{-2}	19.87	11.81	2.27	22.03	63.55	9.65	36.45	90.35	4.04
	0.1	16.62	11.51	2.56	20.16	58.27	10.94	41.73	89.06	3.37
湿式瓷磨	4×10^{-3}	20.42	11.42	3.03	21.56	58.11	9.83	41.89	90.17	3.57
	8.3×10^{-3}	21.14	10.65	3.07	21.86	49.79	6.55	50.21	93.45	3.76
	1.7×10^{-2}	20.98	10.26	3.00	21.57	49.26	6.19	50.74	93.81	3.83
	3.3×10^{-2}	19.62	9.43	2.78	21.95	54.43	6.78	45.57	93.22	4.05
	6.7×10^{-2}	16.85	14.04	3.48	21.34	45.92	10.34	54.08	89.66	2.71
	0.1	18.33	14.29	3.46	21.22	43.04	8.76	56.96	91.24	2.80
干式铁磨	4×10^{-3}	33.85	7.85	2.45	21.85	58.00	3.47	42.00	96.53	6.20
	8.3×10^{-3}	32.45	8.46	2.62	21.44	54.17	3.63	45.83	96.37	5.60
	1.7×10^{-2}	31.86	7.46	2.31	21.34	57.04	3.26	42.96	96.74	6.28
	3.3×10^{-2}	32.88	9.77	2.92	20.87	45.35	3.33	54.65	96.67	4.90
	6.7×10^{-2}	29.95	9.55	2.80	21.39	50.12	4.03	49.88	95.97	4.89
	0.1	27.33	8.85	2.49	22.03	56.49	4.54	43.51	95.46	5.23
干式瓷磨	4×10^{-3}	26.06	7.70	2.33	22.13	66.29	5.76	33.71	94.24	5.67
	8.3×10^{-3}	30.98	7.36	2.67	21.34	57.20	3.82	42.80	96.18	5.80
	1.7×10^{-2}	29.74	7.23	2.68	21.91	60.04	4.28	39.96	95.72	5.80
	3.3×10^{-2}	27.88	6.20	2.77	21.95	53.09	3.08	46.91	96.92	5.97
	6.7×10^{-2}	27.43	7.37	2.49	22.07	62.32	4.77	37.68	95.23	5.74
	0.1	21.58	6.52	2.08	22.59	71.62	6.56	28.38	93.44	6.00

　　综合比较尾矿中 Zn 的回收率可以看出,干式磨矿时矿石中的锌比湿式磨矿时更易被抑制。整体上,干磨铅锌矿石浮选分离的选择性指数比湿磨的高。

　　2)$ZnSO_4$ 添加在磨机中

　　将 $ZnSO_4$ 直接添加在磨机中对铅锌矿石浮选分离影响的试验结果见表 2.38。

　　由表 2.38 所示结果可知,将 $ZnSO_4$ 添加在磨机中,使浮选槽中 $ZnSO_4$ 的浓度由 4×10^{-3}mol/L 增加至 3.3×10^{-2}mol/L,铁磨矿石铅锌的选择性指数由 4.92 逐渐降低至 4.11,瓷磨矿石铅锌的选择性指数由 3.88 逐渐升高至 4.61。铁磨矿石铅锌的选择性指数为 4.92 时,一段粗选精矿中 Pb 品位为 14.36%、回收率为 68.23%,

表 2.38　磨机中 ZnSO₄ 浓度对铅锌浮选分离的影响

磨矿介质	ZnSO₄浓度/(mol/L)	β_{Pb}/%	β_{Zn}/%	θ_{Pb}/%	θ_{Zn}/%	ε_{PbK}/%	ε_{ZnK}/%	ε_{PbX}/%	ε_{ZnX}/%	I
铁介质	4×10^{-3}	14.36	6.89	2.01	23.38	68.23	8.14	31.77	91.86	4.92
	8.3×10^{-3}	19.06	8.06	2.44	22.19	57.89	6.01	42.11	93.99	4.64
	1.7×10^{-2}	21.18	8.93	2.64	21.58	51.02	5.10	48.98	94.90	4.40
	3.3×10^{-2}	20.74	9.03	2.94	21.63	46.77	4.94	53.23	95.06	4.11
	6.7×10^{-2}	11.96	10.02	3.59	18.91	39.17	9.29	60.83	90.71	2.51
	0.1	11.22	16.18	4.59	19.61	20.42	7.97	79.58	92.03	1.72
瓷介质	4×10^{-3}	17.94	10.34	2.55	22.10	57.10	8.13	42.90	91.87	3.88
	8.3×10^{-3}	14.85	10.18	2.32	23.23	64.59	11.10	35.41	88.90	3.82
	1.7×10^{-2}	17.08	8.97	2.56	22.90	59.33	7.89	40.67	92.11	4.13
	3.3×10^{-2}	16.73	7.09	2.46	22.19	60.31	6.66	39.69	93.34	4.61
	6.7×10^{-2}	15.10	12.99	2.39	23.29	64.10	13.62	35.90	86.38	3.37
	0.1	13.30	13.40	3.22	23.85	46.73	10.66	53.27	89.34	2.71

Zn 品位为 6.89%、回收率为 8.14%。尾矿中 Pb 品位为 2.01%、回收率为 31.77%，Zn 品位为 23.38%、回收率为 91.86%。瓷磨矿石铅锌的选择性指数为 4.61 时，Pb 品位为 16.73%、回收率为 60.31%，Zn 品位为 7.09%、回收率为 6.66%。尾矿中 Pb 品位为 2.46%、回收率为 39.69%，Zn 品位为 22.19%、回收率为 93.34%。

整体上，铁磨矿石铅锌的浮选分离选择性指数比瓷磨矿石铅锌的高。采用湿式铁介质磨矿时，将 ZnSO₄ 添加在浮选槽中体系的选择性指数比将 ZnSO₄ 添加在磨机中的高；采用湿式瓷介质磨矿时，将 ZnSO₄ 添加在浮选槽中体系的选择性指数比将 ZnSO₄ 添加在磨机中的低。

整体上看，干式磨矿时，铜硫矿石和铅锌矿石的浮选分离选择性指数均比湿式磨矿时的高。铜硫矿石浮选体系中，将 CaO 添加在浮选槽中比将其添加在磨机中对黄铁矿的抑制效果好，将 CaO 添加在浮选槽中，较低浓度时即可得到较高的选择性指数；铅锌矿石浮选体系中，铁磨矿石铅锌的选择性指数比瓷磨矿石的高，将 ZnSO₄ 添加在浮选槽中铁磨矿石铅锌的选择性指数比将 ZnSO₄ 添加在磨机中的高，而瓷磨铅锌矿石的情况则相反。

3. 磨矿环境调控与硫化矿浮选的工业实践

自 20 世纪 90 年代初开始采用的硫化矿电位调控浮选，是利用硫化矿在磨矿-浮选矿浆中存在的多种氧化-还原反应形成的原生电位，通过调节传统浮选过程控制参数如 pH、捕收剂浓度等，控制矿浆原生电位，从而选择性地控制硫化矿的浮选和抑制[35-39]。电位调控浮选的关键是用石灰控制矿浆电位，黄药和乙硫氮两种捕收剂匹配使用,在不同电位条件下实现铅、锌、硫分离。这一技术已在广东凡口、乐昌,广西北山、阳朔和江苏栖霞山等铅锌选厂得到推广应用。

1)调整剂

迄今石灰是使用最普遍且效果优良的黄铁矿的抑制剂。我国的绝大多数铜铅锌硫等多金属矿选矿厂均采用石灰作黄铁矿的抑制剂,并且经常将石灰直接添加在球磨机中,以达到稳定矿浆 pH、提高对黄铁矿的抑制效果并降低药剂消耗的目的。

江西德兴铜矿在一段球磨和粗精矿再磨中均加入了 1500g/t 的石灰,较好地控制了矿浆分选的碱度,达到了有效抑制黄铁矿、实现铜硫的浮选分离和提高铜精矿品位的目的[40]。罗再文在研究提高铜矿中金银回收率的技术措施时发现[41],将 1000g/t 的石灰一次性直接添加到球磨机中,并配合使用新型金银捕收剂 9538,与原工艺流程相比使铜精矿中铜、金、银的回收率分别提高了 6%、1%、3%。王庚辰等在研究某含金多金属硫化矿的浮选分离时发现[42],将 1000g/t 的石灰和 56g/t 的丁铵黑药加入球磨机中,使矿浆的 pH 稳定地保持在较高的水平,有效地抑制了黄铁矿,这将有利于捕收剂对铜铅矿物的捕收,并加强起泡剂的起泡能力,实现了多金属硫化矿的高效分离。

大厂矿务局在研究长坡选矿厂锡石-多金属硫化矿全浮选新工艺时发现[43],当处理混合硫化矿时加大量石灰于磨矿和搅拌作业中,能有效地抑制硫、砷和铅的矿物,可以在不用氰化物的条件下浮选锌矿物,被抑制的铅矿物经加入六偏磷酸钠、硫氮九号和 2# 油即可上浮,达到无氰法分选铅锌的目的。方城铅锌矿采用了高碱分离流程,其特征是针对高硫矿石,将大量石灰(约 8kg/t)和苯胺黑药一起加入球磨机,加强对硫抑制和对铅捕收[44]。

凡口铅锌矿于 20 世纪 80 年代初在国内首先应用高碱流程分选高硫铅锌矿石,即将大量石灰和部分捕收剂加入球磨机,在矿浆 pH>12 的条件下,提高了石灰对黄铁矿的抑制效果,改善了捕收剂对方铅矿的捕收性,有效地实现了铅、锌、硫分离,突破了原来对方铅矿浮选临界 pH 的认识[45-47]。

在铜-锌和铅-锌等多金属硫化矿物的浮选分离时,往往采取浮铜或铅矿物、抑制锌矿物的工艺流程,一般都选用硫酸锌作抑制剂,并常与亚硫酸钠、硫代硫酸钠等药剂混合使用,以提高抑制效果。除硫酸锌的用量及其与其他药剂的匹配外,硫酸锌的添加方式也经常是确定合理的药剂制度时值得注意的问题之一。

刘爱莲等针对某复杂铜锌硫化矿浮选分离难的问题,提出以酯-105 作捕收剂、以硫酸锌和木质素磺酸盐作闪锌矿的抑制剂,采用抑锌浮铜、铜粗精矿再磨精选的工艺流程,得到了较理想的铜锌分离浮选指标[48]。研究中发现,将硫酸锌和木质素磺酸盐直接添加到磨机中可以强化对闪锌矿的抑制作用;孟克礼等在研究铜锌多金属硫化矿的浮选分离时发现[49],硫酸锌等抑制剂加入磨机比加入浮选作业能获得更好的抑锌效果,铜硫混合精矿中锌混杂率减少 13.1%,但会对铜硫的回收产生不利影响。

潘家冲铅锌矿的选矿工作者考察了碳酸锌、硫酸锌添加地点的不同对闪锌矿的抑制效果的差异[50]。结果表明,将碳酸锌添加在球磨机中比添加在搅拌桶中效果更好,可使铅精矿含锌降低 1.83%,铅精矿的锌占有率降低 8.25%。其他文献的报道均表明[51-53],将硫酸锌直接添加到球磨机中,可以延长硫酸锌与闪锌矿表面的接触时间,用少量的硫酸锌就能有效地(或取代氰化物)抑制闪锌矿,从而增强捕收剂对铅矿物的捕收效果,强化铅的浮选。

硫化钠和氰化物是硫化矿物的有效抑制剂,通常用于多金属硫化矿物的浮选分离。

桃林铅锌矿选矿厂进行工艺技术改造时,将碳酸钠和硫化钠两种药剂添加到磨矿机中,可以很好地控制矿浆 pH,使氧化铅和硫化铅矿物得到了充分活化,显著提高铅的浮选回收率。但锌的硫化矿物在磨矿时就受到了一定程度的抑制作用。谢营邦等比较了硫化钠的添加地点对白银小铁山难选铜锌银多金属硫化矿浮选分离效果的影响[54],结果表明,在磨机中加入 Na_2S、在粗选中加入 $ZnSO_4$ 和 Na_2SO_3 可有效抑制锌、砷矿物,从而实现了铜矿物的优先浮选。

国外的选矿工作者研究发现[55],硫化矿物的氧化需氧量随磨矿细度的增加而提高,在磨矿回路中添加适量的氰化钠,则可显著降低矿浆的需氧量。这是因为加入氰化钠后,氰离子使一些耗氧的无价值矿物,如磁黄铁矿的表面惰化,从而强化其他有价硫化矿物的氧化作用。添加氰化钠在磨矿中还可以使一些黄铁矿在铜锌混合浮选时受到抑制,进而获得更好的铜锌混合浮选效果。

2)捕收剂

捕收剂是实现硫化矿物浮选有效分离的重要因素之一,许多工业实践表明,将捕收剂添加在磨矿作业中,可以强化某些硫化矿物的浮选。

某些矿山为提高黄铜矿的回收率,将黄药由过去加在搅拌槽改为加在球磨机中,提高了工艺过程的指标。黄药加在球磨机中,由于处在边磨矿边作用的情况下,其作用机理较为复杂。在边磨矿边与药剂作用的搅拌方式下,有可能改善因为矿泥而使有用矿物不易和黄药作用的情形,这可能是铜回收率得以提高的一个原因。针对金川铜镍矿的研究也有类似的结果[56]。

王剑高、孙传尧、宣道中和杜洽成等均考察了捕收剂的添加地点对复杂铅锌硫化矿浮选分离的影响[57-60]。研究结果表明,捕收剂添加在球磨机中能提高回收率是因为:①延长了捕收剂与矿物表面接触的时间,增强了矿物的浮游性,加快和强化了粗选过程;②改变了矿浆的性质,消除了有碍浮选的可溶性盐类的作用,或减弱了矿泥的作用,因而有利于泡沫的形成,增强了中矿的浮游性;③在矿浆中形成一定游离的捕收剂,有利于其与矿物颗粒的接触。

3) 磨矿介质

国内外有些浮选厂通过改变磨矿介质(或方式)调控磨矿-浮选体系的物理化学环境,达到了改善硫化矿物浮选分离效果的目的[61]。

在磨矿时,矿物之间和矿物与磨矿介质之间形成紧密的接触,将导致在复杂硫化矿中形成多电极原电池。用硫醇类捕收剂浮选方铅矿时,采用自磨或不锈钢介质磨机、陶瓷球磨机磨矿,方铅矿的浮游速度比采用低碳钢介质磨机磨矿要快。黄铁矿在较高矿浆电位下可浮性最好,这是由于在其表面形成双黄药。磨损的铁和矿物之间的原电池反应致使在黄铁矿表面形成元素硫,从而实现其无捕收剂浮选。采用自磨或不锈钢介质磨机能够改善硫醇类捕收剂浮选黄铜矿的效果。

Goncalves 等研究了磨矿条件对 Salobo 铜矿浮选的影响[62]。试验采用了四种不同的磨矿条件,包括以不锈钢球为介质的橡胶衬板震动磨机、以碳钢球为介质的橡胶衬板震动磨机、以碳钢球为介质的无衬板震动磨机和以陶瓷球为介质的陶瓷球磨机。研究结果表明,采用锆球磨机和不锈钢介质震动磨机磨矿时,矿浆电位为正值,达到+200mV,由于溶解氧的作用形成了氧化性的矿浆环境,这种矿浆条件非常有利于黄药被氧化为双黄药及矿浆中的硫化铜矿物表面发生适度的氧化;采用有、无衬板的碳钢球介质震动磨机磨矿时,矿浆电位为负值,为−50～−150mV,由于铁介质的存在,形成了还原性的矿浆环境。介质与硫化矿物之间产生伽伐尼电偶作用,铁的氧化物或氢氧化物沉积在硫化矿物的表面。在这种矿浆条件下,硫化矿物不具有自诱导可浮性,且同黄药作用的结果也较差。还原性矿浆环境下,铜矿物第一分钟内的回收率比氧化性矿浆环境下低。Елисеев 在测定乌拉尔某一种铜-锌矿石的各种选矿产品中矿物表面的含硫量时发现[63],矿物表面的硫有相当一部分是在磨矿阶段形成的,而且随氧化过程而愈趋稳定。硫的生成既有硫化矿物的氧化也有吸附于矿粒表面的 S^{2-} 氧化的原因。在浮选系统的解吸作业、铜-锌精矿再磨作业中添加硫化钠可使矿物表面上的 S^0 量增加30%～70%,进一步提高了硫化矿物的可浮性。

Freeman 等研究了磨矿介质对 Northparkes 矿石中含金铜矿石回收率的影响[64],结果表明,在采用不锈钢介质磨矿时,形成氧化性较强的矿浆环境,铜矿石的浮选回收率较高,而在采用普通钢球介质磨矿时,形成还原性较强的矿浆环境,铜矿石的浮选回收率较低。Leppinen 等研究了磨矿介质和电化学条件对铜锌硫化矿石选择性浮选分离的影响[65]。研究发现,采用普通钢磨机磨矿时,矿浆环境将具有比采用不锈钢磨机磨矿时更强的还原性,矿浆电位较低,此时铜的回收率和品位均较低。采用不锈钢磨机磨矿时,矿浆环境将具有较高氧化性,铜的第一分钟内的回收率很高,但与锌的选择性分离效果很差。

Kirjavaine 等研究了磨矿介质、浮选用水中的离子和矿浆的氧化作用对 Enonkoski 矿山硫化镍矿石可浮性的影响[66]。结果表明,采用钢磨机磨矿时,由钢介质引起的伽伐尼电偶作用控制着镍黄铁矿同磁黄铁矿的选择性分离，钙离子和硫代硫酸根提高了钢磨机磨矿后黄药对硫化矿物的浮选活性，这些离子也改进了镍浮选分离的选择性；采用瓷介质磨机磨矿可以增强黄药在硫化矿物表面的吸附，甚至用低浓度的黄药浮选，硫化矿物的回收率都很高，但镍浮选的选择性比采用钢磨机磨矿时低，钙离子和硫代硫酸根可以抑制硫化矿物的浮选，但是提高了有捕收剂存在时镍浮选的选择性。

2.4　磨矿环境影响硫化矿物浮选的相关机理

2.4.1　磨矿环境中的局部电池和伽伐尼电偶作用模型

硫化矿物和铁介质自身的局部电池以及硫化矿物、铁介质与硫化矿物之间的伽伐尼电偶反应的模型分别如图 2.88、图 2.89 所示。

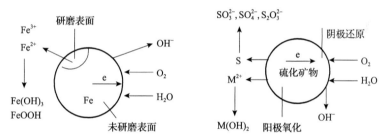

图 2.88　磨矿过程中铁介质或硫化矿物自身氧化的局部电池

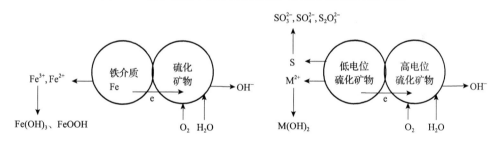

图 2.89　磨矿过程中铁介质与硫化矿物或不同硫化矿物之间的伽伐尼电偶

以方铅矿和黄铁矿为例，探讨局部电池作用的情况。自然 pH 条件下，采用瓷介质磨矿过程中方铅矿和黄铁矿自身局部电池的主要反应分别如下。

方铅矿：

阳极反应：$PbS = Pb^{2+} + S + 2e$　　　　　　　　$E^{\ominus} = 0.354V$　　(2.2)

　　　　　　$PbS + 4H_2O = PbSO_4 + 8H^+ + 8e$　　　$E^{\ominus} = 0.356V$　　(2.3)

阴极反应：$1/2O_2 + H_2O + 2e = 2OH^-$　　　　　　$E^{\ominus} = 0.401V$　　(2.4)

黄铁矿：

阳极反应：$FeS_2 \Longrightarrow Fe^{2+} + 2S + 2e$ $E^{\ominus} = 0.420V$ (2.5)

     $FeS_2 + 8H_2O \Longrightarrow Fe^{2+} + 2SO_4^{2-} + 16H^+ + 14e$ $E^{\ominus} = 0.355V$ (2.6)

阴极反应：$1/2O_2 + H_2O + 2e \Longrightarrow 2OH^-$ $E^{\ominus} = 0.401V$ (2.7)

当采用瓷介质磨矿时，双矿物体系中，由于方铅矿的静电位（$E^{\ominus} = 0.172V$）较黄铁矿的静电位（$E^{\ominus} = 0.445V$）低，当方铅矿和黄铁矿发生伽伐尼电偶作用时，方铅矿总是作阳极，在其表面将发生氧化反应。而黄铁矿总是作阴极，在其表面将发生还原反应。

自然 pH 条件下，当采用铁介质磨矿时，双矿物体系中同时存在方铅矿、黄铁矿和铁介质自身的局部电池反应。其中铁介质的静电位（$E^{\ominus} = -0.255V$）最低，其次是方铅矿的静电位（$E^{\ominus} = 0.172V$），黄铁矿的静电位（$E^{\ominus} = 0.445V$）最高。在铁磨双矿物体系中存在三组伽伐尼电偶作用，分别是铁介质与方铅矿之间的伽伐尼电偶、铁介质与黄铁矿之间的伽伐尼电偶以及方铅矿与黄铁矿之间的伽伐尼电偶。当铁介质与方铅矿或黄铁矿发生伽伐尼电偶作用时，它总是作为阳极，在其表面发生氧化反应，而方铅矿或黄铁矿总是作阴极，在它们的表面将发生还原反应。在铁磨双矿物体系中方铅矿和黄铁矿之间发生伽伐尼电偶作用，该反应与瓷磨双矿物体系中的相同。

采用铁介质湿磨过程中，在氧气存在的情况下，会发生氧化还原反应，铁被氧化，反应如下：

$$2Fe + 2H_2O + O_2 \longrightarrow 2Fe^{2+} + 4OH^- \tag{2.8}$$

铁介质和氧发生氧化还原反应后生成了 OH^-，因此，采用铁介质磨矿的矿浆 pH 较高。而 Fe 被氧化后形成亚铁离子进入溶液中，部分亚铁离子将继续与溶液中的氧气反应生成 Fe^{3+}：

$$2Fe^{2+} + 1/2O_2 \longrightarrow 2Fe^{3+} + O^{2-} \tag{2.9}$$

Fe^{2+} 和 Fe^{3+} 将在矿浆中进一步发生一系列水解反应，根据溶液中金属离子水解平衡常数和氢氧化物沉淀的溶度积，可以计算出初始浓度时为 $10^{-4}mol/L$ Fe^{2+} 和 Fe^{3+} 的水解产物的浓度分布分别如图 2.90 和图 2.91 所示。

当 Fe^{2+} 或 Fe^{3+} 的浓度为 $1 \times 10^{-4}mol/L$ 时，氢氧化铁在 pH=2.4 时产生沉淀，氢氧化亚铁在 pH 约 8.5 时产生沉淀。在氢氧化物沉淀之前，溶液中主要以羟基铁离子和羟基亚铁离子存在。

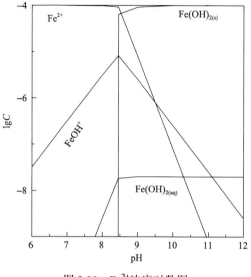

图 2.90　Fe^{2+}浓度对数图

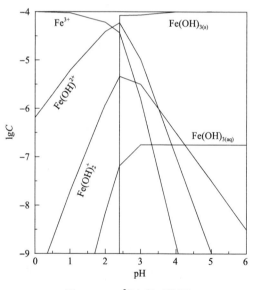

图 2.91　Fe^{3+}浓度对数图

在矿浆中溶解氧的作用下，Fe^{3+}还可进一步发生下列反应，生成 FeOOH 或 Fe_2O_3：

$$2Fe^{3+} + O^{2-} + 4OH^- \longrightarrow 2FeOOH + H_2O \qquad (2.10)$$

$$2Fe^{3+} + O^{2-} + 4OH^- \longrightarrow Fe_2O_3 + 2H_2O \qquad (2.11)$$

　　铁介质在磨矿过程中与矿浆中的溶解氧发生氧化还原反应，生成铁的氧化物或羟基氧化物，这些铁的氧化物或羟基氧化物在矿物表面发生了罩盖，并对硫化矿物的表面性质产生了影响。

2.4.2 磨矿环境对硫化矿物矿浆性质和表面性质影响机理的探讨

1. 瓷磨、铁磨硫化矿物矿浆化学性质差异的机理探讨

　　如 2.1.1 小节所述，采用瓷介质磨矿时，硫化矿物自身局部电池以及不同硫化矿物之间伽伐尼电偶的阴极还原反应均消耗溶解氧，随着磨矿时间的延长，反应产生的 OH^- 增多，使矿浆 pH 升高。采用铁介质磨矿时，不仅存在硫化矿物自身的局部电池反应和伽伐尼电偶的作用，还存在铁介质自身的局部电池反应，以及铁介质与硫化矿物之间的伽伐尼电偶作用，致使电化学阴极反应消耗的溶解氧量和生成的 OH^- 量均比采用瓷介质磨矿时多。另外，铁介质氧化产生的 Fe^{2+} 进一步氧化为 Fe^{3+} 时也将消耗溶解氧。因此，整体而言，无论是单矿物体系还是双矿物体系，铁磨矿浆的 pH 均比瓷磨矿浆的高，溶解氧含量均比瓷磨矿浆的低。

　　硫化矿物在磨矿过程中晶格中的 S^{2-} 将氧化为更高价态的硫，如 S^0 和 SO_4^{2-}。根据有关硫化矿物的 SEM、EDX 和 XPS 分析检测结果，可以推断，在四种硫化矿物表面均发生了氧化反应。

$$S^0 + 4H_2O = SO_4^{2-} + 8H^+ + 6e \tag{2.12}$$

$$ZnS + 4H_2O = Zn^{2+} + SO_4^{2-} + 8H^+ + 8e \tag{2.13}$$

$$CuFeS_2 = CuS + Fe^{2+} + S^0 + 2e \tag{2.14}$$

$$CuS + 2H_2O = Cu(OH)_2 + S^0 + 2H^+ + 2e \tag{2.15}$$

　　2.1.3 小节所述溶液化学的研究结果表明，磨矿过程中黄铁矿消耗溶解氧的量最高，闪锌矿消耗溶解氧的量最少，方铅矿与黄铜矿消耗溶解氧的量介于黄铁矿和黄铜矿之间。这说明，黄铁矿的氧化程度最深。黄铁矿的氧化将形成较多的 H^+，从而使其矿浆呈强酸性。闪锌矿的氧化程度最小，闪锌矿的 XPS 检测结果也证实闪锌矿没有产生明显的氧化，磨矿过程中闪锌矿虽然发生氧化反应，但氧化反应较弱，这是造成闪锌矿矿浆 pH 较高，呈碱性的主要原因。方铅矿与黄铜矿在磨矿过程中氧化的程度相当，但由于黄铜矿自身晶格中含有 Fe，溶出的铁将与阴极还原形成的 OH^- 形成 FeOOH 沉淀，这将消耗黄铜矿矿浆中的 OH^-，从而使其矿浆呈弱酸性。因此，整体上，在湿磨过程中，硫化矿物矿浆 pH 的递增顺序为：黄铁矿＜黄铜矿＜方铅矿＜闪锌矿。

　　由于磨矿过程中铁介质消耗了大量的溶解氧，使磨矿矿浆形成了较强的还原环境，所以无论是单矿物体系还是双矿物体系，铁介质磨矿矿浆中溶解氧的含量和矿浆电位 Eh 均比瓷介质磨矿矿浆的低。

　　在四种硫化矿物和铁介质中，按静电位递减的顺序排列为：黄铁矿＞黄铜矿＞闪锌矿＞方铅矿＞铁介质，黄铁矿的静电位最高。所以，在同其他硫化矿物和铁介质相接触形成伽伐尼电偶时，黄铁矿总是作为阴极，而其他硫化矿物和铁介质则总是作为阳极。采用瓷介质磨矿时，黄铁矿同其他三种硫化矿物形成的双矿物体系的矿浆电位均比黄铁矿单矿物体系的矿浆电位低。这与其他研究者的研究结果是相同的。但在采用铁介质磨矿时，黄铁矿同其他三种硫化矿物形成的双矿物体系的矿浆电位均比黄铁矿单矿物体系的矿浆电位高。在四种硫化矿物中，黄铁矿的溶解度最高，对四种硫化矿物单矿物体系的磨矿矿浆中金属离子浓度检测的结果证实了这一点。当黄铁矿同其他硫化矿物相接触形成双矿物体系时，黄铁矿总是作为阴极，这势必阻碍黄铁矿的氧化，使含有黄铁矿的双矿物体系中的 Fe^{3+} 浓度比黄铁矿单矿物体系中的浓度低。黄铜矿-黄铁矿、闪锌矿-黄铁矿和方铅矿-黄铁矿双矿物体系中 Fe^{3+} 浓度的检测结果印证了这一点。

　　在各种体系中，由于矿物在矿浆溶液中的化学行为较为复杂，矿物之间的相互作用受到的影响因素较多，使得矿浆中的离子组分变化没有表现出明显的规律性。

2. 瓷磨、铁磨硫化矿物表面性质差异的机理探讨

　　铁磨过程中，存在铁介质自身的局部电池和铁介质与硫化矿物之间的伽伐尼电偶作用，使铁介质氧化形成了稳定的 FeOOH。XPS 检测结果也证实了这一点，这与他人的研究结果是一致的。FeOOH 在硫化矿物表面的罩盖是引起铁磨硫化矿物与瓷磨硫化矿物的表面性质存在差异的一个重要原因。

　　如 2.2 节所述，在磨矿过程中硫化矿物表面晶体结构也发生了改变，XPS 的分析结果表明，四种典型的硫化矿物均产生了不同于未磨矿时的新物质。以硫化铜矿物为例，利用第一性原理计算了硫化铜矿物晶体体相的性质，采用广义梯度近似(GGA)中的 PBE 泛函形式确定交换相关势。分子力学和量子化学理论研究表明，黄铜矿晶体内部具有规则的原子排列，但表面原子在纵向位置上发生了位移，出现了表面弛豫。黄铜矿表面弛豫的结果使得硫原子位于更为朝外的位置，晶格参数 Z 轴方向值由弛豫前的 14.8105 增加到 18.0175，S—Fe、S—Cu 键键长增加，出现了富硫表面(图 2.92)，黄铜矿的表面弛豫形成的不均匀富硫表面对浮选具有重要影响。

　　如 2.2 节所述，采用铁介质磨矿时，机械力和机械力化学在硫化矿物表面产生的作用强烈。单矿物体系中同时存在硫化矿物、铁介质的局部电池以及铁介质与硫化矿物的伽伐尼电偶的共同作用，对硫化矿物表面造成了严重的腐蚀，在表

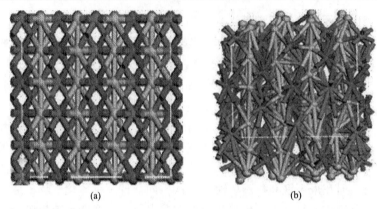

(a)　　　　　　　　　　　　(b)

图 2.92　黄铜矿(001)面

(a)原始表面；(b)弛豫表面

面生成的许多大小不均的、与矿物表面成分有明显差异的含氧絮状物(主要成分为FeOOH)广泛分布于矿物表面，使得矿物表面粗糙，增强了矿物表面的活性，矿物表面的亲水性将被加强，势必对硫化矿物的浮选带来负面影响。

　　如 2.2 节所述，采用瓷介质磨矿时，机械力和机械力化学在硫化矿物表面产生的作用较弱。单矿物体系中只有硫化矿物自身的局部电池的作用，对硫化矿物表面的腐蚀不明显，只生成了少量的与矿物表面成分相同的絮状物散落在矿物表面，矿物表面光滑圆整，活性低，矿物表面的疏水性好，将更有利于硫化矿物的浮选。

　　在双矿物磨矿体系中，铁磨时存在铁介质、两种硫化矿物自身共三个局部电池作用，以及铁介质与两种硫化矿物之间和两种硫化矿物之间共三组伽伐尼电偶作用。瓷磨时存在两种硫化矿物自身共两个局部电池作用和两种硫化矿物之间的一组伽伐尼电偶作用。由于发生局部电池的物质和伽伐尼电偶的组合增多，局部电池和伽伐尼电偶的作用将更为强烈，这将加剧硫化矿物表面性质的变化，使铁磨和瓷磨硫化矿物表面性质的差异加大。

2.4.3　磨矿环境对硫化矿物浮选影响机理的分析

　　1. 瓷磨、铁磨硫化矿物浮选行为差异的机理探讨

　　通过对硫化矿物溶液化学性质和表面性质的差异进行分析，可以将铁磨和瓷磨硫化矿物的浮选行为存在差异的主要原因综合为如下四个方面：

　　首先，瓷磨与铁磨时硫化矿物的表面性质产生了较大的差异。采用铁介质磨矿时，铁的羟基络合物沉淀并吸附在硫化矿物表面使矿物表面亲水性加强，降低了硫化矿物的可浮性，这是造成铁磨硫化矿物可浮性较差的主要原因。

　　其次，采用铁介质磨矿时形成的强还原性环境阻碍了硫化矿物浮选时所必需

的表面适度氧化，而采用瓷介质磨矿时形成的氧化性环境则有利于硫化矿物表面的适度氧化。这也造成了铁磨硫化矿物的可浮性较瓷磨的差。

再次，对湿磨状态下获得的硫化矿物表面的 XPS 检测结果表明，铁磨和瓷磨方铅矿、铁磨和瓷磨黄铜矿、瓷磨黄铁矿均形成了缺金属富硫表面。铁磨黄铁矿表面铁与硫的量相当。铁磨和瓷磨闪锌矿的表面则形成了缺硫富金属的表面。他人的研究结果已证明，硫化矿物氧化形成的缺金属表面将增强硫化矿物的疏水性，更有利于硫化矿物的无捕收剂浮选，且可促进捕收剂在矿物表面的吸附并提高硫化矿物的可浮性。

最后，瓷磨矿时造成的高电位氧化性较有利于黄药氧化成双黄药，而铁介质磨矿时所造成的低电位还原性环境则不利于黄药氧化为双黄药，这可能是造成瓷磨硫化矿物与铁磨硫化矿物可浮性差异较大的另一个主要原因。

2. 不同磨矿环境下 CaO 与硫化矿物的作用机理探讨

如 2.3 节所述，不同磨矿环境中，某些药剂对硫化矿物浮选的作用现象与常规的情况存在较大的差异，因此对其影响硫化矿物浮选的原因进行分析探讨。

在矿浆中 CaO 将发生下列反应。

$$CaO+H_2O \Longrightarrow Ca(OH)_2 \tag{2.16}$$

$$Ca(OH)_2 \Longrightarrow CaOH^+ + OH^- \tag{2.17}$$

$$CaOH^+ \Longrightarrow Ca^{2+} + OH^- \tag{2.18}$$

通常认为，CaO 对硫化矿物的抑制机理主要是形成了高碱环境，产生了 $Ca(OH)_2$，与组成矿物的金属离子的氢氧化物在矿物表面罩盖。

作者研究发现，CaO 对瓷磨方铅矿的抑制作用非常有限，而对铁磨方铅矿的抑制作用则十分明显。作者认为：这是由于铁磨时，矿浆 pH 和 Pb^{2+} 均较瓷磨的高，同时铁介质氧化又生成了大量 Fe^{3+}，添加 CaO 形成的高碱环境加速了铁和组成矿物的金属氢氧化物的生成并在矿物表面沉积，使矿物表面的亲水性进一步增强。CaO 对铁磨的黄铜矿、黄铁矿和闪锌矿的抑制机理与铁磨方铅矿的相似。

CaO 对瓷磨闪锌矿的浮选也具有较强的抑制作用，一是由于瓷磨闪锌矿的表面富金属贫硫；二是所用矿物为铁闪锌矿，含铁量较高，其氧化后也生成一定量的铁氢氧化物沉积在矿物表面，使矿物表面的亲水性进一步增强，但明显不如铁介质强。

与其他硫化矿物明显不同的是，在 pH 4.14～4.70，CaO 对表面呈缺金属富硫状态的瓷磨黄铁矿浮选也具有很强的抑制作用，采用上述理论就难以进行解释。作者认为：单独瓷磨黄铁矿时，矿浆 pH<3，添加 CaO 磨矿 pH 最高仅为 4.70，

此时矿浆中存在的 Ca^{2+} 吸附在矿物表面,可能与黄铁矿氧化生成的 SO_4^{2-} 作用生成了 $CaSO_4$ 薄膜,使矿物表面的亲水性显著增强,对黄铁矿的浮选起到了强烈的抑制作用。因此,可以认为 CaO 对瓷磨黄铁矿的抑制起关键作用的是矿浆中 Ca^{2+} 的浓度。同时,黄铁矿氧化生成的 FeOOH 对其自身的抑制也发挥了一定作用。

图 2.93 是瓷磨黄铁矿与 CaO 作用后的 XPS 检测结果。图中,S 2p 结合能为 162.60eV 的峰对应于 FeS_2 中的硫,结合能为 168.80eV 的峰对应于 SO_4^{2-} 中的硫;O 1s 结合能为 531.70eV 的峰对应于 SO_4^{2-} 中的氧;Fe 2p 结合能为 707.00eV 的峰对应于 FeS_2 中的铁,结合能为 711.4eV 的峰对应于 FeOOH 中的铁;Ca 2p 结合能为 348.20eV 的峰对应于 $CaSO_4$ 中的钙。这说明在黄铁矿的表面有 $CaSO_4$ 存在也有 FeOOH 存在,但对瓷磨黄铁矿起抑制作用的主要是 $CaSO_4$。

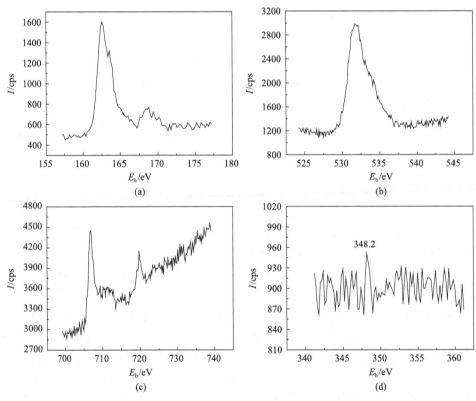

图 2.93　瓷磨黄铁矿与 CaO 作用后的 XPS 谱图
(a)S 2p 谱线;(b)O 1s 谱线;(c)Fe 2p 谱线;(d)Ca 2p 谱线

3. 硫化钠对硫化矿物的抑制机理探讨

Na_2S 在矿浆溶液中将进行水解和电离。通常认为,Na_2S 抑制硫化矿物的有效成分为 HS⁻，HS⁻一方面排挤吸附在硫化矿物表面的捕收剂，同时其本身又吸附在矿物表面，使矿物表面亲水。

$$Na_2S+2H_2O=\!=\!=2Na^++2OH^-+H_2S \tag{2.19}$$

$$H_2S=\!=\!=H^++HS^- \qquad K_1=\!=\!=3.0\times10^{-7} \tag{2.20}$$

$$HS^-=\!=\!=H^++S^{2-} \qquad K_2=\!=\!=2.0\times10^{-5} \tag{2.21}$$

可以看出，Na_2S 浓度较大时才可以有效地抑制硫化矿物。

将 Na_2S 添加到磨机中，硫化矿物矿浆中存在以下反应：

$$S^{2-}=\!=\!=S+2e \qquad E^{\ominus}=\!=\!=-0.480V \tag{2.22}$$

方铅矿：$\quad PbS=\!=\!=Pb^{2+}+S+2e \qquad E^{\ominus}=\!=\!=0.354V \tag{2.23}$

黄铜矿：$\quad CuFeS_2=\!=\!=CuS+Fe^{2+}+S+2e \qquad E^{\ominus}=\!=\!=0.298V \tag{2.24}$

黄铁矿：$\quad FeS_2=\!=\!=Fe^{2+}+2S+2e \qquad E^{\ominus}=\!=\!=0.340V \tag{2.25}$

闪锌矿：$\quad ZnS=\!=\!=Zn^{2+}+S+2e \qquad E^{\ominus}=\!=\!=0.265V \tag{2.26}$

铁介质：$\quad Fe=\!=\!=Fe^{2+}+2e \qquad E^{\ominus}=\!=\!=-0.44V \tag{2.27}$

由于 HS^-氧化为 S 的电极电位比四种硫化矿物和铁介质氧化的电位低，磨矿过程中铁介质和硫化矿物的氧化反应均将被减弱，可有效地避免瓷磨硫化矿物的过氧化和铁磨时在硫化矿物表面生成 FeOOH，使硫化矿物表面保持较好的疏水性。这可能是 Na_2S 浓度较低时瓷磨和铁磨硫化矿物的浮选回收率均较高的原因。

4. 硫代硫酸钠对硫化矿物的抑制机理探讨

他人的研究已证明，亚硫酸盐及硫代硫酸盐主要是通过形成HSO_3^-、SO_3^{2-}起到抑制作用，它们可以和很多金属离子形成亚硫酸盐或亚硫酸氢盐，使矿物表面的亲水性增强。作者研究发现，$Na_2S_2O_3$ 对闪锌矿和黄铁矿的抑制作用与铁离子的存在有着密切的关系，其机理可从以下几方面解释。

采用瓷介质磨矿时，矿浆中组成矿物的 Zn^{2+}、Fe^{3+}浓度较低，形成的亚硫酸盐及亚硫酸氢盐的量较少，对闪锌矿不能起到有效的抑制作用；而采用铁介质磨矿时，矿浆中除存在组成矿物的 Zn^{2+}、Fe^{3+}，铁介质氧化产生的大量 Fe^{3+} 与 $Na_2S_2O_3$ 水解及氧化生成的 SO_3^{2-} 和 SO_4^{2-} 作用形成的亲水性的 $Fe_2(S_2O_3)_3$、$Fe_2(SO_3)_3$ 或 $Fe_2(SO_4)_3$ 吸附在闪锌矿表面，使矿物表面的亲水性增强，这可能是铁磨闪锌矿易被 $Na_2S_2O_3$ 抑制的原因。

图 2.94 所示是瓷磨闪锌矿与 $Na_2S_2O_3$ 作用后的 XPS 检测结果。图 2.94 中，Zn 2p 结合能为 1021.30eV 峰可能是对应于 $Zn_{1-x}Fe_xS$ 中的锌(Zn^{2+})，Fe 2p 结合能

为 709.30eV 的峰可能对应于 $Zn_{1-x}Fe_xS$ 中的铁（Fe^{2+}），S 2p 结合能为 161.50eV 的峰可能反映的是 $Zn_{1-x}Fe_xS$ 中的硫（S^{2-}）和 $S_2O_3^{2-}$ 中的硫的共同结果，O 1s 结合能为 531.30eV 的峰对应 $S_2O_3^{2-}$ 中的氧。这说明有 $S_2O_3^{2-}$ 吸附在闪锌矿的表面。

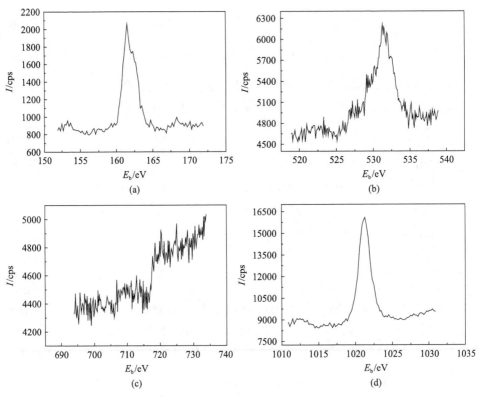

图 2.94　瓷磨闪锌矿与 $Na_2S_2O_3$ 作用后的 XPS 谱图

(a) S 2p 谱线；　(b) O 1s 谱线；　(c) Fe 2p 谱线；　(d) Zn 2p 谱线

图 2.95 所示是铁磨闪锌矿与 $Na_2S_2O_3$ 作用后的 XPS 检测结果。图 2.95 中，Zn 2p 结合能为 1021.40eV 的峰可能对应于 $Zn_{1-x}Fe_xS$ 中的锌（Zn^{2+}）。S 2p 结合能为 161.60eV 的峰可能反映的是 $Zn_{1-x}Fe_xS$ 中的硫（S^{2-}）和 $S_2O_3^{2-}$ 中的硫的共同结果。O 1s 结合能为 531.30eV 的峰对应于 $S_2O_3^{2-}$ 和 FeOOH 中的氧。Fe 2p 结合能为 710.80eV 的峰与瓷磨闪锌矿中的 Fe 2p 结合能为 709.30eV 的峰有较大的区别，位移 1.5eV，可以推测 710.80eV 的峰应当对应 $Fe_2(S_2O_3)_3$ 和 FeOOH。这说明铁磨状态下，除了 FeOOH 的作用外，$Fe_2(S_2O_3)_3$ 对闪锌矿的抑制起到了关键作用。

如 2.1.4 小节所述，瓷磨和铁磨黄铁矿矿浆中的铁离子浓度均较高，$Na_2S_2O_3$ 对瓷磨和铁磨黄铁矿的抑制机理与铁磨闪锌矿的相似，在此不作详细讨论。

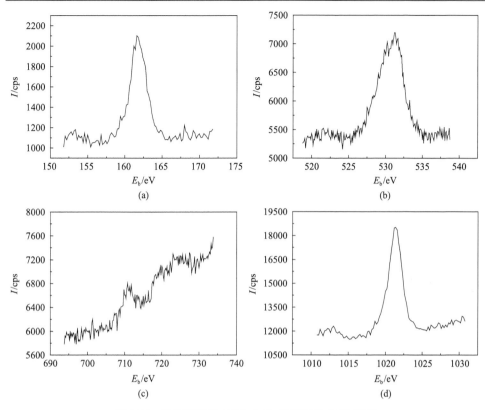

图 2.95　铁磨闪锌矿与 Na$_2$S$_2$O$_3$ 作用后的 XPS 谱图

(a) S 2p 谱线；(b) O 1s 谱线；(c) Fe 2p 谱线；(d) Zn 2p 谱线

5. 闪锌矿与黄铁矿的活化机理探讨

(1) 在酸性条件下，Pb^{2+} 和 Cu^{2+} 将分别与闪锌矿表面晶格中的锌产生离子交换作用，增加矿物表面同黄药作用的活性点，使闪锌矿得到活化。

$$ZnS_{(s)}+Pb^{2+} \!\!=\!\! PbS_{(s)}+Zn^{2+} \qquad (2.28)$$

$$ZnS_{(s)}+Cu^{2+} \!\!=\!\! CuS_{(s)}+Zn^{2+} \qquad (2.29)$$

在中性和弱碱性条件下，Pb^{2+} 和 Cu^{2+} 则分别对闪锌矿产生活化：

$$ZnS+Pb^{2+}_{aq}+2H_2O \longrightarrow ZnS_{surf}Pb(OH)_{2,surf}+2H^+ \qquad (2.30)$$

$$Pb(OH)_{2,ads}+ZnS_{surf} \longrightarrow PbS_{surf}+Zn(OH)_{2,ads} \qquad (2.31)$$

$$ZnS+Cu^{2+}_{aq}+2H_2O \longrightarrow ZnS_{surf}Cu(OH)_{2,surf}+2H^+ \qquad (2.32)$$

$$Cu(OH)_{2,ads}+ZnS_{surf} \longrightarrow CuS_{surf}+Zn(OH)_{2,ads} \tag{2.33}$$

$$2Cu(OH)_{2,ads}+ZnS_{surf} \longrightarrow Cu_2S_{surf}+Zn(OH)_{2,ads} \tag{2.34}$$

采用瓷介质磨矿时，影响硫化矿物浮选的因素较单一。因此，Pb^{2+}、Cu^{2+}对闪锌矿的活化模型如图 2.96 所示。

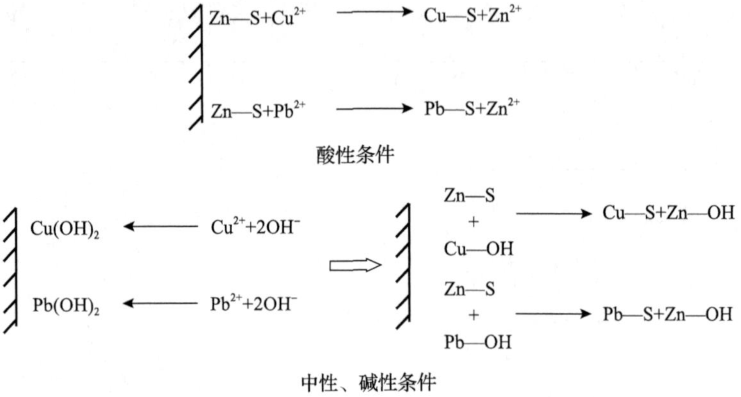

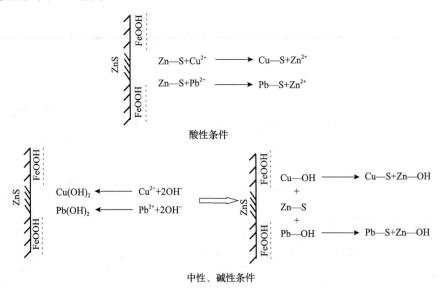

图 2.96　Pb^{2+}、Cu^{2+}对瓷磨闪锌矿活化的作用模型

采用铁介质磨矿时，由于在矿物表面生成了 FeOOH，其情形复杂得多，其活化模型如图 2.97 所示。

图 2.97　Pb^{2+}、Cu^{2+}对铁磨闪锌矿活化的作用模型

FeOOH 的溶度积为 $1\times10^{-41.5}$，而 $Cu(OH)_2$、$Pb(OH)_2$的溶度积分别为 $1.3\times$

10^{-20}、1.2×10^{-15}。因此，在矿物表面生成的 FeOOH 较 $Cu(OH)_2$、$Pb(OH)_2$ 更稳定，犹如一层钝化膜罩盖在闪锌矿表面，阻碍 Cu^{2+}、Pb^{2+} 对闪锌矿的活化。因此，Cu^{2+}、Pb^{2+} 对铁磨闪锌矿的活化只能按图 2.96 所示的活化反应模型在未被 FeOOH 钝化膜罩盖的矿物颗粒表面发生活化作用。而被 FeOOH 钝化膜罩盖的区域则不能被 Cu^{2+}、Pb^{2+} 活化，造成 Cu^{2+}、Pb^{2+} 对铁磨闪锌矿的活化受到很大的限制，其作用模型如图 2.96 所示。即铁磨时生成的 FeOOH 在闪锌矿表面罩盖对 Cu^{2+}、Pb^{2+} 的活化作用起到了"屏蔽效应"，是铁磨闪锌矿不能被 $Pb(NO_3)_2$、$CuSO_4$ 完全活化的主要原因。

(2) Cu^{2+} 将与黄铁矿表面晶格中的铁产生离子交换作用，增加矿物表面同黄药作用的活性点，使黄铁矿得到活化。

$$4FeS_2+7Cu^{2+}+4H_2O=\!\!=\!\!=7CuS+4Fe^{2+}+SO_4^{2-}+8H^+ \tag{2.35}$$

$$5FeS_2+14Cu^{2+}+12H_2O=\!\!=\!\!=7Cu_2S+5Fe^{2+}+3SO_4^{2-}+24H^+ \tag{2.36}$$

黄铁矿（FeS_2）的溶度积为 6.3×10^{-31}，CuS 和 Cu_2S 的溶度积比黄铁矿的溶度积小得多，分别为 8.7×10^{-35} 和 1.6×10^{-48}。因此，采用瓷介质磨矿时，$CuSO_4$ 将与 FeS_2 作用形成更难溶的 CuS 和 Cu_2S，从而活化黄铁矿。而采用铁介质磨矿时，在黄铁矿表面存在 FeOOH，其溶度积为 $1\times10^{-41.5}$，能够形成稳定的钝化膜罩盖在黄铁矿表面。Cu^{2+} 只能与黄铁矿表面未被 FeOOH 钝化膜罩盖的部分发生作用，阻碍了 Cu^{2+} 与黄铁矿表面晶格中的铁之间的作用。同样，铁磨时生成的 FeOOH 在黄铁矿表面的罩盖对 Cu^{2+} 的活化作用起到了"屏蔽效应"，是铁磨黄铁矿不能被 Cu^{2+} 完全活化的主要原因。

参 考 文 献

[1] Iwasaki I, Riemer S C, 肖肖梅. 磨矿时的腐蚀与磨损[J]. 国外金属矿选矿, 1987, (5): 30-37.

[2] Iwasaki I. 球磨机研磨中腐蚀磨损与磨蚀磨损的特性[J]. 刘维震, 译. 国外金属矿选矿, 1990, (12): 22-29.

[3] Yelloji Rao M K, Natarajan K A. Effect of galvanic interactions between grinding medium and minerals on sphalerite flotation [J]. Int. J. Miner. Process., 1989, 27: 95-109.

[4] Pozzo R L, Iwasaki I. Effect of pyrite and pyrrhotite on the corrosive wear of grinding media[J]. Miner. Metall. Process., 1987, 4(2): 166-171.

[5] Sui C C, Brienne S H R, Rao S R, et al. Metal ion production and transfer between sulphide minerals[J]. Minerals Engineering, 1995, 8(12): 1523-1539.

[6] Rao S R, Moon K S, Leja J. Effect of grinding media on the surface reactions and flotation of heavy metal sulphide[C]//Fuerstenau M C. Flotation-A.M. Gaudin Memorial Volume. New York: AIME, 1976, 1: 509-527.

[7] Rao S R, Finch J A. Galvanic interaction studies on sulfide minerals[J]. Can. Met. Quart., 1988, 27: 253-259.

[8] Eric F, Stellan S, Zhai H. Influence of different grinding methods on floatability[J]. Int. J. Miner. Process., 1988, 22: 183-192.

[9] 胡岳华, 孙伟, 覃文庆. 方铅矿浮选的机械电化学行为[J]. 中国有色金属学报, 2002, 12(5): 1060-1064.

[10] 董青海, 孙伟, 胡岳华, 等. 黄铁矿浮选过程的机械电化学行为研究[J]. 矿冶工程, 2006, 26(1): 32-36.

[11] Balaz P, Briancin J, Tucaniova L. Thermal decomposition of mechanically activated tetrahedrite[J]. Thermochimica Acta., 1995, 249: 375-381.

[12] Mulak W, Balaz P, Chojnacka M. Chemical and morphological changes of millerite by mechanical activation[J]. Int. J. Miner. Process., 2002, 66: 233-240.

[13] Godocikova E, Balaz P, Bastl Z, et al. Spectroscopic study of the surface oxidation of mechanically activated sulphides[J]. Applied Surface Science, 2002, 200: 36-47.

[14] Balaz P, Takacs L, Boldizarova E, et al. Mechanochemical transformations and reactivity in copper sulphides[J]. Journal of Physical and Chemistry of Solids, 2003, 64: 1413-1417.

[15] Balaz P. Mechanical activation in hydrometallurgy[J]. Int. J. Miner. Process., 2003, 72: 341-354.

[16] 贾建业, 谢先德, 吴大清, 等. 常见硫化物表面的 XPS 研究[J]. 高校地质学报, 2000, 6(3): 255-259.

[17] 徐志峰. 铁闪锌矿加压浸出基础理论及工艺研究[D]. 北京: 北京科技大学, 2006.

[18] 徐采栋, 林蓉, 汪大成. 锌冶金物理化学[M]. 上海: 上海科学技术出版社, 1979: 453.

[19] 顾帼华, 王淀佐, 刘如意. 硫化矿原生电位浮选体系中的迦伐尼电偶及其浮选意义[J]. 中国矿业, 2000, 9(3): 48-52.

[20] 曾春水, 张玲. 磨球的腐蚀与磨损[J]. 中国钨业, 1999, (4): 22-24.

[21] Rabieh A, Albijanic B, Eksteen J J. Influence of grinding media and water quality on flotation performance of gold bearing pyrite[J]. Minerals Engineering, 2017, 112: 68-76.

[22] Yelloji Rao M K, Natarajan K A. Effect of electrochemical interactions among sulphide minerals and grinding medium on the flotation of sphalerite and galena[J]. Int. J. Miner. Process., 1990, 29: 175-194.

[23] Cases J M, Kongolo M, Donato P D, et al. Interaction of finely ground galena and potassium amylxathate in flotation, 1. Influence of alkaline grinding[J]. Int. J. Miner. Process., 1990, 28: 313-337.

[24] Cases J M, Kongolo M, Donato P D, et al. Interaction between finely ground galena and pyrite with potassium amylxathate in relation to flotation, 2. Influence of grinding media at natural pH[J]. Int. J. Miner. Process., 1990, 30: 35-67.

[25] Chen X, Peng Y, Bradshaw D. Effect of regrinding conditions on pyrite flotation in the presence of copper ions[J]. Int. J. Miner. Process., 2013, 125: 129-136.

[26] Wang X H, Xie Y. The effect of grinding media and environment on the surface properties and flotation behaviour of sulfide minerals[J]. Mineral Processing and Extractive Metallurgy Review, 1990, 7: 49-79.

[27] Yuan X M, Palsson B I, Forssberg K S E. Flotation of a complex sulphide ore II. Influence of grinding environments on Cu/Fe sulphide selectivity and pulp chemistry[J]. Int. J. Miner. Process., 1996, 46: 181-204.

[28] Ye X, Gredelj S, Skinner W, et al. Regrinding sulphide minerals-Breakage mechanisms in milling and their influence on surface properties and flotation behaviour[J]. Powder Technology, 2010, 203, 133-147.

[29] Peng Y, Grano S, Fornasiero D, et al. Control of grinding conditions in the flotation of chalcopyrite and its separation from pyrite[J]. Int. J. Miner. Process., 2003, 69: 87-100.

[30] Peng Y, Grano S, Fornasiero D,et al. Control of grinding conditions in the flotation of galena and its separation from pyrite[J]. Int. J. Miner. Process., 2003, 70: 67-82.

[31] Fuerstenau M C, Miller J D, Kuhn M C. Chemistry of Flotation[M]. New York: AIME, 1985: 74-88.

[32] Adam K, Iwasaki I. Pyrrhotite-Grinding media interaction and its effect floatability at different applied potentials[J]. Miner. Metall. Process., 1984, 1: 81-87.

[33] Wills B A. 国外选矿技术的发展——选矿年评（I）[J]. 关尔译. 国外金属矿选矿, 1990, (1): 18-24.

[34] 胡为柏. 浮选[M]. 北京: 冶金工业出版社, 1989, 132-154.

[35] 徐秉权, 周放良. 凡口铅锌矿磨矿过程对矿浆电位的影响[J]. 有色金属(选矿部分), 1991, (3): 17-20.

[36] 刘如意, 顾帼华, 聂晓军, 等. 复杂铅锌硫化矿电位调控浮选的研究与生产实践[J]. 广东工业大学学报, 1997, 14(4): 27-33.

[37] 顾帼华, 刘如意, 王淀佐. 方铅矿-石灰-乙硫氮体系电化学调控浮选研究[J]. 广东工业大学学报, 1998, 15(增刊): 21-26.

[38] 方振鹏. 凡口铅锌矿深部矿体矿石浮选电化学研究[J]. 有色金属(选矿部分), 2005, (3): 1-5.

[39] 缪建成, 王方汉, 刘如意, 等. 南京铅锌银矿电位调控浮选的研究与应用[J]. 有色金属(选矿部分), 2000, (1): 5-8.

[40] 杨菊, 张竟成, 刘江浩, 等. 提高德兴铜矿铜精矿品位的工业试验[J]. 有色金属(选矿部分), 1995, (6): 5-8.

[41] 罗再文. 提高洞子沟银铜(金)矿银铜金回收率的研究[J]. 有色金属(选矿部分), 1997, (2): 16-19.

[42] 王庚辰, 魏德洲. 某含金多金属硫化矿的浮选分离研究[J]. 金属矿山, 2005, (7): 40-44.

[43] 大厂矿务局. 铅锌浮选分离新工艺[J]. 有色金属(选冶部分), 1976, (10): 9-11.

[44] 邓海波. 铅锌尾矿中被石灰强烈抑制的黄铁矿活化浮选回收研究[J]. 有色金属(选矿部分), 1998, (1): 19-22.

[45] 邓海波, 胡岳华. 我国有色金属矿浮选技术进展[J]. 国外金属矿选矿, 2001, (4): 2-5.

[46] 宣道中, 吴玉今, 贺飞丽. 阶段细磨苯胺黑药选铅工艺[J]. 有色金属(选矿部分), 1982, (6): 5-9.

[47] 周为吉, 刘如意. 粤北某铅锌矿浮选新工艺研究与生产实践[J]. 有色金属(选矿部分), 1997, (1): 1-4.

[48] 刘爱莲, 俞瑞, 魏明安. 复杂铜锌硫化矿的矿物浮选分离[J]. 有色金属(选矿部分), 1995, (3): 1-4.

[49] 孟克礼, 杨瑞瑛. 硫酸锌在多金属硫化矿分选中的应用[J]. 有色金属(选矿部分), 1986, (5): 13-18.

[50] 潘家冲铅锌矿. 铅锌矿无氰浮选工艺[J]. 有色金属(冶炼部分), 1976, (10): 6-8.

[51] 吉林孟恩银铅矿. 无氰浮选铅锌矿[J]. 有色金属(冶炼部分), 1976, (11-12): 46-48.

[52] 岳学晨. 铅锌硫矿石的部分混合浮选[J]. 有色金属(选矿部分), 1980, (1): 7-12.

[53] 高新章, 李凤楼, 师建忠, 等. 会理锌矿铅锌分离研究[J]. 有色金属(选矿部分), 1995, (4): 1-5.

[54] 谢莒邦, 杜淑珍, 陆青亮. 某难选铜锌银多金属硫化矿选矿试验研究[J]. 国外金属矿选矿, 1991, (Z1): 81-85, 102.

[55] Mitchell F B, 罗义昌. 国外选矿评述[J]. 国外金属矿选矿, 1973, (8): 1-11.

[56] 于建中, 曾晓晰, 周世伯, 等. 金川二矿区矿石中性介质浮选工艺的研究[J]. 有色金属(选矿部分), 1982, (4): 8-12.

[57] 王剑高, 周慧玲. 铅锌矿浮选药剂制度的改进[J]. 有色金属(冶炼部分), 1978, (9): 22-23.

[58] 孙传尧, 李凤楼, 赵纯录, 等. 细粒铅锌矿物的浮选分离工艺及工业实践[J]. 有色金属(选矿部分), 1986, (2): 5-13.

[59] 宣道中, 吴玉今, 罗良士, 等. 细粒复杂硫化矿新分选法工业实践[J]. 有色金属(选矿部分), 1993, (3): 2-8.

[60] 杜冶成. 改变加药地点提高铅精矿质量和回收率[J]. 有色金属(选矿部分), 1993, (4): 40.

[61] Maksimainen T, Luukkanen S, Mörsky P, et al. The effect of grinding environment on flotation of sulphide poor PGE ores[J]. Minerals Engineering, 2010, 23: 908-914.

[62] Goncalves K L C, Andrade V L L, Peres A E C. The effect of grinding conditions on the flotation of a sulphide copper ore[J]. Minerals Engineering, 2003, 16: 1213-1216.

[63] Елисеез Н И. 硫化矿浮选时矿物表面硫的生成[J]. 王光闰, 译. 国外金属矿选矿, 1985, (7): 19-20.

[64] Freeman W A, Newell R, Quast K B. Effect of grinding media and NaHS on copper recovery at Northparkes Mines[J]. Minerals Engineering, 2000, 13(13): 1395-1403.

[65] Leppinen J O, Hintikka V V, Kalapudas R P. Effect of electrochemical control on selective flotation of copper and zinc from complex ores[J]. Minerals Engineering, 1998, 11 (1): 39-51.

[66] Kirjavainen V, Schreithofer N, Heiskanen K. Effect of some process variables on floatability of sulfide nickel ores[J]. Int. Miner. Process., 2002, 65: 59-72.

第3章 磨矿环境与硅酸盐矿物浮选

硅酸盐矿物是一系列金属阳离子与多种形式的硅酸根络阴离子化合而形成的含氧盐类矿物，其种类繁多，约占已发现矿物总数的 1/4，分布广泛。硅酸盐矿物是主要造岩矿物，同时也是工业上所需的多种金属、非金属的矿物资源。此外，一些硅酸盐矿物还是珍贵的宝石材料。

硅酸盐矿物按其矿物晶体化学特征和矿物破碎后表面特性的天然差异，在不同 pH 介质和不同的阴、阳离子捕收剂条件下，原本是有一定浮游差异的，如果调整和控制好分离条件，对绝大多数硅酸盐矿物而言，均可实现有效的分离，这已被很多研究者在实验室用单矿物分离得已证实[1]。

但是，在实际工业生产条件下硅酸盐矿物分离问题并非如此简单。首先，在磨矿过程中，由于钢球和衬板的作用，矿物表面受到相当充分的铁的污染。这种污染使硅酸盐矿物表面固着的铁及铁的化合物，有时甚至用普通酸、碱都难以彻底清除，除非使用某种螯合剂处理才有效。其次，与硅酸盐矿物共生的某些金属矿物所释放出的各类金属阳离子、阴离子以及浮选用水中(特别是回水中)所固有的多种金属阳离子、无机阴离子和有机物等，都会对硅酸盐矿物的浮选产生不同程度的影响[2,3]。例如，受磨矿机中铁的充分作用或其他高价金属阳离子的作用，各类硅酸盐矿物得到极其充分的活化，当用脂肪酸类阴离子捕收剂浮选时，甚至本来不浮的石英、云母、长石等矿物都有很高的浮游性。其结果是矿物原本的自然可浮性面目皆非。一方面，这种活化效应使目的矿物的回收率大增，但另一方面，又使硅酸盐矿物分离的选择性降低，不得不选择合适的调整剂拉开其浮游性。因此，外来阳离子对硅酸盐矿物的浮选具有双重性的影响。

在工业浮选实践中，绝大多数条件下所制定的工艺流程应立足于难免离子的干扰，并设法化害为利实现矿物的有效分离。例如，在锂辉石工业浮选中，用 Na_2CO_3、NaOH 合理调整和利用矿浆中铁、钙等阳离子对锂辉石、石英、长石、云母、角闪石等脉石矿物活化的差异，用氧化石蜡皂辅以环烷酸皂做捕收剂可得到优良的浮选指标。当然，也有极少数情况下硅酸盐矿物浮选需要严格地杜绝外来金属阳离子的污染，此时磨矿作业用瓷球磨机，在矿浆调浆和浮选时，所用的设备也应考虑尽量不产生次生的金属阳离子[4,5]。

作者以典型晶体结构的硅酸盐矿物锆英石、绿柱石、锂辉石、长石以及氧化物石英的磨矿-浮选体系为研究对象，运用 XPS、动电位、扫描电镜和能谱、红外光谱等多种手段研究了瓷介质干磨、瓷介质湿磨、铁介质干磨和铁介质湿磨等磨矿因素，对硅酸盐矿物表面形貌和性质、矿浆性质及浮选行为的影响，借助矿物晶体化学、浮选溶液化学、浮选动力学探讨了磨矿因素对硅酸盐矿物浮选行为影响的机理。

3.1　磨矿环境与矿浆化学性质

国外在硅酸盐矿物浮选晶体化学原理的研究中以 Fuerstenau[6]和 Manser[7]的研究成果最为典型。美国学者 Fuerstenau 等总结了硅酸盐矿物晶体化学、双电层性质以及矿物的表面化学与浮选行为的关系，探讨了各类结构硅酸盐矿物的晶体结构特点以及它们的表面性质，捕收剂在硅酸盐矿物表面的物理吸附和化学吸附特性，并研究了在浮选过程中金属离子、氟化物对硅酸盐矿物的活化和抑制作用及硅酸盐矿物的选择性浮选。纪国平等认为铁介质磨矿引入的铁离子，不但对硅酸盐矿物产生活化或抑制作用，还会通过降低硅酸盐矿物表面负电位绝对值，使非目的矿物吸附在云母表面，影响云母浮选指标[8]。

作者详细研究了磨矿环境对典型硅酸盐矿物表面动电位、矿浆中金属离子浓度的影响。研究的矿物均为纯度大于 99%，粒级在 0.045~0.335mm。

3.1.1　动电位

利用 Zetasizer Nano Zs 型动电位测试仪，研究了不同磨矿因素作用下，矿浆 pH 对锆英石、绿柱石、锂辉石、长石和石英等矿物动电位的影响，结果如图 3.1 所示。

从图 3.1(a) 可知：①不同磨矿因素下，锆英石表面动电位总体趋势相同，随 pH 的增加，锆英石表面动电位均由正变负。②不同磨矿因素下，锆英石零电点(PZC)不同，瓷介质干磨、瓷介质湿磨、铁介质干磨、铁介质湿磨锆英石零电点分别为：5.1、3.9、4.9、6.0。③在碱性环境中，采用同种磨矿介质，锆英石干式磨矿表面动电位高于湿式磨矿。

从图 3.1(b) 可知：①不同磨矿因素下，绿柱石表面动电位总体趋势相同，随 pH 的增加，绿柱石表面动电位均由正变负。②不同磨矿因素下，绿柱石零电点也不同，瓷介质干磨、瓷介质湿磨、铁介质干磨、铁介质湿磨绿柱石零电点分别为：2.4、3.2、2.8、6.0。③在碱性环境中，采用同种磨矿介质，干磨后绿柱石表面动电位高于湿磨。

从图 3.1(c) 可知：①不同磨矿因素下，锂辉石表面动电位总体趋势相同，随 pH 的增加，锂辉石表面动电位均由正变负。②不同磨矿因素下，锂辉石零电点也不同，瓷介质干磨、瓷介质湿磨、铁介质干磨、铁介质湿磨锂辉石零电点分别为：2.8、2.6、4.2、5.0。③在碱性环境中，采用同种磨矿介质，干磨后锂辉石表面动电位高于湿磨。

从图 3.1(d) 可知：①不同磨矿因素下，长石表面动电位总体趋势相同，基本随 pH 的增加逐渐降低。②不同磨矿因素下，长石零电点也不同，铁介质湿磨时零电点为 5；瓷介质干磨时零电点为 4.6，从测试现象和趋势看，铁介质干磨与瓷介质湿磨制得的矿样零电点要小于 1.5。③在碱性环境中，采用同种磨矿介质，干磨后长石表面动电位高于湿磨。

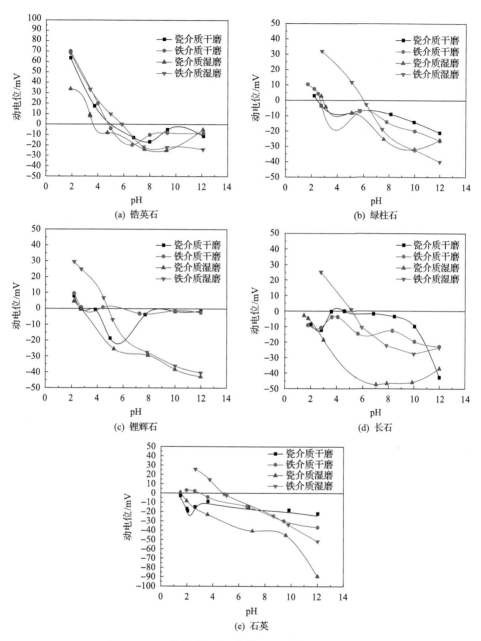

图 3.1　pH 对不同磨矿因素作用下矿物动电位的影响

从图 3.1(e)可知：①不同磨矿因素下，石英表面动电位总体趋势相同，均随 pH 的增加逐渐降低。②不同磨矿因素下，石英零电点不同，只有铁介质湿磨和铁介质干磨能够测出零电点，分别为 4.7 和 2.2，锆球干磨与锆球湿磨制得的石英矿样的零电点非常小，从测试现象和趋势看，这两种矿浆的零电点小于 1.7。③在碱性环境中，采用同种磨矿介质，干磨后石英表面动电位高于湿磨。

综上所述，从不同磨矿因素对硅酸盐矿物及石英的动电位影响结果可知：①在不同磨矿因素下矿物的动电位都是随 pH 增加逐渐降低，矿物零电点并不相同，铁介质湿磨后矿物零电点相对高于其他磨矿条件。②在碱性环境中，相同磨矿介质干磨后矿物表面动电位高于湿磨。③在碱性环境中，矿物表面动电位均为负值，表面动电位由高到低大致上依次为：瓷介质干磨、铁介质干磨、铁介质湿磨、瓷介质湿磨。

3.1.2　离子浓度

将锆英石、绿柱石、锂辉石、长石和石英等单矿物采用不同磨矿方式磨至−0.074mm 占 80%，干式磨矿时取单矿物矿样 2g 放入 50mL 烧杯中，在烧杯中放入30mL 去离子水搅拌 5min，过滤；湿式磨矿时，固液比 1∶3，其中单矿物矿样 10g，去离子水 30mL，磨矿后用 120mL 去离子水冲洗并将矿浆均分成 5 份，过滤；利用电感耦合等离子体光谱仪(型号：安捷伦 ICP-AES)检测滤液中典型金属离子的浓度。

在不同磨矿因素作用下，锆英石矿浆中金属离子浓度的检测结果见表 3.1。

表 3.1　磨矿因素对硅酸盐和石英矿浆中金属离子浓度的影响

矿物	离子种类	离子浓度/(mg/L)				
		瓷介质干磨	铁介质干磨	瓷介质湿磨	铁介质湿磨	原矿
锆英石	TZr	11.10	2.16	23.35	2.25	0.14
	TFe	0.12	0.30	0.11	1.24	0.10
	合计	11.22	2.46	23.46	3.49	0.24
绿柱石	TZr	0.048	<0.005	0.16	<0.005	<0.005
	TFe	<0.005	0.023	0.016	0.048	0.0065
	TBe	0.058	0.049	0.29	0.043	0.041
	TAl	0.082	0.084	0.59	0.088	0.074
	合计	0.188	0.156	1.056	0.179	0.1215
锂辉石	TZr	0.09	<0.005	0.22	<0.005	<0.005
	TFe	0.07	0.26	0.07	1.49	0.02
	TLi	16.69	10.44	21.35	11.73	10.33
	TAl	2.03	2.66	2.31	2.82	1.92
	合计	18.88	13.36	23.95	16.04	12.27
长石	TZr	0.035	<0.005	0.12	<0.005	<0.005
	TFe	0.074	0.18	0.06	1.51	0.03
	TK	13.53	14.86	17.71	12.1	9.45
	TNa	3.34	2.98	6.29	5.47	2.27
	合计	16.979	18.02	24.18	19.08	11.75
石英	TZr	0.056	<0.005	0.17	<0.005	<0.005
	TFe	<0.005	0.0085	<0.005	0.019	<0.005
	TSi	0.84	0.36	1.49	0.57	0.14
	合计	0.896	0.3685	1.66	0.589	0.14

注：①原矿指矿样不经过磨矿，直接搅拌过滤，取滤液进行检测分析。

②TZr 指矿浆中可溶性锆，TFe 指矿浆中可溶性铁，以下同。

从表 3.1 可知，锆英石磨矿后：①采用瓷介质磨矿时，矿浆中 TZr 的浓度远高于采用铁介质磨矿时的情形；采用瓷介质湿磨时，矿浆中溶解的 TZr 最多、TZr 的浓度可达 23.35mg/L，瓷介质干磨矿浆中 TZr 也达到 11.10mg/L。由此可以说明锆英石经瓷介质磨矿后有大量的 Zr^{2+} 被磨蚀溶解到矿浆中。②采用铁介质磨矿时，矿浆中 TFe 的浓度远高于瓷介质磨矿时的情形，铁介质湿磨时，矿浆中溶解的铁离子最多，TFe 的浓度可达 1.24mg/L；铁介质干磨矿浆中 TFe 浓度为 0.30mg/L。由此可以说明锆英石经铁介质磨矿后有大量的铁被磨蚀溶解到矿浆中。③相对于原矿，采用瓷介质磨矿对锆英石矿浆中金属离子浓度的影响大于铁介质磨矿，湿磨大于干磨。磨矿后锆英石矿浆中金属离子总浓度由高到低依次为：瓷介质湿磨、瓷介质干磨、铁介质湿磨、铁介质干磨。

从表 3.1 中可知，绿柱石磨矿后：①采用瓷介质磨矿时，矿浆中 TZr 的浓度远高于采用铁介质磨矿时的情形；采用瓷介质湿磨时，TZr 的浓度可达 0.16mg/L，TBe 和 TAl 浓度分别为 0.29mg/L 和 0.59mg/L，说明绿柱石经过瓷介质湿磨后有部分 Zr、Be 和 Al 被磨蚀溶解到矿浆中；瓷介质干磨矿浆中 TZr 也达到 0.048mg/L，说明绿柱石经瓷介质干磨后有锆被磨蚀溶解到矿浆中。②采用铁介质磨矿时，矿浆中 TFe 的浓度远高于瓷介质磨矿时的情形；铁介质湿磨时，矿浆中溶解的 Fe 相对较多；绿柱石经铁磨后有铁被磨蚀溶解到矿浆中。③相对于原矿，磨矿因素对绿柱石矿浆中金属离子浓度的影响表明，瓷磨大于铁磨、湿磨大于干磨；磨矿后绿柱石矿浆中金属离子总浓度由高到低依次为：瓷介质湿磨、瓷介质干磨、铁介质湿磨、铁介质干磨。

从表 3.1 中可知，锂辉石磨矿后：①采用瓷介质磨矿时，矿浆中 TZr 的浓度远高于采用铁介质磨矿时的情形；锆球介质湿磨时，TZr 和 TLi 的浓度分别为 0.22mg/L 和 21.35mg/L；瓷介质干磨矿浆中 TZr 和 TLi 的浓度分别为 0.09mg/L 和 16.69mg/L。这说明锂辉石经过瓷磨后有部分 Zr 和 Li 被磨蚀溶解到矿浆中。②采用铁介质磨矿时，矿浆中 TFe 的浓度远高于瓷介质磨矿时的情形，铁介质湿磨时，矿浆中溶解的 Fe 最多，TFe 的浓度可达 1.49mg/L，铁介质干磨矿浆中 TFe 浓度为 0.26mg/L，由此说明锂辉石经铁磨后有大量的铁被磨蚀溶解到矿浆中。③相对于原矿，磨矿因素对锂辉石矿浆中金属离子浓度的影响表明，瓷磨大于铁磨、湿磨大于干磨；磨矿后锂辉石矿浆中金属离子总浓度由高到低依次为：瓷介质湿磨、瓷介质干磨、铁介质湿磨、铁介质干磨。

从表 3.1 中可知，长石磨矿后：①采用瓷介质磨矿时，矿浆中 TZr 的浓度远高于采用铁介质磨矿时的情形；瓷介质湿磨时，TZr、TK 和 TNa 的浓度分别为 0.12mg/L、17.71mg/L 和 6.29mg/L，瓷介质干磨矿浆中 TZr、TK 和 TNa 的浓度分别为 0.035mg/L、13.53mg/L 和 3.34mg/L，说明长石经过瓷磨后有部分 Zr、K 和

Na 被磨蚀溶解到矿浆中。②采用铁介质磨矿时，矿浆中 TFe 的浓度远高于采用瓷介质磨矿时的情形；铁介质湿磨时，TFe、TK 和 TNa 的浓度分别为 1.51mg/L、12.1mg/L 和 5.47mg/L；铁介质干磨时，矿浆中 TFe、TK 和 TNa 的浓度分别为 0.18mg/L、14.86mg/L 和 2.98mg/L。这说明长石经过铁磨后有部分 Fe、K 和 Na 被磨蚀溶解到矿浆中。③相对于原矿，磨矿因素对长石矿浆中金属离子浓度的影响表明，湿磨高于干磨，矿浆中金属离子总浓度由高到低依次为：瓷介质湿磨、铁介质湿磨、铁介质干磨、瓷介质干磨。

从表 3.1 中可知，石英磨矿后：①采用瓷介质磨矿时，矿浆中 TZr 的浓度远高于采用铁介质磨矿时的情形。瓷介质湿磨时，TZr 和 TSi 的浓度分别为 0.17mg/L 和 1.49mg/L，瓷介质干磨矿浆中 TZr 和 TSi 的浓度分别为 0.056mg/L 和 0.84mg/L，由此说明石英经过瓷磨后有部分 Zr 和 Si 被磨蚀溶解到矿浆中。②采用铁介质磨矿时，矿浆中 TFe 的浓度远高于采用瓷介质磨矿时的情形。铁介质湿磨时，TFe 和 TSi 的浓度分别为 0.019mg/L 和 0.57mg/L，铁介质干磨时，TFe 和 TSi 的浓度分别为 0.0085mg/L 和 0.36mg/L，由此说明石英经铁磨后有大量的 Fe 和 Si 被磨蚀溶解到矿浆中。③相对于原矿，磨矿因素对石英矿浆中金属离子浓度的影响表明，瓷磨高于铁磨、湿磨高于干磨。磨矿后石英矿浆中金属离子总浓度由高到低依次为：瓷介质湿磨、瓷介质干磨、铁介质湿磨、铁介质干磨。

从典型硅酸盐矿物磨矿后矿浆中金属离子检测结果可知：①通过磨矿作用，硅酸盐矿物暴露出新鲜表面，矿物表面的金属元素可以不同程度地磨蚀或溶解到矿浆中。②采用瓷介质磨矿时，有部分锆磨蚀下来进入矿浆中，湿磨矿浆中的 TZr 浓度高于干磨矿浆中的 TZr 浓度。锆英石经瓷磨后，矿浆中溶解了大量 Zr^{2+}。③采用铁介质磨矿时，有部分铁被磨蚀下来进入矿浆中，湿磨矿浆中的 TFe 浓度高于干磨矿浆中的 TFe 浓度。④相对于原矿，瓷磨对硅酸盐矿物矿浆中金属离子浓度的影响大于铁磨、湿磨大于干磨；不同磨矿因素作用下矿浆中金属离子总浓度由高到低的一般规律为：瓷介质湿磨＞瓷介质干磨＞铁介质湿磨＞铁介质干磨。

3.2　磨矿环境与表面性质

在磨矿环境中，矿物界面相互作用表现为一种机械力化学行为，这种行为是力学和电化学过程共同作用的结果。在冲击力和磨剥力的作用下，矿物会发生解离或脱去被氧化的表面，裸露出新鲜表面，并且使表面及次表层产生不同的弹塑性变形，影响矿物表面的半导体性质，进而影响其电化学行为，机械力作用足够强时将引起矿物的晶格畸变。同样，由于体系中存在不同的矿物成分，受机械力和电化学作用的影响而产生的高浓度的难免离子和不同活性表面，以及药剂活化或抑制作用，使得整个磨矿-浮选环境变为一个高度复杂的系统。

作者详细分析了磨矿过程中硅酸盐矿物和石英表面形态和表面元素含量的变化,以便于研究不同磨矿因素对矿物表面的作用及其引起的表面反应与变化的程度。

3.2.1　表面形貌

利用 HITACHI(日立)S-3500N 扫描电子显微镜及 Oxford(牛津)INCA 能谱分析仪研究不同磨矿因素作用下锆英石、绿柱石、锂辉石、长石和石英等单矿物表面的形貌及化学成分。

1. 锆英石

图 3.2~图 3.6 所示分别是锆英石原矿及瓷介质干磨、瓷介质湿磨、铁介质干磨、铁介质湿磨锆英石后,放大 35000 倍的表面形态及能谱图,能谱图是表面选取的典型点 1、点 2、点 3 等的能谱。

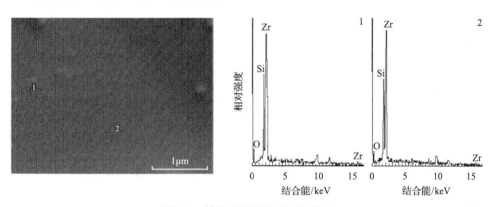

图 3.2　锆英石原矿表面及能谱图

能谱图 1、图 2 是矿物表面选定的某点 1、点 2 的能谱,下同

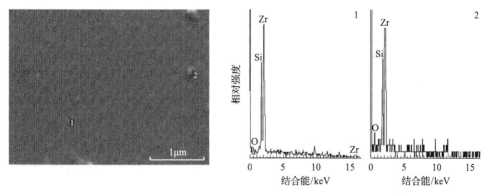

图 3.3　瓷介质干磨锆英石表面及能谱图

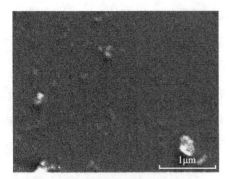

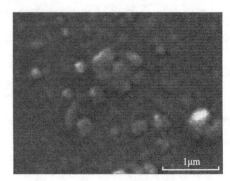

图 3.4　瓷介质湿磨锆英石表面图　　　　　　图 3.5　铁介质干磨锆英石表面图

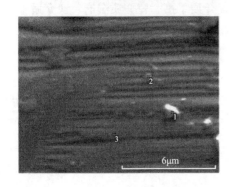

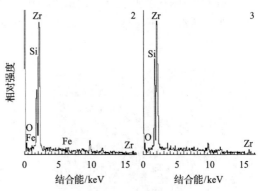

图 3.6　铁介质湿磨锆英石表面及能谱图

表 3.2 是不同磨矿因素作用下锆英石表面的 X 射线能谱原子分数。

表 3.2　不同磨矿因素下锆英石表面 X 射线能谱原子分数(%)

磨矿方式	Al	Si	Ti	Fe	Zr	O	合计
锆英石原矿	0.64	14.31	0.33	0.27	49.75	34.71	100.00
瓷介质干磨产品	0.36	14.35	0.27	0.36	50.08	34.57	100.00
瓷介质湿磨产品	0.38	14.34	0.22	0.29	50.21	34.56	100.00
铁介质干磨产品	0.37	14.14	0.26	1.03	49.71	34.49	100.00
铁介质湿磨产品	0.35	13.29	0.21	5.19	46.74	34.22	100.00

从放大 35000 倍表面图像和能谱图可知：①锆英石原矿表面比较平滑，没有明显絮状物，能谱图显示的也是单纯锆英石的能谱图。②瓷介质干磨、瓷介质湿磨锆英石表面相对光滑、平整，未见明显的磨蚀带出现，生成的少量絮状物零星分布在矿物表面，从能谱图中没有检测出铁。③铁介质干磨锆英石表面较粗糙，大量大小不均的絮状物生成并广泛分布于矿物表面。④铁介质湿磨锆英石表面有明显的磨蚀带，说明在铁介质湿磨锆英石时，表面的机械力作用强烈，通过对表面絮状物检测发现其含有大量的 Fe。

2. 绿柱石

对不同磨矿因素下的绿柱石进行扫描电镜和能谱分析，图 3.7～图 3.11 所示分别是绿柱石原矿及瓷介质干磨、瓷介质湿磨、铁介质干磨、铁介质湿磨后，放大 35000 倍的表面形态及能谱。

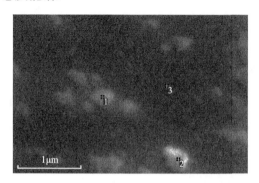

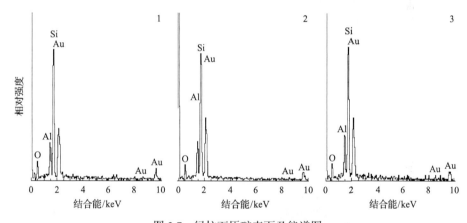

图 3.7　绿柱石原矿表面及能谱图

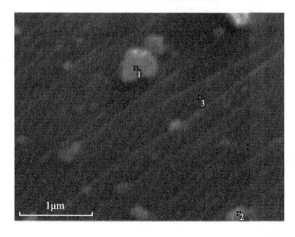

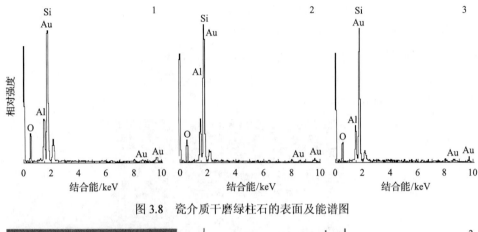

图 3.8　瓷介质干磨绿柱石的表面及能谱图

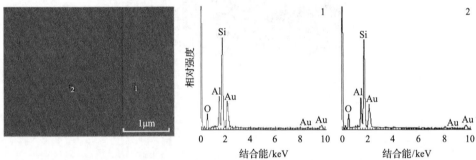

图 3.9　瓷介质湿磨绿柱石的表面及能谱图

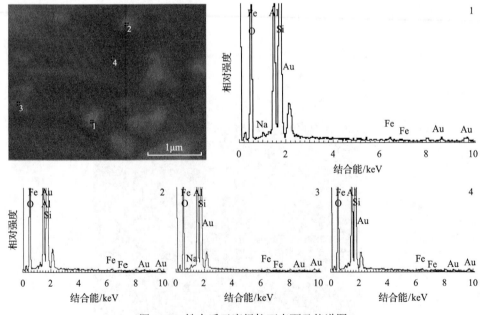

图 3.10　铁介质干磨绿柱石表面及能谱图

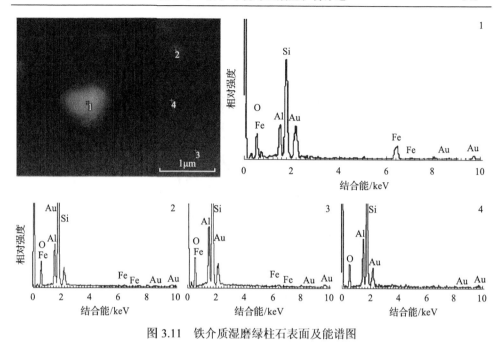

图 3.11　铁介质湿磨绿柱石表面及能谱图

表 3.3 是不同磨矿因素作用下绿柱石表面的 X 射线能谱原子分数。

表 3.3　不同磨矿因素下绿柱石表面 X 射线能谱原子分数（%）

磨矿方式	Na	Al	Si	Fe	合计
绿柱石原矿	0.92	19.26	79.38	0.44	100.00
瓷介质干磨产品	0.79	19.38	78.72	1.11	100.00
瓷介质湿磨产品	0.69	19.56	78.97	0.78	100.00
铁介质干磨产品	0.63	19.2	77.49	2.67	100.00
铁介质湿磨产品	0.91	18.92	75.84	4.32	100.00

　　从不同磨矿因素下绿柱石放大的表面图像和能谱图可知：①绿柱石原矿表面相对平滑，没有明显絮状物，表面含有绿柱石碎屑。②瓷介质干磨绿柱石表面出现了明显的划痕，产生了大量的绿柱石碎屑，从能谱图中没有检测出铁。③瓷介质湿磨绿柱石表面比较平整光滑，未见明显的磨蚀带出现，在绿柱石表面有少量绿柱石碎屑（点 1）出现，从能谱图中没有检测出铁。④铁介质干磨绿柱石表面较粗糙，大量大小不均的絮状物生成并广泛分布于矿物表面。从能谱图中也可以看出，在绿柱石表面含有大量的 Fe，结合 XPS 分析可知，铁介质干磨绿柱石表面有铁的生成物。⑤铁介质湿磨绿柱石表面有大量的絮状物产生，通过对表面絮状物检测发现其含有 Fe。

3. 锂辉石

对不同磨矿因素下的锂辉石进行扫描电镜和能谱分析，图 3.12～图 3.16 所示

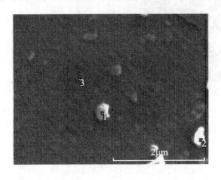

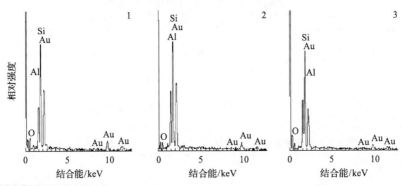

图 3.12　锂辉石原矿表面及能谱图（放大 30000 倍）

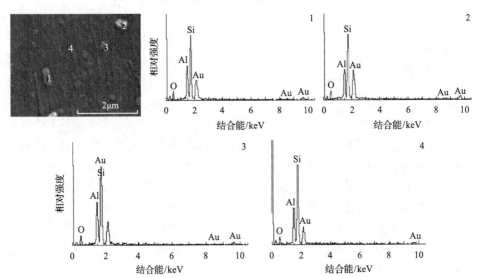

图 3.13　瓷介质干磨锂辉石表面及能谱图（放大 30000 倍）

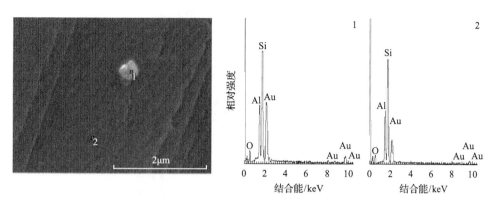

图 3.14　瓷介质湿磨锂辉石表面及能谱图(放大 30000 倍)

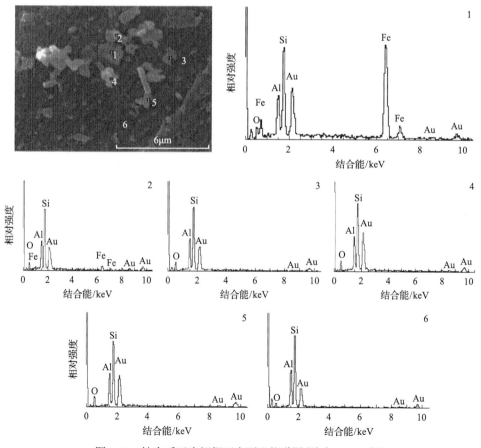

图 3.15　铁介质干磨锂辉石表面及能谱图(放大 10000 倍)

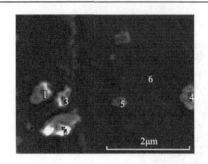

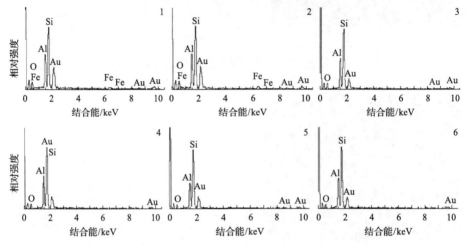

图 3.16　铁介质湿磨锂辉石表面及能谱图(放大 30000 倍)

分别是锂辉石原矿及瓷介质干磨、瓷介质湿磨、铁介质干磨、铁介质湿磨后,放大 10000～30000 倍的表面形态及能谱。由于能谱只能分析元素周期表中硼(B)到铀(U)的元素,不能分析锂元素,能谱在分析锂辉石成分时只能给出 Al、Si、O 的成分。如果锂辉石含少量或微量的 K、Na、Ca、Mg、Mn、Fe 等元素,能谱也能检出,检出限因元素和分析时间不同而不同。

表 3.4 是不同磨矿因素作用下锂辉石表面的 X 射线能谱原子分数。

表 3.4　不同磨矿因素下锂辉石表面 X 射线能谱原子分数(%)

磨矿方式	Al	Si	O	Fe	合计
锂辉石原矿	10.62	24.49	64.90	—	100.00
瓷介质干磨产品	10.74	24.38	64.88	—	100.00
瓷介质湿磨产品	10.77	24.36	64.87	—	100.00
铁介质干磨产品	10.62	24.07	64.81	0.49	100.00
铁介质湿磨产品	10.45	23.44	64.69	1.43	100.00

从不同磨矿因素下锂辉石放大的表面图像和能谱图可知:①锂辉石原矿表面

相对平滑，锂辉石表面含有较多的锂辉石碎屑（点 1 和点 2），没有明显絮状物和划痕产生。②锂辉石瓷介质干磨样表面（点 4）含有较多的锂辉石碎屑（点1～点3），有明显的划痕。③瓷介质湿磨锂辉石表面有显著的磨蚀带出现，并且表面有较大的絮状物存在，能谱检测显示其属于锂辉石絮状物。④铁介质干磨锂辉石表面较粗糙，大量大小不均的絮状物生成并广泛分布于矿物表面。对絮状物进行能谱检测，发现铁含量相对于瓷介质磨矿表面明显增加。结合 XPS 检测，铁介质干磨锂辉石表面有铁的生成物。⑤铁介质湿磨锂辉石表面有明显的磨蚀带，并且出现大量的絮状物，对表面絮状物进行能谱检测，发现其含有大量的 Fe。

4. 长石

对不同磨矿因素下的长石进行扫描电镜和能谱分析，图 3.17～图 3.21 所示分别是长石原矿及瓷介质干磨、瓷介质湿磨、铁介质干磨、铁介质湿磨后，放大的表面形态及能谱。

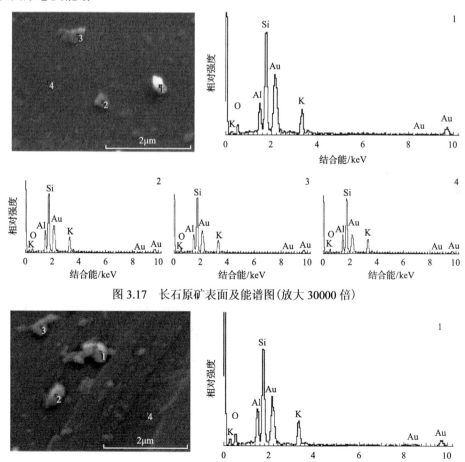

图 3.17　长石原矿表面及能谱图（放大 30000 倍）

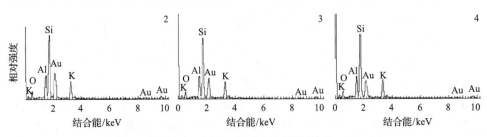

图 3.18　瓷介质干磨长石表面及能谱图(放大 30000 倍)

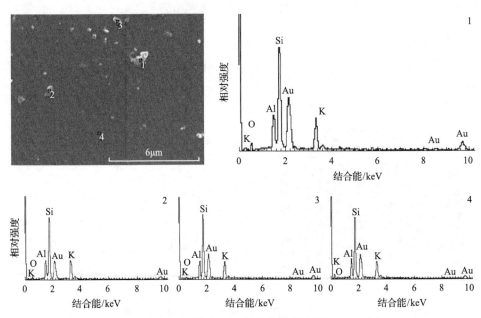

图 3.19　瓷介质湿磨长石表面及能谱图(放大 10000 倍)

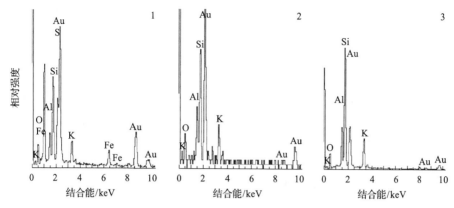

图 3.20 铁介质干磨长石表面及能谱图(放大 3500 倍)

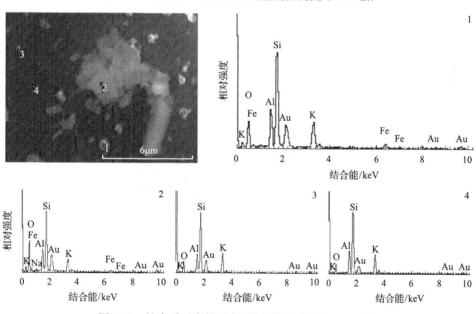

图 3.21 铁介质湿磨长石表面及能谱图(放大 10000 倍)

表 3.5 是不同磨矿因素作用下长石表面 X 射线能谱原子分数。

表 3.5 不同磨矿因素下长石表面 X 射线能谱原子分数(%)

磨矿方式	Na	Al	Si	K	O	Fe	合计
长石原矿	0.8	7.14	23.43	7.11	61.52	—	100.00
瓷介质干磨产品	0.73	7.01	23.21	7.83	61.22	—	100.00
瓷介质湿磨产品	0.74	6.99	23.24	7.79	61.24	—	100.00
铁介质干磨产品	0.73	7.05	23.14	7.78	61.22	0.08	100.00
铁介质湿磨产品	0.84	6.99	23.03	7.7	61.19	0.25	100.00

从不同磨矿因素下长石放大的表面图像和能谱图可知：①长石原矿表面相对平滑，长石表面(点 4)含有长石碎屑(点 1、点 2、点 3)，没有明显絮状物和划痕产生。根据能谱分析，长石中主要是钾长石，还有少量的钠长石。②长石瓷介质干磨样表面(点 4)含有较多的长石碎屑(点 1~点 3)，有明显的划痕和磨蚀带。③瓷介质湿磨长石表面有磨蚀带出现，并且表面有长石絮状物。④铁介质干磨长石表面较粗糙，大量大小不均的絮状物生成并广泛分布于矿物表面。对絮状物进行能谱检测，发现 Fe 含量相对于瓷介质磨矿表面明显增加。⑤铁介质湿磨长石表面有明显的磨蚀带和裂隙，并且出现大量的絮状物，说明铁介质磨矿表面的机械力作用非常强烈。对表面絮状物进行能谱检测，发现其中既包含铁元素，又包含长石。

5. 石英

对不同磨矿因素下的石英进行扫描电镜和能谱分析，图 3.22～图 3.26 所示分别是石英原矿及瓷介质干磨、瓷介质湿磨、铁介质干磨、铁介质湿磨后，放大的表面形态及能谱图。

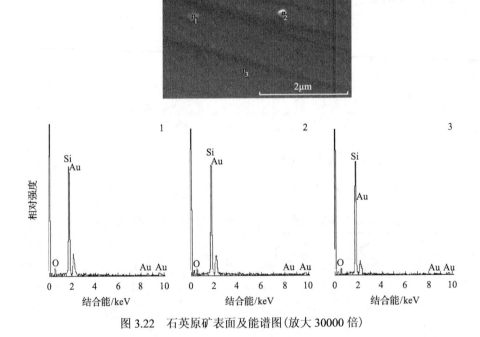

图 3.22　石英原矿表面及能谱图(放大 30000 倍)

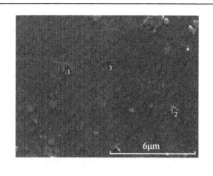

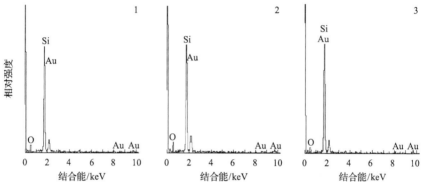

图 3.23　瓷介质干磨石英表面及能谱图(放大 10000 倍)

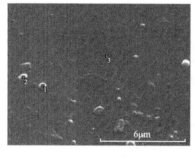

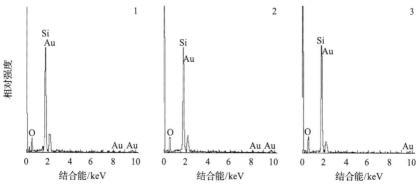

图 3.24　瓷介质湿磨石英表面及能谱图(放大 10000 倍)

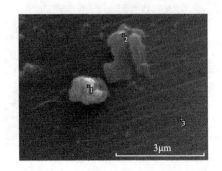

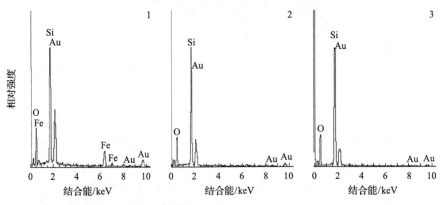

图 3.25　铁介质干磨石英表面及能谱图(放大 20000 倍)

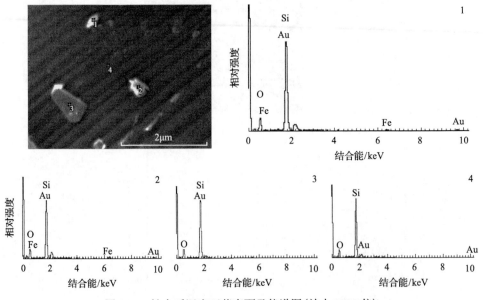

图 3.26　铁介质湿磨石英表面及能谱图(放大 3000 倍)

表 3.6 是不同磨矿因素作用下石英表面 X 射线能谱原子分数。

表 3.6　不同磨矿因素下石英表面 X 射线能谱原子分数(%)

磨矿方式	Si	O	Fe	合计
石英原矿	35.33	64.67	—	100.00
瓷介质干磨产品	34.97	65.03	—	100.00
瓷介质湿磨产品	37.97	62.03	—	100.00
铁介质干磨产品	34.01	65.6	0.39	100.00
铁介质湿磨产品	37.97	61.53	0.50	100.00

从不同磨矿因素下石英放大的表面图像和能谱图可知：①石英原矿表面相对干净平滑，石英表面(点 3)含有部分石英碎屑(点 1、点 2)，没有明显絮状物和划痕。②石英瓷介质干磨样表面(点 3)含有较多的石英碎屑(点 1、点 2)，没有明显的磨蚀带。③石英瓷介质湿磨表面有明显的划痕出现，并且有大量絮状物，对絮状物进行检测发现是石英的碎屑。④铁介质干磨长石表面较粗糙，有明显的划痕及磨蚀带，表面有大量的、大小不均的絮状物生成，其广泛分布于矿物表面。对表面进行能谱分析，在铁介质干磨石英表面(点 3)存在有细粒的含铁化合物(点 1)和石英碎屑(点 2)。⑤铁介质湿磨石英表面有明显的磨蚀带和裂隙，并且出现大量的絮状物，说明铁介质湿磨表面的机械力作用非常强烈。对表面絮状物进行能谱检测，发现其是铁和石英的结合体。结合 XPS 检测可知，在铁介质湿磨长石表面有铁的生成物。通过对能谱检测结果分析可知，含铁絮状物体积越大，铁含量越高。

3.2.2　表面组分

矿物颗粒表面性质与其浮选行为密切相关，采用 XPS 考察锆英石、绿柱石、锂辉石、长石和石英等单矿物，在不同磨矿介质条件、经过干式和湿式磨矿后表面变化的情况，确定矿物表面物质的存在形式。

1. 锆英石

不同磨矿条件下，锆英石矿物表面的 XPS 检测图谱如图 3.27～图 3.31 所示。

1)锆英石原矿

锆英石原矿的 XPS 谱图见图 3.27。

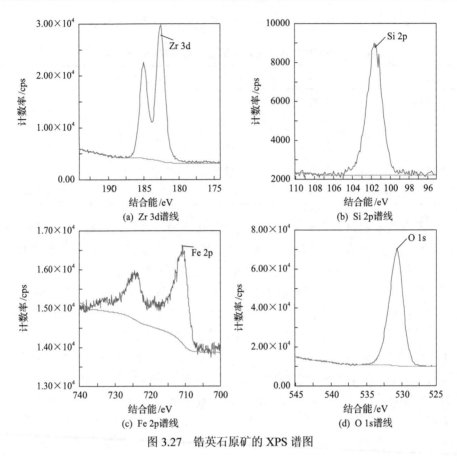

图 3.27　锆英石原矿的 XPS 谱图

2) 瓷介质干磨锆英石

瓷介质干磨锆英石的 XPS 谱图见图 3.28。

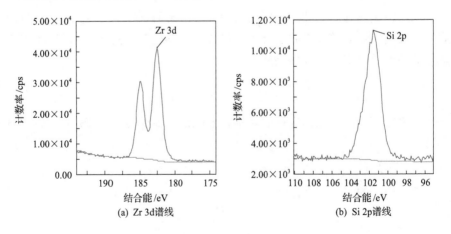

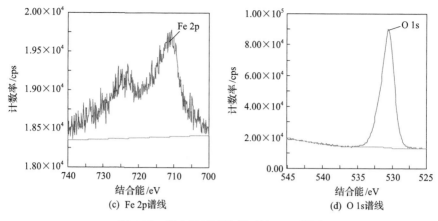

(c) Fe 2p谱线　　(d) O 1s谱线

图 3.28　瓷介质干磨锆英石的 XPS 谱图

3）瓷介质湿磨锆英石

瓷介质湿磨锆英石的 XPS 谱图见图 3.29。

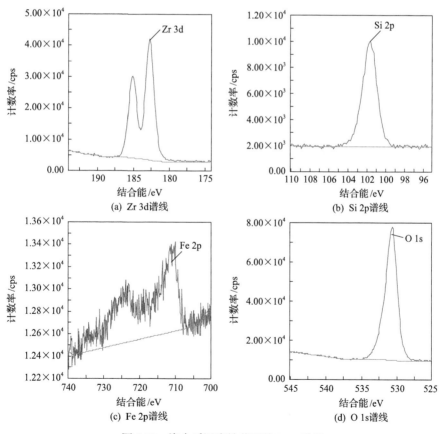

(a) Zr 3d谱线　　(b) Si 2p谱线

(c) Fe 2p谱线　　(d) O 1s谱线

图 3.29　瓷介质湿磨锆英石的 XPS 谱图

4）铁介质干磨锆英石

铁介质干磨锆英石的 XPS 谱图见图 3.30。

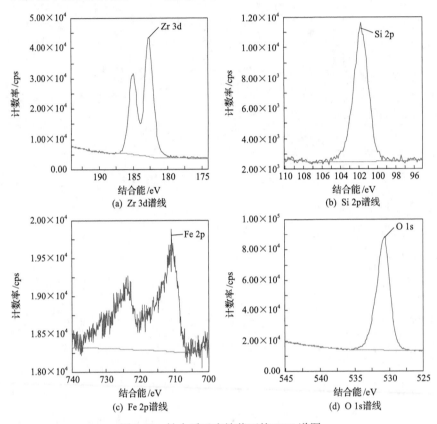

图 3.30　铁介质干磨锆英石的 XPS 谱图

5）铁介质湿磨锆英石

铁介质湿磨锆英石的 XPS 谱图见图 3.31。

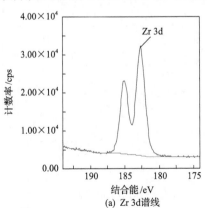

(a) Zr 3d谱线

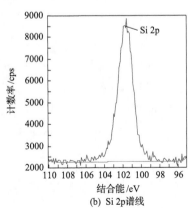

(b) Si 2p谱线

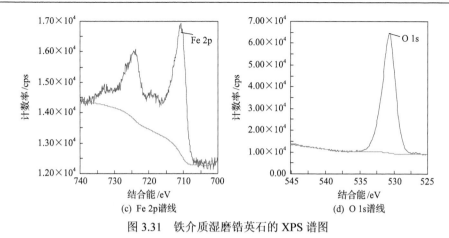

(c) Fe 2p谱线　　　　　　　　　　　(d) O 1s谱线

图 3.31　铁介质湿磨锆英石的 XPS 谱图

不同磨矿条件下，锆英石矿物表面元素的 XPS 分析结果见表 3.7。

表 3.7　不同磨矿条件下锆英石表面元素的 XPS 分析结果

元素	原子分数/%					主峰位/eV				
	瓷介质干磨	铁介质干磨	瓷介质湿磨	铁介质湿磨	原矿	瓷介质干磨	铁介质干磨	瓷介质湿磨	铁介质湿磨	原矿
C 1s	24.09	27.45	19.23	26.57	27.95	284.24	284.42	284.47	284.42	284.32
Fe 2p	0.91	1.63	0.65	2.95	0.31	711.33	710.91	711.13	710.80	710.98
O 1s	50.13	47.38	51.83	47.40	49.69	530.57	530.78	530.72	530.70	530.70
Si 2p	14.81	13.88	16.27	13.78	13.75	101.56	101.71	101.67	101.65	101.57
Zr 3d	10.07	9.66	12.02	9.30	8.30	182.53	182.67	182.72	182.64	182.57

表 3.7 的分析结果表明，与原矿样相比：①不同磨矿条件下，锆英石表面的元素相对含量存在差异，每种元素对应的主峰位有一定的偏差，但差别较小。②采用瓷介质干磨后，锆英石表面 Fe、O、Si 含量变化较小，Zr 由 8.30%增加到 10.07%；采用瓷介质湿磨后，锆英石表面 Fe、O、Si 含量变化较小，Zr 由 8.30%增加到 12.02%；采用铁介质干磨后，锆英石表面 Fe 含量由 0.31%增加到 1.63%，Zr 由 8.30%增加到 9.66%；采用铁介质湿磨后，锆英石表面 Zr 由 8.30%增加到 9.30%，Fe 含量由 0.31%增加到 2.95%。③不同磨矿条件下锆英石表面 Zr 含量由高到低的顺序依次为：瓷介质湿磨＞瓷介质干磨＞铁介质干磨＞铁介质湿磨；锆英石表面 Fe 含量由高到低的顺序依次为：铁介质湿磨＞铁介质干磨＞瓷介质干磨＞瓷介质湿磨。④采用瓷介质(锆球)磨矿时，有部分锆磨蚀下来吸附在锆英石表面；采用铁介质磨矿时，有部分铁磨蚀下来吸附在锆英石表面。

2. 绿柱石

不同磨矿条件下，绿柱石矿物表面的 XPS 检测图谱如图 3.32～图 3.36 所示。

1)绿柱石原矿

绿柱石原矿的 XPS 谱图见图 3.32。

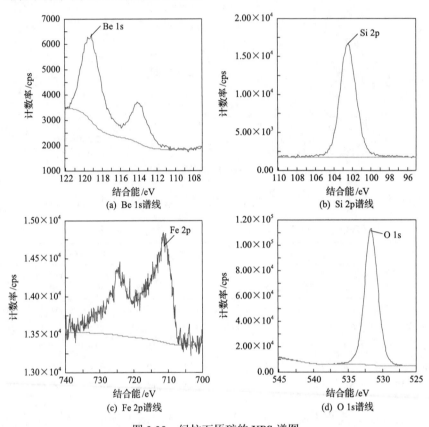

图 3.32　绿柱石原矿的 XPS 谱图

2)瓷介质干磨绿柱石

瓷介质干磨绿柱石的 XPS 谱图见图 3.33。

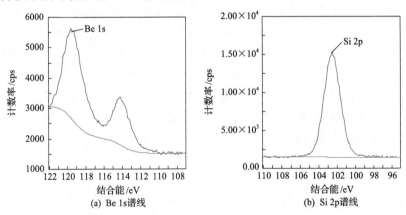

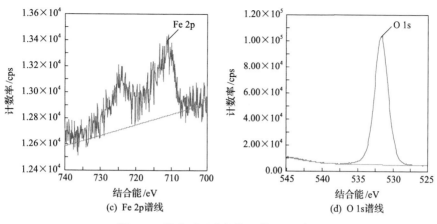

(c) Fe 2p谱线　　　　　　　　　　(d) O 1s谱线

图 3.33　瓷介质干磨绿柱石的 XPS 谱图

3) 瓷介质湿磨绿柱石

瓷介质湿磨绿柱石的 XPS 谱图见图 3.34。

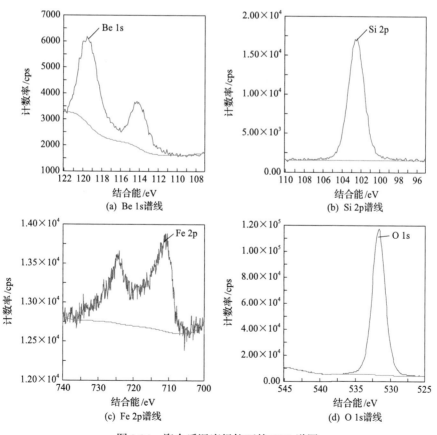

(a) Be 1s谱线　　　　　　　　　　(b) Si 2p谱线

(c) Fe 2p谱线　　　　　　　　　　(d) O 1s谱线

图 3.34　瓷介质湿磨绿柱石的 XPS 谱图

4)铁介质干磨绿柱石

铁介质干磨绿柱石的 XPS 谱图见图 3.35。

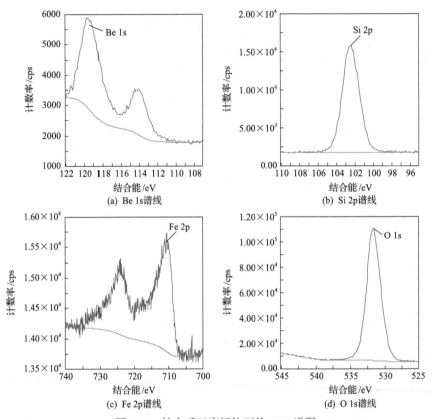

图 3.35　铁介质干磨绿柱石的 XPS 谱图

5)铁介质湿磨绿柱石

铁介质湿磨绿柱石的 XPS 谱图见图 3.36。

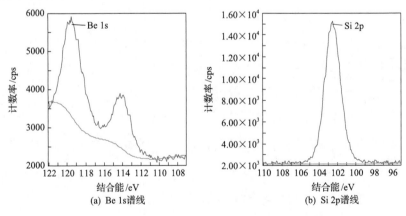

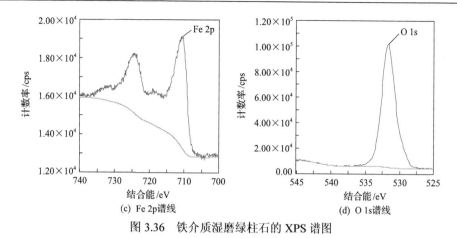

图 3.36　铁介质湿磨绿柱石的 XPS 谱图

不同磨矿条件下，绿柱石矿物表面元素的 XPS 分析结果见表 3.8。

表 3.8　不同磨矿条件下绿柱石表面元素的 XPS 分析结果

元素	原子分数/%					主峰位/eV				
	瓷介质干磨	铁介质干磨	瓷介质湿磨	铁介质湿磨	原矿	瓷介质干磨	铁介质干磨	瓷介质湿磨	铁介质湿磨	原矿
Al 2p	4.81	5.00	5.42	4.91	4.95	74.75	74.68	74.76	74.77	74.56
Be 1s	24.36	24.60	25.41	21.02	24.67	119.40	119.37	119.42	119.40	119.23
C 1s	15.02	10.22	10.17	14.64	13.20	284.45	284.50	284.41	284.38	284.39
Fe 2p	0.36	0.67	0.51	2.06	0.24	711.29	710.71	711.37	710.81	711.28
O 1s	40.64	44.04	42.58	42.76	41.88	531.70	531.67	531.70	531.67	531.65
Si 2p	14.80	15.48	15.92	14.60	15.06	102.54	102.49	102.52	102.51	102.47

表 3.8 的分析结果表明，与原矿样相比：①不同磨矿条件下，绿柱石表面的元素相对含量存在差异，每种元素对应的主峰位有一定的偏差，但差别较小。②采用瓷介质干磨和瓷介质湿磨后，绿柱石表面 Al、Be、Fe、O、Si 含量变化较小，Zr 可能含量较低，检测不到；采用铁介质干磨后，绿柱石表面 Al、Be、O、Si 含量变化较小，Fe 含量由 0.24%增加至 0.67%；采用铁介质湿磨后，绿柱石表面 Al、Be、O、Si 含量变化较小，Fe 含量由 0.24%增加至 2.06%。③不同磨矿条件下绿柱石表面 Be 含量由高到低的顺序依次为：瓷介质湿磨＞铁介质干磨＞瓷介质干磨＞铁介质湿磨；绿柱石表面 Fe 含量由高到低的顺序依次为：铁介质湿磨＞铁介质干磨＞瓷介质湿磨＞瓷介质干磨。④采用瓷介质磨矿时，绿柱石表面元素含量均有所差异，但差异较小；采用铁介质磨矿时，绿柱石表面铁有所增加，尤其是铁介质湿磨后绿柱石表面铁含量增加较多，说明有部分铁磨蚀下来吸附到绿柱石表面。

3. 锂辉石

不同磨矿条件下，锂辉石矿物表面的 XPS 检测图谱如图 3.37～图 3.41 所示。

1）锂辉石原矿

锂辉石原矿的 XPS 谱图见图 3.37。

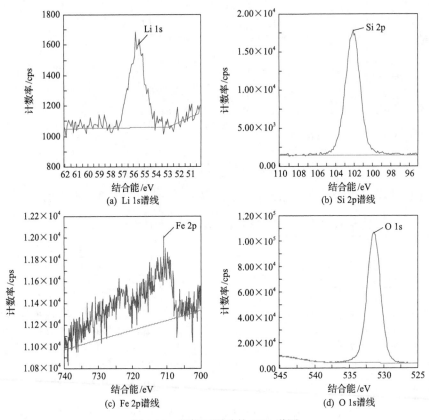

(a) Li 1s谱线

(b) Si 2p谱线

(c) Fe 2p谱线

(d) O 1s谱线

图 3.37　锂辉石原矿的 XPS 谱图

2）瓷介质干磨锂辉石

瓷介质干磨锂辉石的 XPS 谱图见图 3.38。

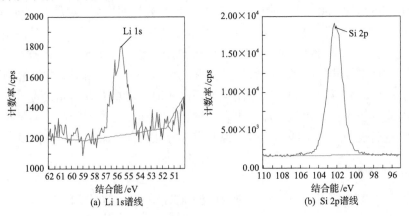

(a) Li 1s谱线

(b) Si 2p谱线

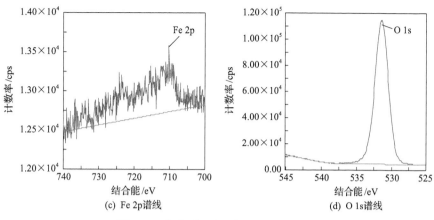

图 3.38　瓷介质干磨锂辉石的 XPS 谱图

3) 瓷介质湿磨锂辉石

瓷介质湿磨锂辉石的 XPS 谱图见图 3.39。

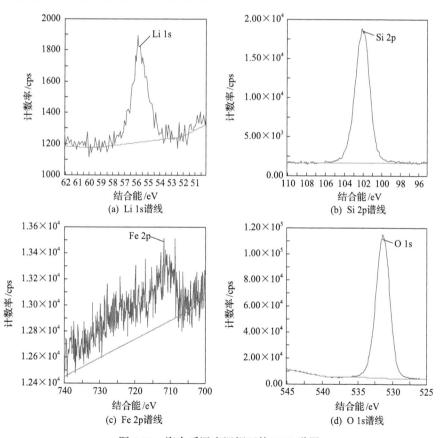

图 3.39　瓷介质湿磨锂辉石的 XPS 谱图

4）铁介质干磨锂辉石

铁介质干磨锂辉石的 XPS 谱图见图 3.40。

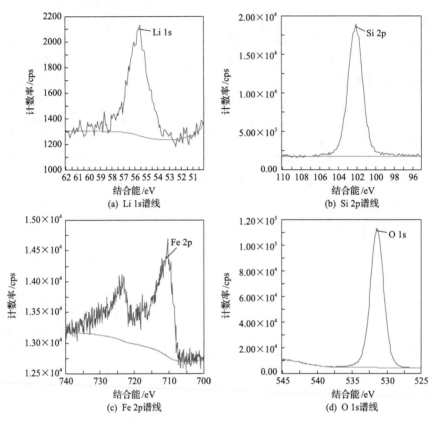

图 3.40　铁介质干磨锂辉石的 XPS 谱图

5）铁介质湿磨锂辉石

铁介质湿磨锂辉石的 XPS 谱图见图 3.41。

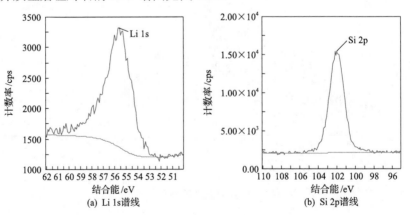

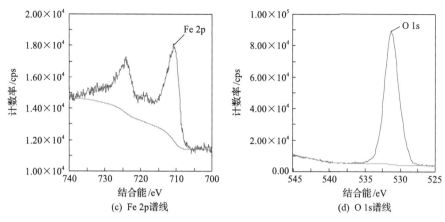

图 3.41　铁介质湿磨锂辉石的 XPS 谱图

不同磨矿条件下，锂辉石矿物表面元素的 XPS 分析结果见表 3.9。

表 3.9　不同磨矿条件下锂辉石表面元素的 XPS 分析结果

元素	原子分数/%					主峰位/eV				
	瓷介质干磨	铁介质干磨	瓷介质湿磨	铁介质湿磨	原矿	瓷介质干磨	铁介质干磨	瓷介质湿磨	铁介质湿磨	原矿
Al 2p	10.79	9.51	10.01	6.20	10.52	74.3	74.32	74.29	74.21	74.29
Fe 2p	0.42	0.78	0.38	2.10	0.42	710.27	710.67	711.86	710.73	710.97
Li 1s	8.23	15.61	10.14	19.98	9.87	55.61	55.69	55.76	55.58	55.6
O 1s	58.34	53.52	58.12	58.03	57.18	531.43	531.42	531.4	531.27	531.41
Si 2p	22.17	20.58	21.28	13.69	22.00	102.14	102.14	102.07	101.98	102.11
Zr 3d	0.05	—	0.07	—	—	182.79	—	182.09	—	—

　　表 3.9 的分析结果表明，与原矿样相比：①不同磨矿条件下，锂辉石表面元素相对含量存在差异，每种元素对应的主峰位有一定的偏差，但差别较小。②采用瓷介质干磨后，锂辉石表面 Al、Fe、Si 差异较小，锂辉石表面 Li 含量由 9.87%减少到 8.23%，有 Zr 出现，含量较低，为 0.05%；采用瓷介质湿磨后，锂辉石表面 Al、Fe、Si 差异较小，锂辉石表面 Li 含量由 9.87%增加到 10.14%，表面 Zr 含量较低，为 0.07%；采用铁介质干磨后，锂辉石表面 Al 含量由 10.52%降低到 9.51%，Fe 含量由 0.42%增加到 0.78%，Li 含量由 9.87%增加到 15.61%；采用铁介质湿磨后，锂辉石表面 Al 含量由 10.52%降低到 6.20%，Fe 含量由 0.42%增加到 2.10%，Li 含量由 9.87%增加到 19.98%。③不同磨矿条件下，锂辉石表面 Li 含量由高到低的顺序依次为：铁介质湿磨>铁介质干磨>瓷介质湿磨>瓷介质干磨；锂辉石表面 Fe 含量由高到低的顺序依次为：铁介质湿磨>铁介质干磨>瓷介质干磨>瓷

介质湿磨。④采用瓷介质磨矿时，锂辉石表面元素含量有所差异，但差异较小，锂辉石表面检测到 Zr，但含量较低；采用铁介质磨矿时，锂辉石表面 Al、Si 含量降低，Fe 和 Li 含量增加，O 含量在铁介质干磨后降低，湿磨后增加，说明有部分铁磨蚀下来吸附到锂辉石表面，而锂辉石表面的 Li 也暴露出来。

4. 长石

不同磨矿条件下，长石矿物表面的 XPS 检测图谱如图 3.42～图 3.46 所示。

1) 长石原矿

长石原矿的 XPS 谱图见图 3.42。

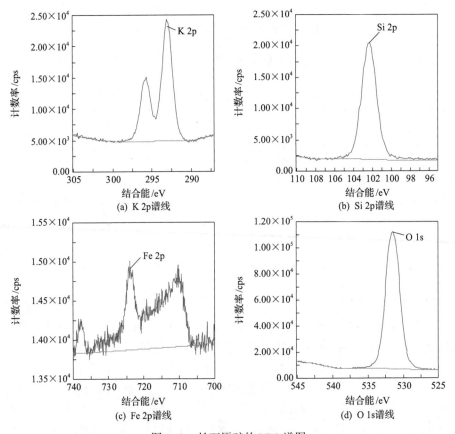

图 3.42　长石原矿的 XPS 谱图

2) 瓷介质干磨长石

瓷介质干磨长石的 XPS 谱图见图 3.43。

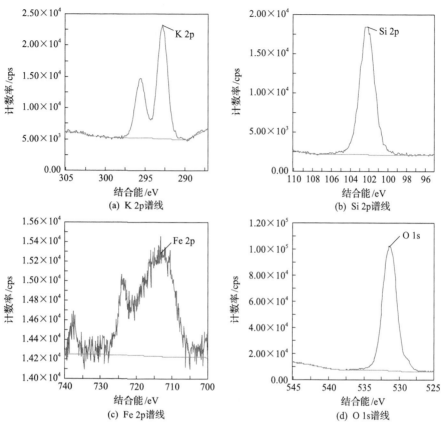

(a) K 2p谱线　　　　　　　　　　(b) Si 2p谱线

(c) Fe 2p谱线　　　　　　　　　　(d) O 1s谱线

图 3.43　瓷介质干磨长石的 XPS 谱图

3) 瓷介质湿磨长石

瓷介质湿磨长石的 XPS 谱图见图 3.44。

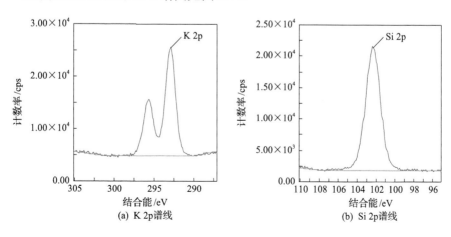

(a) K 2p谱线　　　　　　　　　　(b) Si 2p谱线

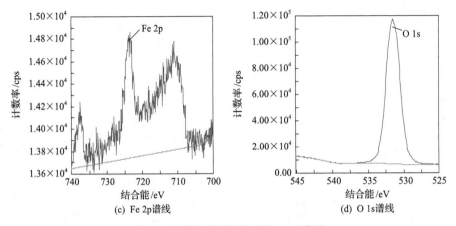

(c) Fe 2p谱线　　　　　　　　(d) O 1s谱线

图 3.44　瓷介质湿磨长石的 XPS 谱图

4) 铁介质干磨长石

铁介质干磨长石的 XPS 谱图见图 3.45。

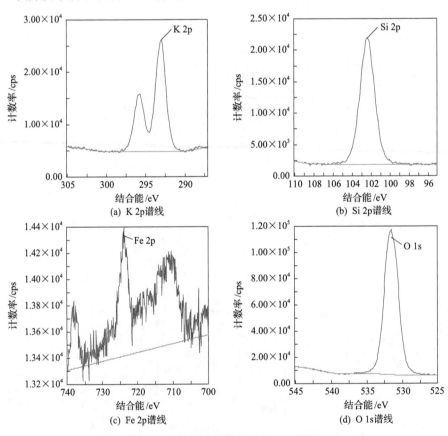

(a) K 2p谱线　　　　　　　　(b) Si 2p谱线

(c) Fe 2p谱线　　　　　　　　(d) O 1s谱线

图 3.45　铁介质干磨长石的 XPS 谱图

5) 铁介质湿磨长石

铁介质湿磨长石的 XPS 谱图见图 3.46。

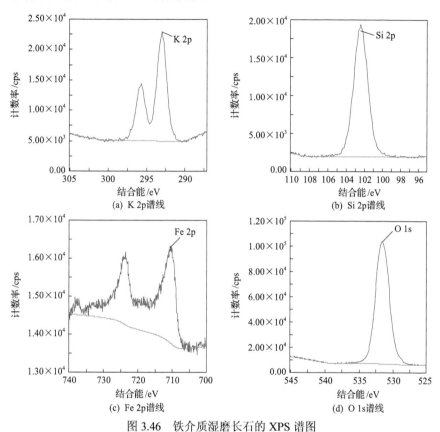

图 3.46　铁介质湿磨长石的 XPS 谱图

不同磨矿条件下，长石矿物表面元素的 XPS 分析结果见表 3.10。

表 3.10　不同磨矿条件下长石表面元素的 XPS 分析结果

元素	原子分数/%					主峰位/eV				
	瓷介质干磨	铁介质干磨	瓷介质湿磨	铁介质湿磨	原矿	瓷介质干磨	铁介质干磨	瓷介质湿磨	铁介质湿磨	原矿
Al 2p	8.26	8.73	8.24	8.50	8.72	73.83	74.04	73.94	74.07	73.99
Fe 2p	0.78	0.92	0.61	1.33	0.62	713.09	723.85	723.74	710.64	723.90
K 2p	7.17	7.15	7.12	6.73	7.09	292.79	293.02	292.90	292.98	293.00
Na 1s	0.79	0.65	0.69	0.63	0.76	1071.36	1071.66	1071.62	1071.63	1071.56
O 1s	59.81	58.37	58.85	59.05	58.53	531.36	531.55	531.47	531.57	531.49

表 3.10 的测试结果表明，与原矿样相比：①不同磨矿条件下，长石表面元素相对含量存在差异，每种元素对应的主峰位有一定的偏差，但差别较小。②采用

瓷介质干磨和瓷介质湿磨后，长石表面 Al、Fe、K、Na 差异较小，长石表面未检测到 Zr，可能是由于 Zr 在长石表面的含量过低，无法检测；采用铁介质干磨后，长石表面 Al、K、Na 差异较小，Fe 含量由 0.62%增加到 0.92%；采用铁介质湿磨后，长石表面 Al、K、Na 差异较小，Fe 含量由 0.62%增加到 1.33%。③不同磨矿条件下，长石表面 Fe 含量由高到低的顺序依次为：铁介质湿磨＞铁介质干磨＞瓷介质干磨＞瓷介质湿磨。④采用瓷介质磨矿时，长石表面元素含量均有所差异，但差异较小，长石表面 Zr 含量较低而无法检测；采用铁介质磨矿时，长石表面铁含量增加，尤其是铁介质湿磨，说明有部分铁磨蚀下来吸附在长石表面。

5. 石英

不同磨矿条件下，石英矿物表面的 XPS 检测图谱如图 3.47～图 3.51 所示。

1）瓷介质干磨石英

瓷介质干磨石英的 XPS 谱图见图 3.47。

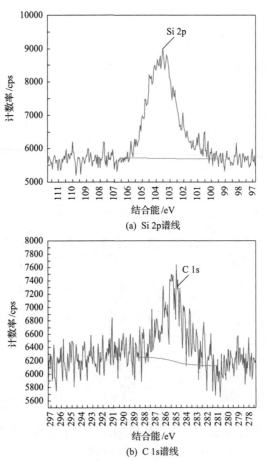

(a) Si 2p谱线

(b) C 1s谱线

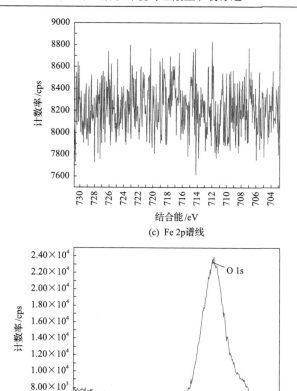

(c) Fe 2p谱线

(d) O 1s谱线

图 3.47　瓷介质干磨石英的 XPS 谱图

2) 瓷介质湿磨石英

瓷介质湿磨石英的 XPS 谱图见图 3.48。

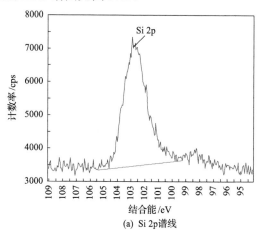

(a) Si 2p谱线

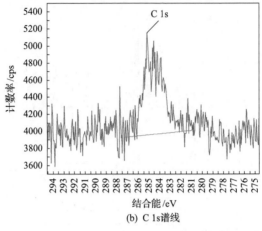

(b) C 1s谱线

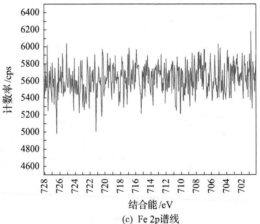

(c) Fe 2p谱线

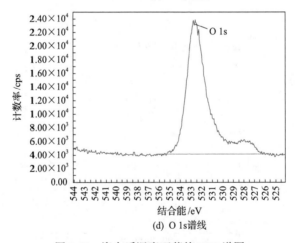

(d) O 1s谱线

图 3.48　瓷介质湿磨石英的 XPS 谱图

3) 铁介质干磨石英

铁介质干磨石英的 XPS 谱图见图 3.49。

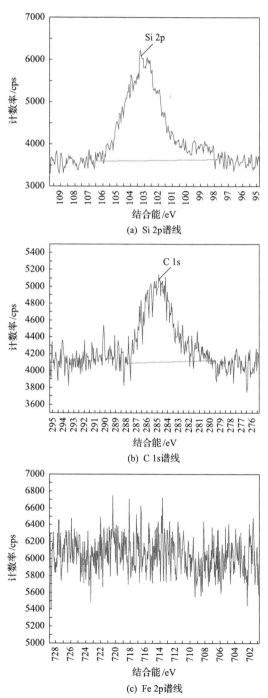

(a) Si 2p谱线

(b) C 1s谱线

(c) Fe 2p谱线

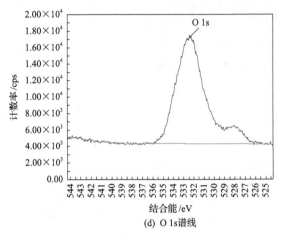

(d) O 1s谱线

图 3.49　铁介质干磨石英的 XPS 谱图

4) 铁介质湿磨石英

铁介质湿磨石英的 XPS 谱图见图 3.50。

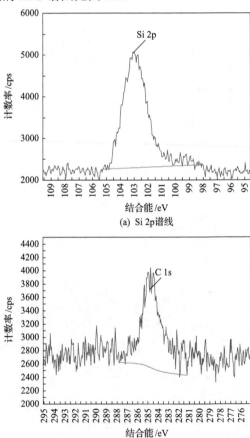

(a) Si 2p谱线

(b) C 1s谱线

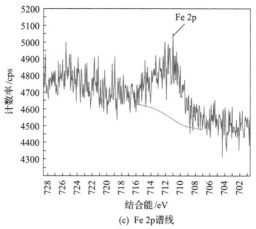

(c) Fe 2p谱线

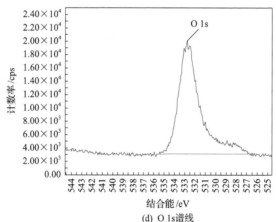

(d) O 1s谱线

图 3.50　铁介质湿磨石英的 XPS 谱图

不同磨矿条件下，石英矿物表面元素的 XPS 分析结果见表 3.11。

表 3.11　不同磨矿因素下石英表面元素的 XPS 分析结果

元素	原子分数/%					主峰位/eV				
	瓷介质干磨	铁介质干磨	瓷介质湿磨	铁介质湿磨	原矿	瓷介质干磨	铁介质干磨	瓷介质湿磨	铁介质湿磨	原矿
C 1s	10.83	11.22	8.03	14.11	10.61	284.88	284.81	285.15	284.82	284.60
O 1s	58.14	57.56	60.60	58.22	60.70	533.21	532.87	532.62	532.79	532.20
Si 2p	31.03	31.22	31.37	27.00	28.69	103.51	103.22	102.85	103.02	102.90
Fe 2p	—	—	—	0.67	—	—	—	—	711.04	—

表 3.11 的结果表明，与原矿样相比：①不同磨矿条件下，石英表面的元素相对含量存在差异，每种元素对应的主峰位有一定的偏差，但差别较小。②采用瓷介质干磨、瓷介质湿磨和铁介质干磨后，石英表面 Si、O 差异较小；采用铁介质湿磨后，石英表面 Fe 含量为 0.67%。③采用瓷介质磨矿时，石英表面元素含量均

有所差异，但差异较小，石英表面 Zr 因含量较低而无法检测；采用铁介质磨矿时，湿磨条件下，表面检测到铁，说明有部分铁磨蚀下来吸附到石英表面。

不同磨矿因素条件下，由硅酸盐矿物和石英表面元素的 XPS 检测结果可知：①磨矿后硅酸盐矿物表面的各种元素相对含量均发生了变化，每种元素对应的主峰位有一定的偏差，但差别较小。②采用瓷介质磨矿时，不论是干磨还是湿磨，除锆英石外，其他几种硅酸盐矿物表面要么无法检测到 Zr，要么 Zr 含量较低；除长石和石英外，锆英石表面 Zr、绿柱石表面 Be 和锂辉石表面 Li 含量都发生变化，其含量均为湿磨大于干磨。③采用铁介质磨矿时，除石英的铁介质干磨外，无论是干磨还是湿磨，锆英石、绿柱石、锂辉石、长石和石英表面的 Fe 含量增加，说明在磨矿过程中有部分铁磨蚀下来，吸附在矿物表面；铁介质湿磨时这几种矿物表面铁含量明显高于铁介质干磨。

3.3　磨矿环境对硅酸盐矿物浮选的影响

印万忠等从硅酸盐矿物晶体化学特征的研究作为切入点，借助现代表面测试技术，研究了岛状、环状、层状、链状和架状五大结构类型的九种硅酸盐矿物表面暴露离子的性质和数量以及在水溶液中矿物的表面电性，对硅酸盐矿物结构中的化学键进行了理论计算，较系统地研究了矿物在阴、阳离子捕收剂浮选体系中不加活化剂和抑制剂时的自然可浮性及多价金属阳离子调整剂、无机阴离子调整剂、有机调整剂和络合调整剂对其可浮性的影响[9,10]。研究认为，各类结构硅酸盐矿物的晶体化学特征及表面特性和浮游性具有密切的关系。不同结构类型硅酸盐矿物解离时 Si—O 键和 Al—O 键的断裂程度、Al^{3+} 对 Si^{4+} 的替代程度及 Al 的配位方式、矿物的化学组成及矿物的解离程度等晶体化学特征的差异，导致矿物表面电性(包括零电点)、暴露于矿物表面的阴阳离子的种类、阴阳离子的性质和相对含量、表面多价金属阳离子对于阴离子的相对密度($\sum M^{n+}/\sum O^{2-}$)、表面不均匀性、表面金属阳离子的溶解度及表面键合羟基的能力等诸多表面特性的不同。

作者在浮选试验研究过程中，分别选择油酸钠和十二胺作为阴离子和阳离子捕收剂，参照《磨矿因素对典型硅酸盐矿物浮选的影响》[11]以及《硅酸盐矿物浮选原理》[1]中硅酸盐矿物在阴阳离子捕收剂体系中的浮游性，为了重点考查磨矿因素对硅酸盐矿物浮选的影响，油酸钠的浓度定在 160mg/L，十二胺的浓度定在 60mg/L。

3.3.1　阴离子捕收体系

1. 单矿物

1) 干式磨矿

以油酸钠作为捕收剂，浓度为 160mg/L 时，分别研究采用瓷介质和铁介质干磨矿条件下 pH 对硅酸盐矿物及石英浮选的影响，试验结果如图 3.51 所示。

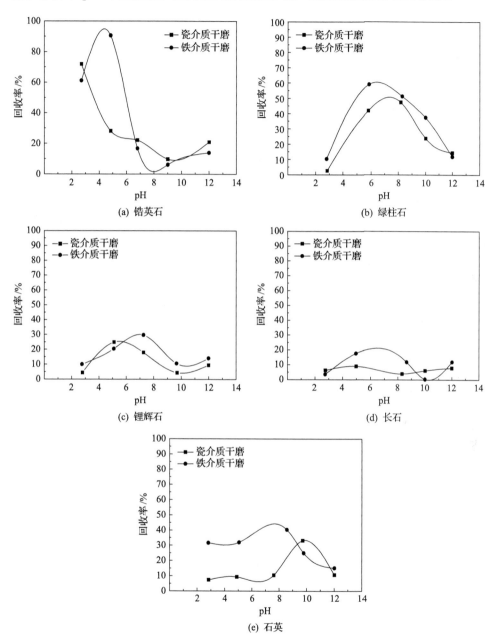

图 3.51　pH 对干式磨矿典型硅酸盐矿物及石英浮选的影响

油酸钠作为捕收剂，浓度为 160mg/L

由图 3.51(a)试验结果可知：①瓷介质干磨时，锆英石的浮选回收率随着 pH

的增大逐渐降低；铁介质干磨时，锆英石的浮选回收率随着 pH 的增大先增加后降低。②瓷介质干磨条件下，在 pH 为 2.7 时，锆英石的浮选回收率最大为 71.8%；铁介质干磨条件下，在 pH 小于 5 时，回收率逐渐增加，达到最大值 90.5%。③两种不同介质磨矿条件下，锆英石的浮选回收率随着 pH 的增加变化有一定差异；在 pH 为 3~7 范围内，铁介质干磨锆英石的浮选回收率高于瓷介质干磨的情形。

由图 3.51(b) 的试验结果可知：①瓷介质干磨和铁介质干磨绿柱石的浮选回收率随 pH 的变化趋势基本一致，随 pH 的增加而增加，在 pH 为 7 左右，浮选回收率达到最大值，此后随 pH 增加而降低。②pH 为 6 时，铁介质干磨绿柱石的浮选最大回收率为 59.1%；瓷介质干磨绿柱石的浮选回收率在 pH 8 附近，达到最大值 51.3%。③两种不同介质磨矿条件下，绿柱石的浮选回收率随着 pH 的增加变化差异较小；整个 pH 范围内，铁介质干磨绿柱石的浮选回收率略高于瓷介质干磨的情形。

图 3.51(c) 的试验结果表明：①瓷介质干磨和铁介质干磨锂辉石的浮选回收率随 pH 的变化趋势基本一致，随 pH 的增加先增加后降低，在 pH 为 7 时达到最大值 30%左右。②两种不同介质磨矿条件下，锂辉石的浮选回收率随着 pH 的增加变化差异较小；在 pH 大于 7 时，铁介质干磨锂辉石的浮选回收率略高于瓷介质干磨的情形。

由图 3.51(d) 的试验结果可知：①瓷介质干磨的长石基本不浮，随着 pH 的变化不明显，基本在 8%左右；铁介质干磨长石的浮选回收率随着 pH 的增大先增加后降低，在 pH 为 2~12 的范围内，浮选回收率最大没有超过 20%。②瓷介质干磨和铁介质干磨时，长石的浮选回收率都不高，但铁介质干磨长石的浮选回收率略高于瓷介质干磨的情形。

由图 3.51(e) 的试验结果可知：①瓷介质干磨石英的浮选回收率随 pH 的增大波动不大，pH 在 10 左右时，回收率达到最高，为 30%，其他 pH 时，回收率基本都在 10%左右；铁介质干磨石英的浮选回收率随着 pH 的增大先增加后降低，在 pH 8 左右，石英的浮选回收率达到最大值 40%。②采用瓷介质干磨和铁介质干磨时，石英的浮选回收率都不高，但铁介质干磨石英的浮选回收率略高于瓷介质干磨的情形。

2) 湿式磨矿

油酸钠作为捕收剂，浓度为 160mg/L，采用湿式磨矿，分别采用瓷介质和铁介质磨矿时 pH 对硅酸盐矿物及石英浮选的影响结果如图 3.52 所示。

图 3.52(a) 的试验结果表明：①采用瓷介质湿磨时，锆英石的浮选回收率随着 pH 的增大逐渐降低；采用铁介质湿磨时，在酸性条件下，锆英石的浮选回收率在 30%~45%之间波动，当 pH 从 7 上升到 9 时，锆英石的浮选回收率迅速提高到 90%，pH 大于 9 时，锆英石的浮选回收率迅速降低。②分别采用瓷介质湿磨和铁介质湿磨，锆英石的浮选回收率有明显差异。在中性和弱碱性条件下，铁介质湿磨锆英石的浮选回收率高于瓷介质湿磨。

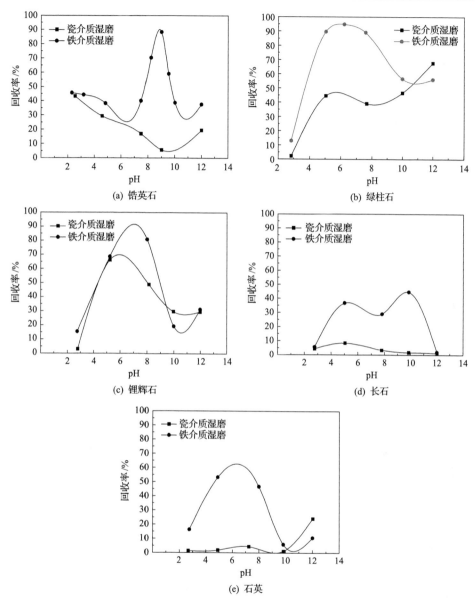

图 3.52　pH 对湿式磨矿典型硅酸盐矿物及石英浮选的影响

油酸钠作为捕收剂，浓度为 160mg/L

图 3.52(b)的试验结果表明：①采用瓷介质湿磨时，绿柱石的浮选回收率随着 pH 的增大逐渐增加；采用铁介质湿磨时，绿柱石的浮选回收率随着 pH 的增加先增加后降低，当 pH 为 6.22 左右时，达到最大值 94.86%。②用油酸钠作捕收剂，分别浮选瓷介质湿磨和铁介质湿磨的绿柱石，浮选回收率随矿浆 pH 变化的差异比较大。整体上铁介质湿磨绿柱石的浮选回收率高于瓷介质湿磨。

图 3.52(c) 的试验结果表明：①无论是采用瓷介质湿磨和还是采用铁介质湿磨时，锂辉石的浮选回收率随矿浆 pH 变化的趋势基本是一致的，随着 pH 的增加浮选回收率先增加后降低。②在 pH=5.22 时，瓷介质湿磨锂辉石的浮选回收率达到最大，为 66.12%；在自然 pH 条件下，即 pH=8.01 时，铁介质湿磨锂辉石的浮选回收率达到最大值 80.78%。③用油酸钠作为捕收剂时，铁介质湿磨锂辉石的浮选回收率总体上略高于瓷介质湿磨。

图 3.52(d) 的试验结果表明：①采用瓷介质湿磨的长石基本不浮，而采用铁介质湿磨的长石其浮选回收率随着 pH 的增大先增加后降低，在 pH 为 9.87 时，铁介质湿磨的回收率最高为 44.61%。②整体而言，采用瓷介质湿磨和铁介质湿磨时，长石的浮选回收率都不高，但铁介质湿磨长石的浮选回收率比瓷介质湿磨高。

从图 3.52(e) 的研究结果可知：①采用瓷介质湿磨时石英基本不浮；采用铁介质湿磨时石英的浮选回收率随着 pH 的增大先增加后降低，在 pH 为 6.0 左右时，回收率较高。②无论是采用瓷介质湿磨还是铁介质湿磨时，石英的浮选回收率都不高，但铁介质湿磨石英的浮选回收率比瓷介质湿磨高。

2. 双矿物

绿柱石和锂辉石为金属铍和锂的重要矿物来源，常共伴生于花岗伟晶岩中。石英和长石都属于架状结构硅酸盐矿物。最成熟的石英和长石的浮选分离方案是氢氟酸法，但由于环保问题，以及氢氟酸使用过程中的诸多不方便，众多选矿工作者都在积极研究无氟分离方案，这也代表了石英-长石浮选分离的主导研究方向[12,13]。这两组矿物之间的浮选分离是浮选领域的世界性难题。因此，选取绿柱石-锂辉石、长石-石英两种人工混合矿体系，考察磨矿因素对双矿物浮选分离的影响。

1) 锂辉石-绿柱石人工混合矿分离试验

(1) 绿柱石和锂辉石单矿物浮选规律。

用油酸钠作捕收剂，浓度 160mg/L 时，不同磨矿因素下锂辉石和绿柱石单矿物浮选规律如图 3.53 所示。

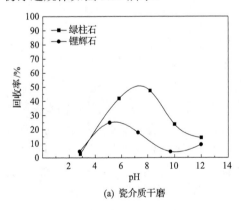
(a) 瓷介质干磨

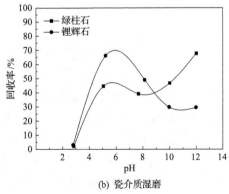
(b) 瓷介质湿磨

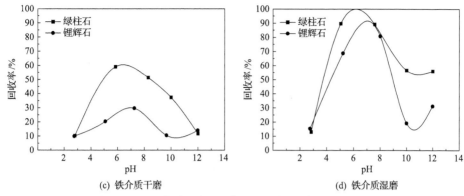

(c) 铁介质干磨　　　　　　　　　　　(d) 铁介质湿磨

图 3.53　不同磨矿因素下绿柱石和锂辉石单矿物浮选结果

油酸钠作为捕收剂，浓度为 160mg/L

图 3.53 的结果表明：①同一磨矿条件下，锂辉石和绿柱石浮选回收率受 pH 的影响规律大致相同，随着 pH 的增加，绿柱石和锂辉石的浮选回收率先增加后降低。②采用瓷介质干磨、铁介质干磨和铁介质湿磨时，绿柱石的浮选回收率均高于锂辉石；采用瓷介质湿磨，pH 小于 9 时，锂辉石的浮选回收率高于绿柱石，pH 大于 9 时，锂辉石的浮选回收率低于绿柱石。③采用瓷介质干磨时，pH 为 7 左右，绿柱石与锂辉石之间回收率差别较大；铁介质干磨和瓷介质湿磨条件下，pH 为 6 左右，绿柱石与锂辉石之间回收率差别较大。

(2)油酸钠浮选分离锂辉石-绿柱石人工混合矿试验。

下面考查不同磨矿条件下，用油酸钠作捕收剂，浓度为 160mg/L，在自然 pH 条件下，绿柱石和锂辉石人工混合矿的浮选分离，试验结果见表 3.12。

表 3.12　不同磨矿条件下油酸钠对锂辉石-绿柱石浮选分离试验结果

磨矿方式	浮选 pH	产品名称	产率/%	品位/%		回收率/%		分离系数
				Li_2O	BeO	Li_2O	BeO	
瓷介质干磨	9.72	精矿	39.14	5.53	4.67	50.60	25.48	
		尾矿	60.86	3.47	8.78	49.40	74.52	0.58
		原矿	100.00	4.28	7.17	100.00	100.00	
瓷介质湿磨	7.13	精矿	16.28	5.04	5.75	19.64	13.36	
		尾矿	83.72	4.01	7.25	80.36	86.64	0.79
		原矿	100.00	4.18	7.01	100.00	100.00	
铁介质干磨	9.77	精矿	47.02	4.69	6.67	49.79	43.92	
		尾矿	52.98	4.20	7.56	50.21	56.08	0.89
		原矿	100.00	4.43	7.14	100.00	100.00	
铁介质湿磨	8.85	精矿	77.49	3.94	6.78	76.19	81.00	
		尾矿	22.51	4.24	5.47	23.81	19.00	1.15
		原矿	100.00	4.01	6.49	100.00	100.00	

　　表 3.12 的试验结果表明：①用油酸钠作捕收剂，自然 pH、不同磨矿条件下，绿柱石和锂辉石的分离效果较差。②分别采用瓷介质干磨、瓷介质湿磨、铁介质干磨和铁介质湿磨时，绿柱石和锂辉石人工混合矿的分离系数分别为：0.58、0.79、0.89、1.15。③由分离系数可知，就绿柱石和锂辉石人工混合矿分离效果而言，湿式磨矿优于干式磨矿，铁介质优于瓷介质。④在相同磨矿条件下，油酸钠对绿柱石和锂辉石人工混合矿的浮选分离系数低于十二胺。

　　（3）pH 对铁介质湿磨锂辉石-绿柱石浮选分离的影响。

　　铁介质湿磨条件下，油酸钠作捕收剂时，在 pH 为 6～11 范围内，绿柱石的可浮性优于锂辉石的可浮性。所以，在此 pH 范围内尝试分离绿柱石和锂辉石，油酸钠浓度为 160mg/L，试验结果见表 3.13。

表 3.13　pH 对油酸钠浮选分离铁介质湿磨锂辉石-绿柱石的试验结果

磨矿方式	浮选 pH	产品名称	产率/%	品位/%		回收率/%		分离系数
				Li_2O	BeO	Li_2O	BeO	
铁介质湿磨	6.53	精矿	41.64	4.20	7.31	38.65	48.66	
		尾矿	58.36	4.76	5.50	61.35	51.34	1.23
		原矿	100.00	4.53	6.25	100.00	100.00	
	7.13	精矿	70.35	4.16	6.75	63.46	76.92	
		尾矿	29.65	5.68	4.81	36.54	23.08	1.39
		原矿	100.00	4.61	6.17	100.00	100.00	
	8.85	精矿	77.49	3.94	6.78	76.19	81.00	
		尾矿	22.51	4.24	5.47	23.81	19.00	1.15
		原矿	100.00	4.01	6.49	100.00	100.00	
	10.01	精矿	21.99	3.99	8.94	18.98	30.07	
		尾矿	78.01	4.80	5.86	81.02	69.93	1.35
		原矿	100.00	4.62	6.54	100.00	100.00	

　　表 3.13 的试验结果表明：①随着 pH 的增高，浮选精矿产率先增加后降低，绿柱石和锂辉石人工混合矿的浮选分离系数在 1.15～1.39 范围内波动，波动规律与图 3.53 单矿物的浮选回收率差异规律相似。②在 pH 7.13 时，绿柱石和锂辉石人工混合矿的浮选分离系数最大，为 1.39。③双矿物浮选体系中，各矿物个体的浮选行为与单矿物体系的表现不完全一致，影响双矿物体系浮选行为的因素更为复杂。④锂辉石和绿柱石单凭磨矿介质的改变无法有效分离，选择调整剂和流程结构可能是关键。

2) 长石-石英人工混合矿分离试验

(1) 单矿物浮选试验。

采用油酸钠作捕收剂时，不同磨矿介质条件下长石和石英单矿物浮选规律如图 3.54 所示。

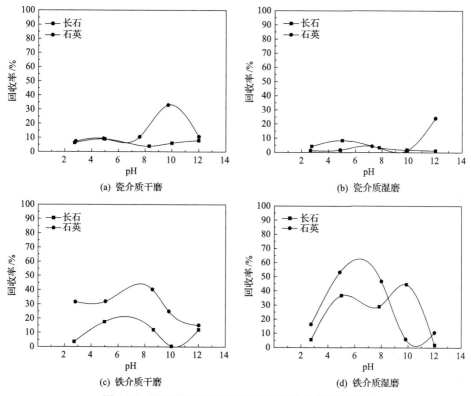

图 3.54　不同磨矿因素下长石和石英单矿物浮选结果

图 3.54 的结果表明：①采用油酸钠作捕收剂，瓷介质磨矿时，无论是干磨和湿磨，长石和石英的浮游性都较差，二者之间不具备分离的条件。②采用铁介质磨矿时，长石和石英的浮选回收率差异也不大，二者之间浮选分离困难。

(2) 人工混合矿浮选试验。

下面考查采用铁介质磨矿时，干式磨矿和湿式磨矿对长石-石英人工混合矿浮选分离的影响。油酸钠浓度为 160mg/L，在自然 pH 条件下，长石-石英人工混合矿的浮选分离试验结果见表 3.14。

表 3.14 的试验结果表明：①采用油酸钠作捕收剂，自然 pH 条件下，石英的可浮性优于长石的可浮性，但长石和石英人工混合矿的分离系数小。②铁介质干磨和铁介质湿磨时，长石和石英人工混合矿的分离系数分别为 0.76、0.72，分离系数小，二者难以分离。

表 3.14　不同磨矿介质下油酸钠对长石和石英浮选分离结果

| 磨矿方式 | 浮选 pH | 产品名称 | 产率/% | 品位/% | | 回收率/% | | 分离系数 |
				长石	石英	长石	石英	
铁介质干磨	9.40	精矿	18.51	5.57	61.01	14.43	22.59	
		尾矿	81.49	7.50	47.50	85.57	77.41	0.76
		原矿	100.00	7.14	50.00	100.00	100.00	
铁介质湿磨	8.53	精矿	33.21	5.66	60.67	26.12	40.30	
		尾矿	66.79	7.96	44.69	73.88	59.70	0.72
		原矿	100.00	7.20	50.00	100.00		

3. 药剂添加方式

在自然 pH 条件下，将部分或者全部阴离子捕收剂添加至磨矿机中，考查药剂添加方式对硅酸盐矿物及石英浮选的影响。浮选所添加的药剂均配制为液体，无法进行干式磨矿药剂添加方式试验，因此仅考查湿式磨矿条件下，瓷介质磨矿和铁介质磨矿对硅酸盐矿物及石英浮选的影响。

阴离子捕收剂油酸钠的浓度为 160mg/L，在磨矿机和浮选槽中添加比例见表 3.15。

表 3.15　捕收剂在磨矿机和浮选槽中的添加比例

| 添加比例 | | 磨矿方式 |
磨矿机	浮选槽	
1.0	0.0	
0.7	0.3	铁介质湿磨、瓷介质湿磨
0.3	0.7	
0.0	1.0	

油酸钠作捕收剂时，不同添加方式对典型硅酸盐矿物及石英浮选的影响如图 3.55 所示。

从图 3.55(a)试验结果可知，①随着油酸钠在磨矿机中添加比例增加，瓷介质湿磨时锆英石的浮选回收率在 12%～37%范围内波动；铁介质湿磨时锆英石的浮选回收率整体上看先增加后降低，当油酸钠在磨矿机中添加比例增大到 70%时，浮选回收率较大，为 83%，油酸钠全部加入磨矿机时，浮选回收率降低，为 30%。②在相同条件下，瓷介质湿磨锆英石的浮选回收率低于铁介质湿磨。③铁介质湿磨时，适当比例的油酸钠加入磨矿机中，有助于锆英石浮选回收率的提高。

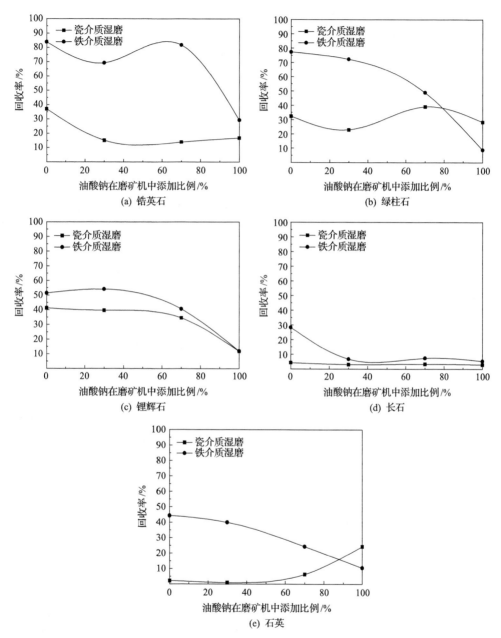

图 3.55　油酸钠添加方式对典型硅酸盐矿物及石英浮选的影响

油酸钠作为捕收剂，浓度为 160mg/L

图 3.55(b)试验结果表明：①随着油酸钠在磨矿机中添加比例的增加，铁介质湿磨时绿柱石的浮选回收率逐渐降低，从 77.3% 降低到 8.72%，当捕收剂全部加

入磨矿机中时，绿柱石几乎不浮；瓷介质湿磨时，随着油酸钠在磨矿机中添加比例增加，绿柱石的浮选回收率变化较小。②整体上，在相同条件下，瓷介质湿磨绿柱石的浮选回收率低于铁介质湿磨。

图 3.55(c)的试验结果表明：①随着油酸钠在磨矿机中添加比例的增加，瓷介质湿磨和铁介质湿磨锂辉石的浮选回收率逐渐降低。②在相同条件下，瓷介质湿磨锂辉石的浮选回收率低于铁介质湿磨。③将部分油酸钠加入磨矿机中，锂辉石的浮选回收率低于全部加入浮选槽中的浮选回收率。

图 3.55(d)的试验结果表明：①随着油酸钠在磨矿机中添加比例的增加，瓷介质湿磨和铁介质湿磨长石的浮选回收率整体较低。②在相同条件下，瓷介质湿磨长石的浮选回收率低于铁介质湿磨。③将部分油酸钠加入磨矿机中，瓷介质湿磨长石的浮选回收率变化不大，铁介质湿磨长石的浮选回收率低于全部加入浮选槽中的浮选回收率。

图 3.55(e)的试验结果表明：①随着油酸钠在磨矿机中添加比例增加，瓷介质湿磨石英的浮选回收率逐渐增加，当油酸钠全部加入磨矿机中，石英的浮选回收率达到最大，为 25%；铁介质湿磨时石英的浮选回收率逐渐降低。②整体上，在相同条件下，瓷介质湿磨石英的浮选回收率低于铁介质湿磨。③瓷介质湿磨时，油酸钠全部加入磨矿机中，石英的浮选回收率略有提高。

4. 浮选速度

下面研究在油酸钠捕收剂体系、自然 pH 条件下，瓷介质干磨、瓷介质湿磨、铁介质干磨、铁介质湿磨等不同磨矿因素对硅酸盐及石英单矿物浮选速度的影响。

油酸钠捕收剂在浮选槽中的浓度为 160 mg/L，浮选时间分别为 10s、20s、40s、1min、2min、3min、4min 和 5min 时，不同磨矿条件下油酸钠浮选单矿物所对应的累计浮选回收率如图 3.56 所示。

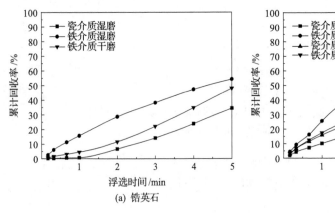

(a) 锆英石

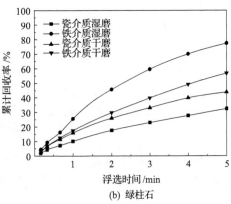

(b) 绿柱石

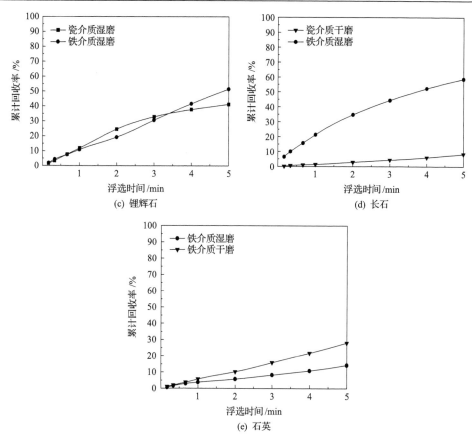

图 3.56　不同磨矿因素对油酸钠浮选硅酸盐矿物及石英的累计回收率的影响

油酸钠作为捕收剂，浓度为 160mg/L

图 3.56(a) 的试验结果表明：①不同磨矿方式对油酸钠浮选锆英石的累计回收率影响不同。②瓷介质干磨时，锆英石几乎不浮，无法考查其浮选速度；其他三种磨矿条件下，锆英石的累计浮选回收率随时间延长不断增加。③不同磨矿因素下油酸钠浮选锆英石的浮选速度依次为：铁介质湿磨＞铁介质干磨＞瓷介质湿磨＞瓷介质干磨。

图 3.56(b) 的试验结果表明：①不同磨矿方式对油酸钠浮选绿柱石的累计回收率影响不同。②四种磨矿因素下，绿柱石的累计浮选回收率在 5min 时都接近最大值。③从四条曲线的切线斜率可以看出其浮选速度依次为：铁介质湿磨＞铁介质干磨＞瓷介质干磨＞瓷介质湿磨。

图 3.56(c) 的试验结果表明：①不同磨矿方式对油酸钠浮选锂辉石的累计回收率影响不同。②瓷介质干磨和铁介质干磨时锂辉石上浮量较小，无法考查该条件下的浮选速度；瓷介质湿磨和铁介质湿磨时，锂辉石的累计浮选回收率在 5min 时接近最大值。③从累计回收率判断，可考查的浮选速度为：铁介质湿磨与瓷介质湿磨相近。

图 3.56(d)的试验结果表明：①不同磨矿方式对油酸钠浮选长石的累计回收率影响不同。②试验条件下瓷介质湿磨和铁介质干磨时锂辉石上浮量较小，无法考查该条件下的浮选速度；瓷介质干磨和铁介质湿磨时，锂辉石的累计浮选回收率在 5min 时接近最大值。③油酸钠浮选长石时，可考查的浮选速度为：铁介质湿磨＞瓷介质干磨。

由图 3.56(e)的试验结果可知：①不同磨矿方式对油酸钠浮选石英的累计回收率影响不同。②瓷介质湿磨和瓷介质干磨时，石英基本不浮，无法考查浮选速度；铁介质干磨和铁介质湿磨时，随着浮选时间的增加，石英的累计浮选回收率缓慢增加。③油酸钠浮选石英时，铁介质干磨和铁介质湿磨的浮选回收率均较低，可考查的浮选速度为：铁介质干磨＞铁介质湿磨。

3.3.2　阳离子捕收体系

1. 单矿物

1)干式磨矿

用十二胺作为捕收剂，浓度为 60mg/L 时，采用瓷介质干磨和铁介质干磨对硅酸盐矿物及石英浮选的影响如图 3.57 所示。

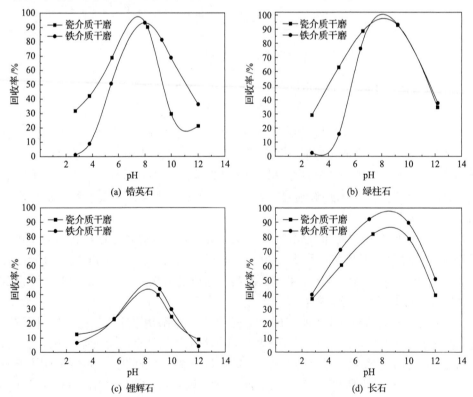

(a) 锆英石　　　　　　　　　　　　　(b) 绿柱石

(c) 锂辉石　　　　　　　　　　　　　(d) 长石

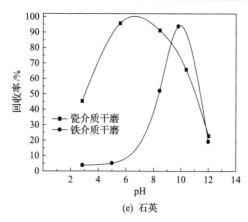

(e) 石英

图 3.57 pH 对干式磨矿典型硅酸盐矿物及石英浮选的影响

十二胺作捕收剂，浓度为 60mg/L

由图 3.57(a)的试验结果可知：①无论是瓷介质干磨还是铁介质干磨，锆英石的浮选回收率随着 pH 的增加逐渐增加，达到最大值后再迅速降低。②在 pH 为 6～9 范围内，锆英石的可浮性比较好，在 pH 为 8 左右时，瓷介质干磨和铁介质干磨的浮选回收率均取得较大值，分别为 88% 和 92%。③两种磨矿方式下，锆英石的浮选回收率随着 pH 的增加变化差异较小，在 pH 小于 7 时，瓷介质干磨锆英石的回收率要高于铁介质干磨；在 pH 大于 8 时，铁介质干磨锆英石的浮选回收率略高于瓷介质干磨。

图 3.57(b)的试验结果表明：①无论是瓷介质干磨还是铁介质干磨，绿柱石的浮选回收率均随着 pH 的增加逐渐增加，达到最大值后再迅速降低。②在 pH 为 8 左右时，瓷介质干磨和铁介质干磨时绿柱石的浮选回收率最大，达到 90% 左右。③两种磨矿方式下，绿柱石的浮选回收率随着 pH 的增加变化差异较小；在 pH 小于 7 时，瓷介质干磨绿柱石的浮选回收率略高于铁介质干磨。

由图 3.57(c)的试验结果可知：①无论是瓷介质干磨还是铁介质干磨，锂辉石的浮选回收率均随着 pH 的增加逐渐增加，达到最大值后再迅速降低。②瓷介质和铁介质干磨锂辉石的浮选回收率均不高，在 pH 为 8 左右时，最大回收率也只有 45% 左右。③随 pH 的变化，瓷介质湿磨和铁介质湿磨锂辉石的浮选回收率基本相同。

由图 3.57(d)的试验结果可知：①用十二胺作捕收剂，瓷介质干磨和铁介质干磨长石的浮选回收率变化趋势基本一致，整体上回收率都是随着 pH 的增大先增加后降低。②在 pH 为 6～10 的范围内，长石的可浮性比较好。在 pH 为 8 左右时，瓷介质干磨和铁介质干磨长石的浮选回收率均取得最大值，分别为 80% 和 90%。③两种磨矿方式下，长石的浮选回收率随着 pH 的增加变化差异较小；在试验 pH 范围内，铁介质干磨长石的浮选回收率略高于瓷介质干磨。

由图 3.57(e)的浮选试验结果可知：①用十二胺作捕收剂，瓷介质干磨和铁介质干磨石英的浮选回收率变化趋势基本一致，整体上回收率都是随着 pH 的增大先增加后降低。②瓷介质干磨石英的浮选回收率在 pH 为 7 左右时，获得最大值 94%，而铁介质干磨则在 pH 为 10 时取得最大值 92%。③两种磨矿方式下，石英的浮选回收率随着 pH 的增加变化差异较大：当 pH 小于 9 时，瓷介质干磨石英的浮选回收率高于铁介质干磨；当 pH 大于 9 时，铁介质干磨石英的浮选回收率略高于瓷介质干磨。

2) 湿式磨矿

采用十二胺作为捕收剂、浓度为 60mg/L，瓷介质湿磨和铁介质湿磨对硅酸盐矿物及石英浮选的影响如图 3.58 所示。

图 3.58(a) 的试验结果表明：①无论是瓷介质湿磨还是铁介质湿磨，锆英石的浮选回收率均随着 pH 的增加逐渐增加，达到最大值后再迅速降低。②瓷介质湿磨条件下，在 pH 8 附近时，回收率最大，为 88.11%；铁介质湿磨条件下，在 pH 8 附近时，回收率最高为 89.77%。③在 pH 为 6～9 范围内，锆英石的可浮性比较好，整体上两种磨矿介质下锆英石的浮选回收率差异较小；在酸性条件下，用十二胺作阳离子捕收剂，瓷介质湿磨的回收率高于铁介质湿磨。

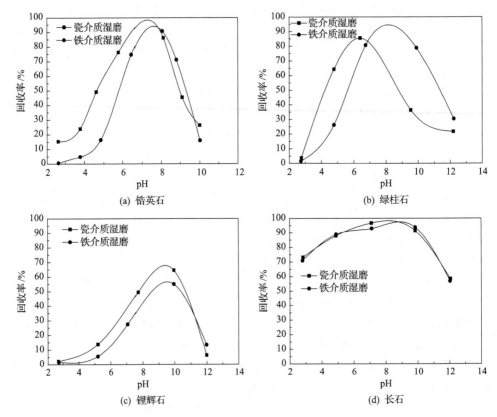

(a) 锆英石　　　　　　　　　　　　(b) 绿柱石

(c) 锂辉石　　　　　　　　　　　　(d) 长石

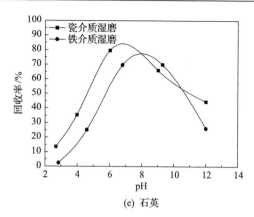

图 3.58　pH 对湿式磨矿典型硅酸盐矿物及石英浮选的影响

十二胺作捕收剂，浓度为 60mg/L

图 3.58(b) 的试验结果表明：①用十二胺浮选瓷介质湿磨和铁介质湿磨的绿柱石时，回收率随着 pH 的变化趋势整体是一致的，随着 pH 的增大回收率均先升高后降低。②当 pH 大于 6 时，铁介质湿磨的浮选回收率迅速增加，当 pH=8.5时，回收率达到 94.76%；瓷介质湿磨的回收率在 pH=6.41 时达到最大，为 85.51%，此后随 pH 增加而降低。③两种磨矿方式下，绿柱石的浮选回收率随着 pH 的增加变化差异比较大：在 pH 小于 7 时，瓷介质湿磨绿柱石的浮选回收率大于铁介质湿磨；在 pH 大于 7 时，铁介质湿磨绿柱石的浮选回收率大于瓷介质湿磨。

图 3.58(c) 的试验结果表明：①用十二胺浮选瓷介质湿磨和铁介质湿磨锂辉石，回收率随着 pH 的变化趋势基本一致，均是随着 pH 的增大而增加。②在 pH=9.96 附近，瓷介质湿磨的回收率达到最大值 64.55%，铁介质湿磨锂辉石的回收率达到最大值 55.03%。③在 pH 小于 10 的范围内，瓷介质湿磨锂辉石的浮选回收率要略高于铁介质湿磨。

图 3.58(d) 的试验结果表明：①用十二胺浮选瓷介质湿磨和铁介质湿磨长石的回收率随着 pH 的变化趋势是一致的，随着 pH 的增大回收率先升高后降低。②在自然 pH 体系下，即 pH=7.1 左右时，瓷介质湿磨的回收率取得最大值，为 93.72%，铁介质湿磨的回收率为 91.45%。③随 pH 的变化，瓷介质湿磨和铁介质湿磨长石的浮选回收率基本相同。

图 3.58(e) 的试验结果表明：①用十二胺浮选瓷介质湿磨和铁介质湿磨石英，随着 pH 的增大回收率先升高后降低。②在 pH=6.02 时，瓷介质湿磨浮选回收率取得最大值 79.54%；在 pH=6.8 时，铁介质湿磨的回收率最高为 69.65%。③两种磨矿介质下石英的浮选回收率随着 pH 的变化趋势相似。在酸性及中性条件下，瓷介质湿磨的浮选回收率高于铁介质湿磨。

2. 双矿物

1)锂辉石-绿柱石人工混合矿分离试验

(1)绿柱石和锂辉石单矿物浮选规律。

用十二胺作捕收剂、浓度 60mg/L 时，不同磨矿条件下锂辉石和绿柱石单矿物浮选的规律如图 3.59 所示。

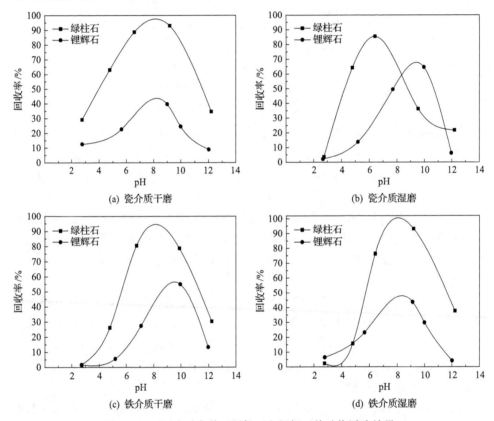

(a) 瓷介质干磨　　　　　　　(b) 瓷介质湿磨

(c) 铁介质干磨　　　　　　　(d) 铁介质湿磨

图 3.59　不同磨矿条件下绿柱石和锂辉石单矿物浮选结果

十二胺作捕收剂，浓度为 60mg/L

图 3.59 的结果表明：①相同磨矿条件下，锂辉石和绿柱石浮选回收率受 pH 的影响规律大致相同。②绿柱石的可浮性整体上优于锂辉石。在瓷介质干磨、铁介质干磨和铁介质湿磨条件下，pH 为 8 左右，绿柱石与锂辉石之间回收率差别较大；瓷介质湿磨时，pH 为 6 左右，绿柱石与锂辉石之间回收率差别较大。

(2)十二胺浮选分离锂辉石-绿柱石人工混合矿试验。

不同磨矿条件下，用十二胺作捕收剂、浓度为 60mg/L，在自然 pH 条件下，考察绿柱石和锂辉石人工混合矿的浮选分离，试验结果见表 3.16。

表 3.16　不同磨矿条件下十二胺对锂辉石-绿柱石浮选分离试验结果

磨矿方式	浮选 pH	产品名称	产率/%	品位/%		回收率/%		分离系数
				Li$_2$O	BeO	Li$_2$O	BeO	
瓷介质干磨	8.52	精矿	21.21	3.21	7.78	16.33	23.31	
		尾矿	78.79	4.44	6.89	83.67	76.69	1.25
		原矿	100.00	4.18	7.08	100.00	100.00	
瓷介质湿磨	7.13	精矿	39.33	2.87	9.69	26.99	51.98	
		尾矿	60.67	5.04	5.81	73.01	48.02	1.71
		原矿	100.00	4.19	7.34	100.00	100.00	
铁介质干磨	8.65	精矿	20.18	2.57	8.04	12.41	23.38	
		尾矿	79.82	4.59	6.67	87.59	76.62	1.47
		原矿	100.00	4.18	6.95	100.00	100.00	
铁介质湿磨	7.21	精矿	26.91	2.21	10.17	13.84	38.53	
		尾矿	73.09	5.06	5.97	86.16	61.47	1.98
		原矿	100.00	4.29	7.10	100.00	100.00	

表 3.16 的试验结果表明：①用十二胺作捕收剂，自然 pH，不同磨矿条件下，绿柱石和锂辉石有一定的分离效果。②瓷介质干磨、瓷介质湿磨、铁介质干磨和铁介质湿磨时，绿柱石和锂辉石人工混合矿的分离系数分别：1.25、1.71、1.47、1.98。由此可知，湿式磨矿条件下，绿柱石-锂辉石人工混合矿分离效果优于干式磨矿、铁介质磨矿优于瓷介质磨矿。

(3)pH 对瓷介质湿磨锂辉石-绿柱石浮选分离的影响。

从单矿物的浮选规律可知，瓷介质湿磨时，用十二胺作捕收剂、浓度为 60mg/L 时，在 pH 为中性或者弱酸性条件下，绿柱石的可浮性优于锂辉石的可浮性。所以，在此 pH 范围内尝试分离锂辉石和绿柱石，试验结果见表 3.17。

表 3.17　pH 对十二胺浮选分离瓷介质湿磨锂辉石-绿柱石的试验结果

磨矿方式	浮选 pH	产品名称	产率/%	品位/%		回收率/%		分离系数
				Li$_2$O	BeO	Li$_2$O	BeO	
瓷介质湿磨	5.29	精矿	8.23	2.68	9.86	4.94	9.93	
		尾矿	91.77	4.63	8.03	95.06	90.07	1.46
		原矿	100.00	4.47	8.18	100.00	100.00	
	6.00	精矿	11.42	2.72	9.72	6.95	15.50	
		尾矿	88.58	4.69	6.83	93.05	84.50	1.57
		原矿	100.00	4.47	7.16	100.00	100.00	
	7.13	精矿	39.33	2.87	9.69	26.99	51.98	
		尾矿	60.67	5.04	5.81	73.01	48.02	1.71
		原矿	100.00	4.19	7.34	100.00	100.00	
	8.63	精矿	20.11	3.39	9.13	16.95	26.03	
		尾矿	79.89	4.18	6.53	83.05	73.97	1.31
		原矿	100.00	4.02	7.05	100.00	100.00	

　　表 3.17 的试验结果表明：①随着 pH 的增高，浮选精矿回收率先增加后降低，绿柱石-锂辉石人工混合矿的浮选分离系数先增大后降低，这与十二胺浮选绿柱石和锂辉石单矿物的结果一致。②在 pH 为 7.13 时，绿柱石和锂辉石人工混合矿的浮选分离系数最大，为 1.71。③双矿物浮选体系中，经过磨矿后绿柱石和锂辉石矿物表面性质及浮选体系的矿浆溶液化学性质都发生一定程度的改变，给双矿物浮选分离带来了困难。

　　(4) pH 对铁介质湿磨锂辉石-绿柱石浮选分离的影响。

　　铁介质湿磨条件下，用十二胺作捕收剂，在 pH 为 6~11 的范围内，绿柱石的可浮性优于锂辉石的可浮性。所以，可在此 pH 范围内尝试分离绿柱石和锂辉石。试验结果见表 3.18。

表 3.18　pH 对十二胺浮选分离铁介质湿磨锂辉石-绿柱石的试验结果

磨矿方式	浮选 pH	产品名称	产率/%	品位/%		回收率/%		分离系数
				Li_2O	BeO	Li_2O	BeO	
铁介质湿磨	6.50	精矿	36.95	2.72	9.36	22.59	51.50	1.91
		尾矿	63.05	5.46	5.17	77.41	48.50	
		原矿	100.00	4.45	6.72	100.00	100.00	
	7.21	精矿	26.91	2.21	10.17	13.84	38.53	1.98
		尾矿	73.09	5.06	5.97	86.16	61.47	
		原矿	100.00	4.29	7.10	100.00	100.00	
	8.82	精矿	78.38	3.26	7.86	65.22	91.04	2.33
		尾矿	21.61	6.30	2.81	34.78	8.96	
		原矿	99.99	3.92	6.77	100.00	100.00	
	10.96	精矿	42.82	2.38	9.22	23.11	58.64	2.17
		尾矿	57.18	5.93	4.87	76.89	41.36	
		原矿	100.00	4.41	6.73	100.00	100.00	

　　表 3.18 的试验结果表明：①随着 pH 的增高，浮选精矿回收率先增加后降低，绿柱石-锂辉石人工混合矿的浮选分离系数先增大后降低。②在 pH 为 8.82 时，绿柱石-锂辉石人工混合矿的浮选分离系数最大，为 2.33。

　　2) 长石-石英人工混合矿分离试验

　　(1) 单矿物浮选试验。

　　用十二胺作捕收剂时，不同磨矿条件下长石和石英单矿物的浮选规律如图 3.60 所示。

　　图 3.60 的试验结果表明：①用十二胺作捕收剂时，相同磨矿条件下，长石和石英的浮选回收率受 pH 的影响规律相同，随着 pH 的增加，长石和石英的浮选回收率先增加后降低。②在 pH 小于 8 的范围内，除瓷介质干磨外，长石的浮选回收率均高于石英的浮选回收率。③采用铁介质磨矿时，在低 pH 条件下，长石与

石英的浮选回收率差别较大。

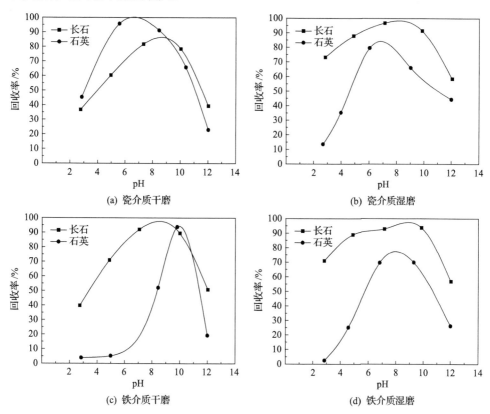

(a) 瓷介质干磨　　　　　　　　(b) 瓷介质湿磨

(c) 铁介质干磨　　　　　　　　(d) 铁介质湿磨

图 3.60　不同磨矿条件下长石和石英单矿物浮选结果

十二胺作捕收剂，浓度为 60mg/L

(2) 人工混合矿浮选试验。

不同磨矿条件下，十二胺浓度为 60mg/L 时，pH 对十二胺浮选分离长石-石英人工混合矿的影响的试验结果见表 3.19。

表 3.19 的试验结果表明：①用十二胺作捕收剂，自然 pH，不同磨矿条件下，长石-石英人工混合矿的分离效果不同。②瓷介质干磨、瓷介质湿磨、铁介质干磨和铁介质湿磨时，长石和石英人工混合矿的分离系数分别：1.10、1.23、1.11、1.26。由此可知，对于长石-石英人工混合矿浮选分离效果：湿式磨矿优于干式磨矿、铁介质磨矿优于瓷介质磨矿。

(3)pH 对瓷介质湿磨长石-石英人工混合矿浮选分离的影响。

瓷介质湿磨条件下，十二胺浓度 60mg/L，pH 对十二胺浮选分离长石-石英人工混合矿的影响的试验结果见表 3.20。

表 3.19　自然 pH 时长石-石英浮选分离试验结果

磨矿方式	浮选 pH	产品名称	产率/%	品位/%		回收率/%		分离系数
				长石	石英	长石	石英	
瓷介质干磨	6.73	精矿	31.63	7.94	46.79	33.66	29.60	
		尾矿	68.37	7.24	51.48	66.34	70.40	1.10
		原矿	100.00	7.46	50.00	100.00	100.00	
瓷介质湿磨	6.17	精矿	52.70	7.88	45.05	57.91	47.49	
		尾矿	47.30	6.38	55.51	42.09	52.51	1.23
		原矿	100.00	7.17	50.00	100.00	100.00	
铁介质干磨	7.52	精矿	68.43	7.52	48.42	70.59	66.27	
		尾矿	31.57	6.79	53.43	29.41	33.73	1.11
		原矿	100.00	7.29	50.00	100.00	100.00	
铁介质湿磨	7.01	精矿	76.52	7.76	47.34	80.59	72.45	
		尾矿	23.48	6.09	58.67	19.41	27.55	1.26
		原矿	100.00	7.37	50.00	100.00	100.00	

表 3.20　pH 对十二胺浮选分离锆球湿磨长石-石英的试验结果

磨矿方式	浮选 pH	产品名称	产率/%	品位/%		回收率/%		分离系数
				长石	石英	长石	石英	
	3.09	精矿	26.32	12.04	15.95	44.24	8.40	
		尾矿	73.68	5.42	62.16	55.76	91.60	2.94
		原矿	100.00	7.16	50.00	100.00	100.00	
	3.87	精矿	31.31	10.21	28.36	44.86	17.76	
		尾矿	68.69	5.72	59.86	55.14	82.24	1.94
		原矿	100.00	7.13	50.00	100.00	100.00	
	4.72	精矿	46.81	8.91	35.33	60.54	33.08	
		尾矿	53.19	5.11	62.91	39.46	66.92	1.76
		原矿	100.00	6.89	50.00	100.00	100.00	
瓷介质湿磨	5.03	精矿	60.27	9.00	39.89	72.46	48.08	
		尾矿	39.73	5.19	65.34	27.54	51.92	1.69
		原矿	100.00	7.49	50.00	100.00	100.00	
	6.17	精矿	52.70	7.88	45.05	57.91	47.49	
		尾矿	47.30	6.38	55.51	42.09	52.51	1.23
		原矿	100.00	7.17	50.00	100.00	100.00	
	9.27	精矿	14.44	6.91	52.47	13.73	15.15	
		尾矿	85.56	7.33	49.58	86.27	84.85	0.94
		原矿	100.00	7.27	50.00	100.00	100.00	
	11.02	精矿	18.16	4.88	66.55	12.15	24.17	
		尾矿	81.84	7.83	46.33	87.85	75.83	0.66
		原矿	100.00	7.29	50.00	100.00	100.00	

　　表 3.20 的试验结果表明：①采用瓷介质湿磨时，随着 pH 的增高，长石-石英

人工混合矿的浮选分离系数逐渐降低。②在 pH 为 3.09 时，长石和石英人工混合矿的浮选分离系数最大，为 2.94。

(4)pH 对铁介质湿磨长石-石英人工混合矿浮选分离的影响。

湿式磨矿条件下，十二胺浓度为 60 mg/L 时，pH 对十二胺浮选分离长石-石英人工混合矿的影响的试验结果见表 3.21。

表 3.21 pH 对十二胺浮选分离铁介质湿磨长石-石英的试验结果

磨矿方式	浮选 pH	产品名称	产率/%	品位/%		回收率/%		分离系数
				长石	石英	长石	石英	
铁介质湿磨	2.73	精矿	27.23	13.63	2.45	53.13	1.33	
		尾矿	72.77	4.50	67.79	46.87	98.67	9.16
		原矿	100.00	6.99	50.00	100.00	100.00	
	3.05	精矿	23.80	13.33	2.77	46.28	1.32	
		尾矿	72.20	5.10	62.80	53.72	90.68	7.70
		原矿	96.00	6.85	46.00	100.00	92.00	
	4.70	精矿	52.02	10.26	27.38	75.55	28.49	
		尾矿	47.98	3.60	74.52	24.45	71.51	2.78
		原矿	100.00	7.06	50.00	100.00	100.00	
	4.93	精矿	61.89	9.64	33.24	82.63	41.15	
		尾矿	38.11	3.29	77.22	17.37	58.85	2.61
		原矿	100.00	7.22	50.00	100.00	100.00	
	7.01	精矿	76.52	7.76	47.34	80.59	72.45	
		尾矿	23.48	6.09	58.67	19.41	27.55	1.26
		原矿	100.00	7.37	50.00	100.00	100.00	
	9.02	精矿	64.41	7.83	50.27	64.06	64.76	
		尾矿	35.59	7.95	49.51	35.94	35.24	0.98
		原矿	100.00	7.87	50.00	100.00	100.00	
	11.06	精矿	41.01	6.87	52.72	38.78	43.24	
		尾矿	58.99	7.54	48.11	61.22	56.76	0.91
		原矿	100.00	7.27	50.00	100.00	100.00	

表 3.21 的试验结果表明：①采用铁介质湿磨时，随着 pH 的降低，长石-石英人工混合矿的浮选分离系数逐渐提高。②在 pH 为 2.73 时，长石-石英人工混合矿的浮选分离系数最大，为 9.16。③在酸性条件下，铁介质湿磨时长石-石英人工混合矿的浮选分离系数优于瓷介质湿磨。④不添加其他调整剂，仅调节矿浆 pH，在 pH 小于 3.05 时，十二胺作为捕收剂能实现铁介质湿磨长石-石英人工混合矿的有效分离。

3. 药剂添加方式

在自然 pH 条件下，将部分或者全部阳离子捕收剂添加至磨矿机中，考查药剂添加方式对硅酸盐矿物及石英浮选的影响。由于浮选所添加的药剂均配制为液体，无法进行干式磨矿药剂添加方式试验，所以仅考查湿式磨矿条件下，瓷介质和铁介质对硅酸盐矿物及石英浮选的影响。

当阳离子捕收剂十二胺的总浓度为 60mg/L 时，在磨矿机和浮选槽中添加比例与表 3.15 相同。捕收剂添加方式对典型硅酸盐矿物及石英浮选的影响如图 3.61 所示。

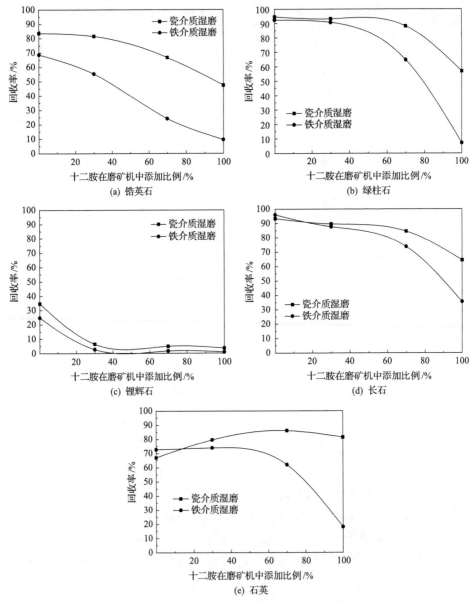

图 3.61　十二胺添加方式对典型硅酸盐矿物及石英浮选的影响

十二胺作捕收剂，浓度为 60mg/L

从图 3.61(a)试验结果可知：①随着十二胺在磨机中添加比例的增加，锆英石的浮选回收率逐渐降低，瓷介质湿磨的浮选回收率从 83%降低到 50%左右，铁介质湿磨的浮选回收率从 68%降低到 10%左右。②在相同条件下，瓷介质湿磨锆英石的浮选回收率高于铁介质湿磨。③将部分十二胺加入磨矿机中，锆英石的浮选回收率低于全部加入浮选槽中的浮选回收率。

从图 3.61(b)试验结果可知：①随着十二胺在磨机中添加比例的增加，绿柱石的浮选回收率逐渐降低，瓷介质湿磨的浮选回收率从 95%降低到 60%左右，铁介质湿磨的浮选回收率从 92%降低到 10%以下。②在相同条件下，瓷介质湿磨绿柱石的浮选回收率高于铁介质湿磨。③采用铁介质湿磨绿柱石时，当十二胺全部加入到磨机中，绿柱石几乎不浮。

图 3.61(c)的试验结果表明：①随着十二胺在磨机中添加比例的增加，瓷介质湿磨和铁介质湿磨时锂辉石的浮选回收率逐渐降低。②在相同条件下，瓷介质湿磨锂辉石的浮选回收率优于铁介质湿磨。③将部分十二胺加入磨机中锂辉石的浮选回收率低于全部加入浮选槽中的浮选回收率。

由图 3.61(d)的试验结果可知：①随着十二胺在磨机中添加比例的增加，瓷介质湿磨和铁介质湿磨时长石的浮选回收率逐渐降低。②在相同条件下，瓷介质湿磨长石的浮选回收率优于铁介质湿磨。③将部分十二胺加入磨机中长石的浮选回收率低于全部加入浮选槽中的浮选回收率。

图 3.61(e)的试验结果表明：①采用瓷介质湿磨时，十二胺在磨机中添加比例的增加对石英的浮选回收率有一定影响，在 67%～85%之间波动；铁介质湿磨时石英的浮选回收率随着十二胺在磨机中添加比例的增加而逐渐降低。②在相同条件下，瓷介质湿磨石英的浮选回收率优于铁介质湿磨。③采用瓷介质湿磨时，适当比例的十二胺加入磨机中，石英的浮选回收率高于全部加入浮选槽中的浮选回收率；采用铁介质湿磨时，随着十二胺加入磨机中比例增大，石英的浮选回收率逐渐降低。

4. 浮选速度

在十二胺捕收剂体系，自然 pH 条件下，研究瓷介质干磨、瓷介质湿磨、铁介质干磨、铁介质湿磨等不同磨矿条件对硅酸盐及石英单矿物浮选速度的影响。

当十二胺捕收剂在浮选槽中的浓度为 60mg/L，浮选时间分别为 10s、20s、40s、1min、2min、3min、4min 和 5min 时，不同磨矿条件下十二胺浮选单矿物所对应的累计浮选回收率如图 3.62 所示。

图 3.62(a)的试验结果表明：①磨矿方式对十二胺浮选锆英石的回收率影响比较大。②采用瓷介质湿磨时，锆英石的浮游速度较快，4min 时其累计回收率接近最大值；采用铁介质湿磨、瓷介质干磨和铁介质干磨时，锆英石的累计回收率在 5min

时接近最大值。③从四条曲线的切线斜率可以看出，不同磨矿条件下，十二胺浮选锆英石的浮选速度依次为：瓷介质湿磨＞铁介质湿磨＞瓷介质干磨＞铁介质干磨。

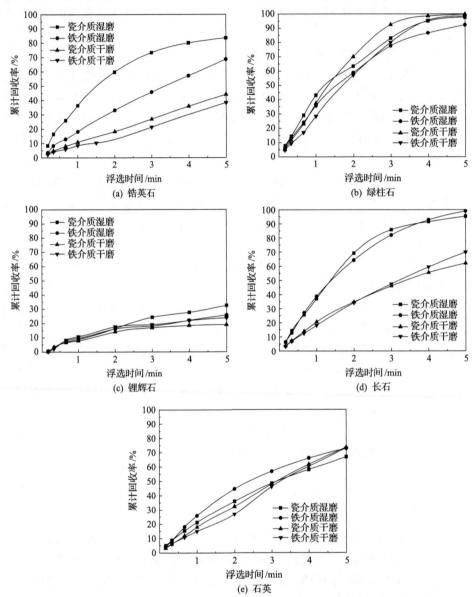

图 3.62 不同磨矿条件对十二胺浮选硅酸盐矿物及石英的累计回收率的影响
十二胺作捕收剂，浓度为 60mg/L

由图 3.62(b)的试验结果可知：①磨矿条件的变化对十二胺浮选绿柱石的回收率影响较小。②四种磨矿条件下，绿柱石的累计浮选回收率在浮选时间为 4min 时都接近最大值。③从四条曲线的切线斜率可以看出，其浮选速度依次为：瓷介质干磨＞瓷介质湿磨＞铁介质湿磨＞铁介质干磨。

由图 3.62(c)的试验结果可知：①磨矿条件的变化对十二胺浮选锂辉石的回收率影响不同。②四种磨矿条件下，均在浮选时间为 5min 时累计回收率接近最大。③四条曲线的切线斜率差别不是很大，四种磨矿条件下十二胺浮选锂辉石的浮选速度相近。

图 3.62(d)试验结果表明：①磨矿方式的变化对十二胺浮选长石的累计回收率影响不同。②四种磨矿条件下，长石的累计浮选回收率均在 5min 时接近最大值。③在相同磨矿环境下，采用不同介质磨矿时，长石的浮游速度相近，即瓷介质湿磨和铁介质湿磨、瓷介质干磨与铁介质干磨时长石的浮选速度相近。④从切线斜率判断，不同磨矿条件下长石的浮选速度为：湿磨＞干磨。

图 3.62(e)的试验结果表明：①磨矿方式的变化对十二胺浮选石英的累计回收率影响较小。②四种磨矿条件下，石英的累计浮选回收率随时间延长不断增加。③从四条曲线的切线斜率可以看出，不同磨矿条件下十二胺浮选石英的浮选速度相近。

3.3.3　不同磨矿方式下硅酸盐矿物及石英的浮选

为了便于对相同磨矿条件下锆英石、绿柱石、锂辉石、长石和石英的可浮性进行对比分析，将上述试验数据按照不同磨矿条件进行了归纳整理，结果如图 3.63～图 3.70 所示。

1. 瓷介质干磨

1）油酸钠浮选体系

用油酸钠作为捕收剂、浓度为 160mg/L 时，采用瓷介质干磨后，不同 pH 条件下硅酸盐矿物及石英的浮选回收率曲线如图 3.63 所示。

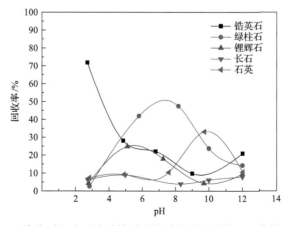

图 3.63　瓷介质干磨时油酸钠浮选体系硅酸盐矿物及石英的可浮性
油酸钠作为捕收剂，浓度为 160mg/L

图 3.63 的结果表明：①采用瓷介质干磨时，用油酸钠作为捕收剂，pH 对硅酸盐矿物、石英浮选回收率的影响不同。随着 pH 的增加，锆英石的浮选回收率逐渐降低，绿柱石、锂辉石和石英的浮选回收率先增加后降低，而长石基本不浮。②锆英石的浮选回收率在 pH<5 时高于其他 pH 的浮选回收率，绿柱石的最佳浮选 pH 为 6~9，锂辉石的最佳浮选 pH 在 5 左右。

2）十二胺浮选体系

用十二胺作为捕收剂、浓度为 60mg/L 时，采用瓷介质干磨后，不同 pH 条件下硅酸盐矿物及石英的浮选回收率曲线如图 3.64 所示。

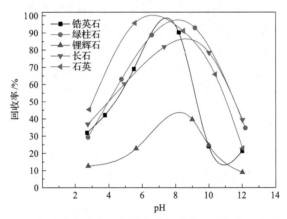

图 3.64　瓷介质干磨时十二胺浮选体系硅酸盐矿物及石英的可浮性

十二胺作捕收剂，浓度为 60mg/L

图 3.64 的结果表明：①用十二胺作为捕收剂时，pH 对瓷介质干磨硅酸盐矿物及石英浮选回收率的影响规律基本相同。随着 pH 的增加，锆英石、绿柱石、锂辉石、长石和石英的浮选回收率先增加后降低。②在 pH 6~9 的范围内，锆英石、绿柱石、长石和石英的浮选回收率较高。③在试验 pH 条件下，锂辉石的浮选回收率相对其他几种单矿物回收率较低。

2. 瓷介质湿磨

1）油酸钠浮选体系

用油酸钠作为捕收剂、浓度为 160mg/L 时，采用瓷介质湿磨后，不同 pH 条件下硅酸盐矿物及石英的浮选回收率曲线如图 3.65 所示。

图 3.65 的结果表明：①采用瓷介质湿磨、油酸钠作为捕收剂时，pH 对硅酸盐矿物、石英浮选回收率的影响不同。随着 pH 的增加，锆英石的浮选回收率先降低后增加，绿柱石的浮选回收率逐渐增加，锂辉石的浮选回收率先增加后降低，而长石和石英基本不浮。②锆英石的浮选回收率在 pH<4 时高于其他 pH 时的浮选回收率，绿柱石的浮选回收率在 pH 12 附近时相对较高，锂辉石的最佳浮选 pH 在 6 左右。

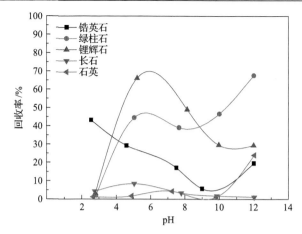

图 3.65　瓷介质湿磨时油酸钠浮选体系硅酸盐矿物及石英的可浮性
油酸钠作为捕收剂，浓度为 160mg/L

2）十二胺浮选体系

用十二胺作为捕收剂、浓度为 60mg/L 时，采用瓷介质湿磨后，不同 pH 条件下硅酸盐矿物及石英的浮选回收率曲线如图 3.66 所示。

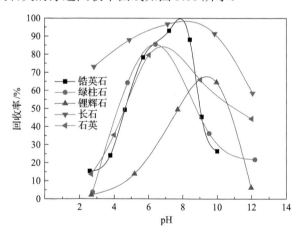

图 3.66　瓷介质湿磨时十二胺浮选体系硅酸盐矿物及石英的可浮性
十二胺作捕收剂，浓度为 60mg/L

图 3.66 的结果表明：①采用瓷介质湿磨、十二胺作为捕收剂时，pH 对硅酸盐矿物、石英浮选回收率的影响规律基本相同。随着 pH 的增加，锆英石、绿柱石、锂辉石、长石和石英的浮选回收率先增加后降低。②在 pH 6~9 的范围内，锆英石、绿柱石、长石和石英的浮选回收率较高，锂辉石的最佳浮选 pH 在 10 左右。③在最佳 pH 条件下，锂辉石的浮选回收率低于其他几种单矿物。

3. 铁介质干磨

1) 油酸钠浮选体系

用油酸钠作为捕收剂、浓度为 160mg/L 时，采用铁介质干磨后，不同 pH 条件下硅酸盐矿物及石英的浮选回收率曲线如图 3.67 所示。

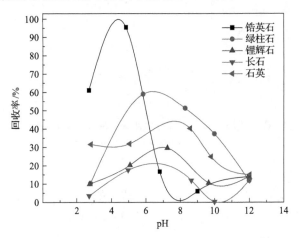

图 3.67　铁介质干磨时油酸钠浮选体系硅酸盐矿物及石英的可浮性

油酸钠作为捕收剂，浓度为 160mg/L

图 3.67 的结果表明：①采用铁介质干磨、油酸钠作为捕收剂时，pH 对硅酸盐矿物、石英浮选回收率的影响规律大致相同。随着 pH 的增加，锆英石、绿柱石、锂辉石、长石和石英的浮选回收率均先增加后降低。②在酸性条件下，锆英石的浮选回收率较高；在 pH 5~9 的范围内，绿柱石、锂辉石、长石和石英的浮选回收率较高。③在最佳浮选 pH 条件下，锆英石的浮选回收率明显高于其他几种单矿物；在较宽的 pH 范围内，绿柱石的浮选回收率都高于锂辉石；石英的浮选回收率在 pH 9 左右时最高，此 pH 条件下明显高于长石的浮选回收率。

2) 十二胺浮选体系

用十二胺作为捕收剂、浓度为 60mg/L 时，采用铁介质干磨后，不同 pH 条件下硅酸盐矿物及石英的浮选回收率曲线如图 3.68 所示。

图 3.68 的结果表明：①采用铁介质干磨、十二胺作为捕收剂时，pH 对硅酸盐矿物及石英浮选回收率的影响规律基本一致。随着 pH 的增加，锆英石、绿柱石、锂辉石、长石和石英的浮选回收率均先增加后降低。②在 pH 6~9 的范围内，锆英石、绿柱石、锂辉石和长石的浮选回收率较高；在 pH 9~10.5 时，石英的浮选回收率较高。③在相同 pH 条件下，锂辉石的浮选回收率相对其他几种单矿物较低。

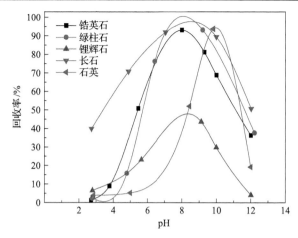

图 3.68　铁介质干磨时十二胺浮选体系硅酸盐矿物及石英的可浮性

十二胺作捕收剂，浓度为 60mg/L

4. 铁介质湿磨

1) 油酸钠浮选体系

用油酸钠作为捕收剂、浓度为 160mg/L 时，采用铁介质湿磨后，不同 pH 条件下硅酸盐矿物及石英的浮选回收率曲线如图 3.69 所示。

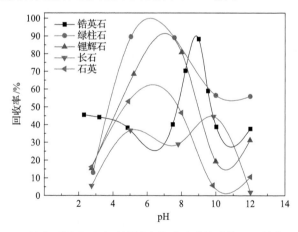

图 3.69　铁介质湿磨时油酸钠浮选体系硅酸盐矿物及石英的可浮性

油酸钠作为捕收剂，浓度为 160mg/L

图 3.69 的结果表明：①采用铁介质湿磨、油酸钠作为捕收剂时，pH 对硅酸盐矿物及石英浮选回收率的影响有较大的差异。②随着 pH 的增加，锆英石的浮选回收率在 pH 为 9 附近时达到最大；绿柱石、锂辉石、长石和石英的浮选回收率先增加后降低。③锆英石的最佳浮选 pH 在 9 左右，绿柱石、锂辉石和石英的最佳浮选 pH 为 5～8，长石的最佳浮选 pH 为 5～10。④在 pH 5～8 的范围内，石

英的可浮性优于长石的可浮性。

2) 十二胺浮选体系

用十二胺作为捕收剂、浓度为 60mg/L 时，采用铁介质湿磨后，不同 pH 条件下硅酸盐矿物及石英的浮选回收率曲线如图 3.70 所示。

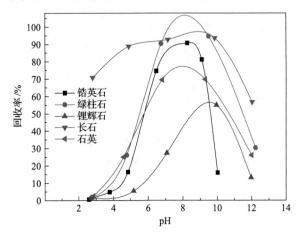

图 3.70　铁介质湿磨时十二胺浮选体系硅酸盐矿物及石英的可浮性

十二胺作捕收剂，浓度为 60mg/L

图 3.70 的结果表明：①采用铁介质湿磨、十二胺作为捕收剂时，pH 对硅酸盐矿物及石英浮选回收率的影响规律基本一致。随着 pH 的增加，锆英石、绿柱石、锂辉石、长石和石英的浮选回收率先增加后降低。②在 pH 6～9 范围内，锆英石、绿柱石、长石和石英的浮选回收率较高；在 pH 8.5～10.5 范围内，锂辉石的浮选回收率较高。③在相同 pH 条件下，锂辉石的浮选回收率相对其他几种单矿物较低。

3.4　机　理　分　析

本节通过对捕收剂十二胺和油酸钠的浮选溶液化学计算，绘出阴阳离子捕收剂的各组分浓度对数图，分析两种捕收剂对硅酸盐矿物和石英的作用机理，并结合矿浆中金属阳离子浓度测定、矿物表面动电位测试、XPS 检测、扫描电镜与能谱分析、浮选动力学研究，研究磨矿条件对硅酸盐矿物及石英浮选行为的影响，揭示磨矿过程中产生的铁的羟基络合物对硅酸盐矿物和石英浮选的作用机理。

3.4.1　捕收剂的溶液化学

1. 油酸钠的溶液化学计算与分析

油酸钠 ($C_{17}H_{33}COONa$) 是一种不饱和脂肪酸盐，是氧化矿和盐类矿物浮选常用的捕收剂。油酸钠是一种强碱弱酸盐，在水中发生水解反应，油酸钠在水中的解离是一个比较复杂的过程，其解离产物不是单一的，而是多种多样的，各组分浓度之间的比例关系取决于溶液的 pH 大小。

当油酸钠浓度为 5.26×10^{-5} mol/L（即试验浓度 160mg/L）时，通过捕收剂在水溶液中的化学平衡式计算，可绘出油酸钠各组分的浓度对数图，如图 3.71 所示。

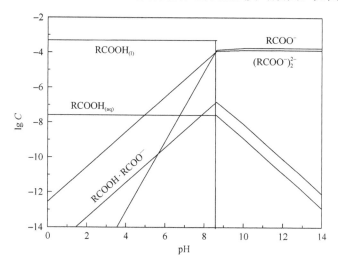

图 3.71　油酸钠各组分的浓度对数图（$C_T = 5.26 \times 10^{-5}$ mol/L）

在 pH 为 8.69 时，$HOL_{(l)}$ 与 $HOL_{(aq)}$ 达到平衡。在 pH≤8.69 的酸性和弱碱性区域内，油酸钠在溶液中主要以油酸分子状态存在；随着 pH 的增加，RCOOH·RCOO⁻、RCOO⁻、$(RCOO^-)_2^{2-}$ 三种组分浓度逐渐增加，$(RCOO^-)_2^{2-}$ 组分浓度高于 RCOOH·RCOO⁻、RCOO⁻组分浓度；$RCOOH_{(l)}$ 和 $RCOOH_{(aq)}$ 组分浓度没有变化，$RCOOH_{(l)}$ 组分浓度远高于 $RCOOH_{(aq)}$ 组分浓度。在 pH>8.69 的范围内，油酸钠主要以 RCOO⁻、$(RCOO^-)_2^{2-}$ 存在，随着 pH 的增加，$RCOOH_{(aq)}$ 和 RCOOH·RCOO⁻组分浓度逐渐降低，RCOOH·RCOO⁻组分浓度高于 $RCOOH_{(aq)}$ 组分浓度；RCOO⁻和 $(RCOO^-)_2^{2-}$ 两种组分浓度不变，RCOO⁻组分浓度高于 $(RCOO^-)_2^{2-}$ 组分浓度。

油酸钠在矿物表面的吸附主要有两种方式，一是通过静电作用吸附在带正电的矿物表面，二是通过极性基与矿物表面的金属阳离子发生化学吸附。矿物经过磨矿后，矿物表面晶体结构解离及部分化学键断裂，部分不饱和的化学键带正电，可与油酸钠作用，使矿物得以回收；部分化学键带负电，可通过金属阳离子或其他离子作用后再与油酸钠结合，使矿物得以回收。

在较宽的 pH 范围内，锆英石、锂辉石、绿柱石和长石等硅酸盐矿物及石英在水溶液中主要荷负电，几种硅酸盐矿物表面暴露出的钾、钠等金属离子与油酸钠作用较弱，可浮性较差。

2. 十二胺的溶液化学计算与分析

十二胺($C_{12}H_{27}N$)是伯胺类阳离子捕收剂，在水溶液中的溶解度很小，所以实践中常将该捕收剂溶于盐酸或醋酸水溶液中，生成盐酸盐或醋酸盐后使用。

当十二胺初始浓度 $C_T=3.24\times10^{-4}$mol/L（即试验浓度 60mg/L）时，可绘出 $C_T=3.24\times10^{-4}$mol/L 时，十二胺各组分的浓度对数图，如图 3.72 所示。

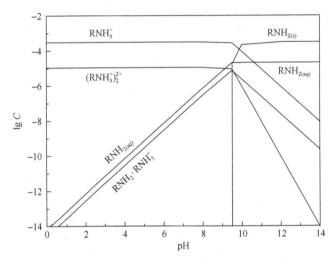

图 3.72　十二胺各组分的浓度对数图（$C_T=3.24\times10^{-4}$mol/L）

图 3.72 表明，当十二胺浓度为 3.24×10^{-4}mol/L 时，$RNH_{2(s)}$ 与 $RNH_{2(aq)}$ 溶解平衡临界 pH 为 9.50。当 pH 小于 9.50 时，十二胺主要以各种胺离子形式存在，随着 pH 的增大，$RNH_{2(aq)}$ 和 $RNH_2 \cdot RNH_3^+$ 组分浓度逐渐增大，$RNH_2 \cdot RNH_3^+$ 组分浓度低于 $RNH_{2(aq)}$ 组分浓度；RNH_3^+ 和 $(RNH_3^+)_2^{2+}$ 组分浓度不变，$(RNH_3^+)_2^{2+}$ 组分浓度低于 RNH_3^+ 组分浓度。当 pH 大于 9.50 时，溶液中十二胺主要以胺分子形式存在，随着 pH 的增大，$RNH_2 \cdot RNH_3^+$、RNH_3^+ 和 $(RNH_3^+)_2^{2+}$ 组分浓度逐渐降低，$RNH_2 \cdot RNH_3^+$ 组分浓度低于 RNH_3^+ 和 $(RNH_3^+)_2^{2+}$ 组分浓度，$(RNH_3^+)_2^{2+}$ 组分浓度低于 RNH_3^+ 组分浓度；$RNH_{2(s)}$ 与 $RNH_{2(aq)}$ 组分浓度不变，$RNH_{2(aq)}$ 组分浓度低于 $RNH_{2(s)}$ 组分浓度。

绝大多数情况下，十二胺与矿物表面的相互作用是由十二胺在水溶液中形成的阳离子 RNH_3^+ 和 $(RNH_3^+)_2^{2+}$ 在矿物表面双电层依靠静电引力吸附在荷负电的矿物表面。RNH_3^+ 和 $RNH_{2(aq)}$ 分子之间，其非极性基容易发生相互缔合作用，进而在矿物表面产生共吸附，形成分子离子缔合物的半胶束吸附。

印万忠等[1]通过对阳离子捕收剂浮选各类结构的硅酸盐矿物研究表明，各类硅酸盐矿物在阳离子捕收剂浮选体系中均具有较好的可浮性，所不同的是各类矿物具有较好可浮性的 pH 范围不同。通过对硅酸盐矿物晶体结构的化学键计算和表面特性预测，硅酸盐矿物均具有键合羟基的能力，在正常的浮选 pH 范围内均荷负电，因此较易用阳离子捕收剂浮选。

作者的研究结果与印万忠的研究结果基本一致，在较宽的 pH 范围内，锆英石、锂辉石、绿柱石和长石等硅酸盐矿物及石英在水溶液中主要荷负电。因此，十二胺作为捕收剂对几种矿物均具有较好的捕收作用。随着 pH 的增加，几种矿物表面所带负电荷增加，十二胺在水溶液中形成的阳离子 RNH_3^+ 和 $(RNH_3^+)_2^{2+}$ 组分先增加后降低，因此无论是干式磨矿还是湿式磨矿，无论是采用瓷介质还是铁介质磨矿，几种硅酸盐矿物的浮选回收率均较高，并随着 pH 的增加，浮选回收率先增加后降低。

3.4.2　磨矿条件对典型硅酸盐矿物表面和矿浆性质的影响

1. 典型硅酸盐矿物晶体碎裂行为分析

锆英石、绿柱石、锂辉石、长石分属于不同类型的硅酸盐矿物，有着不同的晶体结构和表面性质，石英和长石具有相同的晶体结构，在磨矿过程中这些矿物表面暴露出不同离子。

锆英石属于岛状硅酸盐矿物，四方晶系，硅氧[SiO₄]四面体通过四个顶角上的 O^{2-} 与 Zr^{4+} 相连。锆英石破碎时，Si—O 键不易断裂，Zr—O 键易断裂，表面暴露出较多 Zr^{4+}，矿物零电点较高(PZC=5.8)，同时矿物表面也存在较多 O^{2-}，矿物表面亲水性较强，在弱酸性及碱性溶液中，矿物表面荷负电。

绿柱石属于环状硅酸盐矿物，六方晶系，硅氧[SiO₄]四面体环与环间并不直接相连，靠 Be^{2+}、Al^{3+} 连接，矿物解离时，Be—O、Al—O 键易断裂，矿物表面暴露出 Be^{2+}、Al^{3+}，采用阴离子捕收剂时，矿物可浮性较好。同时，六元硅氧[SiO₄]四面体环断裂时，也有少量 Si—O 键断裂，由于矿物表面暴露的 Si 原子键合羟基以及 Be^{2+}、K^+、Na^+ 部分溶解并与 H^+ 交换，因此绿柱石零电点较低(PZC=3.2)。

锂辉石属于单链状硅酸盐矿物，晶体结构为硅氧四面体共两个角顶氧沿 c 轴方向无限延伸连接成的硅氧四面体链，Al 与 O 形成铝氧八面体，并以共棱方向沿 c 轴连接成"之"字形无限延伸。两个[SiO₄]四面体链与一个[AlO₆]八面体链形成 2∶1 夹心状的"I"形杆链，再借助于 Li 链接起来。Li 在 M₂ 位置，Al 在 M₁ 位置，M₂—O 平均间距 0.2211nm，M₁—O 平均间距 0.1919nm，O—O 平均间距 0.2710nm。因此破碎时平行于 c 轴的 Li—O 键大量断裂，Al—O 键和 Si—O 键也有少量断裂，其中断裂暴露出的 Li 易溶于水，锂辉石零电点约为 3(PZC=3)。

长石属于架状硅酸盐矿物，四方晶系，每个硅氧四面体与其他硅氧四面体相连，形成三维空间上的无限延展结构，与其他结构硅酸盐相比，Al 原子对架状结构硅酸盐矿物取代较高，主要以[AlO₄]四面体存在，由于 Al³⁺取代了 Si⁴⁺，会有一些低电价、大半径的 K⁺、Na⁺补偿电荷。矿物解离时，会造成大量 Si—O 键、Al—O 键断裂，从而在新产生的表面形成带负电荷的晶格和活泼的 SiOH 和 SiO⁻区域。矿物零电点较低(PZC=1.9)，用十二胺作捕收剂时，浮选的 pH 范围较宽。

石英不属于硅酸盐矿物，但结构和架状硅酸盐矿物相似，每个硅氧四面体与其他硅氧四面体相连，形成三维空间上的无限延展结构，均以[SiO₄]四面体形式存在，破碎时会造成 Si—O 键断裂，石英零电点较低(PZC≈2.0)。

2. 磨矿条件对典型硅酸盐矿物表面性质的影响

在试验研究中使用的棒磨机转速低、磨矿罐体积和磨介质尺寸较小，磨矿过程中的冲击作用相对较弱，主要发生介质与介质间、介质与矿物间的磨剥和摩擦作用。磨矿过程中，矿物颗粒之间、矿物与介质之间碰撞，部分矿物及介质磨蚀下来附着于矿物表面，部分溶于矿浆中。干式磨矿过程中，由于缺乏水的作用，介质与矿物之间直接作用，反复碰撞，矿物表面发生形变，形变剧烈后，产生裂纹，裂纹生长，产生破裂，矿石粒度变小；湿式磨矿则有矿浆的缓冲，介质的冲击作用相对轻微许多，加之矿浆流动冲刷，矿物表面形变层明显要薄许多[14]。干式磨矿产品表面凹凸不平，湿式磨矿时矿物表面则相对光滑。

磨矿条件对硅酸盐矿物表面形貌的影响大致相同。通过对不同磨矿条件下硅酸盐矿物的扫描电镜及能谱分析结果可知，这五种矿物未经磨矿时，表面比较光滑；瓷介质干磨后，矿物表面有划痕出现，并有矿物碎屑产生。瓷介质湿磨后，矿物表面有絮状物生成，部分矿物表面有磨蚀带出现；铁介质干磨后，矿物表面有大量的絮状物出现。铁介质湿磨后，矿物表面有明显的磨蚀带出现，同时生成大量絮状物，这些絮状物均检测出 Fe。由矿物表面动电位测试可知：①在碱性和强碱性条件下，硅酸盐矿物表面动电位均为负值；②瓷介质湿磨硅酸盐矿物零电点最小，铁介质湿磨硅酸盐矿物零电点最大，瓷介质干磨和铁介质干磨矿物零电点介于二者之间。

XPS 检测表明：不论是采用瓷介质干磨还是瓷介质湿磨，除锆英石外，其他几种硅酸盐矿物表面要么无法检测到 Zr，要么 Zr 含量极低；除长石和石英外，锆英石表面 Zr、绿柱石表面 Be 和锂辉石表面 Li 含量均发生变化，相应元素含量均为湿磨大于干磨；除铁介质干磨石英外，无论是采用铁介质干磨还是湿磨，锆英石、绿柱石、锂辉石、长石和石英表面的 Fe 含量增加，说明在磨矿过程中铁介质表面有部分磨蚀下来，与矿物表面作用。铁介质湿磨时这几种矿物表面 Fe 含量明显高于铁介质干磨。

结合扫描电镜检测结果可知，与原矿相比，瓷介质干磨后，矿物表面均有划痕且有碎屑出现，经 XPS 检测发现矿物表面元素含量变化较小，矿物表面金属离子的损失较少，矿浆中金属离子增多是因为磨矿介质的磨损，对矿物表面动电位及零电点影响较小，而 Zr 的活性较差，对矿物浮选的影响较弱。瓷介质湿磨，由于水的存在，矿物表面磨损下来的碎屑变成了絮状物，经 XPS 检测发现矿物表面元素含量发生了变化，矿物表面金属离子损失较多。与其他磨矿条件相比，瓷介质湿磨后矿浆中金属离子的浓度最高，对矿物表面动电位及零电点影响较大，对矿物浮选有一定影响，尤其是对靠静电引力吸附的捕收剂作用影响较大；铁介质干磨后，矿物表面有絮状物出现，矿物表面金属离子的损失相对较少，XPS检测表明矿物表面元素含量也发生了变化，表面 Fe 含量有一定程度增加，由于铁球的硬度较大，介质损失较小，因此与其他磨矿条件对比，此时矿浆中金属离子浓度较低。铁介质湿磨后，由于水的作用，磨矿过程中电化学腐蚀作用较强，矿物表面产生大量磨蚀带和絮状物，矿物表面金属离子损失较多，XPS 检测表明矿物表面元素含量变化较大，表面 Fe 含量明显增加；不同磨矿条件下矿浆中金属离子的浓度变化较大，瓷介质干磨和瓷介质湿磨矿浆中的金属离子浓度大多较铁球干磨高。Fe 的活性较强，对矿物零电点影响最大，铁介质湿磨后矿物零电点对应的 pH 为四种磨矿条件中最高的，因此铁介质湿磨对矿物浮选的影响最大。

3. 铁磨环境中硅酸盐矿物表面 Fe 的生成物分析

从磨矿条件对矿物动电位影响可知，铁介质磨矿后，五种单矿物零电点出现漂移，其中铁介质湿磨后矿物零电点高于其他磨矿条件。扫描电镜及能谱分析结果表明，铁介质磨矿后矿物表面有絮状物及磨蚀带出现，这些絮状物均检测出含Fe，这说明铁介质磨矿后硅酸盐矿物表面发生了变化。

通过 XPS 检测分析可知，铁介质磨矿时，锆英石、绿柱石、锂辉石、长石和石英表面 Fe 含量明显增加，说明采用铁介质磨矿时，有部分铁磨损吸附在矿物表面；经检测 Fe 2p 峰结合能均在 711eV 附近，这同铁的羟基络合物结合能相近，说明铁介质磨矿后在单矿物表面有铁的羟基络合物形成。

利用红外光谱仪对绿柱石原矿、铁介质干磨和铁介质湿磨之后的矿物表面进行检测，检测结果如图 3.73 所示。由检测结果可知，在波数 2950cm^{-1} 左右，铁介质干磨和铁介质湿磨绿柱石表面均检测出了铁的羟基络合物的特征峰，进一步证明了铁介质磨矿后在硅酸盐矿物表面生成了铁的羟基络合物。

采用铁介质磨矿后，锆英石、绿柱石、锂辉石、长石和石英表面的 Fe 作为活化位点，增强了与阴离子捕收剂的相互作用。因此，在最佳 pH 条件下，用油酸钠作为捕收剂、铁介质磨矿时，这几种硅酸盐单矿物的浮选回收率一般高于瓷介质磨矿的情形。

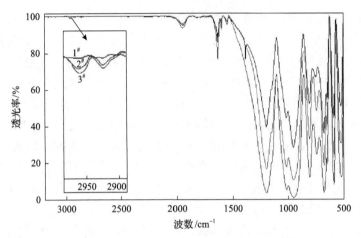

图 3.73　绿柱石原矿、铁磨后绿柱石红外光谱图

1#.绿柱石原矿；2#.绿柱石铁介质干磨；3#.绿柱石铁介质湿磨

　　其原因在于：Fe^{3+}在水溶液中呈现六配位结构，羟基可作为电子供体与 Fe^{3+} 形成络合物。随着矿浆 pH 变化，$Fe(OH)_{1-x}$ 中 Fe^{3+}与 OH^-的比例发生相应变化。各组分的浓度可通过溶液平衡关系求得[15]。

金属阳离子在水溶液中的水化平衡如下：

$$M^{m+} + OH^- \rightleftharpoons MOH^{m-1} \quad \beta_1 = \frac{[MOH^{m-1}]}{[M^{m+}][OH^-]} \tag{3.1}$$

$$M^{m+} + 2OH^- \rightleftharpoons M(OH)_2^{m-2} \quad \beta_2 = \frac{[M(OH)_2^{m-2}]}{[M^{m+}][OH^-]^2} \tag{3.2}$$

$$\vdots$$

$$M^{m+} + nOH^- \rightleftharpoons M(OH)_n^{m-n} \quad \beta_n = \frac{[M(OH)_n^{m-n}]}{[M^{m+}][OH^-]^n} \tag{3.3}$$

$$C_T = [M^{m+}] + [MOH^{m-1}] + [M(OH)_2^{m-2}] + \cdots + [M(OH)_n^{m-n}]$$

$$= [M^{m+}](1 + \beta_1[OH^-] + \beta_2[OH^-]^2 + \cdots + \beta_n[OH^-]^n)$$

各组分的浓度为

$$\lg[M^{m+}] = \lg[C_T] - \lg(1 + \beta_1[OH^-] + \beta_2[OH^-]^2 + \cdots + \beta_n[OH^-]^n)$$

$$\lg[MOH^{m-1}] = \lg\beta_1 + \lg[M^{m+}] + \lg[OH^-]$$

$$\lg[M(OH)_2^{m-2}] = \lg\beta_2 + \lg[M^{m+}] + 2\lg[OH^-]$$

$$\vdots$$

$$\lg[M(OH)_n^{m-n}] = \lg\beta_n + \lg[M^{m+}] + n\lg[OH^-] \qquad (3.4)$$

金属阳离子在溶液中形成氢氧化物，此时，各组分与 $M(OH)_{m(s)}$ 达到平衡，其平衡如下：

$$M(OH)_{m(s)} \rightleftharpoons M^{m+} + mOH^- \qquad K_{s0} = [M^{m+}][OH^-]^m \qquad (3.5)$$

$$M(OH)_{m(s)} \rightleftharpoons MOH^{m-1} + (m-1)OH^- \qquad K_{s1} = [MOH^{m-1}][OH^-]^{m-1} \qquad (3.6)$$

$$\vdots$$

$$M(OH)_{m(s)} \rightleftharpoons M(OH)_n^{m-n} + (m-n)OH^- \qquad K_{sn} = [M(OH)_n^{m-n}][OH^-]^{m-n} \qquad (3.7)$$

各组分的浓度为

$$\lg[M^{m+}] = \lg K_{s0} - m\lg[OH^-]$$

$$\lg[M^{m+}] = \lg K_{s1} + (1-m)\lg[OH^-]$$

$$\vdots$$

$$\lg[M^{m+}] = \lg K_{sn} + (n-m)\lg[OH^-] \qquad (3.8)$$

根据方程组(3.1)～方程组(3.8)可以计算出各种金属阳离子水解组分的浓度与 pH 的关系，并绘出 $\lg C$-pH 图。通过计算绘出 Fe^{3+} 为 $1.0 \times 10^{-4} mol/L$（这个浓度与铁介质磨矿后溶液中 TFe 浓度相近）时的浓度对数图，如图 3.74 所示。由图可见，在一定浓度下介质 pH 条件决定了金属阳离子各种水解组分中何种组分占优势。在作者试验研究的 pH 范围内，$Fe(OH)_{3(s)}$ 组分占优势。

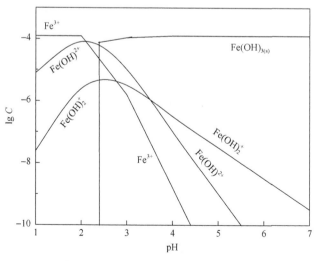

图 3.74　Fe^{3+} 溶液的各组分浓度对数图（$C_T = 1.0 \times 10^{-4} mol/L$）

综上所述，铁介质磨矿后，Fe^{3+}主要以羟基络合物形式在矿物表面吸附，捕收剂通过铁的羟基络合物作用，吸附到硅酸盐矿物表面。在作者试验研究的 pH 范围内，$Fe(OH)_{3(s)}$组分占优势。

4. 磨矿条件对典型硅酸盐矿物溶液化学的影响

铁介质干磨过程中，由于缺乏水介质的作用，磨矿介质主要发生磨损作用，在磨损过程中产生铁介质的金属粉末，其磨损程度与被磨物料的硬度有关，随着矿物硬度的提高，铁介质的磨损率增加。在湿磨过程中，铁介质除了发生磨损作用，还存在腐蚀作用。铁介质腐蚀的实质就是铁介质表面金属材料与周围介质之间所发生的氧化还原反应，可分为化学腐蚀和电化学腐蚀。在湿式磨矿过程中，铁介质与物料、铁介质与铁介质之间的相互冲击和磨剥作用，使得铁介质产生机械磨损，不断暴露出新鲜表面，成为电化学/化学活性区域，为电化学腐蚀和化学腐蚀提供了前提条件。在液、固、气三相磨矿体系中，铁介质一方面因表面磨损的不均匀性及其接触界面电化学性质的差异而形成腐蚀原电池，产生电化学腐蚀；另一方面由于铁介质与矿浆中的溶解氧或其他化学组分发生化学反应，产生化学腐蚀，从而在铁介质表面形成腐蚀产物。铁介质磨矿时，对矿浆中金属离子和矿物表面进行 XPS 检测，均能检测到铁。

采用瓷介质磨矿时，矿浆中金属离子浓度检测结果表明，无论是干磨还是湿磨，矿浆中均能检测到锆；矿物表面 XPS 检测结果表明除锆英石外，其他几种矿物表面基本检测不到锆。这说明在磨矿过程中，瓷介质与矿物之间相互碰撞磨蚀，磨蚀下来的锆与矿物表面作用较弱，绝大部分溶于矿浆中。

矿浆中金属离子主要是由矿物和磨矿介质在磨矿过程中相互磨蚀溶于水生成，矿浆中金属离子浓度越高，说明矿物表面和磨矿介质磨蚀溶于水的粉末或离子越多，这与矿物的溶解度、矿物和磨矿介质的硬度有一定关系。从矿浆中金属离子浓度检测结果可知：①采用瓷介质磨矿时，五种单矿物的矿浆中 TZr 浓度均高于原矿，而瓷介质湿磨后矿浆中 TZr 浓度高于瓷介质干磨；②采用铁介质磨矿时，干磨后矿浆中 TFe 浓度与原矿差异较小，湿磨后矿浆中 TFe 浓度远高于原矿；③相对于原矿，磨矿条件对硅酸盐矿物矿浆中金属离子浓度的影响，瓷磨大于铁磨、湿磨大于干磨；④磨矿后单矿物矿浆中金属离子总浓度由高到低的顺序依次为：瓷介质湿磨＞瓷介质干磨＞铁介质湿磨＞铁介质干磨。

对矿浆中金属离子浓度测定结果的进一步研究表明：①磨矿条件对介质的磨损率由高到低依次为：瓷介质湿磨＞瓷介质干磨＞铁介质湿磨＞铁介质干磨。②矿浆中的金属离子会对矿物浮选产生一定的影响，由于 Zr 的活性相对较低，从矿浆中金属离子浓度考虑，磨矿条件对浮选的影响由大到小依次为：铁介质湿磨＞铁介质干磨＞瓷介质湿磨＞瓷介质干磨，但浮选不仅仅受到矿浆中金属离子浓度的影响，也和矿物本身的性质和矿物表面及浮选药剂有关。③在某些情况下，为避免由磨矿产生的矿浆中金属离子对矿物浮选的影响，可以考虑采用干式磨矿。

5. 磨矿条件对典型硅酸盐矿物浮选行为影响的机理

不同磨矿条件下，矿物表面金属离子会发生不同程度的变化，这些表面金属离子的变化对矿物浮选也起着重要的作用。

1) 十二胺捕收剂体系

用十二胺作为捕收剂时，金属阳离子对硅酸盐矿物的浮选主要起抑制作用。对硅酸盐矿物浮选有抑制作用的金属阳离子主要是三价金属阳离子，如 Fe^{3+} 和 Al^{3+}。金属阳离子对硅酸盐矿物浮选的抑制作用主要是由于金属阳离子在矿物表面吸附以后提高了矿物表面的电性，使十二胺的静电吸附力减弱；其次是由于硅酸盐矿物在三价金属阳离子作用下，可以使矿物界面层内的胺离子浓度大大降低，从而减弱了十二胺对硅酸盐矿物的捕收作用[1]。

以绿柱石为例，计算在不同 pH 时，在 Fe^{3+} 作用前后，绿柱石矿物表面区和液相体相内部 RNH_3^+ 的浓度比例关系[1]。

采用波尔兹曼关于矢量场中粒子分布的理论可以确定矿物表面附近离子浓度的变化：

$$C_s = C_0 \exp(-\phi F/RT) \tag{3.9}$$

式中，C_s 为矿物表面附近离子浓度，mol/L；C_0 为液相体相内部离子浓度，mol/L；F 为法拉第常数，96485C/mol；R 为摩尔气体常数，8.314J/(mol·K)；T 为热力学温度，K；ϕ 为矿物表面电位，V。

如果已知液相内部药剂离子浓度，可由式(3.9)计算出矿物界面层的药剂离子浓度。对于硅酸盐矿物，矿物表面电位可由下式计算得出：

$$\varphi = \frac{RT}{nF} \ln \frac{[\alpha_{H^+}]}{[\alpha_{H^+}]_{PZC}} \tag{3.10}$$

式中，n 为定位离子的价数，对于硅酸盐矿物，定位离子为 H^+ 和 OH^-，所以 $n=1$；$[\alpha_{H^+}]$ 为定位离子 H^+ 的活度，$[\alpha_{H^+}]_{PZC}$ 为零电点处(即表面电位 ϕ 为零时) H^+ 的活度，当溶液很稀时即为浓度。

把各常数代入式(3.10)，可以得出硅酸盐矿物表面电位的计算公式如下：

$$\phi = 0.059(pH_{PZC} - pH) \tag{3.11}$$

式中，pH_{PZC} 为硅酸盐矿物零电点时的 pH；pH 为对应于所求 ϕ 时溶液的 pH。

从不同磨矿条件对矿物动电位影响试验可知，瓷介质干磨、瓷介质湿磨绿柱石的零电点分别为 2.4 和 3.2，据此可以计算出在十二胺浓度为 60mg/L（3.24×10^{-4}mol/L）时，不同 pH 条件下，瓷介质干磨、瓷介质湿磨后的绿柱石矿物表面 RNH_3^+ 浓度与液相内部 RNH_3^+ 浓度比例关系，见表 3.22，C_a 表示矿物界面层的 RNH_3^+ 浓度，C_0 表示液相体相内部 RNH_3^+ 浓度。

表 3.22　瓷介质干磨和瓷介质湿磨后绿柱石界面层 RNH_3^+ 的浓度变化

磨矿条件	项目	pH						
		3	4	5	6	7	8	9
瓷介质干磨	C_a/(mol/L)	1.27×10^{-3}	0.01	0.13	1.25	12.47	124.18	1.24×10^3
	C_a/C_0	3.97	39.52	393.41	3.92×10^3	3.90×10^4	3.88×10^5	3.86×10^6
瓷介质湿磨	C_a/(mol/L)	2.02×10^{-4}	2.01×10^{-3}	0.02	0.20	1.98	19.75	196.63
	C_a/C_0	0.63	6.29	62.58	622.94	6.20×10^3	6.17×10^4	6.14×10^5

从表 3.22 可以看出，无论是瓷介质干磨还是瓷介质湿磨，pH 每增加 1，绿柱石界面层 RNH_3^+ 的浓度增加 10 倍，与液相内部 RNH_3^+ 浓度之比也增加 10 倍；相同 pH 条件下，瓷介质湿磨后，绿柱石界面层 RNH_3^+ 浓度降为瓷介质干磨的 1/6 左右。

铁介质干磨和铁介质湿磨绿柱石的零电点分别是 2.8 和 6.0，结合硅酸盐矿物的表面电性研究结果[11]，可以把瓷介质干磨锂辉石的零电点视为绿柱石在溶液中的零电点。不同 pH 条件下，铁介质干磨和铁介质湿磨后绿柱石矿物表面 RNH_3^+ 浓度与液相内部 RNH_3^+ 浓度的比例关系见表 3.23。

表 3.23　铁介质磨矿后绿柱石界面层 RNH_3^+ 的浓度变化

磨矿条件	项目	pH						
		3	4	5	6	7	8	9
铁介质干磨	C_a/(mol/L)	5.07×10^{-4}	5.04×10^{-3}	0.05	0.50	4.98	49.53	493.00
	C_a/C_0	1.58	15.76	156.90	1.56×10	1.55×10^4	1.55×10^5	1.54×10^6
铁介质湿磨	C_a/(mol/L)	3.24×10^{-7}	3.23×10^{-6}	3.21×10^{-5}	3.20×10^{-4}	3.19×10^{-3}	0.03	0.32
	C_a/C_0	1.01×10^{-3}	0.01	0.10	1.00	9.95	99.09	986.39

从表 3.23 可以看出，无论铁介质干磨还是铁介质湿磨，pH 每增加 1，绿柱石界面层 RNH_3^+ 的浓度与液相内部 RNH_3^+ 的浓度之比增加 9 倍。相同 pH 条件下，铁介质干磨后，绿柱石界面层 RNH_3^+ 浓度降为瓷介质干磨的 1/2 左右；铁介质湿磨后，绿柱石界面层 RNH_3^+ 浓度降为瓷介质干磨的 1/300 左右。

由上述结果可知，采用铁介质湿磨后，在 pH<6 的范围内，界面层内 RNH_3^+ 浓度均远小于液相内部 RNH_3^+ 浓度；与瓷介质干磨相比，瓷介质湿磨、铁介质干磨和铁介质湿磨后绿柱石界面层 RNH_3^+ 浓度均低于前者，尤其是铁介质湿磨后绿柱石界面层 RNH_3^+ 浓度远低于前者。由此可知采用铁介质，尤其是湿式磨矿能明

显降低界面层 RNH_3^+ 浓度。

同理可以求出其他硅酸盐矿物不同 pH 时，不同磨矿因素后矿物界面层 RNH_3^+ 浓度与液相内部 RNH_3^+ 浓度比例关系，本节不再详细列出。

2) 油酸钠捕收剂体系

用油酸钠作为捕收剂时，在捕收剂之前添加金属阳离子主要对硅酸盐矿物的浮选起活化作用。国内外有学者研究了阴离子捕收剂作用下，金属阳离子对硅酸盐矿物浮选的活化机理。

Fuerstenau[16]及其同事研究了用烷基磺酸盐及烷基硫酸盐作为捕收剂浮选石英和绿柱石时金属离子的活化作用，并提出了羟基络合物假说，即金属氢氧络合物的氢氧根和矿物已吸附的氢氧根化合成水，使金属阳离子吸附于矿物表面上，其吸附方式如下：

$$\begin{matrix}-O\\-O\end{matrix}\hspace{-3pt}Si\hspace{-3pt}\begin{matrix}O-H\\O-H\end{matrix}+Me(OH)_3 \longrightarrow \begin{matrix}-O\\-O\end{matrix}\hspace{-3pt}Si\hspace{-3pt}\begin{matrix}O\boxed{HOH}\\O\boxed{HOH}\end{matrix}\hspace{-3pt}Me-OH+NaOl \longrightarrow \begin{matrix}-O\\-O\end{matrix}\hspace{-3pt}Si\hspace{-3pt}\begin{matrix}O\\O\end{matrix}\hspace{-3pt}Me-Ol$$

$$(3.12)$$

1971 年，James 等[17]根据金属离子的吸附量测定和理论分析认为，金属氢氧化物表面沉淀是金属离子在矿物表面吸附并引起浮选活化作用的有效组分，即氢氧化物表面沉淀假说，如下式所示：

$$\begin{matrix}-O\\-O\end{matrix}\hspace{-3pt}Si\hspace{-3pt}\begin{matrix}O-H\\O-H\end{matrix}+2MeOH^+ \longrightarrow \begin{matrix}-O\\-O\end{matrix}\hspace{-3pt}Si\hspace{-3pt}\begin{matrix}O\boxed{HOH}Me^+\\O\boxed{HOH}Me^+\end{matrix}+2NaOl \longrightarrow \begin{matrix}-O\\-O\end{matrix}\hspace{-3pt}Si\hspace{-3pt}\begin{matrix}OMe-Ol\\OMe-Ol\end{matrix}$$

$$(3.13)$$

印万忠[9]系统地研究了金属阳离子对硅酸盐矿物浮选的影响，提出金属阳离子的活化机理如下。

(1) 对于高电价、小半径的金属阳离子，如 Fe^{3+}、Al^{3+} 等，金属阳离子主要以氢氧化物沉淀形式在矿物表面吸附，然后进一步以化学吸附形式吸附捕收剂，Me^{3+} 也可以以同样的方式在晶格阳离子表面吸附。

(2) 对于低电价、大半径的金属阳离子，如 Pb^{2+}、Ca^{2+} 等，金属阳离子主要以羟基络合物形式在矿物表面吸附。

(3) 对于具有中等电价和半径，介于上述两类离子之间的金属阳离子，如 Cu^{2+} 等，强氧化物沉淀及羟基络合物在矿物表面的吸附形式都存在，哪种吸附形式占优与介质的 pH 条件有关。

贾木欣[18]进一步研究了金属离子对硅酸盐矿物浮选的影响，从电子轨道方面解释了金属离子的作用形式和活化机理，认为：金属离子在矿物表面吸附位置的差异造成了吸附在矿物表面的金属离子与油酸根结合能力的不同，进而决定矿物被金属离子活化能力的不同。红外光谱研究表明，在矿物表面油酸钠存在以油酸二聚体的物理吸附和油酸根与金属离子结合的化学吸附；金属离子与油酸根可形成直线桥、桥式和四元环结合，结合方式受金属离子 d 电子轨道影响，金属离子具有较多的空轨道，并且金属离子配位八面体不产生畸变，这样的金属离子易与油酸根以四元环方式结合，反之则易以桥式和直线式结合。

湿式磨矿条件下，采用铁介质磨矿时，这五种单矿物零电点高于采用瓷介质磨矿时的情形。在酸性和弱酸性条件下，铁介质湿磨后单矿物表面动电位明显高于瓷介质湿磨的情形。在碱性和强碱性条件下，铁介质湿磨和瓷介质湿磨后矿物表面动电位之间的差异减小；采用十二胺作为捕收剂时，捕收剂与矿物表面的相互作用主要是由胺的阳离子 RNH_3^+ 或 $RNH_2 \cdot RNH_3^+$ 在矿物表面双电层依靠静电引力吸附在荷负电的矿物表面。瓷介质湿磨条件下，小于最佳浮选 pH 时，锆英石、绿柱石、锂辉石和石英表面电位均低于铁介质湿磨，十二胺与矿物表面的相互作用较强，因此瓷介质湿磨后这四种硅酸盐矿物的浮选回收率均高于铁介质湿磨；用油酸钠作为捕收剂时，采用瓷介质湿磨后，绿柱石和锂辉石表面暴露出来的 Be^{2+}、Al^{3+} 可以作为活性位点，与油酸钠结合，致使绿柱石和锂辉石部分上浮。锆英石、长石和石英表面暴露出来的 Zr^{4+}、K^+、Na^+、Si^{4+}、O^{2-} 等离子与油酸钠结合力较弱，因而可浮性较差。采用铁介质湿磨时，锆英石、绿柱石、锂辉石、长石和石英表面铁含量明显增加，说明采用铁介质磨矿时，有部分铁磨损吸附在矿物表面。经检测 Fe 2p 峰结合能均在 711eV 附近，同铁的羟基络合物结合能相近，说明铁介质磨矿后在单矿物表面有铁的羟基络合物形成。采用铁介质湿磨后，锆英石、绿柱石、锂辉石、长石和石英表面的铁作为活化位点，增强了与阴离子捕收剂的相互作用。因此在最佳 pH 条件下，采用油酸钠作为捕收剂、铁介质湿磨时，这几种硅酸盐单矿物的浮选回收率均高于瓷介质湿磨。

采用瓷介质干磨、十二胺作为捕收剂时，小于最佳浮选 pH 时，锆英石、绿柱石、锂辉石和石英表面电位均低于铁介质干磨的情形，说明十二胺与矿物表面的相互作用较强。因此，瓷介质干磨后这四种硅酸盐矿物的浮选回收率均高于铁介质干磨的情形。大于最佳浮选 pH 时，锆英石、绿柱石、锂辉石和石英表面电位均高于铁介质干磨的情形，说明十二胺与矿物表面的相互作用较弱。因此，瓷介质干磨后这四种硅酸盐矿物的浮选回收率一般低于铁介质干磨；用油酸钠作为捕收剂、瓷介质干磨后，矿物表面元素含量变化较小，矿浆中金属离子浓度较高，主要以 Zr^{4+} 为主，这是因为锆的活性较弱，因此对矿物浮选的影响较小。采用铁介质干磨后，矿物表面各元素含量有一定的变化，尤其是铁的含量有一定程度增加。因此，瓷介质干磨后锆英石、绿柱石、锂辉石、长石和石英的浮选回收率低于铁介质干磨的情形。

3.4.3　磨矿条件对典型硅酸盐矿物浮选速度的影响

在浮选动力学研究中，通常采用浮选速度常数（K）描述矿物的浮游速度。由于浮选条件、矿物粒度组成以及矿物表面特性等方面的差异，在浮选过程中不同条件下，矿物的浮选速度常数 K 值不尽相同[19]。根据经典一级浮选动力学模型[20,21]，假定矿物在较短时间间隔 Δt_n 内的 K 值不变，则可以根据方程组（3.14）计算矿物在时间间隔为 $\Delta t_1, \Delta t_2, \cdots, \Delta t_n$ 时相应的 K_1、K_2、$\cdots$、K_n 值的大小[22,23]。

$$\begin{cases} \varepsilon_1 = \varepsilon_\infty (1 - e^{-K_1 t_1}) \\ \varepsilon_2 = (\varepsilon_\infty - \varepsilon_1)(1 - e^{-K_2 t_2}) \\ \cdots\cdots \\ \varepsilon_n = [\varepsilon_\infty - (\varepsilon_1 + \varepsilon_2 + \cdots + \varepsilon_{n-1})](1 - e^{-K_n t_n}) \end{cases} \quad (3.14)$$

通过上述方程组计算得出不同浮选时间间隔下的 K 值，同时引入统计平均值 $\bar{K}$ 和标准差 SD，以分析 K 值在浮选过程中的变化规律。

$$\bar{K} = \frac{\sum\limits_{i=1}^{n} \varepsilon_i K_i}{\sum\limits_{i=1}^{n} \varepsilon_i} \quad (3.15)$$

$$\mathrm{SD} = \sqrt{\frac{\sum\limits_{i=1}^{n} (K_i - \bar{K})^2}{n}} \quad (3.16)$$

式中，$\bar{K}$ 为全部浮选时间段内 K 值的统计平均值，代表矿物浮选过程中的整体浮游速度，其数值越大表明在浮选过程中矿物的浮游速度越大；K_i 为矿物在第 i 个时间间隔内（即第 i 个浮选精矿）的浮选速度常数；ε_i 为在第 i 个时间间隔内（即第 i 个浮选精矿）的回收率；SD 为矿物浮选过程中 K 值的标准差，反映矿物浮选过程中 K 值的离散程度，SD 数值越大，表示矿物在浮选过程中的 K 值波动性越大，反之，则波动性越小。

在浮选过程中，矿粒与气泡相互碰撞、结合、上浮都是复杂的动力学过程，可以借用化学反应的动力学来表达，如以下公式所示[24]：

$$-\frac{\mathrm{d}C}{\mathrm{d}t} = KC^n \quad (3.17)$$

式中，C 为矿物浮选浓度；K 为浮选速度常数；n 为反应级数。该公式的物理化学意义为浮选速度与槽内矿物浮选浓度的 n 次方成正比。在建立浮选动力学模型时通常采用一级或二级反应，因此 n 取值为 1 或 2，分别代表一级模型(M1)、经典二级模型(M2)，两种模型的通用表达式见表 3.24[25]。

表 3.24　矿物浮选动力学模型

代号	模型名称	函数表达式	备注
M1	一级动力学模型	$\varepsilon = \varepsilon_{max}(1 - e^{-Kt})$	ε 表示累计回收率
M2	二级动力学模型	$\varepsilon = \dfrac{\varepsilon_{max} Kt}{1 + \varepsilon_{max} Kt}$	ε_{max} 表示最高回收率 K 表示浮选速度常数

根据一级、二级动力学模型的通用表达式，采用最小二乘法对浮选动力学数据进行拟合，使用 Matlab 软件中 lsqcurvefit 函数进行拟合计算，残差平方和为 resnorm=$\|r(x)\|_2^2$，计算得出特定浮选条件下的 K 值，用于描述矿物浮选行为。

不同磨矿条件对硅酸盐矿物的浮游速度影响不同，其中十二胺浮选锆英石和长石、油酸钠浮选绿柱石的影响较大，选取这三组试验进行浮选动力学研究。

1. 油酸钠作捕收剂时绿柱石浮选动力学分析

不同磨矿条件下用油酸钠作捕收剂时绿柱石累计浮选回收率如图 3.75 所示。

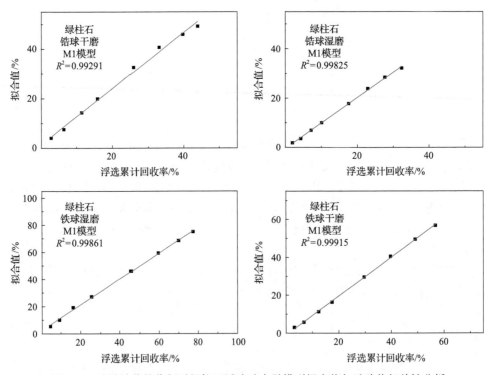

图 3.75　油酸钠作捕收剂时绿柱石浮选动力学模型拟合值与试验值相关性分析

　　根据图 3.56(b)中的试验结果，采用式(3.14)、式(3.15)、式(3.16)计算得出不同磨矿条件下绿柱石的浮选常数，计算结果见表 3.25。

表 3.25　油酸钠作捕收剂时绿柱石浮选速度常数

试验条件	浮选速度常数 K/(min^{-1})								平均值 $\bar{K}$	标准差 SD
	0.17min	0.17min	0.34min	0.34min	1.0min	1.0min	1.0min	1.0min		
瓷介质湿磨	0.37	0.50	0.32	0.38	0.41	0.45	0.70	0.48	0.46	0.11
铁介质湿磨	0.35	0.43	0.32	0.50	0.49	0.58	0.89	1.31	0.61	0.31
瓷介质干磨	0.38	0.60	0.42	0.44	0.44	0.50	0.98	0.51	0.55	0.18
铁介质干磨	0.34	0.44	0.35	0.36	0.37	0.46	0.81	1.21	0.57	0.29

注：以上时间为浮选时间间隔(下同)。

　　表 3.25 的研究表明，不同磨矿条件下，绿柱石的浮选速度常数平均值 $\bar{K}$ 分别为 0.46、0.61、0.55、0.57，表明磨矿因素对绿柱石的浮选速度具有一定影响。计算结果表明，用油酸钠作捕收剂时，绿柱石浮选速度依次为铁介质湿磨>铁介质干磨>瓷介质干磨>瓷介质湿磨。

　　采用动力学数学模型拟合方法，得出不同磨矿因素下绿柱石浮选动力学模型，并对试验累计回收率与模型拟合值进行相关性分析，以分析模型拟合的精度。计算及分析结果如表 3.26 及图 3.75 所示。

表 3.26　油酸钠作捕收剂时绿柱石浮选动力学模型拟合结果

试验条件	模型名称	函数表达式	残差平方和
瓷介质湿磨	M1	$\varepsilon = 45 \times (1 - e^{-0.2504t})$	1.7482
铁介质湿磨	M1	$\varepsilon = 90 \times (1 - e^{-0.3587t})$	20.5027
瓷介质干磨	M1	$\varepsilon = 55 \times (1 - e^{-0.4495t})$	88.9684
铁介质干磨	M1	$\varepsilon = 90 \times (1 - e^{-0.1993t})$	4.7189

　　如表 3.26 所示，一级动力学模型的残差平方和较小，说明一级动力学模型适用于描述绿柱石的浮选动力学过程。如图 3.75 所示，不同磨矿条件下，绿柱石浮选试验累计回收率与动力学模型计算回收率之间的相关性 R^2 均大于 0.99，说明动力学模型拟合精度较高，适用于描述绿柱石的浮选动力学过程。

　　采用铁介质湿磨时，绿柱石表面动电位正向漂移显著，可浮性好，浮游速度较大，采用油酸钠作捕收剂时，铁的羟基络合物对绿柱石具有很强的活化作用。矿浆中金属离子浓度检测表明，采用瓷介质湿磨时，矿浆中金属离子浓度较高，绿柱石表面活性质点丰度降低，加入阴离子捕收剂后，浮游速度减慢，因此绿柱石的最大浮选回收率降低近 50%。

2. 十二胺作捕收剂时锆英石浮选动力学分析

不同磨矿条件下用十二胺浮选锆英石时，所对应的累计浮选回收率如图 3.62(a)所示。

根据图 3.62(a)中的试验结果，采用式(3.14)、式(3.15)、式(3.16)计算得出不同磨矿因素下锆英石的浮选速度常数，计算结果见表 3.27。

表 3.27　十二胺作捕收剂时锆英石浮选速度常数

| 试验条件 | 浮选速度常数 $K/(\mathrm{min}^{-1})$ | | | | | | | | 平均值 $\bar{K}$ | 标准差 SD |
	0.17min	0.17min	0.34min	0.34min	1.0min	1.0min	1.0min	1.0min		
瓷介质湿磨	0.62	0.70	0.45	0.60	0.69	0.84	1.09	1.17	0.72	0.24
铁介质湿磨	0.30	0.48	0.23	0.30	0.35	0.44	0.69	1.48	0.61	0.39
瓷介质干磨	0.46	0.23	0.25	0.25	0.25	0.40	0.72	0.88	0.51	0.24
铁介质干磨	0.35	0.32	0.16	0.26	0.22	0.35	0.76	0.52	0.44	0.20

如表 3.27 所示，不同磨矿条件下，锆英石的浮选速度常数平均值 $\bar{K}$ 存在明显差异，表明磨矿条件的变化对锆英石的浮选速度具有较大影响。浮选速度常数计算结果表明，十二胺作捕收剂时，锆英石浮选速度依次为瓷介质湿磨＞铁介质湿磨＞瓷介质干磨＞铁介质干磨。

采用动力学数学模型拟合方法，拟合得出不同磨矿条件下锆英石浮选动力学模型，并对试验累计回收率与模型拟合值进行相关性分析，以分析模型拟合的精度。计算及分析结果如表 3.28 及图 3.76 所示。

表 3.28　十二胺作捕收剂时锆英石浮选动力学模型拟合结果

试验条件	模型名称	函数表达式	残差平方和
瓷介质湿磨	M1	$\varepsilon = 90 \times (1 - \mathrm{e}^{-0.5334t})$	8.0270
	M2	$\varepsilon = \dfrac{85 \times 83.5t}{1 + 85 \times 83.5t}$	2.3875×10^4
铁介质湿磨	M1	$\varepsilon = 80 \times (1 - \mathrm{e}^{-0.3010t})$	66.1757
	M2	$\varepsilon = \dfrac{80 \times 163.5t}{1 + 80 \times 163.5t}$	1.1246×10^4
瓷介质干磨	M1	$\varepsilon = 60 \times (1 - \mathrm{e}^{-0.2198t})$	33.8439
	M2	$\varepsilon = \dfrac{60 \times 323.5t}{1 + 60 \times 323.5t}$	4.1944×10^4
铁介质干磨	M1	$\varepsilon = 70 \times (1 - \mathrm{e}^{-0.1377t})$	27.0441
	M2	$\varepsilon = \dfrac{50 \times 803.5t}{1 + 50 \times 803.5t}$	1.9737×10^4

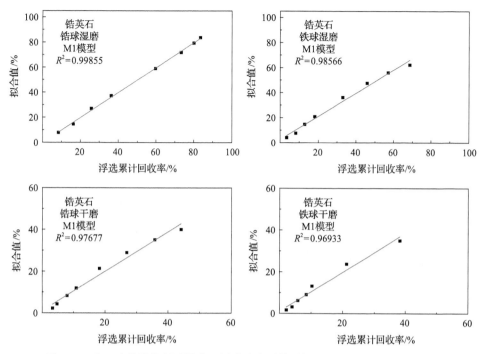

图 3.76　十二胺作捕收剂时锆英石浮选动力学模型拟合值与试验值相关性分析

如表 3.28 所示，与二级动力学模型的残差平方和相比，一级动力学模型相对较小，说明一级动力学模型适用于描述锆英石的浮选动力学行为。如图 3.76 所示，不同磨矿条件下，锆英石浮选试验累计回收率与动力学模型计算回收率之间的相关性 R^2 分别为 0.99855、0.98566、0.97677 和 0.96933，说明动力学模型拟合精度较高，适用于描述锆英石的浮选动力学过程。

根据锆英石矿物晶体碎裂行为分析可知，当采用铁介质磨矿时，不可避免地会引入较多 Fe^{3+}，与 Zr^{4+} 相比，Fe^{3+} 更易吸附在表面荷负电氧区，使矿物表面动电位发生正向漂移（铁介质湿磨时最为显著）。当加入阳离子捕收剂十二胺时，由于静电斥力增大，捕收作用减弱，因此，无论是干磨还是湿磨，铁介质磨矿时锆英石的可浮性及浮游速度常数均低于瓷介质磨矿。湿式磨矿时，由于溶液介质的存在，矿物表面的多价金属阳离子会更多地进入溶液中，使矿物表面荷负电，加入捕收剂十二胺后，药剂与矿物表面之间静电引力增强，因此湿式磨矿时矿物的可浮性及浮选速度常数均较大。

3. 十二胺作捕收剂时长石浮选动力学分析

不同磨矿条件下，用十二胺作捕收剂浮选长石单矿物时，所对应的累计浮选回收率如图 3.62(d)所示。

根据图 3.62(d)中的试验结果，采用式(3.14)、式(3.15)、式(3.16)计算得出不同磨矿条件下锆英石的浮选常数，计算结果见表 3.29。

表 3.29　十二胺作捕收剂时长石浮选速度常数

试验条件	浮选速度常数 $K/(\text{min}^{-1})$								平均值 $\bar{K}$	标准差 SD
	0.17min	0.17min	0.34min	0.34min	1.0min	1.0min	1.0min	1.0min		
瓷介质湿磨	0.40	0.59	0.44	0.54	0.80	1.02	0.90	0.71	0.72	0.21
铁介质湿磨	0.40	0.45	0.53	0.54	0.55	0.72	1.01	2.57	0.74	0.69
瓷介质干磨	0.35	0.41	0.38	0.45	0.42	0.53	0.89	0.41	0.50	0.17
铁介质干磨	0.29	0.34	0.28	0.31	0.37	0.46	0.76	1.11	0.55	0.28

如表 3.29 所示，不同磨矿条件下，长石的浮选速度常数平均值 $\bar{K}$ 分别为 0.72、0.74、0.50、0.55，表明磨矿条件的变化对长石的浮选速度具有较大影响。浮选速度常数计算结果表明，用十二胺作捕收剂时，长石浮选速度为湿式磨矿大于干式磨矿，但是相同磨矿环境下，不同磨矿介质之间长石的浮选速度差异较小。

采用动力学数学模型拟合方法，得出不同磨矿条件下长石的浮选动力学模型，并对试验累计回收率与模型拟合值进行相关性分析，以分析模型拟合的精度。计算及分析结果如表 3.30 和图 3.77 所示。

表 3.30　十二胺作捕收剂时长石浮选动力学模型拟合结果

试验条件	模型名称	函数表达式	残差平方和
瓷介质湿磨	M1	$\varepsilon = 100 \times (1 - e^{-0.5488t})$	108.4965
铁介质湿磨	M1	$\varepsilon = 100 \times (1 - e^{-0.5356t})$	95.4403
瓷介质干磨	M1	$\varepsilon = 75 \times (1 - e^{-0.3253t})$	6.9143
铁介质干磨	M1	$\varepsilon = 80 \times (1 - e^{-0.3143t})$	78.7909

如表 3.30 所示，一级动力学模型的残差平方和较小，说明一级动力学模型适用于描述长石的浮选动力学过程。图 3.77 表明，不同磨矿条件下，长石浮选试验累计回收率与动力学模型计算回收率之间的相关性 R^2 分别为 0.99474、0.9974、0.99864 和 0.98834，说明动力学模型拟合精度较高，适用于描述长石的浮选动力学过程。

长石矿物解离时，会造成大量 Al—O、Si—O 键断裂，矿物表面会留下荷负电区，十二胺作捕收剂、湿式磨矿时长石最高回收率接近 100%。与干式磨矿相比，湿磨时矿物表面 K^+、Na^+ 会大量溶解，矿物表面荷负电多，与阳离子捕收剂作用较强，因此其可浮性和浮游速度常数大于干式磨矿。

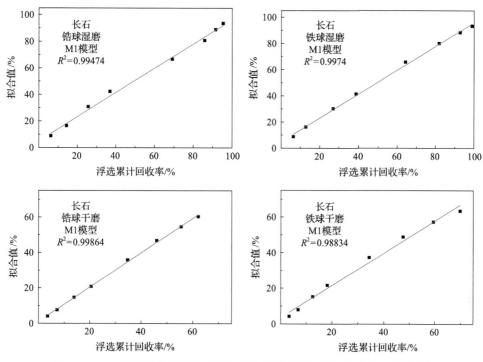

图 3.77 十二胺作捕收剂时长石浮选动力学模型拟合值与试验值相关性分析

参 考 文 献

[1] 孙传尧, 印万忠. 硅酸盐矿物浮选原理[M]. 北京: 科学出版社, 2001.

[2] Wang X H, Xie Y. The effect of grinding medie and environment on the surface properties and flotation behaviour of sulfide minerals[J]. Mineral Processing and Extractive Metallurgy Review, 1990, 7: 49-79.

[3] Forssberg E, Sundberg S, Hongxin Z. Influence of different grinding methods on flotation[J]. International Journal of Mineral Processing, 1988, 22: 183-192.

[4] Palaniandy S, Azizi K A M, Hussin H, et al. Mechanochemistry of silica on jet milling[J]. Journal of Materials Processing Technology, 2008, 205: 119-127.

[5] Fuerstenau D W, Abouzeid A Z M. The energy efficiency of ball milling in comminution[J]. Int. J. Miner. Process, 2002, 67: 161-185.

[6] Fuerstenau D W. 硅酸盐矿物的结晶化学、表面性质与浮选行为[J]. 国外金属矿选矿, 1978, (9): 28-45.

[7] Manser R. M. Handbook of silicate flotation[J]. 国外金属矿选矿, 1975, 8: 7-23.

[8] 纪国平, 张迎棋. 浅析铁介质磨矿对云母浮选的影响[J]. 新疆有色金属, 2009, (1): 46-47.

[9] 印万忠. 硅酸盐矿物晶体化学特征与表面特性及可浮性关系的研究[D]. 沈阳: 东北大学, 1999.

[10] 印万忠, 孙传尧. 硅酸盐矿物可浮性研究及晶体化学分析[J]. 有色金属 (选矿部分), 1983, (3): 1-6.

[11] 呼振峰. 磨矿因素对典型硅酸盐矿物浮选的影响[D]. 北京: 北京科技大学, 2017.

[12] 于福顺. 石英长石无氟浮选分离工艺研究现状[J]. 矿产保护与利用, 2005, (3): 52-54.

[13] 于福顺, 王毓华, 黄传兵. 石英-长石无氟浮选分离工艺研究现状[J]. 中国非金属矿工业导刊, 2005, (2): 41-43.

[14] 李启衡. 碎矿与磨矿[M]. 北京: 冶金工业出版社, 2006: 51-58.

[15] 王淀佐, 胡岳华. 浮选溶液化学[M]. 长沙: 湖南科学技术出版社, 1988.

[16] Fuerstenau D W. The froth flotation century//Parekh B K, Miller J D. Advances in Flotation Technology. Littleton: Society for Mining, Metallurgy, and Exploration, 1999: 3.

[17] James R O, Healy T W. Adsorption of hydrolyzable metal ions at the oxide—water interface. I. Co (II) adsorption on SiO_2 and TiO_2 as model systems[J]. J Colloid Inter Sci, 1972, 40 (1): 42-52.

[18] 贾木欣. 硅酸盐矿物表面特性的结构分析及对金属离子的吸附特性[D]. 沈阳: 东北大学, 2001.

[19] 陈子鸣, 吴多才. 浮选动力学研究之二: 浮选速度常数分布密度函数的复原[J]. 有色金属: 选冶部分, 1978, (11): 27-33.

[20] 任天忠. 选矿数学模型及模拟[M]. 长沙: 中南工业大学出版社, 1990.

[21] 尹蒂, 李松仁. 选矿数学模型[M]. 长沙: 中南工业大学出版社, 1993.

[22] 陈炳辰. 选矿数学模型[M]. 沈阳: 东北大学出版社, 2004.

[23] Yuan X M, Palsson B I, Fomsberg K S E. Statistical interpretation of flotation kinetics for a complex sulphide ore[J]. Minerals Engineering, 1996, (4): 429-442.

[24] Cilek E C. Estimation of flotation kinetic parameters by considering interactions of the operating variables[J]. Minerals Engineering, 2004, (17): 81-85.

[25] Hemainz F, Calero M, Blazquez G. Kinetics consideration in theflotation of phosphate ore[J]. Advanced Powder Technol, 2005, (4): 347-361.

第4章 磨矿环境与碳酸盐矿物浮选

碳酸盐矿物是重要的矿物原料，随着硫化矿资源与富矿资源的日趋枯竭，碳酸盐矿物等氧化矿资源的开发和利用越来越受重视，此外，方解石、白云石等一些碳酸盐矿物常作为脉石矿物与有用矿物共生，许多浮选工艺都涉及有用矿物与碳酸盐矿物的分离。因此，研究碳酸盐的浮选行为，对盐类矿物和非盐类矿物的浮选理论和工业实践均有十分重要的意义。

本章以孔雀石、菱锌矿、菱镁矿和方解石四种碳酸盐矿物为研究对象，研究了磨矿环境对碳酸盐矿物浮选行为的影响，探索磨矿过程物理化学因素与碳酸盐矿物浮选行为间的联系及其规律性。通过磨矿和浮选试验，结合 X 射线光电子能谱(XPS)、ζ 电位测定等现代表面及溶液分析检测技术，系统研究了磨矿介质、磨矿方式和药剂添加方式(捕收剂、调整剂)变化对四种碳酸盐矿物表面与矿浆化学性质及其在油酸钠、十二胺浮选体系中浮选行为的影响，并对其作用机理进行了探讨。

4.1 磨矿环境与矿浆化学性质

孔雀石等碳酸盐矿物的溶解度高于大多数氧化矿物，其矿浆中的离子浓度等矿浆化学性质对盐类矿物的浮选有重要意义。通过矿浆溶液中的可溶性金属组分浓度和 pH 两个指标，考察瓷介质湿磨与铁介质湿磨条件对单矿物和双矿物体系矿浆化学性质的影响。

4.1.1 单矿物体系

不同磨矿介质湿磨后矿浆中金属离子浓度及 pH 见表 4.1。

表 4.1 的结果表明，相比于瓷介质湿磨，铁介质湿磨后的矿浆 pH 更高。四种碳酸盐矿物采用瓷介质湿磨后，矿浆溶液中的可溶性金属组分总浓度低于采用铁介质湿磨后矿浆溶液中的可溶性金属组分总浓度。在用铁介质湿磨后的四种矿物矿浆溶液中都检测到了 Fe。

4.1.2 双矿物体系

磨矿介质对碳酸盐矿物及其与典型脉石矿物石英的混合物人工混合碳酸盐矿物(质量比 1∶1)矿浆中可溶性金属组分的组成和浓度的影响见表 4.2。

表 4.1　磨矿介质对单矿物矿浆化学性质的影响

矿物	化学性质	磨矿介质	
		瓷介质	铁介质
孔雀石	TCu/(mg/L)	0.82	2.77
	TFe/(mg/L)	—	0.23
	pH	7.7	8.1
方解石	TCa/(mg/L)	19	27
	TFe/(mg/L)	—	0.06
	pH	8.6	8.9
菱镁矿	TMg/(mg/L)	16	18
	TFe/(mg/L)	—	0.11
	pH	8.4	8.7
菱锌矿	TZn/(mg/L)	5.25	5.6
	TFe/(mg/L)	—	0.18
	pH	7.6	7.9

表 4.2　混合矿物体系矿浆化学性质

矿物	化学性质	磨矿介质	
		瓷介质	铁介质
孔雀石-石英	TCu/(mg/L)	0.13	0.24
	TFe/(mg/L)	—	0.017
	pH	6.4	7.3
孔雀石-菱锌矿	TCu/(mg/L)	0.015	0.022
	TZn/(mg/L)	0.044	0.040
	TFe/(mg/L)	—	0.027
	pH	6.5	6.7
菱锌矿-石英	TZn/(mg/L)	0.048	0.036
	TFe/(mg/L)	—	0.031
	pH	6.7	7.1
方解石-菱镁矿	TCa/(mg/L)	18	28
	TMg/(mg/L)	5.0	6.6
	TFe/(mg/L)	—	0.02
	pH	7.9	8.2

　　四种双矿物体系中，铁介质磨矿的矿浆 pH 略高于瓷介质磨矿的矿浆 pH，双

矿物体系磨矿后的矿浆 pH 大多低于各自单矿物的矿浆 pH；双矿物经铁介质磨矿后矿浆溶液中的 TFe 的浓度低于单矿物铁介质磨矿后矿浆溶液中的 TFe 浓度。孔雀石-石英体系中，两种介质磨矿后矿浆中的 TCu 浓度低于孔雀石单矿物磨矿后矿浆中的 TCu 浓度。菱锌矿-石英体系中，矿浆溶液中的 TZn 浓度低于菱锌矿单矿物磨矿后矿浆中的 TZn 浓度。方解石-菱镁矿体系中，矿浆溶液中的 TCa 浓度与方解石单矿物磨矿后的 TCa 浓度相近，而 TMg 浓度远低于菱镁矿单矿物磨矿后矿浆溶液中的 TMg 浓度。孔雀石-菱锌矿体系中，矿浆溶液中的 TCu 浓度和 TZn 浓度低于孔雀石和菱锌矿单矿物磨矿后矿浆中的 TCu 和 TZn 浓度。

4.2 磨矿环境与表面性质

矿物颗粒表面性质与其浮选行为密切相关。采用不同的磨矿方式进行磨矿，矿物表面性质会产生一定的差异，通过 X 射线光电子能谱(XPS)检测，可对经不同磨矿介质干、湿磨后矿物表面性质的差异进行分析。

4.2.1 孔雀石

孔雀石的 XPS 谱图如图 4.1 所示。

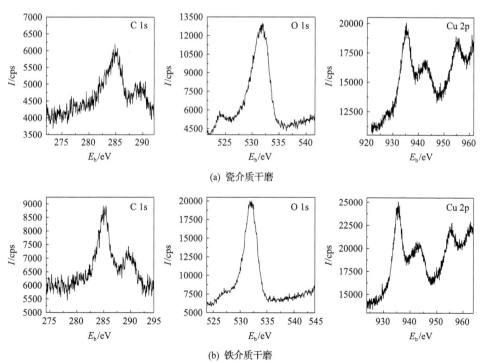

(a) 瓷介质干磨

(b) 铁介质干磨

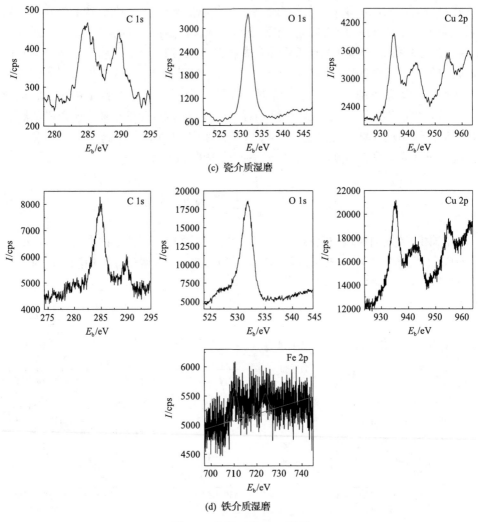

(c) 瓷介质湿磨

(d) 铁介质湿磨

图 4.1 孔雀石的 XPS 谱图

在图 4.1 所示的瓷介质和铁介质干、湿磨孔雀石的 C 1s 谱图中，结合能为 284.8eV 的 C 1s 峰为污染碳的峰。矿物的荷电效应常常会影响矿物表面元素的结合能值，要获得正确的元素结合能必须校正矿物的荷电效应，通常可通过碳的污染峰位来校正测试中的峰位移动。本书中的结合能数据都是经过荷电效应校正后的结合能数据。结合能分别为 289.49eV、289.84eV、289.7eV、289.59eV 的峰对应孔雀石中碳酸根中的碳。在铁介质湿磨的孔雀石表面检测到了少量的 Fe 元素，由图 4.1(d) 中的 Fe 2p 谱图可知，Fe 2p3 峰位的结合能值为 710.2eV，同 Fe_2O_3 的结合能吻合，说明在孔雀石表面有铁(Ⅲ)的氧化物。

孔雀石表面元素的 XPS 分析结果见表 4.3。表 4.3 的结果表明，瓷介质和铁介质干、湿磨孔雀石表面 Cu 元素的相对含量存在差异，不同磨矿方式下孔雀石表面 Cu 元素的相对含量由高到低依次为：瓷介质湿磨＞瓷介质干磨＞铁介质干磨＞铁介质湿磨。

表 4.3　孔雀石表面元素的 XPS 分析

磨矿方式	表面元素	电子结合能/eV	原子分数/%
瓷介质干磨	C 1s	284.8	25.22
	C 1s	289.49	8.28
	O 1s	532	50.3
	Cu 2p3	935.24	16.2
铁介质干磨	C 1s	284.8	26.73
	C 1s	289.84	9.98
	O 1s	531.87	47.92
	Cu 2p3	935.55	15.37
瓷介质湿磨	C 1s	284.8	21.97
	C 1s	289.7	10.5
	O 1s	531.72	51.95
	Cu 2p3	935.15	17.58
铁介质湿磨	C 1s	284.79	27.7
	C 1s	289.59	5.32
	O 1s	531.78	51.62
	Cu 2p3	935.01	15.18
	Fe 2p3	710.2	0.18

4.2.2　菱锌矿

菱锌矿的 XPS 谱图如图 4.2 所示。

在图 4.2 所示瓷介质和铁介质干、湿磨菱锌矿的 C 1s 谱图中,结合能为 284.9eV 的 C 1s 峰为污染碳的峰,结合能分别为 289.9eV、290.35eV、289.97eV、290.24eV

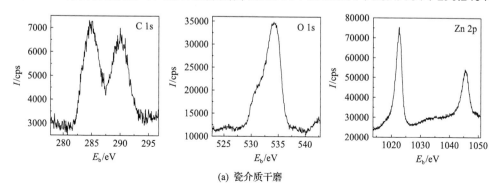

(a) 瓷介质干磨

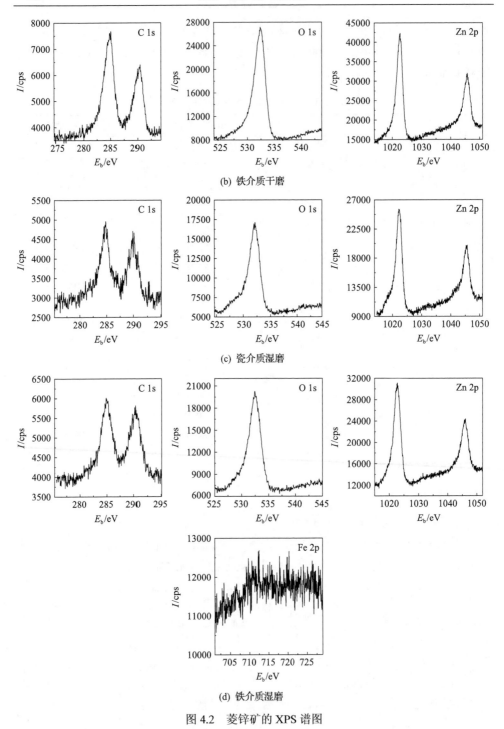

图 4.2　菱锌矿的 XPS 谱图

的峰对应菱锌矿中碳酸根中的碳。在铁介质湿磨的菱锌矿表面检测到了少量的 Fe

元素，由图 4.2(d)中的 Fe 2p 谱图可知，Fe 2p3 峰位的结合能值为 711.15eV，同 FeOOH 的结合能吻合，说明在菱锌矿表面有铁(Ⅲ)的羟基氧化物。

菱锌矿表面元素的 XPS 分析结果如图 4.2 所示。菱锌矿表面元素的 XPS 分析结果如表 4.4 所示。表 4.4 的结果表明，瓷介质和铁介质干、湿磨菱锌矿表面 Zn 元素的相对含量存在差异，瓷、铁介质湿磨菱锌矿表面 Zn 元素的含量高于干磨菱锌矿表面的 Zn 元素含量；相同磨矿方式，采用瓷介质磨矿后菱锌矿表面 Zn 元素的含量高于采用铁介质磨矿后菱锌矿表面的 Zn 元素含量。

表 4.4　菱锌矿表面元素的 XPS 分析

磨矿条件	表面元素	电子结合能/eV	原子分数/%
瓷介质干磨	C 1s	284.9	20.66
	C 1s	289.9	19.76
	O 1s	534.17	45.89
	Zn 2p3	1022.64	13.69
铁介质干磨	C 1s	284.9	24.06
	C 1s	290.35	14.76
	O 1s	532.45	48.3
	Zn 2p3	1022.61	12.88
瓷介质湿磨	C 1s	284.91	20.82
	C 1s	289.97	14.97
	O 1s	532.19	47.74
	Zn 2p3	1022.31	16.47
铁介质湿磨	C 1s	284.9	18.85
	C 1s	290.24	15.74
	O 1s	532.46	49.66
	Zn 2p3	1022.75	15.86
	Fe 2p3	711.15	0.14

4.2.3　菱镁矿

菱镁矿的 XPS 谱图如图 4.3 所示。

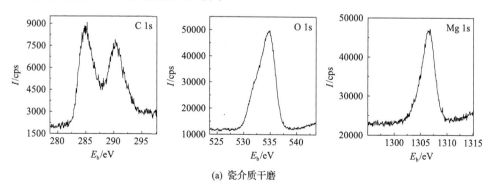

(a) 瓷介质干磨

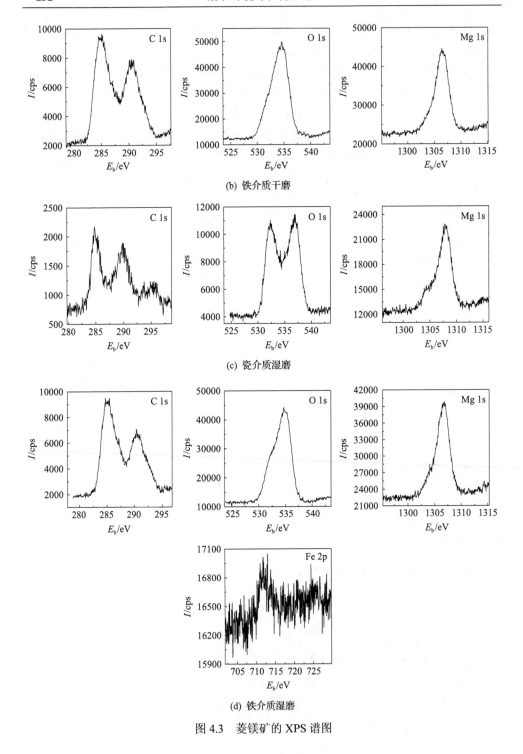

(b) 铁介质干磨

(c) 瓷介质湿磨

(d) 铁介质湿磨

图 4.3　菱镁矿的 XPS 谱图

图 4.3 所示瓷介质和铁介质干、湿磨菱镁矿的 C 1s 谱图中，结合能为 284.9eV 的 C 1s 峰为污染碳的峰，结合能分别为 290.01eV、290.24eV、289.55eV、290.71eV 的峰对应菱镁矿碳酸根中的碳。在铁介质湿磨的菱镁矿表面检测到了少量的 Fe 元素，由图 4.3(d)中的 Fe 2p 谱图可知，Fe 2p3 峰位的结合能值为 711.4eV，同 FeOOH 的结合能吻合，说明在菱镁矿表面有铁(III)的羟基氧化物。

菱镁矿表面元素的 XPS 分析结果见表 4.5。表 4.5 的结果表明，瓷介质和铁介质干、湿磨菱镁矿表面 Mg 元素的相对含量存在差异，瓷介质、铁介质湿磨菱镁矿表面 Mg 元素的含量高于干磨菱镁矿表面的 Mg 元素含量；相同磨矿方式，采用瓷介质磨矿后菱镁矿表面 Mg 元素的含量高于采用铁介质磨矿后菱镁矿表面的 Mg 元素含量。

表 4.5　菱镁矿表面元素的 XPS 分析

磨矿条件	表面元素	电子结合能/eV	原子分数/%
瓷介质干磨	C 1s	284.88	19.08
	C 1s	290.01	16.98
	O 1s	534.78	51.76
	Mg 1s	1306.8	12.18
铁介质干磨	C 1s	284.91	21.91
	C 1s	290.24	18.92
	O 1s	534.65	48.54
	Mg 1s	1306.39	10.63
瓷介质湿磨	C 1s	284.91	10.41
	C 1s	289.55	12.29
	C 1s	294.81	2.67
	O 1s	536.91	53.8
	Mg 1s	1307.9	20.83
铁介质湿磨	C 1s	284.9	25.06
	C 1s	290.71	16.98
	O 1s	534.76	44.73
	Mg 1s	1306.76	13.11
	Fe 2p3	711.4	0.12

4.2.4　方解石

方解石的 XPS 谱图如图 4.4 所示。

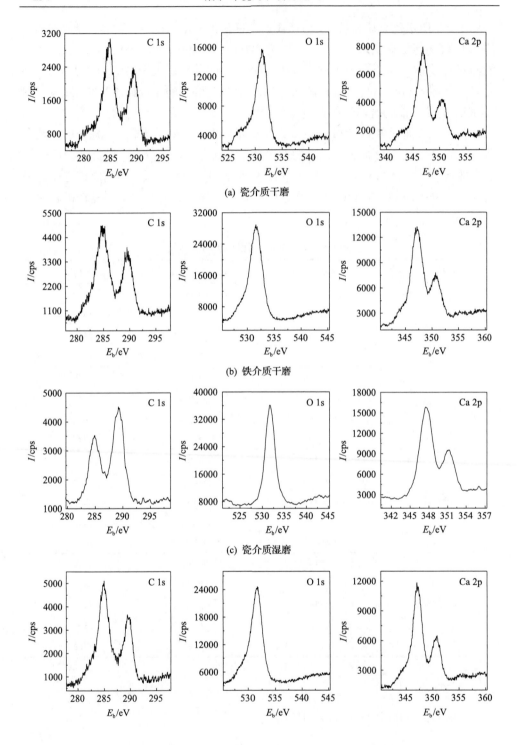

(a) 瓷介质干磨

(b) 铁介质干磨

(c) 瓷介质湿磨

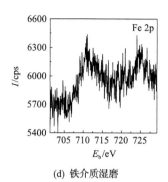

(d) 铁介质湿磨

图 4.4　方解石的 XPS 谱图

在图4.4所示瓷介质和铁介质干、湿磨方解石的C 1s谱图中,结合能为284.8eV
的 C 1s峰为污染碳的峰, 结合能分别为289.17eV、289.63eV、289.5eV、289.4eV
的峰对应方解石碳酸根中的碳。在铁介质湿磨的方解石表面检测到了少量的 Fe
元素, 由图 4.4(d)中的 Fe 2p 谱图可知, Fe 2p3 峰位的结合能值为 711.17eV, 同
FeOOH 的结合能吻合, 说明在方解石表面有铁(Ⅲ)的羟基氧化物。

方解石表面元素的 XPS 分析结果见表 4.6。表 4.6 的结果表明, 瓷介质和铁介
质干、湿磨方解石表面 Ca 元素的相对含量存在差异, 不同磨矿方式表面 Ca 元素
的相对浓度由高到低依次为: 两种介质干磨方解石表面 Ca 元素的含量高于湿磨
方解石表面的 Ca 元素含量; 相同磨矿方式, 采用瓷介质磨矿后方解石表面 Ca 元
素的含量高于采用铁介质磨矿后方解石表面的 Ca 元素含量。

表 4.6　方解石表面元素的 XPS 分析

磨矿条件	表面元素	电子结合能/eV	原子分数/%
瓷介质干磨	C 1s	284.81	24.62
	C 1s	289.17	12.14
	O 1s	531.34	46.47
	Ca 2p3	346.9	16.77
铁介质干磨	C 1s	284.82	23.80
	C 1s	289.63	12.12
	O 1s	531.58	48.14
	Ca 2p3	347.26	15.95
瓷介质湿磨	C 1s	284.8	13.82
	C 1s	289.5	23.58
	O 1s	531.8	46.55
	Ca 2p3	347.5	16.05

续表

磨矿条件	表面元素	电子结合能/eV	原子分数/%
	C 1s	284.8	25.55
	C 1s	289.4	13.76
铁介质湿磨	O 1s	531.71	45.98
	Ca 2p3	347.1	14.16
	Fe 2p3	711.17	0.56

4.3　磨矿环境对碳酸盐矿物浮选的影响及作用机理

下面研究磨矿环境对孔雀石、菱锌矿、菱镁矿、方解石四种典型碳酸盐矿物浮选行为的影响及作用机理，主要考察碳酸盐矿物在不同磨矿介质干式磨矿或湿式磨矿后浮选行为的差异，并对其机理进行分析。

4.3.1　阴离子捕收体系

针对碳酸盐阴离子捕收剂(油酸钠)浮选体系，研究了湿式磨矿和干式磨矿过程不同磨矿介质对四种典型碳酸盐单矿物和四组人工混合矿浮选行为的影响，并对干式磨矿和湿式磨矿进行了对比分析。

1. 碳酸盐单矿物浮选行为

1) 湿式磨矿

(1) 矿浆 pH 对碳酸盐矿物浮选的影响。

在油酸钠浮选体系中，分别考察采用铁介质和瓷介质湿磨时 pH 变化对典型碳酸盐矿物浮选回收率的影响，试验结果如图 4.5 所示。

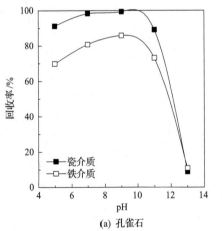

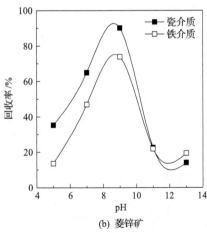

(a) 孔雀石　　　　　　　　　　　(b) 菱锌矿

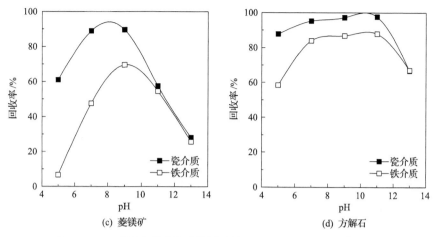

图 4.5 pH 对湿磨碳酸盐矿物浮选的影响（$C_{油酸钠} = 5 \times 10^{-5} mol/L$）

四种碳酸盐矿物浮选回收率随 pH 变化规律存在差异，具有不同的最佳可浮性 pH 范围。总体上，四种碳酸盐矿物瓷介质湿磨的浮选回收率高于铁介质湿磨的浮选回收率。

pH 为 5～11 时，瓷介质湿磨孔雀石的回收率都在 89%以上，在 pH 为 9 时，孔雀石的浮选回收率最高，为 99.33%，pH 为 13 时，孔雀石的浮选回收率大幅降低至 8.8%；pH 为 5～11 时，铁介质湿磨孔雀石的浮选回收率都在 69%以上，在 pH 为 9 时，浮选回收率达到最高值，为 85.89%。pH 为 13 时，铁介质湿磨孔雀石的浮选回收率大幅降低至 10.87%；在 pH 为 5～11 的范围内，瓷介质湿磨孔雀石的浮选回收率高于铁介质湿磨孔雀石的浮选回收率；pH 为 13 时，浮选回收率都明显降低，两种介质湿磨孔雀石的浮选回收率差距较小。

pH=5 时，瓷介质湿磨菱锌矿的浮选回收率为 35.25%，随着 pH 的上升，菱锌矿回收率逐渐增加。pH=9 时回收率最高，为 90.19%，随着 pH 的进一步上升，菱锌矿浮选回收率开始下降。pH=13 时，菱锌矿浮选回收率降至 14.05%。pH=5 时，铁介质湿磨菱锌矿的浮选回收率为 13.60%。随着 pH 的上升，菱锌矿回收率也逐渐增加，pH=9 时回收率最高，为 73.89%。随着 pH 的进一步上升，菱锌矿浮选回收率开始下降，pH=13 时，菱锌矿浮选回收率降至 19.39%。pH 为 5～9 时，瓷介质湿磨菱锌矿的浮选回收率明显高于铁介质湿磨菱锌矿的浮选回收率。随着 pH 的升高，两种介质湿磨菱锌矿的浮选回收率差异变小。pH=13 时，铁介质湿磨菱锌矿的浮选回收率略高于瓷介质湿磨菱锌矿的浮选回收率。

pH 为 5 时，瓷介质湿磨菱镁矿的浮选回收率为 60.96%，随着 pH 的上升，菱镁矿回收率也逐渐增加，pH 为 9 时回收率最高，为 89.66%。随着 pH 的进一步上升，菱镁矿浮选回收率开始下降，pH 为 13 时，菱镁矿浮选回收率降至 28.04%。pH 为 5 时，铁介质湿磨菱镁矿的浮选回收率为 6.60%，随着 pH 的上升，菱镁回收率也逐渐增加，pH 为 9 时回收率最高，为 69.64%。随着 pH 的进一步上升，菱镁矿浮选回收率开始下降，pH 为 13 时，菱镁矿浮选回收率降至 25.67%。pH 为 5～9 时，瓷介质湿磨菱镁矿的浮选回收率明显高于铁介质湿磨菱镁矿的浮选回收率。随着 pH 的升高，不同介质湿磨后菱镁矿的浮选回收率差异变小，瓷介质湿磨菱镁矿的浮选回收率略高于铁介质湿磨菱镁矿的浮选回收率。

采用瓷介质磨矿，pH 为 5～11 时，湿磨方解石的浮选回收率都在 87% 以上，pH 为 11 时方解石的浮选回收率最高，为 97.65%。pH 大于 11 时，随着 pH 的升高，回收率下降，pH 为 13 时，回收率降为 66.7%。采用铁介质磨矿，pH=5 时，方解石的浮选回收率较低，为 58.4%，随着 pH 的升高，方解石回收率提高，pH 为 11 时，方解石回收率达到最大值，为 87.89%。pH 大于 11 时，随着 pH 的升高，回收率下降，pH=13 时，回收率降为 67.05%。在广泛的 pH 范围内，瓷介质湿磨方解石的浮选回收率高于铁介质湿磨方解石的浮选回收率。

(2) 油酸钠浓度对碳酸盐矿物浮选的影响。

不添加 pH 调整剂，油酸钠浓度对典型碳酸盐矿物不同介质湿磨后浮选回收率的影响如图 4.6 所示。

总体上碳酸盐矿物的浮选回收率随油酸钠浓度的增加而提高，相同药剂浓度下，碳酸盐采用瓷介质磨矿后的浮选回收率高于采用铁介质磨矿。

油酸钠浓度由 1×10^{-5} mol/L 增加到 9×10^{-5} mol/L，采用瓷介质湿磨时，孔雀石、菱锌矿、菱镁矿、方解石的浮选回收率分别由 84%、28.67%、64.61%、60.65% 提高到 99.89%、98.15%、96.94%、98.43%。而采用铁介质湿磨时，孔雀石、菱锌矿、菱镁矿、方解石的浮选回收率分别由 65.96%、21.57%、38.39%、32.82% 升至 94.93%、97.82%、84.66%、96.04%。随着药剂浓度的增加，两种介质磨矿后碳酸盐矿物浮选回收率的差距变小。

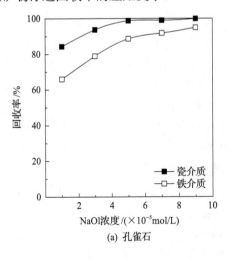

(a) 孔雀石

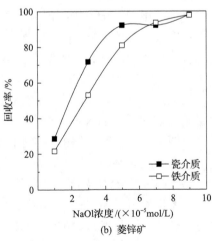

(b) 菱锌矿

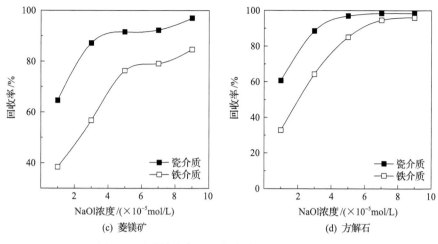

(c) 菱镁矿　　　　　　　(d) 方解石

图 4.6　油酸钠浓度对湿磨碳酸盐矿物浮选的影响

(3)油酸钠添加方式对碳酸盐矿物浮选的影响。

油酸钠添加方式对典型碳酸盐矿物不同介质湿磨后浮选回收率的影响如图 4.7 所示。油酸钠添加方式对碳酸盐矿物浮选的影响不尽相同。

磨矿时在磨机中预先添加部分油酸钠，使浮选槽中油酸钠的起始浓度为 $1 \times 10^{-5}mol/L$，采用瓷介质磨矿，浮选槽中不补加油酸钠时孔雀石的浮选回收率为 92.96%，随着向浮选槽中补加油酸钠量的增加，孔雀石的浮选回收率逐步增加到 99.95%；采用铁介质磨矿，浮选槽中不补加油酸钠时孔雀石的浮选回收率为 76.03%，向浮选槽中补加油酸钠，孔雀石的浮选回收率逐步增加到 97.45%；无论是采用瓷介质还是采用铁介质磨矿，将部分油酸钠添加在磨机中，孔雀石的浮选效果要好于直接将油酸钠全部添加到浮选槽中。

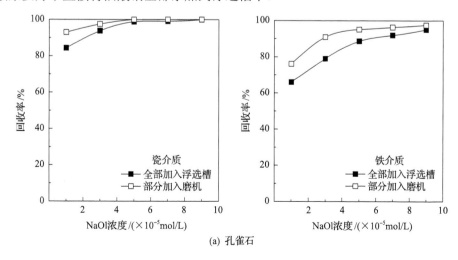

(a) 孔雀石

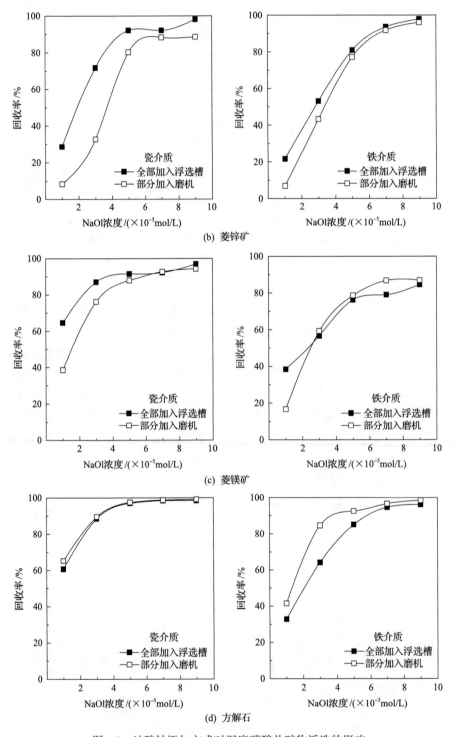

(b) 菱锌矿

(c) 菱镁矿

(d) 方解石

图 4.7　油酸钠添加方式对湿磨碳酸盐矿物浮选的影响

浮选槽中不补加油酸钠时，瓷介质湿磨菱锌矿的浮选回收率为 8.37%，铁介质湿磨菱锌矿的浮选回收率为 6.93%。随着浮选槽中油酸钠补加量的增加，瓷介质湿磨菱锌矿的浮选回收率逐步增加到88.64%，铁介质湿磨菱锌矿的浮选回收率逐步增加到96.02%；将部分油酸钠添加在磨机中，两种介质湿磨菱锌矿的浮选回收率都低于将油酸钠全部添加到浮选槽中的菱锌矿浮选回收率。

浮选槽中不补加油酸钠时，瓷介质湿磨菱镁矿的浮选回收率为38.64%，随着浮选槽中油酸钠补加量的增加，菱镁矿的浮选回收率逐步增加到94.34%。浮选槽中不补加油酸钠时，铁介质湿磨菱镁矿的浮选回收率为16.69%，随着浮选槽中油酸钠补加量的增加，菱镁矿的浮选回收率逐步增加到86.99%。将部分油酸钠添加在磨机中，浮选槽中补加量为 0 时，两种介质磨矿后菱镁矿的浮选回收率都低于将油酸钠全部添加到浮选槽中的菱镁矿浮选回收率；向浮选槽中补加油酸钠，随着油酸钠浓度的增加，采用瓷介质磨矿，磨机中预先添加油酸钠的菱镁矿浮选回收率逐渐接近油酸钠全部加入到浮选槽中的菱镁矿浮选回收率。采用铁介质磨矿，磨机中预先添加油酸钠的菱镁矿浮选回收率略高于油酸钠全部加入到浮选槽中的菱镁矿浮选回收率。

采用瓷介质磨矿，浮选槽中不补加油酸钠时方解石的浮选回收率为65.27%，随着浮选槽中油酸钠补加量的增加，方解石的浮选回收率逐步增加到99.14%。采用铁介质磨矿，浮选槽中不补加油酸钠时方解石的浮选回收率为41.61%，向浮选槽中补加油酸钠，方解石的浮选回收率逐步增加到98.37%。采用瓷介质磨矿，将油酸钠部分补加到磨机中时，方解石浮选回收率略高于将油酸钠全部添加到浮选槽中的方解石浮选回收率，相同药剂浓度下，两者浮游差不大。采用铁介质磨矿，将部分油酸钠添加在磨机中，方解石的浮选回收率要高于直接将油酸钠全部添加到浮选槽中的方解石浮选回收率，在低药剂浓度条件下，两者有较明显的浮游差。

(4)硫酸铜浓度对菱锌矿浮选的影响。

油酸钠浓度为 1×10^{-5}mol/L，不添加任何 pH 调整剂，以硫酸铜作为菱锌矿的活化剂，硫酸铜浓度对不同介质湿磨菱锌矿浮选回收率的影响如图4.8 所示。

硫酸铜浓度为 2×10^{-5}mol/L 时，瓷介质湿磨菱锌矿浮选回收率由不添加活化剂时的34.68%提高到44.8%，铁介质湿磨菱锌矿的浮选回收率由不添加活化剂时的 31.66%提高到 40.94%。随着硫酸铜浓度的增加，两种介质湿磨菱锌矿的浮选回收率上升，当硫酸铜浓度超过 4×10^{-5}mol/L 时，菱锌矿浮选回收率开始下降。相同药剂浓度下，硫酸铜对瓷介质湿磨菱锌矿的活化效果更好。

(5)硫酸铜添加方式对菱锌矿浮选的影响。

硫酸铜的添加方式对不同介质湿磨菱锌矿浮选的影响如图 4.9 所示。

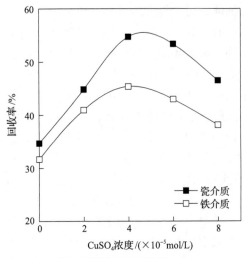

图 4.8　硫酸铜浓度对湿磨菱锌矿浮选的影响（$C_{油酸钠}=1\times10^{-5}$mol/L）

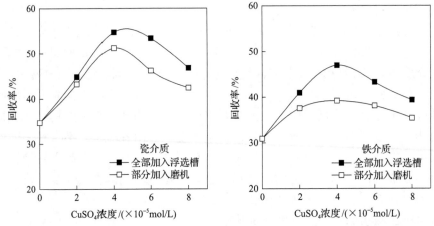

图 4.9　硫酸铜添加方式对湿磨菱锌矿浮选的影响（$C_{油酸钠}=1\times10^{-5}$mol/L）

　　在磨机中预先添加部分硫酸铜，使浮选槽中的硫酸铜初始浓度为 2×10^{-5}mol/L，浮选槽中不补加硫酸铜，瓷介质湿磨菱锌矿的浮选回收率为43.23%，铁介质湿磨菱锌矿的浮选回收率为37.59%；向浮选槽中补加用量，随着硫酸铜浓度的增加，两种介质湿磨菱锌矿的浮选回收率上升，当硫酸铜浓度超过 4×10^{-5}mol/L 时，菱锌矿浮选回收率开始下降。无论采用瓷介质还是铁介质磨矿，相同活化剂浓度条件下，硫酸铜全部添加在浮选槽中对菱锌矿的活化效果比在磨机中预先添加部分硫酸铜的活化效果好。

(6)六偏磷酸钠浓度对菱镁矿和方解石浮选的影响。

不添加任何 pH 调整剂，以六偏磷酸钠[(NaPO₃)₆]作为菱镁矿和方解石的抑制剂，六偏磷酸钠浓度对不同介质湿磨菱镁矿和方解石浮选回收率的影响如图 4.10 所示。

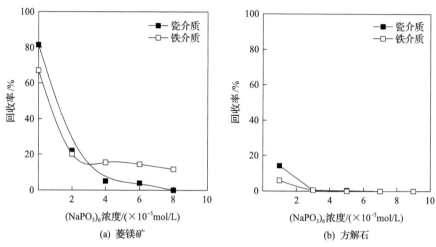

(a) 菱镁矿　　　　　　　　　　　(b) 方解石

图 4.10　六偏磷酸钠浓度对湿磨菱镁矿和方解石浮选的影响($C_{油酸钠}$=5×10⁻⁵mol/L)

六偏磷酸钠浓度为 2×10^{-5}mol/L 时，瓷介质湿磨菱镁矿的浮选回收率由不加抑制剂时的 81.46%迅速降为 22.07%，铁介质湿磨菱镁矿的浮选回收率由不加抑制剂时的 67.04%降为 20.19%。随着六偏磷酸钠用量的增加，瓷介质湿磨菱镁矿的浮选回收率进一步降低为 0，而铁介质湿磨菱镁矿的浮选回收率逐渐降至 11.71%。相同药剂用量下，六偏磷酸钠对瓷介质湿磨菱镁矿的抑制效果更好。

六偏磷酸钠浓度为 1×10^{-5}mol/L 时，瓷介质湿磨方解石的浮选回收率为 14.29%，铁介质湿磨方解石的浮选回收率为 5.99%。随着六偏磷酸钠用量的增加，两种介质湿磨方解石的浮选回收率进一步降低至 0。六偏磷酸钠对两种介质湿磨方解石都有明显的抑制作用，相同用量条件下，六偏磷酸钠对两种介质湿磨方解石的抑制效果没有明显差异，对瓷介质湿磨方解石的抑制作用略好于铁介质湿磨方解石。

(7)六偏磷酸钠添加方式对菱镁矿和方解石浮选的影响。

六偏磷酸钠的添加方式对不同介质湿磨菱镁矿和方解石浮选的影响如图 4.11 所示。

在磨机中预先添加部分六偏磷酸钠，使浮选槽中的六偏磷酸钠初始浓度为 2×10^{-5}mol/L，浮选槽中不补加六偏磷酸钠，瓷介质湿磨菱镁矿的浮选回收率为 24%，铁介质湿磨菱镁矿的浮选回收率为 23.68%。向浮选槽中补加用量，随着浮选槽中六偏磷酸钠浓度由 4×10^{-5}mol/L 增加到 8×10^{-5}mol/L，瓷介质湿磨菱镁矿的浮选

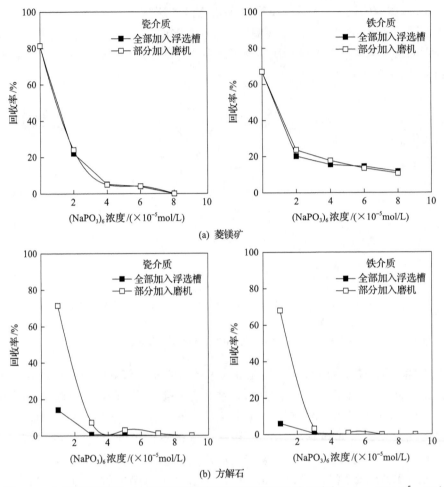

图 4.11　六偏磷酸钠添加方式对湿磨菱镁矿和方解石浮选的影响（$C_{油酸钠}$ =5×10⁻⁵mol/L）

回收率由 4.95%降至 0，铁介质湿磨菱镁矿的浮选回收率由 17.72%降至 10.66%。磨机中预先添加六偏磷酸钠，浮选槽中补加量为 0 时，六偏磷酸钠对菱镁矿的抑制效果略有下降，随着浮选槽中补加量的增加，与将六偏磷酸钠全部加入到浮选槽中对菱镁矿的抑制作用逐渐接近。

在磨机中预先添加部分六偏磷酸钠，使浮选槽中的六偏磷酸钠初始浓度为 1×10⁻⁵mol/L，采用瓷介质磨矿，浮选槽中不补加六偏磷酸钠，方解石的浮选回收率为 71.41%。在浮选槽中补加六偏磷酸钠，浮选槽中六偏磷酸钠浓度增加到 3×10⁻⁵mol/L 时，方解石的浮选回收率降低到 7.13%。当六偏磷酸钠浓度为 9×10⁻⁵mol/L 时，方解石的浮选回收率降为 0。采用铁介质磨矿，浮选槽中不补加六偏磷酸钠，方解石的浮选回收率为 68.03%。在浮选槽中补加六偏磷酸钠，浮选槽中六偏磷酸钠浓度增加到 3×10^{-5}mol/L 时，方解石的浮选回收率降低到 3.19%。当六偏磷酸钠浓度为 7×10^{-5}mol/L 时，方解石的浮选回收率降为 0。将六偏磷酸钠预先添加到磨机中，浮选槽中不补加六偏磷酸钠时，其抑制作用明显下降，在浮选槽中补加部分六偏磷酸钠，其抑制作用提高，随着六偏磷酸钠补加量的增加，方解石完全被抑制。

2) 干式磨矿

(1)矿浆 pH 对碳酸盐矿物浮选的影响。

油酸钠浮选体系中分别采用铁介质和瓷介质干磨时 pH 变化对典型碳酸盐矿物浮选回收率的影响如图 4.12 所示。

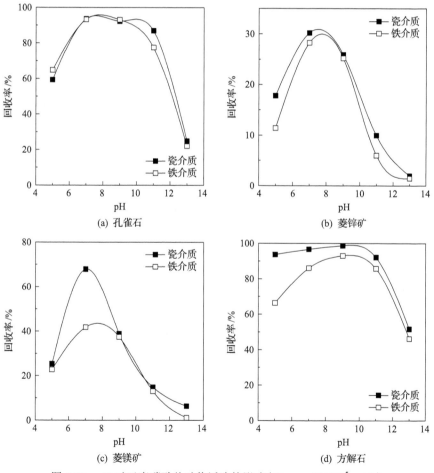

图 4.12　pH 对干磨碳酸盐矿物浮选的影响（$C_{油酸钠} = 5 \times 10^{-5}$mol/L）

采用瓷介质磨矿，油酸钠作捕收剂浮选孔雀石，pH 为 5 时，孔雀石的回收率为59.28%。在pH 7～11的范围内，孔雀石的浮选回收率都在86%以上。在pH为7时，孔雀石的浮选回收率最高，为93.49%。pH＞11时，孔雀石浮选回收率明显降低，pH为13时，孔雀石的浮选回收率降低到24.92%。采用铁介质磨矿，pH为5时，孔雀石的回收率为64.79%。在pH 7～11的范围内，孔雀石的浮选回收率都在77%以上。在pH为7时，孔雀石的浮选回收率最高，为93.25%。pH＞11时，孔雀石浮选回收率明显降低，pH为13时，孔雀石的浮选回收率降低到22%。在广泛的pH范围内，瓷介质干磨孔雀石的浮选回收率略高于铁介质干磨孔雀石的浮选回收率。

　　pH为5时，瓷介质干磨菱锌矿的浮选回收率为17.76%。随着pH的增加，菱锌矿的浮选回收率逐渐增加，pH=7时，回收率最高，为30.19%。随着pH的进一步增加，菱锌矿的浮选回收率下降，pH=13时，回收率降为1.94%。pH为5时，铁介质干磨菱锌矿的回收率为11.40%。随着pH的增加，菱锌矿的浮选回收率逐渐增加，pH=7时，回收率最高，为28.23%。随着pH的进一步增加，菱锌矿的浮选回收率下降，pH=13时，回收率降为1.44%。在油酸钠浮选体系中，相同pH条件下，瓷介质干磨菱锌矿的浮选回收率高于铁介质干磨菱锌矿的浮选回收率。

　　pH为5时，瓷介质干磨菱镁矿的回收率为25.29%。随着pH的增加，菱镁矿的浮选回收率逐渐增加，pH=7时，回收率最高，为67.91%。随着pH的进一步增加，菱镁矿的浮选回收率下降，pH=13时，回收率降为6.36%。pH为5时，铁介质干磨菱镁矿的回收率为22.73%。随着pH的增加，菱镁矿的浮选回收率逐渐增加，pH=7时，回收率最高，为41.79%。随着pH的进一步增加，菱镁矿的浮选回收率下降，pH=13时，回收率降为1.13%。在油酸钠浮选体系中，相同pH条件下，瓷介质干磨菱镁矿的浮选回收率高于铁介质干磨菱镁矿的浮选回收率。

　　pH为5时，瓷介质干磨方解石的回收率为93.64%。随着pH的增加，方解石的浮选回收率逐渐增加，pH=9时，回收率达最高值，为98.67%。随着pH的进一步增加，方解石的浮选回收率下降，pH=13时，回收率降为51.69%。pH为5时，铁介质干磨方解石的回收率为66.25%。随着pH的增加，方解石的浮选回收率逐渐增加，pH=9时，回收率达最高值，为92.97%。随着pH的进一步增加，方解石的浮选回收率下降，pH=13时，回收率降为46.2%。在油酸钠浮选体系中，在广泛的pH范围内(pH=5～12)，瓷介质干磨方解石的浮选回收率高于铁介质干磨方解石的浮选回收率。

　　(2)油酸钠浓度对碳酸盐矿物浮选的影响。

　　不添加任何pH调整剂，浮选槽中油酸钠浓度对典型碳酸盐矿物不同介质干磨后浮选回收率的影响如图4.13所示。

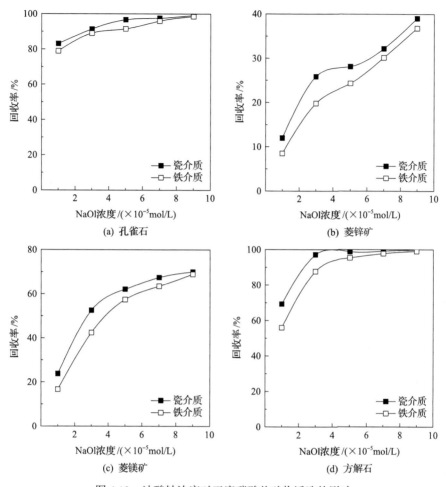

(a) 孔雀石　　　　　　　　(b) 菱锌矿

(c) 菱镁矿　　　　　　　　(d) 方解石

图 4.13　油酸钠浓度对干磨碳酸盐矿物浮选的影响

随着油酸钠用量的增加，四种碳酸盐矿物的浮选回收率都逐步增加。浮选槽中油酸钠浓度由 1×10^{-5}mol/L 增加到 9×10^{-5}mol/L，瓷介质干磨孔雀石、菱锌矿、菱镁矿、方解石的浮选回收率分别从 83.05%、11.97%、23.78%、69.3%增加到 99.12%、39.02%、70.02%、99.73%，钢球介质干磨孔雀石、菱锌矿、菱镁矿、方解石的浮选回收率分别从 78.92%、8.48%、16.74%、56.01%增加到 98.47%、36.80%、68.95%、98.99%。相同油酸钠浓度下，瓷介质干磨碳酸盐矿物的浮选回收率高于铁介质干磨的情形。

(3)硫酸铜浓度对菱锌矿浮选的影响。

不添加任何 pH 调整剂，以硫酸铜作为菱锌矿的活化剂，硫酸铜浓度对不同介质干磨菱锌矿浮选回收率的影响如图 4.14 所示。

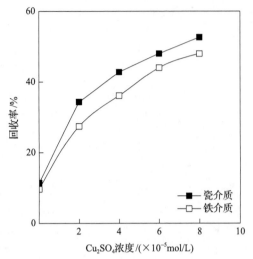

图 4.14　硫酸铜浓度对干磨菱锌矿浮选回收率的影响（$C_{油酸钠}$=1×10⁻⁵mol/L）

将硫酸铜直接添加到浮选槽中，硫酸铜浓度由 2×10⁻⁵mol/L 增加到 8×10⁻⁵mol/L，瓷介质干磨菱锌矿浮选回收率由 34.34%提高到 52.67%，铁介质干磨菱锌矿的浮选回收率由 27.47%提高到 48.03%。相同药剂用量下，硫酸铜对瓷介质干磨菱锌矿的活化作用好于铁介质干磨菱锌矿。

（4）六偏磷酸钠浓度对菱镁矿和方解石浮选的影响。

不添加任何 pH 调整剂，以六偏磷酸钠作为菱镁矿和方解石的抑制剂，浮选槽中六偏磷酸钠浓度对不同介质干磨菱镁矿和方解石浮选回收率的影响如图 4.15 所示。

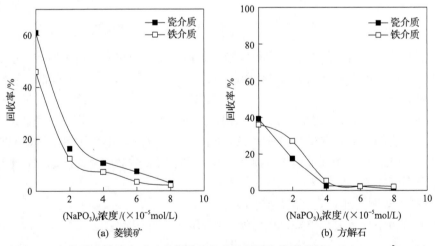

图 4.15　六偏磷酸钠浓度对干磨菱镁矿和方解石浮选的影响（$C_{油酸钠}$=5×10⁻⁵mol/L）

六偏磷酸钠用量为 $2×10^{-5}$mol/L 时，瓷介质干磨菱镁矿的浮选回收率由 60.95%降为 16.31%，铁介质干磨菱镁矿的浮选回收率由 45.93%降为 12.47%。随着六偏磷酸钠的增加，菱镁矿的浮选回收率逐渐降低，六偏磷酸钠用量为 $8×10^{-5}$mol/L 时，菱镁矿的浮选回收率为 2.91%。六偏磷酸钠用量从 $4×10^{-5}$mol/L 增加到 $8×10^{-5}$mol/L，铁介质干磨菱镁矿的浮选回收率从 7.28%降低到 2.18%。相同用量条件下，六偏磷酸钠对瓷介质干磨菱镁矿的抑制作用略优于铁介质干磨菱镁矿。

六偏磷酸钠用量为 $2×10^{-5}$mol/L 时，瓷介质干磨方解石的浮选回收率为 39.31%，随着六偏磷酸钠的增加，方解石的浮选回收率逐渐降低，六偏磷酸钠用量为 $9×10^{-5}$mol/L 时，方解石的浮选回收率为 0.52%。六偏磷酸钠用量从 $1×10^{-5}$mol/L 增加到 $9×10^{-5}$mol/L，铁介质干磨方解石的浮选回收率从 36.09%降低到 2.01%。相同用量条件下，六偏磷酸钠对瓷介质干磨方解石的抑制作用略优于铁介质干磨方解石。

3）干湿磨对比

（1）不同磨矿方式下 pH 对碳酸盐矿物浮选的影响。

pH 对不同介质干、湿磨碳酸盐矿物浮选回收率的影响如图 4.16 所示。

采用瓷介质磨矿，pH 5～11 范围内，湿磨孔雀石的浮选回收率高于干磨孔雀石的浮选回收率。pH=13 时，干磨孔雀石的浮选回收率略高于湿磨孔雀石的浮选回收率。采用铁介质磨矿，在广泛的 pH 范围内，干磨孔雀石的浮选回收率高于湿磨孔雀石的浮选回收率。

相同 pH 条件下，无论采用瓷介质还是铁介质磨矿，湿磨菱锌矿的浮选回收率明显高于干磨菱锌矿的浮选回收率。

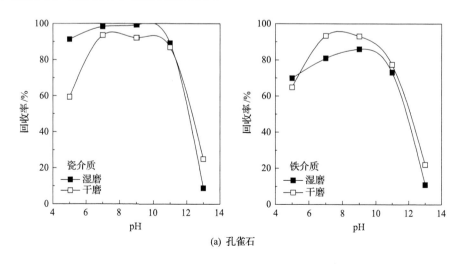

(a) 孔雀石

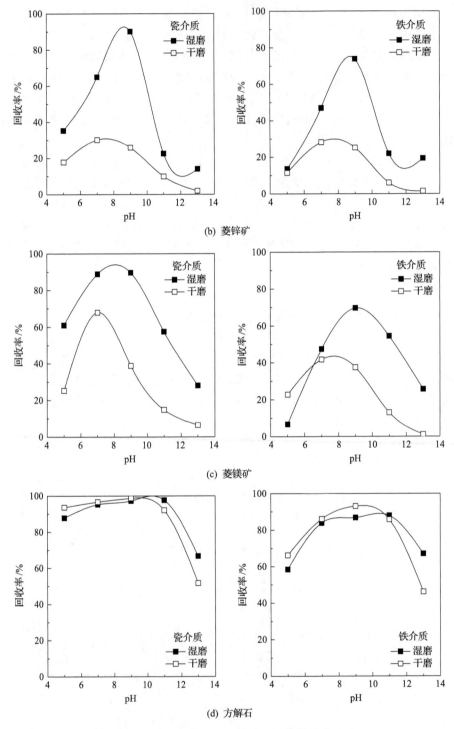

(b) 菱锌矿

(c) 菱镁矿

(d) 方解石

图 4.16　不同磨矿方式下 pH 对浮选回收率的影响

采用瓷介质磨矿，pH=5～13 范围内，湿磨菱镁矿的浮选回收率明显高于干磨菱镁矿的浮选回收率；采用铁介质磨矿，pH<6 时，干磨菱镁矿浮选回收率高于湿磨菱镁矿回收率，pH=7～13 范围内湿磨菱镁矿的浮选回收率明显高于干磨菱镁矿的浮选回收率。

无论采用瓷介质还是采用铁介质磨矿，在酸性及中性 pH 范围内(pH 5～10 左右)，干磨方解石的浮选回收率高于湿磨方解石的浮选回收率，而在强碱性条件下，湿磨方解石的浮选回收率较高。

(2)不同磨矿方式下油酸钠浓度对碳酸盐矿物浮选的影响。

油酸钠浓度对不同介质干、湿磨碳酸盐矿物浮选回收率的影响如图4.17所示。

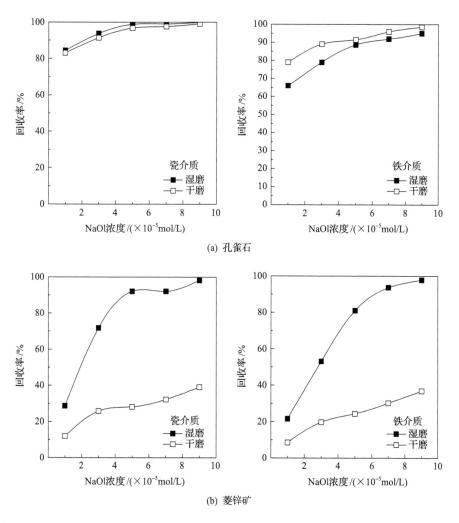

(a) 孔雀石

(b) 菱锌矿

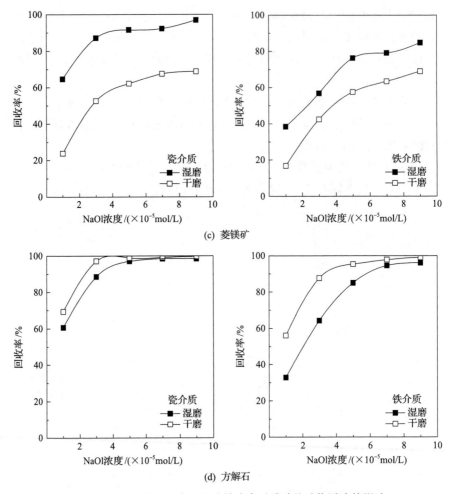

图 4.17　不同磨矿方式下油酸钠浓度对碳酸盐矿物浮选的影响

　　油酸钠浮选体系中，采用瓷介质磨矿，两种磨矿方式下孔雀石的浮选回收率都较高。相同油酸钠浓度下，湿磨孔雀石浮选回收率略高于干磨孔雀石浮选回收率。采用铁介质磨矿时，相同油酸钠浓度下，干磨孔雀石的浮选回收率要高于湿磨孔雀石的浮选回收率。无论是采用瓷介质还是铁介质磨矿，湿磨菱锌矿和菱镁矿的浮选回收率都高于干磨。无论是采用瓷介质还是铁介质磨矿，干磨方解石的浮选回收率都高于湿磨方解石的浮选回收率，铁介质干、湿磨方解石的浮游差更大。

　　(3)不同磨矿方式下硫酸铜浓度对菱锌矿浮选的影响。

　　以硫酸铜作为油酸钠浮选菱锌矿的活化剂，硫酸铜浓度对不同磨矿介质干、湿磨菱锌矿回收率的影响如图 4.18 所示。无论是采用瓷介质还是铁介质磨矿，硫酸铜对干磨菱锌矿的活化效果比对湿磨菱锌矿的活化效果好。

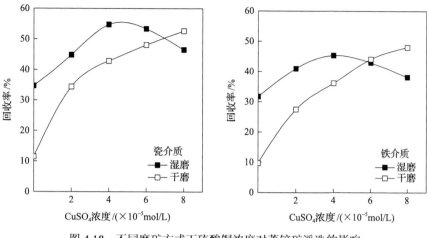

图 4.18　不同磨矿方式下硫酸铜浓度对菱锌矿浮选的影响

（4）不同磨矿方式下六偏磷酸钠浓度对菱镁矿和方解石浮选的影响。

油酸钠浮选体系中，六偏磷酸钠作抑制剂，浮选槽中六偏磷酸钠浓度对不同磨矿介质干、湿磨菱镁矿和方解石浮选的影响如图 4.19 所示。

无论是采用瓷介质还是铁介质磨矿，六偏磷酸钠对湿磨菱镁矿和方解石的抑制效果较好，而对干磨菱镁矿和方解石的抑制作用较差。

2. 人工混合矿浮选行为

通过浮选试验研究油酸钠浮选体系中磨矿方式、磨矿介质等对四组碳酸盐人工混合矿浮选分离的影响。采用 Gaudin 提出的选择性指数 I 作为双矿物分离效果的判据，考察不同 pH 条件下，磨矿介质及磨矿方式对碳酸盐矿物浮选分离的影响。

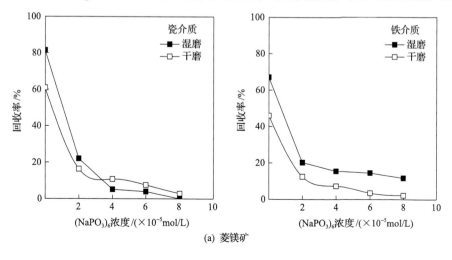

(a) 菱镁矿

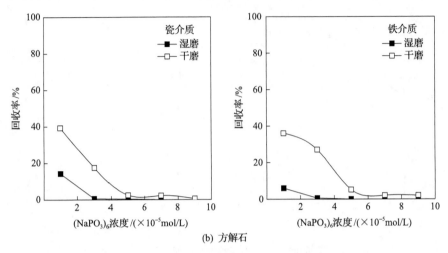

(b) 方解石

图 4.19　不同磨矿方式下六偏磷酸钠浓度对菱镁矿和方解石浮选的影响

1)孔雀石-石英体系

针对孔雀石-石英体系，考察 pH 及油酸钠添加方式对瓷磨和铁磨条件下孔雀石与石英浮选分离的影响，试验结果见表 4.7。

表 4.7　pH 对孔雀石-石英浮选分离的影响

磨矿方式	pH	精矿				尾矿				I
		品位/%		回收率/%		品位/%		回收率/%		
		Cu	SiO₂	Cu	SiO₂	Cu	SiO₂	Cu	SiO₂	
瓷介质干磨	5	42.25	26.39	82.28	22.73	8.62	84.98	17.72	77.27	3.69
	7	33.37	41.86	92.90	55.17	6.63	88.45	7.10	44.83	3.74
	9	26.86	53.21	91.90	80.21	13.73	76.08	8.10	19.79	2.05
	11	21.83	61.97	52.06	63.33	28.35	50.61	47.94	36.67	0.80
	13	45.52	20.70	1.80	0.39	25.81	55.03	98.20	99.61	0.30
铁介质干磨	5	39.80	30.66	71.47	28.18	15.01	73.85	28.53	71.82	2.42
	7	34.92	39.16	80.44	47.84	14.77	74.27	19.56	52.16	2.34
	9	30.90	46.17	83.24	63.55	16.67	70.96	16.76	36.45	1.98
	11	22.38	61.01	39.26	49.87	28.46	50.42	60.74	50.13	0.73
	13	42.83	25.38	2.83	0.88	27.12	52.75	97.17	99.12	0.34
铁介质湿磨	5	31.75	44.69	82.76	62.69	17.35	69.77	17.24	37.31	2.00
	7	31.52	45.09	71.92	47.80	17.41	69.67	28.08	52.20	1.72
	9	38.48	32.96	66.04	27.19	16.12	71.92	33.96	72.81	2.07
	11	23.55	58.97	40.44	54.31	31.52	45.09	59.56	45.69	0.73
	13	0.00	0.00	0.00	0.00	28.21	50.85	100.00	100.00	0.00

续表

磨矿方式	pH	精矿				尾矿				I
		品位/%		回收率/%		品位/%		回收率/%		
		Cu	SiO_2	Cu	SiO_2	Cu	SiO_2	Cu	SiO_2	
铁介质湿磨加磨机	5	36.77	35.94	37.30	17.46	22.27	61.20	62.70	82.54	1.17
	7	35.18	38.71	54.09	31.74	22.07	61.55	45.91	68.26	1.44
	9	47.64	17.00	48.38	8.65	18.95	66.99	51.62	91.35	2.24
	11	29.55	48.52	36.31	30.60	25.87	54.93	63.69	69.40	0.90
	13	42.83	25.38	2.62	0.86	27.91	51.38	97.38	99.14	0.32
瓷介质湿磨	5	49.53	13.71	93.59	13.74	3.69	93.57	6.41	86.26	9.58
	7	50.09	12.74	96.51	14.07	2.24	96.10	3.49	85.93	13.65
	9	36.35	36.67	89.63	44.45	7.91	86.22	10.37	55.55	3.62
	11	17.76	69.06	40.29	80.95	42.38	26.17	59.71	19.05	0.43
	13	37.48	34.70	1.47	0.74	27.74	51.67	98.53	99.26	0.21
瓷介质湿磨加磨机	5	50.81	11.48	86.33	10.83	7.41	87.09	13.67	89.17	7.00
	7	51.64	10.03	92.33	9.54	4.18	92.72	7.67	90.46	10.42
	9	48.70	15.16	85.33	13.15	7.3	87.28	14.67	86.85	5.77
	11	17.44	69.62	29.58	63.61	37.02	35.51	70.42	36.39	0.47
	13	43.25	24.65	4.47	1.44	28.02	51.18	95.53	98.56	0.43

(1) 采用瓷介质干磨时，pH=7 时孔雀石-石英的选择性指数最高，为 3.74。此时精矿中 Cu 品位为 33.37%、回收率为 92.90%，SiO_2 品位为 41.86%、回收率为 55.17%；尾矿中 Cu 品位为 6.63%、回收率为 7.10%，SiO_2 品位为 88.45%、回收率为 44.83%。采用瓷介质湿磨时，pH=7 时孔雀石-石英的选择性指数最高，为 13.65。此时精矿中 Cu 品位为 50.09%、回收率为 96.51%，SiO_2 品位为 12.74%、回收率为 14.07%；尾矿中 Cu 品位为 2.24%、回收率为 3.49%，SiO_2 品位为 96.10%、回收率为 85.93%。

(2) 采用铁介质干磨时，pH=5 时孔雀石-石英的选择性指数最高，为 2.42。此时精矿中 Cu 品位为 39.80%、回收率为 71.47%，SiO_2 品位为 30.66%、回收率为 28.18%；尾矿中 Cu 品位为 15.01%、回收率为 28.53%，SiO_2 品位为 73.85%、回收率为 71.82%。采用铁介质湿磨时，pH=9 时孔雀石-石英的选择性指数最高，为 2.07。此时精矿中 Cu 品位为 38.48%、回收率为 66.04%，SiO_2 品位为 32.96%、回收率为 27.19%；尾矿中 Cu 品位为 16.12%、回收率为 33.96%，SiO_2 品位为 71.92%、回收率为 72.81%。

(3) 采用瓷介质湿磨，将油酸钠全部加入到磨机中，pH=7 时孔雀石-石英的选择性指数最高，为 10.42。此时精矿中 Cu 品位为 51.64%、回收率为 92.33%，SiO_2 品位为 10.03%、回收率为 9.54%；尾矿中 Cu 品位为 4.18%、回收率为 7.67%，SiO_2

品位为 92.72%、回收率为 90.46%。采用铁介质湿磨，将油酸钠全部加入到磨机中，pH=9 时孔雀石-石英的选择性指数最高，为 2.24。此时精矿中 Cu 品位为 47.64%、回收率为 48.38%，SiO_2 品位为 17.00%、回收率为 8.65%；尾矿中 Cu 品位为 18.95%、回收率为 51.62%，SiO_2 品位为 66.99%、回收率为 91.35%。

(4)孔雀石-石英体系中，采用油酸钠作捕收剂，瓷介质湿磨条件下，孔雀石和石英浮选分离的选择性指数可达 13.65，分离效果较好，油酸钠加入磨机中分离效果变差。铁介质干、湿磨条件下两种矿物的分离效果都很差，选择性指数最高为 2.42。

2)孔雀石-菱锌矿体系

针对孔雀石-菱锌矿体系，考察 pH 及油酸钠添加方式对瓷磨和铁磨条件下孔雀石与菱锌矿浮选分离的影响，试验结果见表 4.8。

表 4.8　pH 对孔雀石-菱锌矿浮选分离的影响

磨矿方式	pH	精矿				尾矿				I
		品位/%		回收率/%		品位/%		回收率/%		
		Cu	Zn	Cu	Zn	Cu	Zn	Cu	Zn	
瓷介质干磨	5	35.05	20.25	45.50	24.24	21.55	32.48	54.50	75.76	1.77
	7	30.74	24.15	73.01	53.23	18.75	35.01	26.99	46.77	2.29
	9	29.07	25.66	83.80	75.16	21.53	32.50	16.20	24.84	2.24
	11	30.75	24.14	30.06	22.19	24.89	29.45	69.94	77.81	1.18
	13	21.50	32.52	0.35	0.57	28.32	26.34	99.65	99.43	0.10
铁介质干磨	5	35.05	20.25	43.76	25.66	23.55	30.67	56.24	74.34	1.69
	7	31.71	23.27	74.69	56.30	20.10	33.79	25.31	43.70	2.35
	9	29.74	25.06	68.17	59.37	24.29	30.00	31.83	40.63	1.86
	11	34.73	20.54	22.04	13.49	26.29	28.18	77.96	86.51	1.09
	13	34.50	20.75	0.93	0.58	27.79	26.82	99.07	99.42	0.21
铁介质湿磨	5	31.64	23.34	42.72	35.73	27.43	27.15	57.28	64.27	1.43
	7	30.47	24.40	67.31	64.36	28.59	26.10	32.69	35.64	1.73
	9	28.71	25.99	70.88	66.04	25.50	28.90	29.12	33.96	1.78
	11	28.02	26.62	16.27	13.68	25.11	29.25	83.73	86.32	0.79
	13	0.00	0.00	0.00	0.00	28.07	26.57	100.00	100.00	0.00
铁介质湿磨加磨机	5	36.23	19.18	23.52	12.37	25.25	29.13	76.48	87.63	1.19
	7	32.19	22.84	21.99	15.04	25.54	28.86	78.01	84.96	1.02
	9	30.75	24.14	30.19	23.84	26.12	28.34	69.81	76.16	1.17
	11	17.44	36.20	3.61	8.45	29.76	25.04	96.39	91.55	0.31
	13	0.00	0.00	0.00	0.00	30.72	24.17	100.00	100.00	0.00

续表

磨矿方式	pH	精矿				尾矿				I
		品位/%		回收率/%		品位/%		回收率/%		
		Cu	Zn	Cu	Zn	Cu	Zn	Cu	Zn	
瓷介质湿磨	5	34.56	20.69	63.68	46.76	24.75	29.58	36.32	53.24	2.12
	7	31.04	23.88	90.01	82.91	22.28	31.82	9.99	17.09	2.54
	9	30.03	24.80	48.77	41.69	25.93	28.51	51.23	58.31	1.50
	11	31.19	23.74	26.32	21.91	27.73	26.88	73.68	78.09	1.08
	13	32.03	22.98	1.70	1.27	27.79	26.82	98.30	98.73	0.27
瓷介质湿磨加磨机	5	35.16	20.15	54.11	29.38	20.55	33.38	45.89	70.62	2.03
	7	29.90	24.91	67.79	55.94	22.74	31.40	32.21	44.06	1.93
	9	26.99	27.55	61.21	59.92	26.22	28.25	38.79	40.08	1.52
	11	28.48	26.20	15.72	14.95	27.64	26.96	84.28	85.05	0.78
	13	33.05	22.06	3.58	2.53	27.95	26.68	96.42	97.47	0.41

(1)采用瓷介质干磨时，pH=7 时孔雀石-菱锌矿的选择性指数最高，为 2.29。此时精矿中 Cu 品位为 30.74%、回收率为 73.01%，Zn 品位为 24.15%、回收率为 53.23%；尾矿中 Cu 品位为 18.75%、回收率为 26.99%，Zn 品位为 35.01%、回收率为 46.77%。采用瓷介质湿磨时，pH=7 时孔雀石-菱锌矿的选择性指数最高，为 2.54。此时精矿中 Cu 品位为 31.04%、回收率为 90.01%，Zn 品位为 23.88%、回收率为 82.91%；尾矿中 Cu 品位为 22.28%、回收率为 9.99%，Zn 品位为 31.28%、回收率为 17.09%。

(2)采用铁介质干磨时，pH=7 时孔雀石-菱锌矿的选择性指数最高，为 2.35。此时精矿中 Cu 品位为 31.71%、回收率为 74.69%，Zn 品位为 23.27%、回收率为 56.30%；尾矿中 Cu 品位为 20.10%、回收率为 25.31%，Zn 品位为 33.79%、回收率为 43.70%；采用铁介质湿磨时，pH=9 时孔雀石-菱锌矿的选择性指数最高，为 1.78。此时精矿中 Cu 品位为 28.71%、回收率为 70.88%，Zn 品位为 25.99%、回收率为 66.04%；尾矿中 Cu 品位为 25.50%、回收率为 29.12%，Zn 品位为 28.90%、回收率为 33.96%。

(3)采用瓷介质湿磨，将油酸钠全部加入到磨机中，pH=5 时孔雀石-菱锌矿的选择性指数最高，为 2.03。此时精矿中 Cu 品位为 35.16%、回收率为 54.11%，Zn 品位为 20.15%、回收率为 29.38%，尾矿中 Cu 品位为 20.55%、回收率为 45.89%，Zn 品位为 33.38%、回收率为 70.62%。采用铁介质湿磨，将油酸钠全部加入到磨机中，pH=5 时孔雀石-菱锌矿的选择性指数最高，为 1.19。此时精矿中 Cu 品位为 36.23%、回收率为 23.52%，Zn 品位为 19.18%、回收率为 12.37%，尾矿中 Cu 品位为 25.25%、回收率为 76.48%，Zn 品位为 29.13%、回收率为 87.63%。

(4)孔雀石-菱锌矿体系中,采用油酸钠作捕收剂,无论采用何种磨矿方式,两种矿物的分离效果都很差,瓷介质磨矿的选择性指数略高于铁介质磨矿的选择性指数,油酸钠加入浮选槽中的选择性指数略高于油酸钠全部加入磨机中的选择性指数。

3)菱锌矿-石英体系

针对菱锌矿-石英体系,考察 pH 对瓷磨和铁磨条件下菱锌矿与石英浮选分离的影响,试验结果见表 4.9。

表 4.9　pH 对菱锌矿-石英浮选分离的影响

磨矿方式	pH	精矿				尾矿				I
		品位/%		回收率/%		品位/%		回收率/%		
		Zn	SiO$_2$	Zn	SiO$_2$	Zn	SiO$_2$	Zn	SiO$_2$	
瓷介质干磨	5	28.69	44.83	24.98	19.44	24.51	52.87	75.02	80.56	0.77
	7	27.11	47.87	77.33	62.45	18.04	65.31	22.67	37.55	1.64
	9	23.87	54.10	28.53	31.08	25.45	51.06	71.47	68.92	0.71
	11	28.12	45.92	2.38	1.77	24.18	53.50	97.62	98.23	0.23
	13	25.15	51.63	1.90	1.77	24.18	53.50	98.10	98.23	0.19
铁介质干磨	5	25.32	51.31	24.66	23.68	24.63	52.63	75.34	76.32	0.70
	7	28.52	45.15	67.81	49.92	18.98	63.50	32.19	50.08	1.53
	9	26.51	49.02	21.10	15.25	21.41	58.83	78.90	84.75	0.68
	11	30.20	41.92	2.04	1.36	24.84	52.23	97.96	98.64	0.22
	13	32.50	37.50	0.83	0.37	22.17	57.37	99.17	99.63	0.15
瓷介质湿磨	5	34.72	33.23	47.68	18.35	17.23	66.87	52.32	81.65	1.50
	7	32.60	37.31	88.94	43.76	7.27	86.02	11.06	56.24	3.48
	9	23.52	54.77	23.71	24.46	24.05	53.75	76.29	75.54	0.65
	11	34.60	33.46	17.22	7.23	22.19	57.33	82.78	92.77	0.76
	13	40.00	23.08	0.68	0.17	23.49	54.83	99.32	99.83	0.17
铁介质湿磨	5	25.81	50.37	31.80	26.70	22.62	56.50	68.20	73.30	0.82
	7	28.46	45.27	87.18	58.45	10.40	80.00	12.82	41.55	2.50
	9	36.56	29.69	51.84	19.15	17.81	65.75	48.16	80.85	1.71
	11	29.77	42.75	7.33	4.11	21.88	57.92	92.67	95.89	0.42
	13	0	0	0.00	0.00	29.93	42.44	100.00	100.00	0.00

(1)采用瓷介质干磨时,pH=7 时菱锌矿-石英的选择性指数最高,为 1.64。此时精矿中 Zn 品位为 27.11%、回收率为 77.33%,SiO$_2$ 品位为 47.87%、回收率为 62.45%;尾矿中 Zn 品位为 18.04%、回收率为 22.67%,SiO$_2$ 品位为 65.31%、回收率为 37.55%。采用瓷介质湿磨时,pH=7 时菱锌矿-石英的选择性指数最高,为 3.48。此时精矿中 Zn 品位为 32.60%、回收率为 88.94%,SiO$_2$ 品位为 37.31%、回收率为 43.76%;尾矿中 Zn 品位为 7.27%、回收率为 11.06%,SiO$_2$ 品位为 86.02%、

回收率为 56.24%。

(2)采用铁介质干磨时，pH=7 时菱锌矿-石英的选择性指数最高，为 1.53。此时精矿中 Zn 品位为 28.52%、回收率为 67.81%，SiO_2 品位为 45.15%、回收率为 49.92%；尾矿中 Zn 品位为 18.98%、回收率为 32.19%、SiO_2 品位为 63.50%、回收率为 50.08%。采用铁介质湿磨时，pH=7 时菱锌矿-石英的选择性指数最高，为 2.50，此时精矿中 Zn 品位为 28.46%、回收率为 87.18%，SiO_2 品位为 45.27%、回收率为 58.45%；尾矿中 Zn 品位为 10.40%、回收率为 12.82%，SiO_2 品位为 80.00%、回收率为 41.55%。

(3)菱锌矿-石英体系中，采用油酸钠作捕收剂，瓷介质磨矿时的选择性指数略高于铁介质磨矿时的选择性指数，但是无论采用何种磨矿方式，两种矿物的分离效果都很差。

4)方解石-菱镁矿体系

针对方解石-菱镁矿体系，考察 pH 对瓷磨和铁磨条件下方解石与菱镁矿浮选分离的影响，试验结果见表 4.10。

表 4.10　pH 对方解石-菱镁矿浮选分离的影响

磨矿方式	pH	精矿				尾矿				I
		品位/%		回收率/%		品位/%		回收率/%		
		Ca	Mg	Ca	Mg	Ca	Mg	Ca	Mg	
瓷介质干磨	5	19.70	14.50	31.39	29.40	18.76	15.17	68.61	70.60	1.49
	7	19.24	14.83	45.70	48.86	20.51	13.92	54.30	51.14	1.70
	9	16.80	16.57	52.43	67.27	22.98	12.16	47.57	32.73	1.48
	11	15.87	17.23	34.09	49.41	22.16	12.74	65.91	50.59	1.23
	13	18.33	15.48	6.11	6.93	19.67	14.52	93.89	93.07	0.63
铁介质干磨	5	20.78	13.73	22.34	16.96	17.37	16.16	77.66	83.04	1.32
	7	19.23	14.83	21.64	21.37	19.07	14.95	78.36	78.63	1.21
	9	15.66	17.38	25.83	37.69	21.11	13.49	74.17	62.31	1.12
	11	15.48	17.51	19.80	29.22	20.54	13.90	80.20	70.78	1.00
	13	19.69	14.51	12.12	11.93	19.51	14.63	87.88	88.07	0.92
瓷介质湿磨	5	14.09	18.51	24.06	41.13	21.81	12.99	75.94	58.87	1.00
	7	21.42	13.27	74.79	64.84	16.70	16.64	25.21	35.16	2.80
	9	19.05	14.96	66.49	71.68	21.48	13.23	33.51	28.32	1.94
	11	15.71	17.35	41.82	62.14	23.85	11.54	58.18	37.86	1.25
	13	14.26	18.38	37.72	62.88	24.31	11.21	62.28	37.12	1.11
铁介质湿磨	5	22.54	12.47	28.60	20.19	17.97	15.73	71.40	79.81	1.60
	7	22.30	12.64	65.30	49.79	15.96	17.17	34.70	50.21	2.73
	9	19.42	14.70	69.19	62.82	16.61	16.71	30.81	37.18	2.38
	11	17.58	16.01	46.35	65.20	25.19	10.58	53.65	34.80	1.37
	13	17.21	16.28	26.92	34.96	20.97	13.59	73.08	65.04	1.21

(1)采用瓷介质干磨时，pH=7 时方解石-菱镁矿的选择性指数最高，为 1.70。此时精矿中 Ca 品位为 19.24%、回收率为 45.70%，Mg 品位为 14.83%、回收率为 48.86%；尾矿中 Ca 品位为 20.51%、回收率为 54.30%，Mg 品位为 13.92%、回收率为 51.14%。采用瓷介质湿磨时，pH=7 时方解石-菱镁矿的选择性指数最高，为 2.80。此时精矿中 Ca 品位为 21.42%、回收率为 74.79%，Mg 品位为 13.27%、回收率为 64.84%；尾矿中 Ca 品位为 16.70%、回收率为 25.21%，Mg 品位为 16.64%、回收率为 35.16%。

(2)采用铁介质干磨时，pH=5 时方解石-菱镁矿的选择性指数最高，为 1.32。此时精矿中 Ca 品位为 20.78%、回收率为 22.34%，Mg 品位为 13.73%、回收率为 16.96%；尾矿中 Ca 品位为 17.37%、回收率为 77.66%，Mg 品位为 16.16%、回收率为 83.04%。采用铁介质湿磨时，pH=7 时方解石-菱镁矿的选择性指数最高，为 2.73，此时精矿中 Ca 品位为 22.30%、回收率为 65.30%，Mg 品位为 12.64%、回收率为 49.79%；尾矿中 Ca 品位为 15.96%、回收率为 34.70%，Mg 品位为 17.17%、回收率为 50.21%。

(3)方解石-菱镁矿体系中，采用油酸钠作捕收剂，瓷介质磨矿时的选择性指数略高于铁介质磨矿时的选择性指数，但是无论采用何种磨矿方式，两种矿物的分离效果都很差。

4.3.2　阳离子捕收体系

针对阳离子捕收剂(十二胺)浮选体系，研究了湿式磨矿和干式磨矿过程不同磨矿介质对四种典型碳酸盐单矿物浮选行为的影响，并对干式磨矿和湿式磨矿进行了对比分析。

1. 湿式磨矿

1)矿浆 pH 对碳酸盐矿物浮选的影响

十二胺浮选体系中分别采用铁介质和瓷介质湿磨时 pH 变化对典型碳酸盐矿物浮选的影响如图 4.20 所示。

采用瓷介质磨矿，pH 为 5 时，孔雀石的回收率为 63.95%。在 pH 7~11 范围内，孔雀石的浮选回收率都在 84%以上。在 pH 为 9 时，孔雀石的浮选回收率最高，为 90.58%。pH>11 时，孔雀石浮选回收率明显降低。pH 为 13 时，孔雀石的浮选回收率降低到 28.08%。采用铁介质磨矿，pH 为 5 时，孔雀石的回收率为 7.25%。在 pH 7~11 范围内，孔雀石的浮选回收率都在 82%以上。在 pH 为 9 时，孔雀石的浮选回收率最高，为 89%。pH>11 时，孔雀石浮选回收率明显降低。pH 为 13 时，孔雀石的浮选回收率降低到 53.18%。十二胺浮选体系中，在广泛的 pH

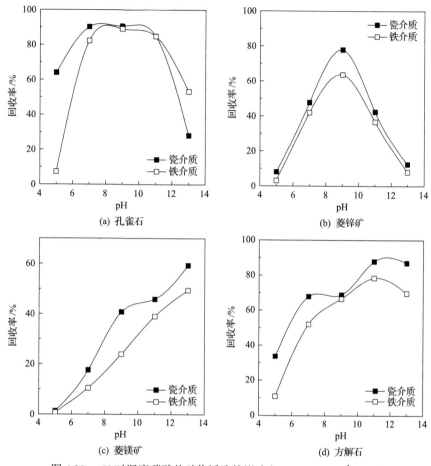

图 4.20 pH 对湿磨碳酸盐矿物浮选的影响($C_{十二胺}=1\times10^{-4}\text{mol/L}$)

范围内(pH 5~11),氧化锆球介质湿磨孔雀石的浮选回收率高于钢球介质湿磨孔雀石的浮选回收率;在 pH 7~11 间,两种磨矿方式下孔雀石的浮选回收率都较高,两者间浮选回收率差异较小。

pH=5 时,瓷介质湿磨菱锌矿的浮选回收率为 8.05%。随着 pH 的上升,菱锌矿回收率逐渐增加,pH=9 时回收率最高,为 77.86%。随着 pH 的进一步上升,菱锌矿浮选回收率开始下降,pH=13 时,菱锌矿浮选回收率降至 12.42%。pH=5 时,铁介质湿磨菱锌矿的浮选回收率为 3.13%。随着 pH 的上升,菱锌矿回收率逐渐增加,pH=9 时回收率最高,为 63.63%。随着 pH 的进一步上升,菱锌矿浮选回收率开始下降,pH=13 时,菱锌矿浮选回收率降至 7.98%。相同 pH 条件下,瓷介质湿磨菱锌矿的浮选回收率略高于铁介质湿磨菱锌矿的浮选回收率。

随着 pH 的升高,菱镁矿的浮选回收率逐渐增加,pH 由 5 升至 13,瓷介质湿磨菱镁矿的浮选回收率由 1.35%增至 59.30%,铁介质湿磨菱镁矿的浮选回收率由

0.8%增加到 49.38%。相同 pH 条件下，瓷介质湿磨菱镁矿的浮选回收率高于铁介
质湿磨菱镁矿的浮选回收率。

pH 为 5 时，瓷介质湿磨方解石的浮选回收率为 33.66%。随着 pH 的增加，方
解石回收率逐渐增加，pH=11 时，回收率达最高值，为 87.85%。随后方解石回收
率随着 pH 的升高而降低，pH=13 时，回收率为 86.98%。铁介质磨矿，pH 为 5
时，湿磨方解石的浮选回收率为 10.91%。随着 pH 的增加，方解石回收率逐渐增
加，pH=11 时，回收率达最高值，为 78.45%。随后方解石回收率随着 pH 的升高
而降低，pH=13 时，回收率为 69.62%。由图可知，在广泛的 pH 内，瓷介质湿磨
方解石的浮选回收率高于铁介质湿磨方解石的浮选回收率。

2) 十二胺浓度对碳酸盐矿物浮选的影响

不添加 pH 调整剂，十二胺浓度对典型碳酸盐矿物在不同介质湿磨后浮选的
影响如图 4.21 所示。

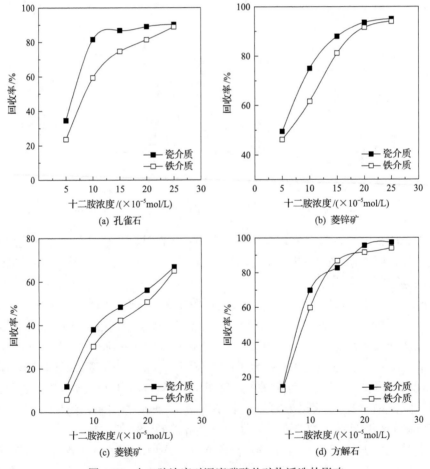

图 4.21　十二胺浓度对湿磨碳酸盐矿物浮选的影响

随着捕收剂浓度的增加，四种碳酸盐矿物的浮选回收率升高。十二胺浓度由 5×10^{-5} mol/L 增加到 2.5×10^{-4} mol/L，采用瓷介质磨矿，孔雀石、菱锌矿、菱镁矿、方解石的浮选回收率分别由 34.54%、49.49%、11.84%、14.35% 提高至 90.32%、95.01%、66.77%、97.31%。采用铁介质磨矿，孔雀石、菱锌矿、菱镁矿、方解石的浮选回收率分别由 23.62%、46.19%、5.86%、12.59% 提高至 88.8%、93.99%、64.94%、94.02%。相同药剂浓度下，瓷介质湿磨浮选回收率大多高于铁介质湿磨浮选回收率。

3）十二胺添加方式对碳酸盐矿物浮选的影响

十二胺添加方式对碳酸盐矿物在不同介质湿磨后浮选的影响如图 4.22 所示。

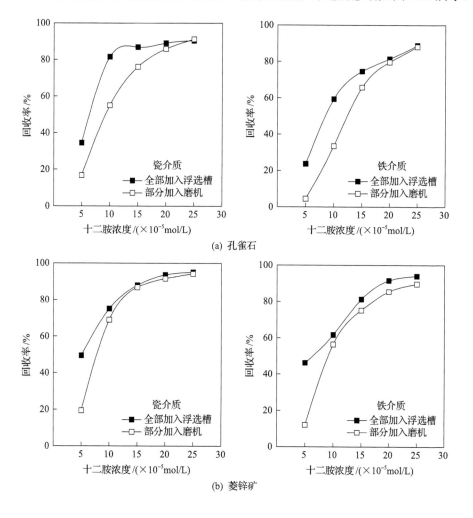

(a) 孔雀石

(b) 菱锌矿

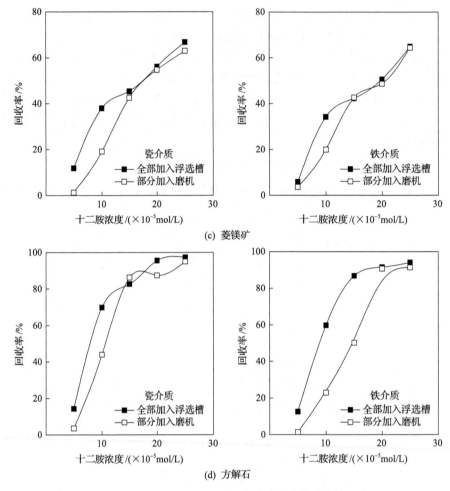

图 4.22　十二胺添加方式对湿磨碳酸盐矿物浮选的影响

　　磨矿时在磨机中预先添加部分十二胺，使浮选槽中十二胺的起始浓度为 0.5×10^{-4}mol/L，采用瓷介质磨矿，浮选槽中不补加十二胺时孔雀石的浮选回收率为 16.75%。随着向浮选槽中补加十二胺量的增加，孔雀石的浮选回收率逐步增加到 91.15%。采用铁介质磨矿，浮选槽中不补加十二胺时孔雀石的浮选回收率为 4.49%。向浮选槽中补加十二胺，孔雀石的浮选回收率逐步增加到 88.07%。无论采用瓷介质还是铁介质磨矿，在浮选槽中不补加十二胺时，孔雀石的浮选回收率都明显降低。将部分十二胺添加在磨机中的浮选效果要差于将十二胺全部加入到浮选槽中，随着十二胺补加量的增加，两者浮选回收率逐步接近。

　　浮选槽中不补加十二胺，瓷球湿磨菱锌矿的浮选回收率为 19.43%，铁介质湿磨菱锌矿的浮选回收率为 12.05%。随着浮选槽中十二胺补加量的增加，瓷介质湿磨菱锌矿的浮选回收率逐步升高到 94.17%，铁介质湿磨菱锌矿的浮选回收率逐步升高到 89.64%。无论采用何种介质磨矿，将十二胺部分补加到磨机中的菱锌矿浮选回收率都低于将十二胺全部添加到浮选槽中的菱锌矿浮选回收率。

浮选槽中不补加十二胺，瓷介质湿磨菱镁矿的浮选回收率为 1.25%，铁介质湿磨菱镁矿的浮选回收率为 3.63%。随着浮选槽中十二胺补加量的增加，瓷介质湿磨菱镁矿的浮选回收率逐步增加到 62.95%，铁介质湿磨菱镁矿的浮选回收率逐步增加到 64.34%。无论采用何种介质磨矿，将十二胺部分补加到磨机中的菱镁矿浮选回收率基本低于将十二胺全部添加到浮选槽中的菱镁矿浮选回收率。

采用瓷介质磨矿，浮选槽中不补加十二胺，方解石的浮选回收率为 3.56%。随着浮选槽中十二胺补加量的增加，方解石的浮选回收率逐步增加到 95.09%。采用铁介质磨矿，浮选槽中不补加十二胺时方解石的浮选回收率为 1.33%。向浮选槽中补加十二胺，方解石的浮选回收率逐步增加到 91.35%。两种介质湿磨条件下，将十二胺部分补加到磨机中的方解石浮选回收率大多低于将十二胺全部添加到浮选槽中的方解石浮选回收率。

4) 硫化钠浓度对菱锌矿浮选的影响

以硫化钠作为菱锌矿的活化剂，硫化钠浓度对湿磨菱锌矿浮选回收率的影响如图 4.23 所示。

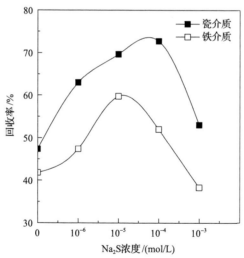

图 4.23 硫化钠浓度对湿磨菱锌矿浮选回收率的影响($C_{十二胺}=0.5\times10^{-4}\text{mol/L}$)

硫化钠浓度为 $1\times10^{-6}\text{mol/L}$ 时，瓷介质湿磨菱锌矿的浮选回收率由不添加活化剂时的 47.35%升高到 62.96%，铁介质湿磨菱锌矿的浮选回收率由不添加活化剂时的 41.81%升高到 47.39%。硫化钠浓度超过 $1\times10^{-4}\text{mol/L}$ 时，瓷介质湿磨菱锌矿的浮选回收率开始下降，而铁介质湿磨菱锌矿的回收率在硫化钠浓度大于 $1\times10^{-5}\text{mol/L}$ 时就开始下降。相同药剂浓度下，硫化钠对瓷介质湿磨菱锌矿的活化效果优于对铁介质湿磨菱锌矿的活化效果。

5) 硫化钠添加方式对菱锌矿浮选的影响

以硫化钠作为菱锌矿的活化剂，硫化钠的添加方式对不同介质湿磨菱锌矿浮选的影响如图 4.24 所示。

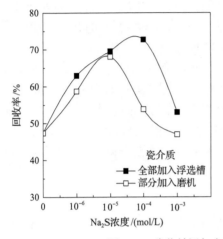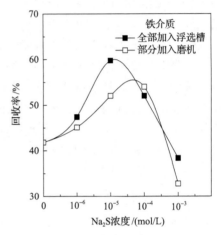

图 4.24　硫化钠添加方式对菱锌矿浮选的影响

在磨机中预先添加部分硫化钠并向浮选槽中补加硫化钠，使浮选槽中硫化钠初始浓度由 1×10^{-6}mol/L 增加到 1×10^{-5}mol/L，瓷介质湿磨菱锌矿的浮选回收率由 58.72% 增加到 68.07%。随着硫化钠浓度的进一步增加，菱锌矿的浮选回收率开始下降。在磨机中预先添加部分硫化钠并向浮选槽中补加硫化钠，使浮选槽中硫化钠初始浓度由 1×10^{-6}mol/L 增加到 1×10^{-4}mol/L，铁介质湿磨菱锌矿的浮选回收率由 45.11% 提高到 54%。随着硫化钠浓度的进一步增加，菱锌矿的浮选回收率开始下降。将硫化钠直接添加在浮选槽中，对瓷介质和铁介质湿磨菱锌矿的活化作用大多好于将部分硫化钠预先添加到磨机中。

6) 乙二胺浓度对菱锌矿浮选的影响

以乙二胺作为菱锌矿的活化剂，乙二胺浓度对湿磨菱锌矿浮选回收率的影响如图 4.25 所示。

乙二胺浓度为 1×10^{-5}mol/L 时，瓷介质湿磨菱锌矿的浮选回收率由不添加活化剂时的 49.97% 升高到 68.51%，铁介质湿磨菱锌矿的浮选回收率由不添加活化剂时的 46.28% 升高到 55.89%。随着乙二胺用量增加，菱锌矿的浮选回收率逐渐升高，乙二胺浓度为 5×10^{-5}mol/L 时，两种介质湿磨菱锌矿的回收率最高，分别为 77.59% 和 73.66%。随着乙二胺浓度的进一步增加，湿磨菱锌矿回收率开始下降。相同药剂浓度下，乙二胺对瓷介质湿磨菱锌矿的活化效果优于对铁介质湿磨菱锌矿的活化效果。

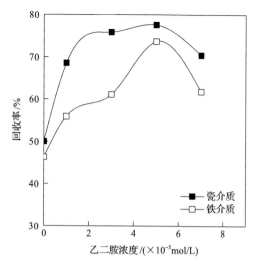

图 4.25　乙二胺浓度对湿磨菱锌矿浮选回收率的影响

7) 乙二胺添加方式对菱锌矿浮选的影响

乙二胺的添加方式对不同介质湿磨菱锌矿浮选的影响如图 4.26 所示。

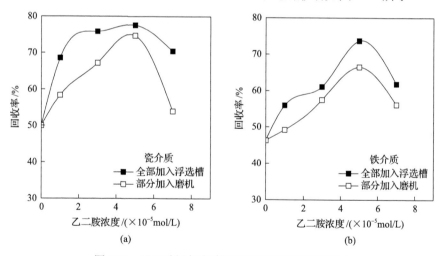

图 4.26　乙二胺添加方式对湿磨菱锌矿浮选的影响

在磨机中预先添加部分乙二胺并向浮选槽中补加用量，使浮选槽中乙二胺初始浓度由 $1×10^{-5}$mol/L 增加到 $5×10^{-5}$mol/L，瓷介质湿磨菱锌矿的浮选回收率由 58.34%增加到 74.68%，铁介质湿磨菱锌矿的浮选回收率由 49.17%提高到 66.47%。随着乙二胺用量的进一步增加，两种介质湿磨菱锌矿的浮选回收率都有所下降。将乙二胺直接添加在浮选槽中，对瓷介质和铁介质湿磨菱锌矿的活化作用均好于将部分乙二胺预先添加到磨机中。

2. 干式磨矿

1) 矿浆 pH 对碳酸盐矿物浮选的影响

用十二胺作捕收剂浮选孔雀石，十二胺用量为 1×10^{-4}mol/L 时，pH 对不同介质干磨孔雀石浮选回收率的影响如图 4.27 所示。

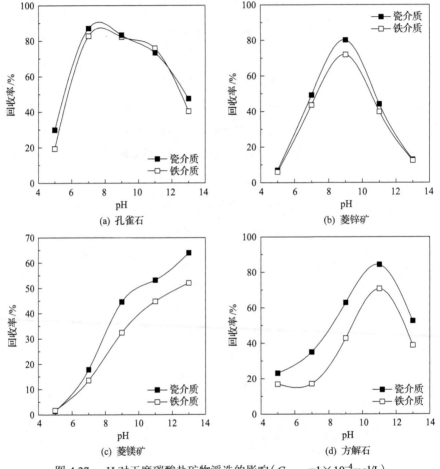

图 4.27　pH 对干磨碳酸盐矿物浮选的影响（$C_{十二胺} = 1 \times 10^{-4}$mol/L）

用十二胺浮选孔雀石，pH=5 时，瓷介质干磨孔雀石的浮选回收率为 29.9%。当 pH 增加到 7 时，孔雀石浮选回收率达到最高，为 87.05%。随着 pH 的进一步增加，孔雀石回收率逐渐降低，pH=13 时，回收率降至 47.48%。pH=5 时，铁介质干磨孔雀石的浮选回收率为 19.38%。当 pH 增加到 7 时，孔雀石浮选回收率达到最高，为 82.66%。随着 pH 的进一步增加，孔雀石回收率逐渐降低，pH=13 时，回收率降至 40.34%。在广泛的 pH 范围内，瓷介质干磨孔雀石浮选回收率大多略高于铁介质干磨孔雀石的浮选回收率。

pH=5 时，瓷介质干磨菱锌矿的浮选回收率为 6.96%。随着 pH 的上升，菱锌矿回收率逐渐增加，pH=9 时回收率最高，为 80.14%。随着 pH 的进一步上升，菱锌矿浮选回收率开始下降，pH=13 时，菱锌矿浮选回收率降至 12.88%。pH=5 时，铁介质干磨菱锌矿的浮选回收率为 5.86%。随着 pH 的上升，菱锌矿回收率也逐渐增加，pH=9 时回收率最高，为 71.87%。随着 pH 的进一步上升，菱锌矿浮选回收率开始下降，pH=13 时，菱锌矿浮选回收率降至 12.48%。相同 pH 条件下，瓷介质干磨菱锌矿的浮选回收率略高于铁介质干磨菱锌矿的浮选回收率。

随着 pH 的升高，干磨菱镁矿的浮选回收率逐渐增加，pH 由 5 升至 13，瓷介质干磨菱镁矿的浮选回收率由 1.47% 增至 63.88%，铁介质干磨菱镁矿的浮选回收率由 1.66% 增加到 52.01%。相同 pH 条件下，瓷介质干磨菱镁矿的浮选回收率高于铁介质干磨菱镁矿的浮选回收率。

pH 为 5 时，瓷介质干磨方解石的浮选回收率为 23.09%。随着 pH 的上升，方解石回收率逐渐增加，pH=11 时，回收率达最高值，为 84.24%。随后方解石回收率随着 pH 的升高而降低，pH=13 时，回收率降为 52.48%。pH 为 5 时，铁介质干磨方解石的浮选回收率为 16.92%。随着 pH 的上升，方解石回收率逐渐增加，pH=11 时，回收率达最高值，为 70.41%。随后方解石回收率随着 pH 的升高而降低，pH=13 时，回收率降为 38.78%。由图可知，相同 pH 条件下，瓷介质干磨方解石的浮选回收率高于铁介质干磨方解石的浮选回收率。

2）十二胺浓度对碳酸盐矿物浮选的影响

不添加 pH 调整剂，浮选槽中十二胺浓度对不同介质干磨碳酸盐矿物浮选回收率的影响如图 4.28 所示。

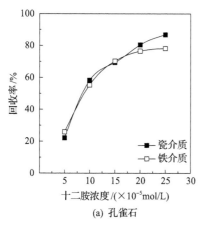

(a) 孔雀石

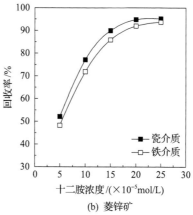

(b) 菱锌矿

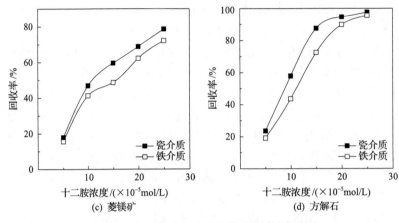

(c) 菱镁矿　　　　　　　　　　(d) 方解石

图 4.28　十二胺浓度对碳酸盐矿物浮选的影响

随着捕收剂用量的增加，两种介质干磨碳酸盐矿物的浮选回收率增加。十二胺浓度由 5×10^{-5}mol/L 增加到 2.5×10^{-4}mol/L，瓷介质干磨孔雀石、菱锌矿、菱镁矿、方解石的浮选回收率分别由 22.11%、52.10%、17.9%、23.54%提高至 86.7%、95.15%、78.6%、97.56%，铁介质干磨孔雀石、菱锌矿、菱镁矿、方解石的浮选回收率分别由 25.87%、48.28%、15.55%、19.1%提高至 78.12%、93.66%、72.12%、95.55%。低捕收剂用量条件下，两种介质干磨孔雀石浮选回收率差异较小。在高用量条件下，瓷介质干磨孔雀石的回收率略高于铁介质干磨孔雀石的浮选回收率。相同药剂浓度下，其他三种碳酸盐矿物瓷介质干磨的浮选回收率高于铁介质干磨。

3) 硫化钠浓度对菱锌矿浮选的影响

以硫化钠作为菱锌矿的活化剂，浮选槽中硫化钠浓度对干磨菱锌矿浮选回收率的影响如图 4.29 所示。

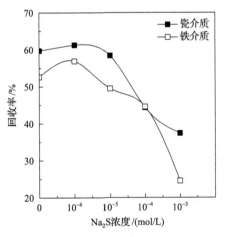

图 4.29　硫化钠浓度对干磨菱锌矿浮选回收率的影响

十二胺浮选体系中，硫化钠对干磨菱锌矿的活化作用不明显，硫化钠浓度为 1×10^{-6}mol/L 时，瓷介质干磨菱锌矿的浮选回收率由不添加活化剂时的59.71%升高到 61.26%，铁介质干磨菱锌矿的浮选回收率由不添加活化剂时的52.57%升高到 56.92%。随着硫化钠浓度进一步增加，两种介质干磨菱锌矿的浮选回收率开始下降，硫化钠浓度超过 1×10^{-5}mol/L 时，硫化钠对干磨菱锌矿产生抑制作用。

4）乙二胺浓度对菱锌矿浮选的影响

以乙二胺作为菱锌矿的活化剂，浮选槽中乙二胺浓度对干磨菱锌矿浮选回收率的影响如图 4.30 所示。

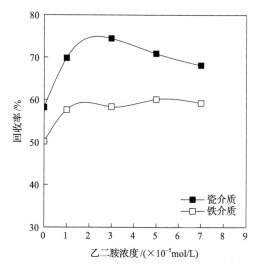

图 4.30　乙二胺浓度对干磨菱锌矿浮选回收率的影响

乙二胺浓度为 1×10^{-5}mol/L 时，瓷介质干磨菱锌矿的浮选回收率由不添加活化剂时的 58.18%升高到 69.84%，铁介质干磨菱锌矿的浮选回收率由不添加活化剂时的 50.18%升高到 57.62%。随着乙二胺用量增加，菱锌矿的浮选回收率逐渐升高，乙二胺浓度为 3×10^{-5}mol/L 时瓷介质干磨菱锌矿的浮选回收率达到最高值，为 74.42%，乙二胺浓度为 5×10^{-5}mol/L 时铁介质干磨菱锌矿的浮选回收率达到最高值，为 60.06%。随着乙二胺用量的进一步增加，干磨菱锌矿浮选回收率开始下降。相同药剂浓度下，乙二胺对瓷介质干磨菱锌矿的活化效果略优于对铁介质磨矿的活化效果。

3. 干、湿磨对比

1）不同磨矿方式下 pH 对孔雀石浮选的影响

pH 对不同介质干、湿磨碳酸盐矿物浮选回收率的影响如图 4.31 所示。

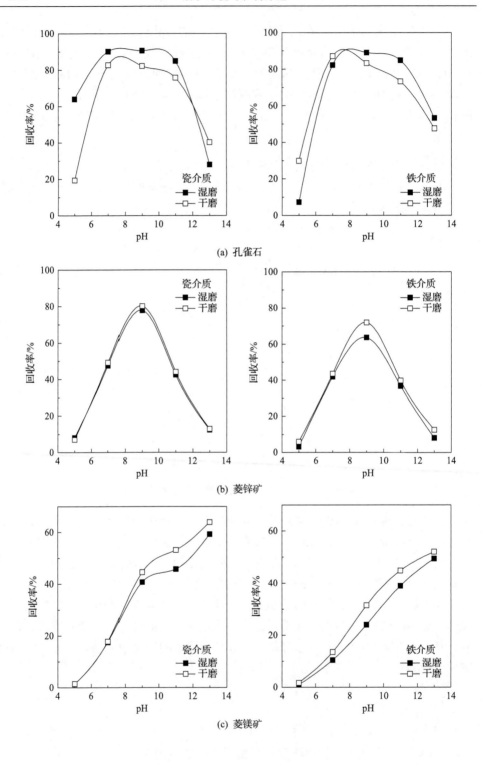

(a) 孔雀石

(b) 菱锌矿

(c) 菱镁矿

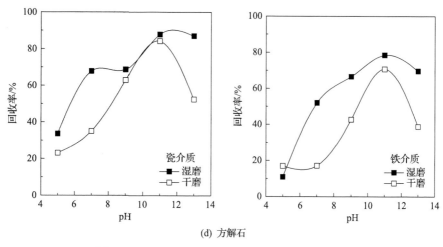

(d) 方解石

图 4.31　不同磨矿方式下 pH 对浮选回收率的影响

采用瓷介质磨矿，pH 为 5～12 范围内，湿磨孔雀石的浮选回收率高于干磨孔雀石的浮选回收率。采用铁介质磨矿，pH 为 8～13 范围内，湿磨孔雀石的浮选回收率高于干磨孔雀石的浮选回收率。相同 pH 条件下，无论是采用瓷介质还是铁介质磨矿，干磨菱锌矿和湿磨菱锌矿浮选回收率相近，干磨菱锌矿略高于湿磨菱锌矿。无论是采用瓷介质还是铁介质磨矿，干磨菱镁矿的浮选回收率都高于湿磨菱镁矿的浮选回收率，湿磨方解石的浮选回收率都高于干磨方解石的浮选回收率。

2) 不同磨矿方式下十二胺浓度对碳酸盐矿物浮选的影响

十二胺浓度对不同介质干、湿磨碳酸盐矿物浮选回收率的影响如图 4.32 所示。

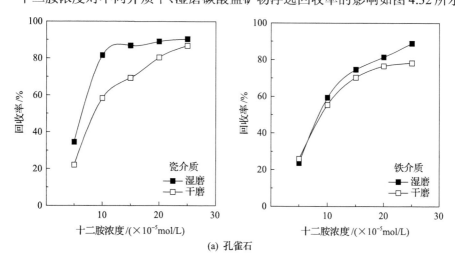

(a) 孔雀石

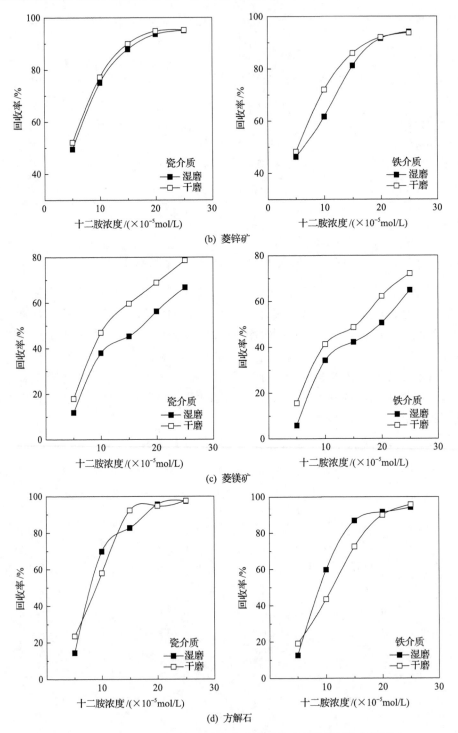

图 4.32　不同磨矿方式下十二胺浓度对碳酸盐矿物浮选回收率的影响

在十二胺浮选体系中，相同捕收剂用量条件下，无论是采用瓷介质还是采用铁介质磨矿，湿磨孔雀石的浮选回收率都高于干磨孔雀石的浮选回收率。与孔雀石相反，无论是采用瓷介质还是铁介质磨矿，相同捕收剂用量条件下，干磨菱锌矿和菱镁矿的浮选回收率高于湿磨。采用瓷介质磨矿，干磨方解石与湿磨方解石的浮选回收率差异较小，湿磨方解石的浮选回收率略高于干磨方解石的浮选回收率。采用铁介质磨矿，湿磨方解石的浮选回收率高于干磨方解石的浮选回收率。

3) 不同磨矿方式下硫化钠浓度对菱锌矿浮选的影响

以硫化钠作为菱锌矿的活化剂，硫化钠浓度对干、湿磨菱锌矿浮选回收率的影响如图 4.33 所示。相同用量条件下，无论是采用瓷介质还是铁介质磨矿，硫化钠对湿磨菱锌矿的活化作用大多好于对干磨菱锌矿的活化作用。

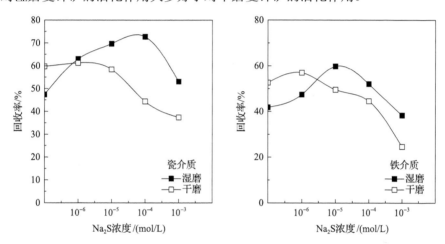

图 4.33　不同磨矿方式下硫化钠浓度对菱锌矿浮选回收率的影响

4) 不同磨矿方式下乙二胺浓度对菱锌矿浮选的影响

以乙二胺作为菱锌矿的活化剂，乙二胺浓度对干、湿磨菱锌矿浮选回收率的影响如图 4.34 所示。相同用量条件下，无论是采用瓷介质还是铁介质磨矿，乙二胺对湿磨菱锌矿的活化作用大多好于对干磨菱锌矿的活化作用。

4.3.3　磨矿环境影响碳酸盐矿物浮选行为的机理

1. 捕收剂与碳酸盐矿物作用机理分析

1) 油酸钠与矿物作用机理分析

晶体结构是矿物表面解离及化学键断裂的根本原因，继而又造成矿物表面特性的差异。

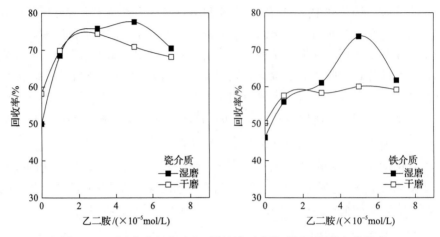

图 4.34　不同磨矿方式下乙二胺浓度对菱锌矿浮选回收率的影响

　　方解石、菱镁矿、菱锌矿同属方解石族碳酸盐，具有相似的晶体结构，属三方晶系，$Ca^{2+}(Mg^{2+},Zn^{2+})$ 的配位数为 6，每个 $Ca^{2+}(Mg^{2+},Zn^{2+})$ 为 6 个来自 $[CO_3]^{2-}$ 的氧所包围，络阴离子自身内的 C^{4+} 和 O^{2-} 之间主要依靠共价键结合，而与阳离子 $Ca^{2+}(Mg^{2+},Zn^{2+})$ 则为离子键结合[1]。方解石的晶体结构如图 4.35 所示。碳酸根中 C—O 键(0.1282nm)的键长较小，键强较大，在矿物解离时，C—O 键极难断裂。相对而言，Ca—O 键(0.2360nm)、Mg—O(0.2087nm)键和 Zn—O 键(0.197nm)的键长远大于 C—O 键，平均键强较弱，因此在方解石、菱镁矿、菱锌矿破碎解离过程中，晶格中大量断裂的是金属阳离子与氧离子之间的离子键，即 Ca—O(Mg—O，Zn—O)键，破碎后的表面主要为 Ca(Mg，Zn)和 CO_3 的残余键。

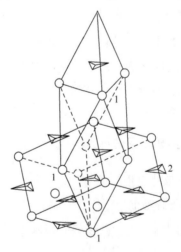

图 4.35　方解石的晶体结构
1. Ca；2. CO_3

孔雀石属孔雀石族碳酸盐，单斜晶系。Cu^{2+} 有两种形式，CuⅠ被分别来自 4 个 $[CO_3]^{2-}$ 的 4 个氧原子和 2 个 $[OH]^-$ 围绕，来自 $[CO_3]^{2-}$ 的 4 个氧原子与 CuⅠ分布在一个近正方形的平面内。CuⅡ被 4 个 $[OH]^-$ 和 2 个来自 $[CO_3]^{2-}$ 的氧原子围绕，其中 2 个 $[OH]^-$ 和 2 个来自 $[CO_3]^{2-}$ 的氧原子与 CuⅡ大约分布在一个近正方形的平面内。围绕 CuⅠ的其他两个氧原子(OH)，与 Cu 原子的距离较远。Cu 的配位数为 6，其配位多面体呈拉长的歪曲的八面体。在孔雀石结构中，CuⅠ八面体及 CuⅡ八面体都顺着 c 轴以共棱方式连接成键，它决定了孔雀石具有柱状或纤维状的形状及平行 $\{201\}$，$\{010\}$ 面的完全解理。孔雀石的晶体结构如图 4.36 所示。在碎磨过程中，孔雀石的解离主要是通过 $Cu-CO_3$、$Cu-OH$ 的 $Cu-O$ 键断裂来实现，破碎后的表面存在 Cu、CO_3，OH 等残余键。

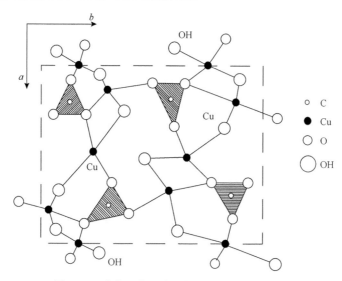

图 4.36　孔雀石的晶体结构($\{001\}$ 面上的投影)

矿物可浮性直接受断裂面上离子活性质点所支配，金属阳离子是碳酸盐类矿物表面直接与阴离子捕收剂发生吸附作用的活性质点，在讨论油酸根阴离子与矿物表面的作用方式时，需要对矿物的溶解以及表面离子组成的影响加以考虑。

据矿物磨碎时结晶构造分析可以看到，在解离面上将有化学键发生断裂，这种不饱和的键最终导致矿物与各种药剂的相互作用，包括与水及氧发生反应。破碎后的碳酸盐新生表面由于残余键的存在具有较高的反应活性，在纯水中时在极性水分子的作用下，发生一系列的化学反应[1]，根据菱锌矿在水中的溶解平衡，可以绘出菱锌矿的溶解度对数图(图 4.37)。

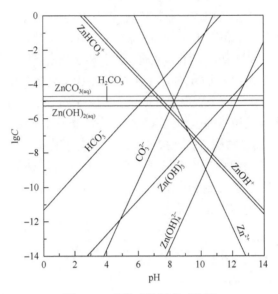

图 4.37　菱锌矿溶解度对数图

　　同理，根据方解石、菱镁矿、孔雀石的溶解平衡，可以绘出方解石、菱镁矿、孔雀石的溶解度对数图，如图 4.38～图 4.40 所示。大多数盐类矿物阳离子的正一价组分与矿物阴离子的负一价组分浓度相等的 pH，对应盐类矿物的 PZC，由此得出各种矿物的零电点的理论值及在不同 pH 下的优势离子组分，见表 4.11。

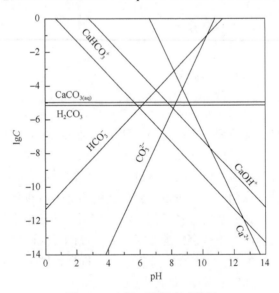

图 4.38　方解石溶解度对数图

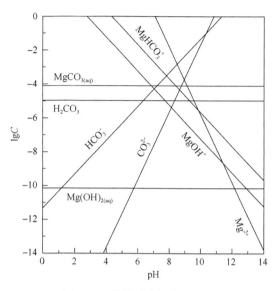

图 4.39　菱镁矿溶解度对数图

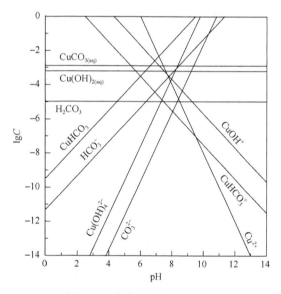

图 4.40　孔雀石溶解度对数图

表 4.11　碳酸盐矿物矿浆中的离子组分

矿物	PZC 理论值	PZC 试验值	优势离子组分 (pH<PZC)	优势离子组分 (pH>PZC)
菱锌矿	7.6	7.4	$ZnHCO_3^+$、$ZnOH^+$、Zn^{2+}	HCO_3^-、CO_3^{2-}
方解石	8.4	8.7	$CaHCO_3^+$、$CaOH^+$、Ca^{2+}	HCO_3^-、CO_3^{2-}
菱镁矿	7.0	6.9	$MgHCO_3^+$、$MgOH^+$、Mg^{2+}	HCO_3^-、CO_3^{2-}
孔雀石	7.8	8.1	$CuHCO_3^+$、$CuOH^+$、Cu^{2+}	HCO_3^-、CO_3^{2-}

图 4.37~图 4.40 和表 4.11 的结果表明，菱锌矿、方解石、菱镁矿、孔雀石的零电点的理论值分别为 7.6、8.4、7.0、7.8，与瓷介质湿磨条件下由 ζ 电位测得的 PZC 值相接近。中强碱性条件下，矿浆溶液中的优势组分为 HCO_3^-、CO_3^{2-}，在弱碱性或酸性条件下 Me^{2+}、$MeOH^+$、$MeHCO_3^+$ 等为优势组分。

浮选试验结果表明，孔雀石、菱镁矿、菱锌矿、方解石分别在 pH 9 或 11 达到浮选回收率的最高值，浮选回收率的最高值大于其各自的零电点，此时矿物表面荷负电，而油酸钠在该 pH 范围内主要以 Ol^- 和 $(Ol)_2^{2-}$ 状态存在，从静电力的角度来说，油酸根应该与矿物表面互相排斥，但四种矿物在该 pH 范围内仍有较好的可浮性，说明油酸根能克服静电斥力而吸附在矿物表面上，这显然是一种与静电物理吸附完全不同的化学吸附，最佳浮选 pH 与矿物表面电性没有一定的对应关系。这是因为虽然矿物表面荷负电，但表面晶格中依然有 Cu^{2+}、Zn^{2+}、Mg^{2+}、Ca^{2+} 等正电区存在，Ol^- 很容易克服静电势能，在矿物表面形成化学吸附，与晶格阳离子形成难溶的油酸盐。也有文献报道 Ol^- 通过离子交换过程置换晶格表面的 CO_3^{2-}，发生离子交换吸附[2,3]，可能的反应为

$$MeCO_3 + 2Ol^- \rightleftharpoons Me(Ol)_2 + CO_3^{2-} \tag{4.1}$$

当矿浆 pH 小于孔雀石、菱镁矿、菱锌矿、方解石的零电点时，矿物表面带正电，油酸钠主要依靠静电作用吸附在带正电的矿物表面。在强酸性介质中，矿物的溶解度增大，矿浆中 Me^{2+} 增加，与油酸根反应生成沉淀物，消耗了大量的油酸钠，使得它们的浮游率下降。

2) 十二胺与矿物作用机理分析

当 pH>PZC 时，碳酸盐矿物表面荷负电，此时四种碳酸盐的可浮性较好，其各自浮选回收率的峰值也出现在该 pH 范围内，此时胺离子在溶液中占优势，十二胺与矿物表面的相互作用主要是由胺的阳离子 RNH_3^+ 或 $RNH_2 \cdot RNH_3^+$ 在矿物表面双电层依靠静电力吸附在荷负电的碳酸盐矿物表面，从而使碳酸盐矿物可浮。

pH=11 的强碱性介质中十二胺以 RNH_2 为主要存在形式，RNH_3^+ 的浓度低于 RNH_2，此时方解石的浮选回收率出现最大值，说明胺分子和胺离子能在碳酸盐矿物表面产生共吸附，这种共吸附是胺分子或胺离子的非极性基发生相互缔合作用引起的。强碱性条件下胺分子在碳酸盐矿物表面的吸附也有可能是 RNH_2 中的氮与矿物表面的金属阳离子生成了络合物。

当 pH<PZC 时，碳酸盐类矿物带正电，在该 pH 范围内，碳酸盐矿物仍有一定的浮游性，说明捕收剂十二胺在矿物表面发生了吸附，这可能归因于胺阳离子 RNH_3^+ 与碳酸盐类矿物表面阴离子反应生成盐[4]。反应机理为

$$RNH_3^+ + HCO_3^- \rightleftharpoons RNH_3HCO_3 \tag{4.2}$$

$$2RNH_3^+ + CO_3^{2-} \Longrightarrow (RNH_3)_2 HCO_3 \qquad (4.3)$$

2. 磨矿介质影响矿物浮选行为的机理分析

1) 磨矿过程中铁介质的磨损及腐蚀机理

(1) 铁介质磨损机理。

铁介质的磨损主要是由冲击、磨剥、摩擦、疲劳等机械作用所引起的[5-7]。磨矿过程中铁介质与被磨物料、铁介质与铁介质之间发生冲击碰撞是不可避免的，每次冲击碰撞实际上都伴随着能量的转移和消耗。Krushchov 等[7]认为冲击能量中仅有极少部分用于物料的破碎，其余部分消耗在铁介质磨损与破坏失效上(或以热能、声能的形式散耗)。

由于作者研究使用的辊式磨矿机转速低，磨矿罐体积较小，在磨矿过程中的冲击磨损较少，主要发生磨矿介质与磨矿介质间和介质与矿物间的磨剥和摩擦作用。当磨矿介质表面与其他固体表面相互作用时，在摩擦力作用下，部分材料脱落成为游离的磨屑，从而使磨矿介质表面材料发生损耗。1950 年，Bowden 等提出了摩擦的黏着和犁沟理论[8]：当两个无润滑表面做相对运动时，产生的摩擦力由两个主要因素构成，一个因素是黏着，发生在两个表面的接触区；另一个是犁沟或变形。

在矿物的干磨过程中，由于缺乏水介质的活化作用，铁介质主要发生磨损作用，在磨损过程中产生铁介质的金属粉末，其磨损程度与被磨物料的硬度有关，随着矿物硬度的提高，则铁介质的磨损率增加。而在湿磨过程中，铁介质除了发生磨损作用，还存在腐蚀作用。

(2) 铁介质腐蚀机理。

铁介质腐蚀的实质就是铁介质表面金属材料与周围介质之间所发生的氧化还原反应，其可分为化学腐蚀和电化学腐蚀。

在湿式磨矿过程中，铁介质与物料、铁介质与铁介质之间的相互冲击和磨剥作用，使得铁介质产生机械磨损，不断暴露出新鲜表面，成为电化学/化学活性区域，为电化学腐蚀和化学腐蚀提供了前提条件。在液、固、气三相磨矿体系中，铁介质一方面因表面磨损的不均匀性及其接触界面电化学性质的差异而形成腐蚀原电池，产生电化学腐蚀；另一方面由于铁介质与矿浆中的溶解氧或其他化学组分发生化学反应，产生化学腐蚀，从而在铁介质表面上形成腐蚀产物。

电化学腐蚀是指铁介质表面与矿浆溶液发生电化学反应而产生的腐蚀作用。在铁介质的电化学腐蚀过程中，氧化还原反应是通过阳极反应和阴极反应同时而分别地进行的，类似于原电池的工作过程。加拿大腐蚀研究所 Hoey 等[9]提出了铁介质电化学腐蚀的两种机理模型。

i) 磨损差异腐蚀。

铁介质表面磨损的不均匀性使同一铁介质表面存在氧化区域和新鲜活性区域，新鲜活性区域的静电位相对较低，氧化区域的静电位相对较高，从而形成磨损差异电池。在磨损差异电池中，铁介质被机械磨损后露出新鲜表面，铁原子失去电子而荷正电，构成阳极区；未磨损氧化区域为阴极，界面电位差使磨损区域的金属铁被腐蚀，电极反应为[10]

$$\text{阳极反应：} \quad Fe \longrightarrow Fe^{2+} + 2e \tag{4.4}$$

$$\text{阴极反应：} \quad 1/2O_2 + H_2O + 2e \longrightarrow 2OH^- \tag{4.5}$$

$$\text{电池反应：} \quad Fe + 1/2O_2 + H_2O \longrightarrow Fe^{2+} + 2OH^- \tag{4.6}$$

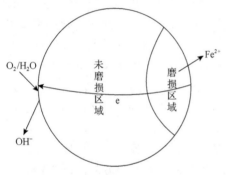

图 4.41　磨损差异腐蚀模型

磨损差异腐蚀模型如图 4.41 所示。

ii) 电偶腐蚀。

铁介质与被磨矿物接触时，由于矿物与介质表面电位的差异而形成腐蚀电偶，由此引起的铁介质腐蚀称为电偶腐蚀(Galvanic corrosion)或接触腐蚀。

在湿式磨矿体系中，当铁介质与不同矿物相互接触时，由于它们的表面静电位不同，接触面上就有电流从电位较高的矿物流向电位较低的钢球，构成了电偶腐蚀原电池[11,12]。此时电位较低的铁介质作为阳极发生氧化反应，电位较高的矿物作为阴极在其表面发生氧气或氧化态物质的还原反应，从而发生电偶(Galvanic 电偶)腐蚀，导致磨矿介质表面不断被腐蚀溶解。由于碳酸盐不具有还原性，因此在阴极主要发生的是氧气的还原反应。其腐蚀模型如图 4.42 所示。

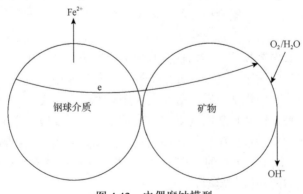

图 4.42　电偶腐蚀模型

在铁介质腐蚀过程中，Fe 发生氧化，Fe^{2+} 并不是铁介质自身氧化的最终产物，在磨矿体系中还会存在如下一些平衡关系：

$$Fe^{2+} + 2H_2O \Longrightarrow Fe(OH)_2 + 2H^+ \quad pH^{\ominus} = 6.65 \tag{4.7}$$

$$Fe^{2+} \Longrightarrow Fe^{3+} + e \quad Eh^{\ominus} = 0.771V \tag{4.8}$$

$$Fe^{3+} + 3H_2O \Longrightarrow Fe(OH)_3 + 3H^+ \quad pH^{\ominus} = 1.53 \tag{4.9}$$

$$Fe^{2+} + 3H_2O \Longrightarrow Fe(OH)_3 + 3H^+ + e \quad Eh^{\ominus} = 1.06V \tag{4.10}$$

$$Fe(OH)_2 + H_2O \Longrightarrow Fe(OH)_3 + H^+ + e \quad Eh^{\ominus} = 0.257V \tag{4.11}$$

$$Fe + 2H_2O \Longrightarrow Fe(OH)_2 + 2H^+ + 2e \quad Eh^{\ominus} = -0.047V \tag{4.12}$$

由以上平衡关系，可以绘制出 $Fe-H_2O$ 体系的 Eh-pH 图，如图 4.43 所示。根据 $Fe-H_2O$ 体系的 Eh-pH 图，由试验测得的铁介质磨矿后的矿浆氧化还原电位和 pH，可推测出在铁介质磨矿后矿浆中 Fe 元素的存在形式。

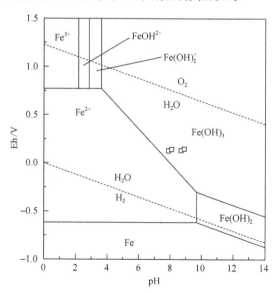

图 4.43　$Fe-H_2O$ 体系的 Eh-pH 图
□ 表示四种矿物铁介质磨矿条件下的(Eh, pH)值

由图 4.43 可知，四种矿物经铁介质湿磨后的矿浆 Eh-pH 条件基本上落于 $Fe-H_2O$ 体系的 Eh-pH 图 $Fe(OH)_3$ 稳定区域。这说明四种矿物在铁介质湿磨后的

矿浆中 Fe 主要以 $Fe(OH)_3$ 相存在,还可能有少量的 Fe^{2+} 存在。由四种矿物的 XPS 表面分析结果可知,在四种矿物经铁介质湿磨后的矿物表面有铁(III)的氧化物 (Fe_2O_3) 或羟基氧化物(FeOOH)存在,这可能是矿浆溶液中产生的 $Fe(OH)_3$ 在矿物表面发生了吸附,经过一系列反应后形成的。

2)铁介质磨矿对油酸钠浮选体系影响机理探讨

由上面的分析可知,铁介质湿磨过程中,铁介质发生化学腐蚀或电化学腐蚀,Fe 在腐蚀过程中发生氧化,根据四种矿物矿浆体系的 Eh-pH 条件可知,矿浆中 Fe 主要是以 $Fe(OH)_3$ 相存在,同时可能存在少量的 Fe^{2+}。

油酸钠浮选体系中,四种碳酸盐矿物经铁介质磨矿后浮游性变差,主要可能归因于以下两个方面:

(1)采用铁介质磨矿后,铁介质发生电化学腐蚀等一系列反应,在矿浆中形成 $Fe(OH)_3$,可能降低碳酸盐矿物的浮游性。

$Fe(OH)_3$ 在碳酸盐矿物表面吸附对其产生的影响可能有两个,一个影响是减少矿物表面的活性区域,对碳酸盐矿物而言,表面的活性区域即金属阳离子区域。

油酸钠主要通过与碳酸盐表面的金属阳离子发生化学键合,在碳酸盐表面上发生化学吸附,对碳酸盐产生捕收作用。因此碳酸盐表面上金属阳离子的相对含量及存在形式很大程度上影响着碳酸盐在油酸钠体系中的浮游性。碳酸盐矿物表面阴离子与金属阳离子的相对密度($\sum O^{2-}/\sum M^{n+}$)一定程度上反映了矿物表面阳离子活性质点的相对含量,对碳酸盐矿物的阴离子浮选有着重要的意义。根据 XPS 表面元素检测结果计算出碳酸盐矿物表面阴离子与金属阳离子的相对密度,见表 4.12。由表 4.12 数据可知,铁介质磨矿后表面金属阳离子的相对含量降低,表面阴离子与金属阳离子的相对密度($\sum O^{2-}/\sum M^{n+}$)升高,这可能归因于 $Fe(OH)_3$ 在碳酸盐矿物表面的吸附,导致碳酸盐矿物表面可以吸附油酸根阴离子的活性质点相对含量减少。表面阳离子相对含量降低,会在一定程度上降低阴离子捕收剂油酸钠在碳酸盐矿物表面的吸附量,从而使其浮选回收率降低。

表 4.12　不同磨矿方式下碳酸盐矿物表面阴阳离子相对密度

磨矿方式	$\sum O^{2-}/\sum M^{n+}$			
	孔雀石	方解石	菱锌矿	菱镁矿
瓷介质干磨	3.10	2.77	3.35	4.25
铁介质干磨	3.11	3.02	3.75	4.57
瓷介质湿磨	2.96	2.9	2.9	2.58
铁介质湿磨	3.23	3.24	3.13	3.41

另一个影响是使碳酸盐矿物表面或多或少具有其他矿物的性质，就 $Fe(OH)_3$ 而言，就是使碳酸盐矿物表面部分地具有 $Fe(OH)_3$ 非晶态胶体的性质，$Fe(OH)_3$ 非晶态胶体的浮游性比碳酸盐的浮游性差，则会对碳酸盐的油酸钠浮选产生抑制作用。因此 $Fe(OH)_3$ 在碳酸盐矿物表面的吸附可能是导致碳酸盐矿物的可浮性下降的原因之一。

(2) 采用铁介质湿磨后，矿浆中金属离子浓度有所增加。这是因为铁介质磨矿过程中，铁发生氧化，产生了较多的 OH^-，OH^- 与矿物晶格中的阳离子作用，从而使晶格中的金属离子较多进入溶液中。溶液中较多的金属阳离子将与油酸根反应生成沉淀物，消耗油酸钠从而使油酸钠用量增加；同时溶液中存在的可溶性铁组分，根据 Fe-H$_2$O 体系的 Eh-pH 图及 1×10^{-4} mol/L（由试验检测的 TFe 浓度范围设定）Fe^{3+} 和 Fe^{2+} 的浓度对数图（图 4.44、图 4.45）可以推断，在磨矿后矿浆 pH 条件下，矿浆溶液中的可溶性铁组分应该以 Fe^{2+} 及其羟基络合物为主，Fe^{2+} 及其羟基络合物也可能与油酸钠反应生成油酸盐，消耗一定量的油酸钠，导致碳酸盐矿物采用铁介质磨矿浮选回收率降低。

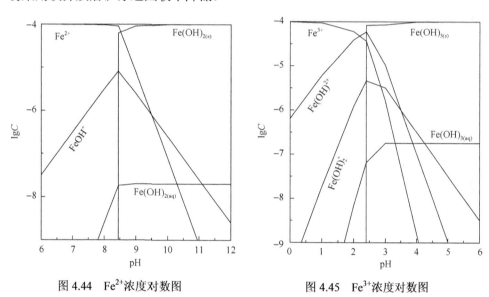

图 4.44　Fe^{2+} 浓度对数图　　　　　　图 4.45　Fe^{3+} 浓度对数图

3) 铁介质磨矿对十二胺浮选体系影响机理探讨

十二胺浮选体系中，铁介质磨矿对四种矿物的浮选都产生不同程度的抑制作用。十二胺在几种矿物表面以静电吸附为主，其表面 ζ 电位与矿物的可浮性有着密切的联系。对四种矿物在不同介质湿磨后的 ζ 电位进行了测定，结果如图 4.46～图 4.49 所示。

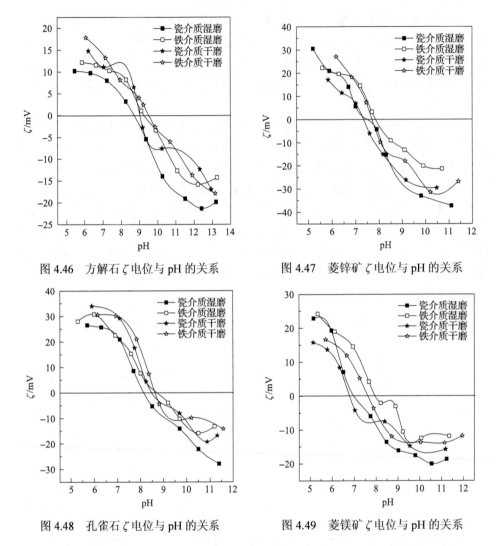

图 4.46　方解石 ζ 电位与 pH 的关系　　　　图 4.47　菱锌矿 ζ 电位与 pH 的关系

图 4.48　孔雀石 ζ 电位与 pH 的关系　　　　图 4.49　菱镁矿 ζ 电位与 pH 的关系

　　由图 4.46～图 4.49 可知，与采用瓷介质磨矿相比，采用铁介质湿磨后四种矿物的表面 ζ 电位增加，矿物的零电点(PZC)发生正向漂移。这是由于经铁介质湿磨后，矿浆中生成的 $Fe(OH)_3$ 和矿浆中存在的亚铁离子在矿物表面发生吸附，从而提高了矿物表面的正电性。

　　矿物表面正电性的提高减弱了阳离子捕收剂十二胺在矿物表面的静电吸附，从而抑制矿物在十二胺浮选体系中的浮选。另外可能是由于矿物经铁介质磨矿后界面层内的捕收剂阳离子浓度大大降低，从而减弱了捕收剂对矿物的捕收作用。

　　通过计算，可求得不同介质湿磨后不同 pH 条件下液相内部胺离子(RNH_3^+)浓度、界面层胺离子浓度及它们之间的比例关系。

矿物表面因带电荷形成一个无源、无旋的位势静电场。此位势静电场由远距离作用的静电力和近距离作用的吸附力及化学交换力构成。在浮选药剂的分子和离子达到矿物表面之前，首先受到远距离电场力的作用，然后再受近距离作用力的作用。在矿物表面电场的作用下，在界面层(指矿物表面位势场所分布的液层)产生液相离子、分子的重新分布[13]。可以采用波尔兹曼关于矢量场中粒子分布的理论确定矿物表面附近离子浓度的变化：

$$C_s = C_0 \exp(-\varphi F / RT) \qquad (4.13)$$

式中，C_s 为矿物表面附近离子浓度，mol/L；C_0 为液相体相内部离子浓度，mol/L；F 为法拉第常数，96485C/mol；R 为摩尔气体常数，8.3145J/(mol·K)；T 为热力学温度，K；φ 为矿物表面电位，V。

如果已知液相内部的药剂离子浓度，可由式(4.13)计算出矿物界面层的药剂离子浓度。

碳酸盐矿物与水介质间的界面上生成的双电层是由表面上破裂的 CO_3^{2-} 和 Me^{2+} 所控制。CO_3^{2-}、Me^{2+} 是它们的定位离子，其表面电位可以表示为

$$\varphi_0 = \frac{RT}{nF} \ln \frac{\left[a_{Me^{2+}} \right]}{\left[a_{Me^{2+}} \right]_{PZC}} \qquad (4.14)$$

由 $K_{sp} = [OH^-]^2[Me^{2+}]$，$n=2$，则

$$\varphi_0 = \frac{RT}{nF} \ln \frac{\left[a_{Me^{2+}} \right]}{\left[a_{Me^{2+}} \right]_{PZC}} = \frac{RT}{0.4343nF} 2(pH_{PZC} - pH) = 0.059(pH_{PZC} - pH)$$

由此可以计算出碳酸盐经钢球介质与瓷球介质磨矿后界面层 RNH_3^+ 浓度的差，见表 4.13。

表 4.13　采用不同介质湿磨后矿物界面层 RNH_3^+ 浓度变化

项目		pH		
		5	7	9
孔雀石	$C_{s(瓷介质)}$	7.88×10^{-8}	7.88×10^{-6}	7.73×10^{-4}
	$C_{s(瓷介质)} / C_0$	7.88×10^{-4}	7.88×10^{-2}	7.73
	$C_{s(铁介质)}$	2.23×10^{-8}	2.21×10^{-6}	2.18×10^{-4}
	$C_{s(铁介质)} / C_0$	2.23×10^{-4}	2.2×10^{-2}	2.18

项目		pH		
		5	7	9
菱锌矿	$C_{s(瓷介质)}$	3.35×10^{-7}	3.32×10^{-5}	3.29×10^{-3}
	$C_{s(瓷介质)} / C_0$	3.35×10^{-3}	0.332	32.9
	$C_{s(铁介质)}$	1.43×10^{-7}	1.42×10^{-5}	1.4×10^{-3}
	$C_{s(铁介质)} / C_0$	1.43×10^{-3}	0.142	14
菱镁矿	$C_{s(瓷介质)}$	1.08×10^{-6}	1.07×10^{-4}	1.06×10^{-2}
	$C_{s(瓷介质)} / C_0$	1.08×10^{-2}	1.07	106
	$C_{s(铁介质)}$	1.16×10^{-7}	1.15×10^{-5}	1.14×10^{-3}
	$C_{s(铁介质)} / C_0$	1.16×10^{-3}	0.115	11.4
方解石	$C_{s(瓷介质)}$	1.89×10^{-8}	1.88×10^{-6}	1.86×10^{-4}
	$C_{s(瓷介质)} / C_0$	1.89×10^{-4}	1.88×10^{-2}	1.86
	$C_{s(铁介质)}$	5.48×10^{-9}	5.43×10^{-7}	5.38×10^{-5}
	$C_{s(铁介质)} / C_0$	5.48×10^{-5}	5.43×10^{-3}	0.538

从表 4.13 可以看出，经铁介质湿磨后，四种矿物界面层 RNH_3^+ 的浓度及其与液相内部 RNH_3^+ 浓度之比 $[C_{s(铁介质)} / C_0]$ 均小于瓷介质湿磨后界面层 RNH_3^+ 的浓度及其与液相内部 RNH_3^+ 浓度之比 $[C_{s(瓷介质)} / C_0]$，四种矿物经铁介质磨矿后，矿物表面静电场强度降低，致使固液界面层内十二胺离子浓度不同程度地降低，从而使其浮选回收率降低。

3. 磨矿方式影响碳酸盐矿物浮选行为的机理分析

干、湿磨对四种碳酸盐矿物浮游性的影响规律不同，油酸钠浮选体系中，孔雀石经瓷介质湿磨的可浮性优于干磨，经铁介质干磨的可浮性优于湿磨。方解石两种介质干磨的可浮性优于湿磨。而菱锌矿和菱镁矿两种介质湿磨的可浮性优于干磨。十二胺浮选体系中，两种介质湿磨孔雀石和方解石的可浮性优于干磨，而干磨菱锌矿和菱镁矿的可浮性优于湿磨。

不同的磨矿方式对矿物表面性质产生影响，进而影响矿物的浮选行为。由表 4.12 可知，孔雀石经瓷介质干磨后表面阴离子对于金属阳离子的相对密度 $(\sum O^{2-}/\sum M^{n+})$ 高于湿磨，经铁介质干磨的 $\sum O^{2-}/\sum M^{n+}$ 值低于湿磨。方解石两种介质干磨的 $\sum O^{2-}/\sum M^{n+}$ 值低于湿磨。菱锌矿与菱镁矿两种介质干磨的 $\sum O^{2-}/\sum M^{n+}$ 值都高于湿磨。

由于油酸钠易于以化学吸附和静电吸附形式在矿物表面高价金属阳离子区吸附，矿物表面阴离子对于金属阳离子的相对密度（$\sum O^{2-}/\sum M^{n+}$）值越低，矿物表面金属阳离子相对含量越高，则油酸钠浮选体系中矿物可浮性越好。而十二胺主要在荷负电的矿物表面发生静电吸附，$\sum O^{2-}/\sum M^{n+}$值越低，十二胺浮选体系矿物可浮性越差。不同介质干、湿磨后矿物表面的$\sum O^{2-}/\sum M^{n+}$值与其在油酸钠和十二胺浮选体系中的浮选规律有着较好的对应性。由此可知，干磨和湿磨过程使碳酸盐矿物表面阴离子和金属阳离子的分布产生差异，进而影响碳酸盐矿物在油酸钠和十二胺浮选体系中的浮游性。

干磨和湿磨后表面阴、阳离子分布产生差异并造成碳酸盐干、湿磨后浮选规律不同的原因可能是碳酸盐矿物晶体结构上的差异以及表面阴阳离子在水中的选择性溶解。

即使具有相同电价的不同阳离子，在与同一种阴离子成键时，由于阳离子的离子半径、阴阳离子之间的键长不同等原因，晶体结构中它们的键价也不完全相同，破裂后的表面性质也存在差异。

方解石、菱锌矿和菱镁矿同属方解石族碳酸盐，具有相同的晶体结构。其最可能的破裂面为$\{10\bar{1}1\}$晶面，即菱形体面。在解离面上，$Zn^{2+}(Mg^{2+})$和CO_3^{2-}相间排列。在$\{10\bar{1}1\}$面成为颗粒表面的情况下，$Zn^{2+}(Mg^{2+})$和CO_3^{2-}因受内部异性离子的吸引，均有向内部迁移的趋势。由于CO_3^{2-}离子半径为0.125nm，比$Zn^{2+}(Mg^{2+})$离子半径0.074nm（0.072nm）[14]大，CO_3^{2-}易发生极化变形，即CO_3^{2-}可通过极化改变电子云形状来实现位移，这就致使CO_3^{2-}的中心位置向外转移，因此在菱锌矿（菱镁矿）$\{10\bar{1}1\}$解离面上，大半径的CO_3^{2-}对$Zn^{2+}(Mg^{2+})$产生空间位阻效应，$Zn^{2+}(Mg^{2+})$在解离面上位于晶格较深处，解离面上露出的原子主要是C和O，表面组分以CO_3^{2-}占优势。而Ca^{2+}的离子半径为0.1nm，与CO_3^{2-}离子半径接近，在$\{10\bar{1}1\}$方解石解离面上Ca^{2+}略占优势。

盐类矿物的溶解实质上是晶格离子在水分子作用下向介质中的扩散。矿物在水中，其表面受到水偶极的作用，由于阴离子和阳离子受水偶极的吸引力不同，会产生非等量的转移，有的离子会优先解离（或溶解）转入溶液。矿物表面晶格离子的溶解一方面取决于晶格离子之间的吸引力，即取决于晶格能大小，另一方面取决于离子水合能。如果阳离子和阴离子的表面结合能相等，则可根据矿物晶格离子水合能的相对大小确定哪种离子优先溶解进入溶液。方解石、菱镁矿、菱锌矿同属方解石族矿物，具有相同的晶体结构，Ca^{2+}、Mg^{2+}、Zn^{2+}的水合自由能的大小，可以反映其阳离子在水中溶解的先后顺序。Ca^{2+}、Mg^{2+}、Zn^{2+}的水合自由能分别为–1515kJ/mol、–1828kJ/mol、–1949kJ/mol[1]，CO_3^{2-}的水合自由能为–1416kJ/mol。由此可见，三种矿物与水接触时，阳离子优先进入溶液，相比于

Ca^{2+}，Mg^{2+}、Zn^{2+}将更易优先溶出。

　　溶入水溶液中的阴、阳离子发生水合作用，在它们的周围各配有一定数目的水分子，并分别发生水解反应，从而破坏水的电离平衡。由于矿物表面的阳离子优先进入溶液，各矿物表面出现多余的阴离子，使矿物表面形成以阴离子为主的负电层。在阴离子的电性吸引下，溶液中的阳离子及水解后的阳离子羟基络合物靠近矿物表面，在矿物表面的 Stern 层发生特性吸附。伴随着碳酸盐的溶解过程，CO_3^{2-} 和 Me^{2+} 不断发生水合作用和水解反应，最终水溶液中建立起弱碱、弱酸和水的电离平衡，而矿物界面层达到溶解与吸附平衡。

　　湿磨过程中，机械力化学作用可促进矿物的溶解，并最终达到溶解平衡。干磨后的碳酸盐矿物在水中搅拌时间相对较短，伴随着阴、阳离子的选择性溶解过程，干磨与湿磨浮选差异可能是溶解初态与溶解平衡态之间的浮选差异。为了验证以上假设，设计了如下试验，用油酸钠作捕收剂，通过延长搅拌时间，考察四种碳酸盐矿物经不同介质干、湿磨后，不同搅拌时间下，浮选回收率的变化。

　　采用瓷介质磨矿时，搅拌时间对干、湿磨碳酸盐浮选回收率的影响如图 4.50 所示。采用铁介质磨矿时，搅拌时间对干、湿磨碳酸盐浮选回收率的影响如图 4.51 所示。

　　由图 4.50、图 4.51 可知，在油酸钠浮选体系中，两种介质湿磨时，随着搅拌时间的延长，四种碳酸盐矿物的浮选回收率变化不大。干磨时，搅拌时间对菱锌矿和菱镁矿两种介质干磨浮选回收率有较大影响。随着搅拌时间的延长，两种矿物经瓷介质和铁介质干磨的浮选回收率都有明显的增加，逐步接近湿磨条件下两种矿物的浮选回收率，而搅拌时间对干磨孔雀石和方解石的影响不太明显。该试验结果一定程度上验证了有关碳酸盐干、湿磨浮选回收率差异是由溶解初态与溶解平衡态的表面状态差异所引起的设想。

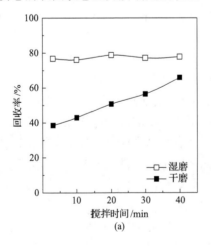

(a)

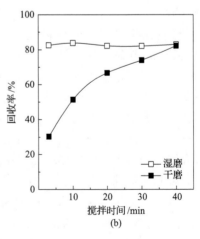

(b)

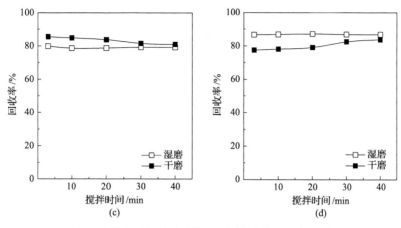

图 4.50 搅拌时间对碳酸盐浮选回收率的影响(瓷介质)

(a)菱镁矿; (b)菱锌矿; (c)方解石; (d)孔雀石

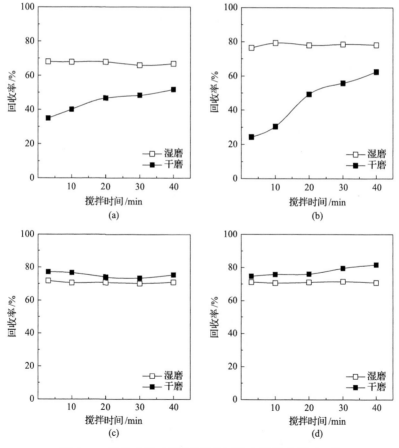

图 4.51 搅拌时间对碳酸盐浮选回收率的影响(铁介质)

(a)菱镁矿; (b)菱锌矿; (c)方解石; (d)孔雀石

干磨菱锌矿和菱镁矿破碎表面以阴离子占优势，金属阳离子位于矿物解离面的晶格深处，表面阳离子活性质点密度较低，因此不利于阴离子捕收剂的吸附。在溶解过程中，晶格中的阳离子溶出，在水溶液中发生水解，生成羟基络合物，在矿物界面发生再吸附，最终达到溶解平衡。此时因 CO_3^{2-} 的空间位阻效应菱镁矿和菱锌矿表面位于晶格内层的阳离子从晶格表面溶解进入溶液并在发生水合作用、水解反应后在矿物表面的 Stern 层产生特性吸附，因此其矿物表面阳离子质点增加，使 Stern 层荷更多正电荷，从而有利于阴离子捕收剂的吸附。因此干磨菱锌矿和菱镁矿随着搅拌时间的延长，其浮选回收率逐渐升高。由于在湿磨过程中伴随着碳酸盐的溶解过程，在机械力作用下，磨矿过程中就可以达到溶解平衡，因此采用油酸钠作捕收剂，湿磨菱镁矿、菱锌矿回收率高于干磨，而十二胺浮选体系中，干磨回收率高于湿磨。

同时对四种矿物不同介质干磨条件下的 ζ 电位进行了测定，结果如图 4.46～图 4.49 所示。由图可知，相同 pH 条件下，两种介质干磨菱镁矿、菱锌矿的 ζ 电位略低于同种介质湿磨的 ζ 电位，干磨菱镁矿和菱锌矿的零电点相对于湿磨零电点发生了负向漂移，零电点 pH 变小，ζ 电位变低有利于阳离子捕收剂的吸附而不利于阴离子捕收剂的吸附，这与两种矿物阴阳离子捕收剂的浮选行为是相一致的。而干磨孔雀石和方解石的零电点发生了正向漂移，零电点 pH 变大，ζ 电位值升高，有利于阴离子捕收剂的吸附而不利于阳离子捕收剂的吸附，因此方解石和孔雀石利用十二胺浮选时干磨回收率低于湿磨。

干、湿磨对矿物浮选的影响因素是多方面且复杂的。其磨矿后的浮选行为是多重物理化学因素共同作用的综合行为。在不同的条件下，占主导作用的影响因素不同。对于菱锌矿和菱镁矿，可能其表面解离特性及其在水中的溶解过程对其可浮性的影响起到了主导作用，因此其浮选行为与"干磨与湿磨浮选差异是溶解初态与溶解平衡态之间的浮选差异"的假设有较好的适应性。而方解石和孔雀石干、湿磨浮选规律对此假设的适应性不是很明显，这主要是由于其他影响因素占主导地位，其具体作用机理还有待进一步深入分析。同时可以看到，随着搅拌时间的延长，菱镁矿和菱锌矿干磨的浮选回收率虽然有较大幅度的提高，但并没有全部达到湿磨时的浮选回收率水平，这说明可能存在机械力化学作用等其他因素对干磨菱锌矿和菱镁矿的浮选性产生影响。

4. 调整剂与碳酸盐矿物作用机理分析

1) 六偏磷酸钠对方解石和菱镁矿的抑制机理

六偏磷酸钠[$(NaPO_3)_6$]不是一种简单的化合物，而是一种多磷酸盐。在水溶液中各基本结构单元相互聚合连成螺旋状的链状聚合体，可表示为 $(NaPO_3)_n$，n=20～100。它是一种玻璃状固体，相对密度约 2.5，熔点 616℃，吸湿性较强，溶于水，不溶于有机溶剂，在温水、酸性或碱性溶液中易水解为正磷酸盐。它在水中水解和聚合，使其水溶液成分很复杂。其阴离子具有很强的吸附活性，能与多种金属离子形成稳定的络合物，溶度积非常低。

六偏磷酸钠在水溶液中可电离成阴离子，它有很强的作用活性，能与溶液中的 Ca^{2+} 或矿物表面晶格中的 Ca^{2+} 反应生成稳定的络合物，反应式为

$$(NaPO_3)_6 \rightleftharpoons Na_4P_6O_{18}^{2-} + 2Na^+ \tag{4.15}$$

$$Na_4P_6O_{18}^{2-} + Ca^{2+} \rightleftharpoons CaNa_4P_6O_{18} \tag{4.16}$$

此外六偏磷酸钠也能与 Fe^{2+}、Mg^{2+}、Ba^{2+}、Ni^{2+} 等反应生成稳定的络合物。六偏磷酸钠与 Ca^{2+}、Fe^{2+}、Mg^{2+}、Ba^{2+}、Ni^{2+} 等反应生成亲水而稳定的络合物，使它能对晶格中含有这些金属阳离子的矿物产生抑制作用。

聚磷酸盐离子与溶液中和矿物晶格中的钙和镁形成络合物，这些络合物具有较高的溶解性，钙和镁迅速从方解石和菱镁矿表面溶解，矿浆中金属阳离子含量的测定结果表明，在六偏磷酸钠作用前后，经瓷介质湿磨后方解石和菱镁矿矿浆中的 Ca^{2+} 和 Mg^{2+} 含量分别由 19mg/L 和 16mg/L 升至 121mg/L 和 107mg/L，这表明六偏磷酸钠能选择性溶解方解石和菱镁矿表面的金属阳离子 Ca^{2+} 和 Mg^{2+}，从而较大幅度地减少方解石表面的活性质点，油酸根离子难以在方解石表面稳定吸附，从而对其产生强烈的抑制作用。

由于 Fe^{2+} 也能够与六偏磷酸钠发生络合反应，方解石和菱镁矿在采用钢球介质时，矿浆溶液中存在的 Fe^{2+} 将与六偏磷酸钠发生络合反应，消耗六偏磷酸钠，从而降低其对方解石和菱镁矿的抑制作用。

2) 硫酸铜对菱锌矿油酸钠浮选的活化机理

硫酸铜对菱锌矿的活化机理为，Cu^{2+} 可以在菱锌矿表面发生化学反应，生成 $CuCO_3$ 或与 OH^- 生成 $Cu(OH)_2$ 吸附在菱锌矿表面，对菱锌矿的浮选起活化作用。

活化反应为

$$ZnCO_{3(s)} + Cu^{2+} = CuCO_{3(s)} + Zn^{2+} \tag{4.17}$$

$$ZnCO_{3(s)} + 2Cu^{2+} + 2OH^- = CuCO_3 + Cu(OH)_2 + Zn^{2+} \tag{4.18}$$

在铁介质磨矿过程中，$Fe(OH)_3$ 吸附在菱锌矿表面，降低了 Cu^{2+} 对菱锌矿的活化作用。$Fe(OH)_3$ 可阻碍 Cu^{2+} 与菱锌矿表面晶格中的 Zn^{2+} 之间的作用，从而造成 Cu^{2+} 对菱锌矿钢球介质磨矿后的活化受到很大的限制。这可能是菱锌矿采用铁介质磨矿后 $CuSO_4$ 活化效果不佳的主要原因。

3) 硫化钠和乙二胺对菱锌矿十二胺浮选的活化作用

硫化钠是一种强碱弱酸盐,易溶于水,在水溶液中可完全电离产生大量的硫离子,电离后的硫离子在水中发生分步水解:

$$Na_2S = 2Na^+ + S^{2-} \tag{4.19}$$

$$S^{2-} + H_2O = HS^- + OH^- \tag{4.20}$$

$$HS^- + H_2O = H_2S + OH^- \tag{4.21}$$

菱锌矿在硫化钠活化过程中,矿物对硫离子及硫氢根离子的吸附使矿物表面形成活化剂的吸附层,高价 pH 下,则以金属氢氧化物与硫离子及硫氢根离子的反应为主,在矿物表面发生的主要硫化反应为

$$ZnCO_{3(s)} + S^{2-} = ZnS_{(s)} + CO_3^{2-} \tag{4.22}$$

$$ZnCO_{3(s)} + HS^- = ZnS_{(s)} + HCO_3^- \tag{4.23}$$

$$Zn(OH)_{2(s)} + S^{2-} = ZnS_{(s)} + 2OH^- \tag{4.24}$$

$$Zn(OH)_{2(s)} + HS^- = ZnS_{(s)} + OH^- + H_2O \tag{4.25}$$

由于 S^{2-} 和 HS^- 在菱锌矿表面吸附,并与表面的 Zn^{2+} 发生化学反应,菱锌矿表面 ζ 电位向负值方向变化,负电性增加,从而增强了阳离子捕收剂十二胺的吸附量,提高了菱锌矿的浮游性。

乙二胺分子中含有两个给电子基团氨基,氨基中的 N 原子能够提供孤对电子与菱锌矿表面的 Zn^{2+} 螯合生成水溶性的螯合物,转移进入矿浆中。乙二胺溶解菱锌矿表面 Zn^{2+} 的化学反应式为

$$\tag{4.26}$$

乙二胺能够溶解菱锌矿表面的 Zn^{2+},使菱锌矿表面的 CO_3^{2-} 占优势,增强了菱锌矿表面的负电性,有利于十二胺离子及十二胺分子-离子络合物在菱锌矿表面的吸附。

经铁介质磨矿后的矿浆具有较高的氧化性,可与硫化钠发生氧化还原反应,从而降低硫化钠对菱锌矿的活化作用。同时铁磨时生成的 $Fe(OH)_3$ 在菱锌矿表面的吸附也可能是菱锌矿采用铁磨后硫化钠与乙二胺活化效果不佳的原因。

参 考 文 献

[1] 周乐光. 矿石学基础[M]. 北京: 冶金工业出版社, 2002: 195.

[2] 胡岳华, 王淀佐. 脂肪酸钠浮选盐类矿物的作用机理研究[J]. 矿冶工程, 1990, 10(2): 20-24.

[3] 张志京, 毛钜凡. 油酸钠在菱镁矿浮选中作用的研究[J]. 武汉工业大学学报, 1993, 15(1): 64-69.

[4] 胡岳华, 徐竞, 罗超奇, 等. 菱锌矿/方解石胺浮选溶液化学研究[J]. 中南工业大学学报, 1995, 26(5): 589-595.

[5] 邵荷生, 张清. 金属的磨料磨损与耐磨材料[M]. 北京: 机械工业出版社, 1988.

[6] 谢恒星. 湿式磨矿中钢球磨损机理与磨损规律数学模型的研究[D]. 长沙: 中南大学, 2002.

[7] Krushchov M M, Babichev M A. Investigation of the wear of metals and alloys by rubbing on an abrasive surface[J]. Friction and Wear in Machinery, 1956, (11): 12-21.

[8] Bowden F P, Tabor D. The Friction and Lubrication of Solids[M]. Oxford: Clarendon Press, 1950.

[9] Hoey G R, Dingley W, Lui A W. Inhibitors help to reduce ball loss[J]. Canadian Chemical Processing, 1975, (5): 36-41.

[10] 何发钰. 磨矿环境对硫化矿物浮选的影响[D]. 沈阳: 东北大学, 2006.

[11] 冯其明. 硫化矿矿浆体系中的电偶腐蚀及对浮选的影响(I): 电偶腐蚀原理及硫化矿矿浆体系中的电偶腐蚀模型[J]. 国外金属矿选矿, 1999, (9): 2-4.

[12] 冯其明. 硫化矿矿浆体系中的电偶腐蚀及对浮选的影响(II): 电偶腐蚀对磨矿介质损耗及硫化矿物浮选的影响[J]. 国外金属矿选矿, 1999, (9): 5-8.

[13] 孙传尧, 印万忠. 硅酸盐矿物浮选原理[M]. 北京: 科学出版社, 2001.

[14] 邝美成. 鲍林规则与键价理论[M]. 北京: 高等教育出版社, 1993.

第 5 章　磨矿介质与氧化矿物浮选

作者以典型氧化矿物赤铁矿和锡石作为研究对象，研究了湿式磨矿环境下，不同磨矿介质对氧化矿物表面性质和矿浆化学性质的影响，通过大量的浮选试验系统地研究了磨矿介质对氧化矿物单矿物的可浮性和混合矿物浮选分离的影响，探讨了磨矿介质影响氧化矿物可浮性的作用机理。本章将介绍湿式磨矿环境下磨矿介质对氧化矿浮选行为影响的研究结果。

5.1　磨矿介质对氧化物矿浆性质的影响

磨矿环境在很大程度上影响了氧化矿物浮选矿浆的化学性质。通过对氧化矿经不同磨矿介质湿磨后矿浆中 pH 和金属离子组分的检测，考察了湿式磨矿环境下不同磨矿介质对氧化矿物矿浆性质的影响。

5.1.1　磨矿介质对矿浆 pH 的影响

图 5.1 所示为磨矿介质对赤铁矿和锡石矿浆 pH 影响的试验结果。无论采用铁介质还是瓷介质湿磨，赤铁矿矿浆 pH 均随磨矿时间的增加而升高，而锡石矿浆 pH 随时间的增长无显著变化。瓷磨赤铁矿比同条件下的铁磨赤铁矿矿浆 pH 略高，而铁磨锡石比瓷磨锡石的矿浆 pH 约高 0.3。

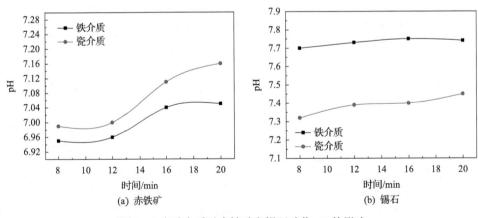

图 5.1　磨矿介质对赤铁矿和锡石矿浆 pH 的影响

5.1.2　磨矿介质对矿浆离子组分的影响

1. 磨矿介质对单矿物矿浆性质的影响

采用不同磨矿介质湿磨后，赤铁矿和锡石矿浆中金属离子浓度见表 5.1。

表 5.1　磨矿介质对单矿物矿浆化学性质的影响

矿物	项目	磨矿介质	
		瓷介质	铁介质
赤铁矿	Fe^{3+}浓度/(mg/L)	0.598	0.313
锡石	Fe^{3+}浓度/(mg/L)	—	0.298
	Sn^{2+}浓度/(mg/L)	4.40	1.23

由表可以看出，经瓷介质湿磨后，赤铁矿的 Fe^{3+} 浓度高于铁介质湿磨后的 Fe^{3+} 浓度，锡石的 Sn^{2+} 浓度高于铁介质湿磨后的 Sn^{2+} 浓度。在铁介质湿磨后的矿浆中检测到了 Fe^{3+}，这是由于 Fe 在被氧化后形成 Fe^{2+} 进入溶液中，部分 Fe^{2+} 继续与溶液中的 OH^- 等离子发生作用，并与氧气发生氧化作用生成 Fe^{3+}，进一步生成铁的氧化物和羟基氧化物。对于赤铁矿和锡石而言，经瓷介质磨矿后，其离子浓度要高于经铁介质磨矿的浓度，其原因是在铁介质中，生成的铁的氧化物和羟基氧化物在矿物表面发生吸附罩盖，阻止了矿物进一步溶解，致使其离子浓度相对偏低。

2. 磨矿介质对混合矿物矿浆性质的影响

为了考察磨矿介质对氧化物混合矿物矿浆性质的影响，研究了磨矿介质对赤铁矿和锡石与石英混合矿石矿物体系矿浆性质的影响，结果见表 5.2。

表 5.2　磨矿介质对混合矿物体系矿浆化学性质的影响

矿物体系	项目	磨矿介质	
		瓷介质	铁介质
赤铁矿-石英	Fe^{3+}浓度/(mg/L)	4.681	1.640
	pH	7.16	7.18
锡石-石英	Fe^{3+}浓度/(mg/L)	—	0.305
	Sn^{2+}浓度/(mg/L)	15.880	1.400
	pH	7.60	7.78

在赤铁矿-石英体系中，经瓷介质磨矿后，矿浆中 Fe^{3+} 的浓度为 4.681mg/L，矿浆 pH 为 7.16。而经铁介质磨矿后，矿浆中 Fe^{3+} 的浓度为 1.640mg/L，矿浆 pH 为 7.18。

在锡石-石英体系中，经瓷介质磨矿后，矿浆中 Sn^{2+} 的浓度为 15.880mg/L，矿浆 pH 为 7.60。而经铁介质磨矿后，矿浆中 Sn^{2+} 的浓度为 1.400mg/L，矿浆 pH 为 7.78。

在以上两种双矿物体系中，瓷介质磨矿的矿浆 pH 略低于铁介质磨矿的矿浆 pH，瓷介质磨矿后的矿浆中金属阳离子浓度高于铁介质磨矿后的矿浆中金属阳离子浓度。无论是采用铁介质磨矿还是采用瓷介质磨矿，其金属阳离子浓度均高于同条件下的单矿物金属阳离子浓度。

5.2　磨矿介质对氧化矿物表面性质的影响

氧化矿物颗粒表面的形态和表面性质对其表面的疏水性及其浮选行为起着十分重要的作用。采用不同磨矿介质进行磨矿时，氧化矿物表面形态存在很大差异。由于机械力和机械力化学作用对氧化矿物也有一定的作用，采用不同介质磨矿时，在氧化矿物表面形成的产物种类及其数量也不尽相同，这均对氧化矿物的可浮性造成一定的影响。作者采用扫描电镜(SEM)及能量色散 X 射线(EDX)、动电电位及 X 射线光电子能谱(XPS)等现代分析手段，考察了不同磨矿介质对赤铁矿、锡石表面形态和表面性质的影响。

5.2.1　SEM 及 EDX 分析

1. 赤铁矿

图 5.2 和图 5.3 分别为采用铁介质和瓷介质磨矿后放大 25000 倍的赤铁矿的表面形态。

图 5.2　铁磨赤铁矿的扫描电镜图

图 5.3　瓷磨赤铁矿的扫描电镜图

从图 5.2、图 5.3 可以看出，采用铁介质磨矿后，赤铁矿表面粗糙，赤铁矿表面生成的许多大小不一的絮状物均匀地分布其上，表面腐蚀严重；而采用瓷介质磨矿时，赤铁矿表面光滑平整，生成的大量大小不均的絮状物广泛分布于矿物表面。由此说明，铁介质磨矿条件下，在赤铁矿表面的机械力和机械力化学作用十分强烈，赤铁矿表面具有很高的反应活性。而瓷介质磨矿条件下，赤铁矿表面的机械力和机械力化学作用较弱，赤铁矿表面反应活性较低。

表 5.3 所示为磨矿后赤铁矿表面及其絮状物成分的能谱检测结果。可以看出：铁磨后赤铁矿表面 Fe 元素含量为 81.20%、瓷磨后赤铁矿表面 Fe 元素含量为 71.80%，铁磨赤铁矿比瓷磨赤铁矿表面 Fe 元素含量高 9.40 个百分点。铁磨赤铁矿絮状物 Fe 元素含量为 62.55%，瓷磨赤铁矿絮状物 Fe 元素含量为 63.69%，铁磨赤铁矿较瓷磨赤铁矿絮状物 Fe 元素含量低 1.14 个百分点。通过以上分析可以得出：铁磨赤铁矿和瓷磨赤铁矿表面性质差别较大，而其絮状物性质差别不大。

表 5.3　赤铁矿表面和絮状物成分 X 射线能谱分析

磨矿介质	检测对象	元素质量分数/%		总计/%
		Fe	O	
铁介质	矿物表面	81.20	18.80	100
	絮状物	62.55	37.45	100
瓷介质	矿物表面	71.80	28.20	100
	絮状物	63.69	36.31	100

从物质组成角度来说，无论采用瓷介质磨矿还是铁介质磨矿，赤铁矿表面和生成的絮状物仍为赤铁矿及铁的单质及其氧化物。

2. 锡石

图 5.4 和图 5.5 分别为采用铁介质和瓷介质磨矿后放大 25000 倍锡石的表面形态。

图 5.4　铁磨锡石的扫描电镜图

图 5.5　瓷磨锡石的扫描电镜图

从图 5.4 和图 5.5 可以看出，采用铁介质磨矿后，锡石表面较为粗糙，大量的絮状物生成并均匀分布其表面，表面腐蚀较为严重；采用瓷介质磨矿后，锡石表面较为光滑平整，絮状物较少。由此说明：铁介质磨矿条件下，锡石表面的机械力和机械力化学作用较为强烈，锡石表面具有较高的反应活性；瓷介质磨矿条件下，锡石表面的机械力和机械力化学作用较弱，锡石具有一定的反应活性。

表 5.4 所示为锡石表面和絮状物成分的能谱检测结果。可以看出：铁磨锡石表面 Sn 元素含量为 44.18%，瓷磨锡石表面 Sn 元素含量为 50.81%，铁磨锡石较

瓷磨锡石表面 Sn 元素低 6.63 个百分点。铁磨锡石表面 O 元素含量为 55.82%，瓷磨锡石表面 O 元素含量为 49.19%，铁磨锡石较瓷磨锡石表面 O 元素高 6.63 个百分点。铁磨锡石絮状物 Sn 元素含量为 56.13%，瓷磨锡石絮状物 Sn 元素含量为 50.07%，铁磨锡石较瓷磨锡石絮状物 Sn 元素高 6.06 个百分点。铁磨锡石絮状物 O 元素含量为 42.09%，瓷磨锡石絮状物 O 元素含量为 49.93%，铁磨锡石较瓷磨锡石絮状物 O 元素低 7.84 个百分点。铁磨锡石絮状物含 Fe 1.78%，而瓷磨锡石絮状物则无 Fe。由此可以得出：无论是其表面还是絮状物，铁磨锡石与瓷磨锡石相比其性质差别均很大。

表 5.4　锡石表面和絮状物成分 X 射线能谱分析

磨矿介质	检测对象	元素质量分数/%			总计/%
		Sn	O	Fe	
铁介质	矿物表面	44.18	55.82	—	100
	絮状物	56.13	42.09	1.78	100
瓷介质	矿物表面	50.81	49.19	—	100
	絮状物	50.07	49.93	—	100

从物质组成角度来说，除铁磨锡石絮状物含有少量铁单质及其氧化物外，无论是采用铁介质磨矿还是瓷介质磨矿，锡石表面和生成的絮状物均为 SnO_2。

5.2.2　磨矿介质对氧化矿物表面电位的影响

1. 磨矿介质对赤铁矿表面电位的影响

磨矿后赤铁矿 ζ 电位与 pH 的关系如图 5.6 所示。结果表明：铁磨赤铁矿的零

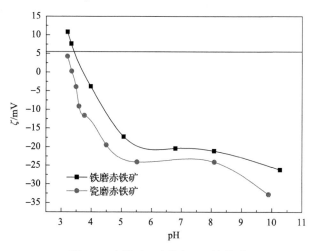

图 5.6　赤铁矿 ζ 电位与 pH 的关系

电点约为 3.7，瓷磨赤铁矿的零电点约为 3.3，两种磨矿条件下，零电点有一定的差别，铁磨赤铁矿比瓷磨赤铁矿略大。与瓷磨赤铁矿相比，铁磨赤铁矿零电点发生了一定的正向飘移。

2. 磨矿介质对锡石表面电位的影响

磨矿后锡石 ζ 电位与 pH 的关系如图 5.7 所示。结果表明：铁磨锡石的零电点约为 4.2，瓷磨锡石的零电点约为 3.4，两种磨矿条件下，零电点有一定的差别，铁磨锡石比瓷磨锡石略大。与瓷磨锡石相比，铁磨锡石零电点发生了一定的正向飘移。

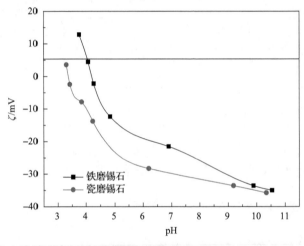

图 5.7　锡石 ζ 电位与 pH 的关系

经铁介质磨矿后，两种矿物的表面 ζ 电位均增加，矿物的零电点均发生正向漂移。经铁介质湿磨后，矿物表面固着铁或铁的羟基络合物，同时矿浆中存在的铁离子在矿物表面发生吸附，从而提高了矿物表面的正电性。

5.2.3　XPS 分析

采用 XPS 考察了磨矿过程中氧化矿物表面的变化情况，确定氧化矿物表面物质的存在形式。

1. 赤铁矿

图 5.8 所示为赤铁矿经不同介质磨矿后的 XPS 检测结果。

从图 5.8 所示的分析结果可以看出，铁磨和瓷磨赤铁矿的 Fe 2p 谱图和 O 1s 谱图都没出现可能与其他匹配元素的峰值，说明在铁磨和瓷磨赤铁矿表面没有生成新物质。

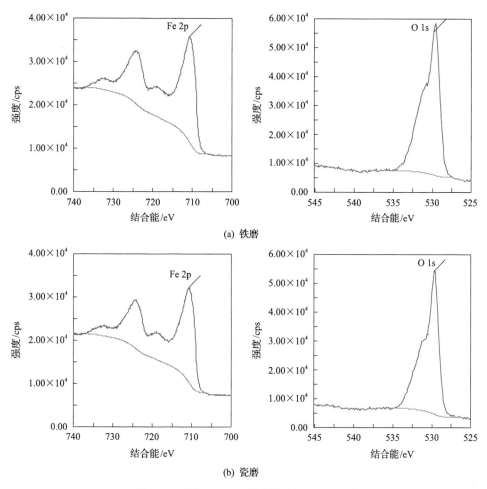

(a) 铁磨

(b) 瓷磨

图 5.8　不同介质磨矿后赤铁矿的 XPS 谱图

表 5.5 所示为铁磨赤铁矿和瓷磨赤铁矿表面元素的 XPS 分析检测结果。由此可知，当采用铁介质磨矿时，赤铁矿表面 Fe∶O=1∶2.98，形成了相对的缺金属富氧的赤铁矿表面；当采用瓷介质磨矿时，赤铁矿表面 Fe∶O=1∶2.93，也形成了相对的缺金属富氧的赤铁矿表面，但表面铁含量较铁介质磨矿时略高。

表 5.5　赤铁矿表面元素的 XPS 分析

磨矿条件	元素	电子结合能/eV	含量/%
铁介质磨矿	Fe 2p	710.65	25.14
	O 1s	529.71	74.86
瓷介质磨矿	Fe 2p	710.69	25.42
	O 1s	529.71	74.58

2. 锡石

锡石经不同介质磨矿后的 XPS 检测结果如图 5.9 所示。

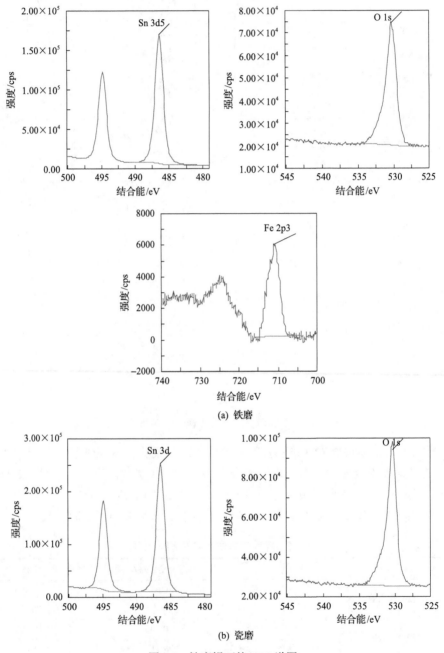

(a) 铁磨

(b) 瓷磨

图 5.9　铁磨锡石的 XPS 谱图

从图 5.9 所示的分析结果可以看出,铁磨锡石 Fe 2p 谱图中结合能为 711.00eV 的峰值对应于 Fe_2O_3 中的铁(Fe^{3+}),说明在铁磨锡石表面生成了新物质 Fe_2O_3。而瓷磨锡石 Sn 3d 和 O 1s 谱图没有出现可能与其匹配元素的峰值,说明在瓷磨锡石表面没有生成新物质。

表 5.6 所示为铁磨锡石和瓷磨锡石表面元素 XPS 检测结果。由此可知,采用铁介质磨矿后,锡石表面 Sn∶O=1∶2.77,形成了相对的缺金属富氧的锡石表面;采用瓷介质磨矿后,锡石表面 Sn∶O=1∶1.90,形成了相对的缺氧富金属的锡石表面,瓷磨锡石与铁磨锡石矿物表面性质差别较大。

表 5.6　锡石表面元素的 XPS 分析

磨矿条件	元素	电子结合能/eV	含量%
铁介质磨矿	Sn 3d	486.40	25.56
	O 1s	530.30	70.88
	Fe 2p	711.00	3.56
瓷介质磨矿	O 1s	530.35	65.55
	Sn 3d	486.43	34.45

5.3　磨矿介质对氧化矿物浮选的影响及作用机理

5.3.1　阴离子捕收体系

1. 氧化物单矿物浮选行为

1)油酸钠用量对氧化物浮选的影响

油酸钠用量对赤铁矿和锡石浮选的影响如图 5.10 所示。

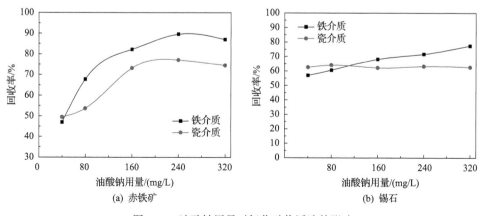

(a) 赤铁矿　　　　　　　　　　(b) 锡石

图 5.10　油酸钠用量对氧化矿物浮选的影响

　　油酸钠用量对赤铁矿和锡石浮选的影响如图 5.10 所示。随着油酸钠用量的增加，采用铁介质磨矿时，赤铁矿和锡石的回收率由 46.94%和 56.96%上升至 89.57%和 77.49%；而采用瓷介质磨矿时，赤铁矿的回收率由 49.46%上升至 77.12%，锡石的回收率基本维持在 62%左右。采用铁介质磨矿总体上比用瓷介质磨矿赤铁矿的回收率要高。低油酸钠用量条件下，采用铁介质磨矿时磨矿锡石浮选回收率比采用瓷介质低。而高油酸钠用量条件下，情况则相反。

　　2) 矿浆 pH 对氧化矿物浮选的影响

　　在油酸钠浮选体系中，矿浆 pH 对赤铁矿和锡石浮选的影响如图 5.11 所示。

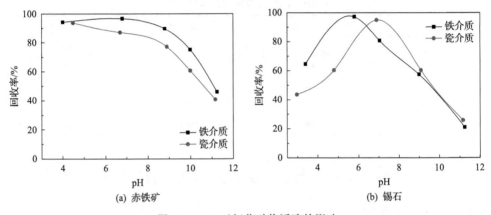

图 5.11　pH 对氧化矿物浮选的影响

　　分析图 5.11 的试验结果可以看出：

　　(1)无论是在铁介质磨矿条件下还是瓷介质磨矿条件下，随着 pH 的升高，赤铁矿的回收率均不断下降。当 pH 小于 9 左右时，赤铁矿的可浮性较好，其回收率大于 80%。当 pH 大于 9 时，赤铁矿的可浮性变差。整体而言，采用铁介质磨矿时赤铁矿的回收率要高于采用瓷介质磨矿的情形。

　　(2)在酸性条件下，铁介质磨矿的锡石比瓷介质磨矿的锡石可浮性好。在碱性条件下，则瓷介质磨矿的锡石要比铁介质磨矿的锡石可浮性好。在铁介质磨矿条件下，锡石的最高回收率出现在 pH=5.8 时，为 97.24%；而在瓷介质磨矿条件下，锡石的最高回收率出现在 pH=6.9 时，为 94.96%。

　　3) 六偏磷酸钠对氧化矿物浮选的影响

　　(1)六偏磷酸钠用量对氧化矿物浮选的影响。

　　在油酸钠浮选体系中，六偏磷酸钠用量对赤铁矿和锡石浮选的影响如图 5.12 所示。

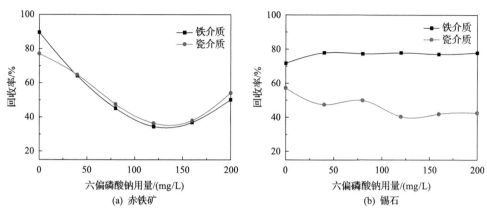

图 5.12　六偏磷酸钠用量对氧化矿物浮选的影响

　　两种磨矿条件下，六偏磷酸钠对赤铁矿的抑制效果基本一致。当六偏磷酸钠用量从 0 增至 120mg/L 时，瓷磨赤铁矿的回收率从 77.12%降至最低点 36.44%，铁磨赤铁矿的回收率从 89.58%降至 34.43%。当用量大于 120mg/L 时，两者的回收率又有所回升。

　　当六偏磷酸钠用量从 0 增至 200mg/L 时，在铁介质磨矿条件下，锡石的回收率基本变化不大，维持在 77%左右；在瓷介质磨矿条件下，锡石的回收率缓慢下降，由 57.19%降至 42%左右。由此看出，六偏磷酸钠对铁磨锡石影响不大，对瓷磨锡石有一定的抑制作用。总体上，六偏磷酸钠对瓷磨锡石的抑制效果比铁磨锡石好。

　　(2)不同 pH 条件下六偏磷酸钠对氧化矿物浮选的影响。

　　在油酸钠浮选体系中，六偏磷酸钠在不同 pH 条件下对赤铁矿和锡石浮选的影响如图 5.13 所示。

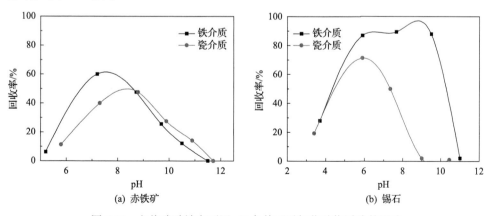

图 5.13　六偏磷酸钠在不同 pH 条件下对氧化矿物浮选的影响

　　pH 为 7.2 时, 铁磨赤铁矿回收率最高, 为 60.00%。当 pH 为 8.80 时, 瓷磨赤铁矿的回收率最高, 为 47.55%; 当 pH 低于 8.8 时, 铁磨赤铁矿比瓷磨赤铁矿回收率要高, 此时, 六偏磷酸钠的抑制效果是: 铁磨赤铁矿＜瓷磨赤铁矿。当 pH 大于 8.8 时, 六偏磷酸钠的抑制效果与 pH 小于 8.8 时的情况相反。

　　当 pH 由 3.70 升至 5.90 时, 铁磨锡石回收率迅速升高, 在 pH=5.9 时, 其值为 86.86%。当 pH 由 5.90 升至 9.50 时, 铁磨锡石的回收率维持在 88% 左右。随着 pH 的升高, 铁磨锡石的可浮性迅速变差, 至 pH=11 时, 铁磨锡石基本不浮。当 pH 由 3.40 升至 5.90 时, 瓷磨锡石回收率迅速升高, 在 pH=5.90 时, 其值为 71.39%。随着 pH 的升高, 瓷磨锡石的可浮性迅速变差, 至 pH=9 时, 瓷磨锡石基本不浮。六偏磷酸钠对瓷磨锡石的抑制效果优于铁磨锡石。

　　4) 水玻璃对氧化矿物浮选的影响

　　(1) 水玻璃用量对氧化矿物浮选的影响。

　　在油酸钠浮选体系中, 水玻璃用量对赤铁矿浮选的影响如图 5.14 所示。

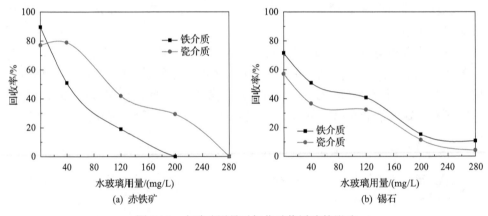

图 5.14　水玻璃用量对氧化矿物浮选的影响

　　在铁介质磨矿条件下, 当水玻璃用量由 0 增至 280mg/L 时, 赤铁矿和锡石回收率由 89.58% 和 71.68% 降至 0% 和 10.82%; 在瓷介质磨矿条件下, 水玻璃用量由 0 增至 280mg/L, 赤铁矿和锡石回收率由 77.12% 和 57.19% 降低到 0% 和 4.30%。相同条件下, 水玻璃对铁磨矿赤铁矿和锡石的抑制效果优于瓷磨。

　　(2) 不同 pH 条件下水玻璃对氧化矿物浮选的影响。

　　水玻璃在不同 pH 条件下对赤铁矿和锡石浮选的影响如图 5.15 所示。

　　在瓷介质磨矿条件下, 当 pH 由 6.00 增至 8.57 时, 赤铁矿的回收率由 38.00% 逐渐升至 44.96%。随着 pH 的进一步升高回收率不断降低, 最低至 23.80%, 此时 pH=11.00。而在铁介质磨矿条件下, 赤铁矿基本不浮。与瓷介质磨矿相比, 在铁介质磨矿条件下, 水玻璃对赤铁矿的抑制效果更好。

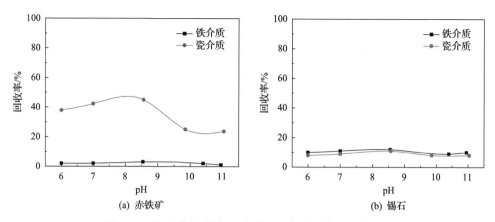

图 5.15　水玻璃在不同 pH 条件下对氧化矿物浮选的影响

无论是在铁介质磨矿条件下还是在瓷介质磨矿条件下，水玻璃对锡石的抑制作用均十分强烈，水玻璃在较为广泛的 pH 条件下均对锡石抑制十分明显，其浮选回收率在 10%左右。水玻璃对铁磨锡石和瓷磨锡石的抑制效果基本相近。

5)淀粉对氧化矿物浮选的影响

(1)淀粉用量对氧化矿物浮选的影响。

在油酸钠浮选体系中，淀粉用量对赤铁矿和锡石浮选的影响如图 5.16 所示。

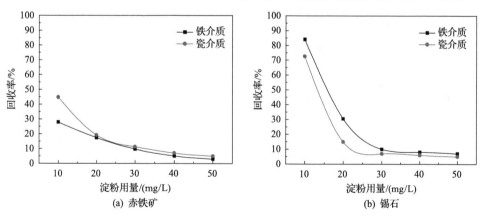

图 5.16　淀粉用量对氧化矿物浮选的影响

随着淀粉用量的不断增加，瓷磨赤铁矿和铁磨赤铁矿的回收率均不断下降。当用量超过 20mg/L 时，淀粉对两者的抑制效果较好，对铁磨赤铁矿和瓷磨赤铁矿抑制效果相近。

随着淀粉用量的增加，铁磨锡石和瓷磨锡石的回收率迅速降低，至用量为30mg/L 时，锡石的回收率在 10%左右，抑制效果比较理想。总体上淀粉对瓷磨锡石的抑制效果优于铁磨。

(2)不同 pH 条件下淀粉对氧化矿物浮选的影响。

油酸钠浮选体系中,不同 pH 条件下淀粉对赤铁矿和锡石浮选的影响如图 5.17 所示。

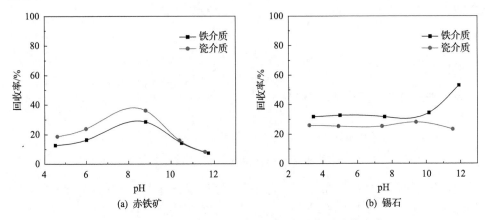

(a) 赤铁矿　　　　　　　　　　(b) 锡石

图 5.17　淀粉在不同 pH 条件下对氧化矿物浮选的影响

　　pH 从 4.4 升至 11.8,铁磨赤铁矿和瓷磨赤铁矿的回收率均先升高后降低。当 pH=8.8 时,铁磨赤铁矿和瓷磨赤铁矿的浮选回收率达到最高值,分别为 28.48% 和 36.16%。淀粉对铁磨赤铁矿的抑制效果优于瓷磨。

　　pH 小于 10 时,铁磨锡石和瓷磨锡石的回收率分别维持在 32% 和 25% 左右。当 pH 大于 10 时,铁磨锡石的回收率升高至 pH 为 11.91 时的 52.96%,而瓷磨锡石则略降为 pH 为 11.55 时的 23.31%。铁磨锡石的回收率总体上略高于瓷磨锡石,淀粉对瓷磨锡石的抑制效果优于铁磨。

　　6)石灰对氧化矿物浮选的影响

　　采用铁介质磨矿时,石灰用量由 12.5mg/L 增至 100mg/L 时,pH 由 9.20 升至 11.23,赤铁矿的回收率由 94.95%降至 82.60%(图 5.18)。当石灰用量由 100mg/L

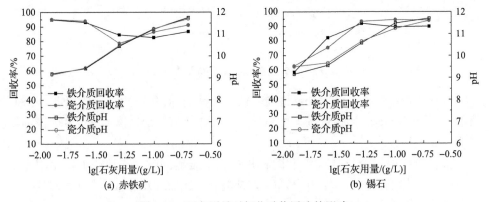

(a) 赤铁矿　　　　　　　　　　(b) 锡石

图 5.18　石灰用量对氧化矿物浮选的影响

增至 200mg/L 时，pH 由 11.23 升至 11.75，其回收率由 82.60%微升至 86.76%。采用瓷介质磨矿时，石灰用量由 12.5mg/L 增至 50mg/L 时，pH 由 9.15 升至 10.48，赤铁矿的回收率由 95.06%降至 78.65%。石灰用量由 50mg/L 增至 200mg/L 时，pH 由 10.48 升至 11.70，其回收率由 78.65%迅速升至 91.15%。无论是采用铁介质磨矿还是采用瓷介质磨矿，随着石灰用量的升高，赤铁矿的浮选回收率均先降低而后有所升高。

采用铁介质磨矿时，石灰用量由 12.5mg/L 增至 50mg/L 时，pH 由 9.15 升至 10.57，锡石的回收率由 58.68%升至 92.01%。随着石灰用量的升高，其浮选回收率略有降低。采用瓷介质磨矿时，石灰用量由 12.5mg/L 增至 100mg/L 时，pH 由 9.50 升至 11.24，锡石的回收率由 62.90%升至 94.58%，而后其回收率基本不变。总体上说，无论采用铁介质磨矿还是采用瓷介质磨矿，随着石灰用量的升高，锡石的浮选回收率均先升高而后有所降低。

7) 湿式磨矿对氧化矿物浮选速度的影响

在油酸钠浮选体系中，湿式磨矿对赤铁矿和锡石浮选速度的影响如图 5.19 所示。

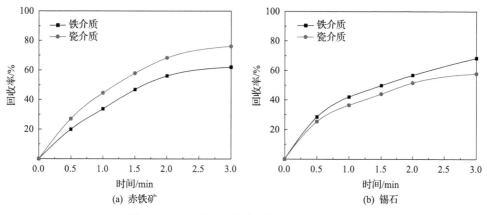

图 5.19　湿式磨矿对氧化矿物浮选速度的影响

当浮选时间为 0.5min 时，瓷磨赤铁矿和铁磨赤铁矿的回收率分别为 26.99% 和 19.88%。随着浮选时间的延长，瓷磨赤铁矿的回收率缓慢上升，浮选 1.5min 的回收率达到 57.84%，浮选 3min 时达 76.08%。铁磨赤铁矿浮选 1.5min 时达到 46.88%，浮选 3min 时仅达到 62.03%。瓷磨赤铁矿总体上比铁磨赤铁矿的浮选效果好。

当浮选时间为 0.5min 时，瓷磨锡石和铁磨锡石的回收率分别为 25.37%和 28.45%。随着浮选时间的延长，瓷磨锡石的回收率缓慢上升，浮选 1.5min 的回收率达到 44.12%，浮选 3min 时达 57.84%。铁磨锡石与瓷磨锡石的浮选行为相似，铁磨锡石浮选 1.5min 时达到 49.86%，浮选 3min 时仅达到 68.28%。铁磨锡石总体上比瓷磨锡石的浮选效果好。

2. 人工混合矿浮选行为

1）赤铁矿-石英体系

在油酸钠浮选体系中，考察了在不同 pH 条件下不同磨矿介质对赤铁矿-石英浮选分离的影响，试验结果见表 5.7。

表 5.7　pH 对赤铁矿-石英浮选分离的影响（淀粉浓度为 20mg/L）

磨矿介质	pH	尾矿				精矿				I
		品位/%		回收率/%		品位/%		回收率/%		
		Fe	SiO$_2$	Fe	SiO$_2$	Fe	SiO$_2$	Fe	SiO$_2$	
铁介质	6.23	38.08	45.60	20.52	14.16	30.27	56.76	79.48	85.84	0.80
	7.19	38.26	45.34	19.56	14.39	31.81	54.56	80.44	85.61	0.83
	8.70	25.29	63.87	29.80	34.96	29.21	58.27	70.20	65.04	1.13
	10.06	18.25	73.93	6.07	14.97	34.30	51.00	93.93	85.03	1.65
	11.45	21.07	69.90	7.19	14.21	33.55	52.07	92.81	85.79	1.46
瓷介质	6.10	34.40	50.86	33.49	29.86	31.47	55.04	66.51	70.14	0.92
	7.27	34.76	50.34	24.33	19.36	29.69	57.59	75.67	80.64	0.86
	8.70	31.20	55.43	40.65	41.38	31.72	54.69	59.35	58.62	1.02
	10.30	14.48	79.31	0.62	2.37	35.35	49.50	99.38	97.63	1.98
	11.30	10.24	85.37	7.67	37.35	38.60	44.86	92.33	62.65	2.68

试验结果表明：

（1）采用铁介质磨矿、pH=10.06 时，赤铁矿-石英的选择性最高，为 1.65。此时精矿中 Fe 品位为 34.30%、回收率为 93.93%，SiO$_2$ 品位为 51.00%、回收率为 85.03%；尾矿中 Fe 品位为 18.25%、回收率为 6.07%，SiO$_2$ 品位为 73.93%、回收率为 14.97%。

（2）采用瓷介质磨矿、pH=11.30 时，赤铁矿-石英的选择性最高，为 2.68。此时精矿中 Fe 品位为 38.60%、回收率为 92.33%，SiO$_2$ 品位为 44.86%、回收率为 62.65%；尾矿中 Fe 品位为 10.24%、回收率为 7.67%，SiO$_2$ 品位为 85.37%、回收率为 37.35%。

（3）在瓷介质磨矿条件下，赤铁矿-石英分选的效果要比在铁介质磨矿条件下好。在赤铁矿-石英浮选分离指数均为最高时，瓷磨 Fe 精矿比铁磨 Fe 精矿的品位高 4.30 个百分点，回收率相近；瓷磨尾矿比铁磨尾矿 SiO$_2$ 回收率要高 22.38 个百分点。赤铁矿-石英在两种介质中的分离效果相差较为明显。

在油酸钠浮选体系中，考察了在不同 pH 条件下不同磨矿介质对赤铁矿-石英浮选分离的影响，试验结果见表 5.8。

表 5.8　pH 对赤铁矿-石英浮选分离的影响(淀粉浓度为 10mg/L)

磨矿介质	pH	尾矿				精矿				I
		品位/%		回收率/%		品位/%		回收率/%		
		Fe	SiO$_2$	Fe	SiO$_2$	Fe	SiO$_2$	Fe	SiO$_2$	
铁介质	10.01	3.28	95.31	0.49	8.76	34.19	51.16	99.51	91.24	4.41
	10.7	2.52	96.4	0.86	19.98	36.25	48.21	99.14	80.02	5.36
	11.26	1.51	97.84	1.16	43.91	41.68	40.46	98.84	56.09	8.17
	11.78	1.42	97.97	1.84	60.95	44.33	36.67	98.16	39.05	9.13
	12.22	1.95	97.21	2.68	52.88	37.71	46.13	97.32	47.12	6.38
瓷介质	9.94	4.95	92.93	1.09	11.47	32.99	52.87	98.91	88.53	3.42
	10.7	1.51	97.84	0.97	38.55	40.91	41.56	99.03	61.45	7.99
	11.12	1.64	97.66	1.89	68.53	51.11	26.99	98.11	31.47	10.62
	11.61	1.39	98.01	2.13	86.14	59.67	14.76	97.87	13.86	16.89
	12.06	1.10	98.43	1.53	84.26	59.23	15.39	98.47	15.74	18.56

(1)采用铁介质磨矿、pH=11.78 时，赤铁矿-石英的选择性最高，为 9.13。此时精矿中 Fe 品位为 44.33%、回收率为 98.16%，SiO$_2$ 品位为 36.67%、回收率为39.05%；尾矿中 Fe 品位为 1.42%、回收率为 1.84%，SiO$_2$ 品位为 97.97%、回收率为 60.95%。

(2)采用瓷介质磨矿、pH=12.06 时，赤铁矿-石英的选择性最高，为 18.56。此时精矿中 Fe 品位为 59.23%、回收率为 98.47%，SiO$_2$ 品位为 15.39%、回收率为15.74%；尾矿中 Fe 品位为 1.10%、回收率为 1.53%，SiO$_2$ 品位为 98.43%、回收率为 84.26%。

(3)在瓷介质磨矿条件下，赤铁矿-石英分选的效果明显比在铁介质磨矿条件下好。在赤铁矿-石英浮选分离指数均为最高时，瓷磨精矿比铁磨精矿中 Fe 的品位高 14.90 个百分点，而回收率相差不多，精矿中瓷介质磨矿比铁介质磨矿条件下 SiO$_2$ 品位低 21.28 个百分点，回收率低 23.31 个百分点；瓷磨尾矿比铁磨尾矿SiO$_2$ 回收率要高 23.31 个百分点。赤铁矿-石英在两种介质中分离效果相差十分明显。

2)锡石-石英体系

在油酸钠浮选体系中，考察了在不同 pH 条件下不同介质对锡石-石英浮选分离的影响，试验结果见表 5.9。

表 5.9　pH 对锡石-石英浮选分离的影响(六偏磷酸钠浓度为 160mg/L)

磨矿介质	pH	精矿				尾矿				I
		品位/%		回收率/%		品位/%		回收率/%		
		Sn	SiO$_2$	Sn	SiO$_2$	Sn	SiO$_2$	Sn	SiO$_2$	
铁介质	4.60	40.15	48.92	9.90	3.79	21.40	72.77	90.10	96.21	1.67
	6.34	40.32	48.70	50.24	32.69	26.43	66.37	49.76	67.31	1.44
	8.20	41.53	47.16	57.98	39.65	27.34	65.22	42.02	60.35	1.45
	10.14	34.92	55.57	29.58	34.28	39.15	50.19	70.42	65.72	0.90
	11.46	25.20	67.94	15.92	31.18	41.69	46.96	84.08	68.82	0.65
瓷介质	4.40	36.19	53.96	27.07	25.54	34.65	55.92	72.93	74.46	1.04
	6.13	45.89	41.62	45.64	29.93	32.74	58.35	54.36	70.07	1.40
	7.20	56.41	28.23	60.55	22.50	25.52	67.53	39.45	77.50	2.30
	9.10	49.80	36.64	55.24	30.31	29.76	62.14	44.76	69.69	1.68
	11.30	33.04	57.96	29.22	37.37	40.22	48.83	70.78	62.63	0.83

(1)采用铁介质磨矿、pH=4.60 时,锡石-石英的选择性最高,为 1.67。此时精矿中 Sn 品位为 40.15%、回收率为 9.90%,SiO$_2$ 品位为 48.92%、回收率为 3.79%;尾矿中 Sn 品位为 21.40%、回收率为 90.10%,SiO$_2$ 品位为 72.77%、回收率为 96.21%。

(2)采用瓷介质磨矿、pH=7.20 时,锡石-石英的选择性最高,为 2.30。此时精矿中 Sn 品位为 56.41%、回收率为 60.55%,SiO$_2$ 品位为 28.23%、回收率为 22.50%;尾矿中 Sn 品位为 25.52%、回收率为 39.45%,SiO$_2$ 品位为 67.53%、回收率为 77.50%。

(3)在瓷介质磨矿条件下,锡石-石英分选的效果比在铁介质磨矿条件下好。在锡石-石英浮选分离指数均为最高时,瓷磨精矿比铁磨精矿中 Sn 的品位高 16.26 个百分点,回收率高 50.65 个百分点。总体而言,锡石-石英在两种介质中的分离效果差异明显。

5.3.2　阳离子捕收体系

1. 氧化物单矿物浮选行为

1)十二胺用量对氧化矿物浮选的影响

十二胺用量对赤铁矿和锡石浮选的影响如图 5.20 所示。

当十二胺用量从 10mg/L 增加至 80mg/L,采用铁介质磨矿,赤铁矿的回收率由 26.99% 升至 83.63%;采用瓷介质磨矿时,赤铁矿的回收率由 53.02% 升至 87.50%。相同条件下,瓷介质磨矿比铁介质磨矿赤铁矿回收率高 4~26 个百分点。

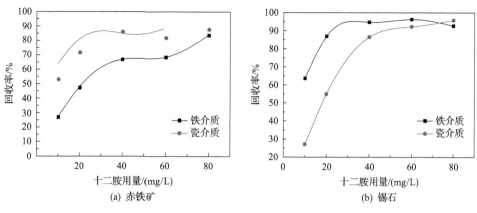

图 5.20 十二胺用量对氧化矿物浮选的影响

当十二胺用量从 10mg/L 增加至 80mg/L，采用铁介质磨矿时，锡石的回收率由 63.52%升至 92.66%；采用瓷介质磨矿时，锡石的回收率由 27.06%升至 95.78%。相同条件下，铁磨锡石回收率基本高于瓷磨锡石。

2) 矿浆 pH 对氧化矿物浮选的影响

十二胺浮选体系中，矿浆 pH 对赤铁矿和锡石浮选的影响如图 5.21 所示。

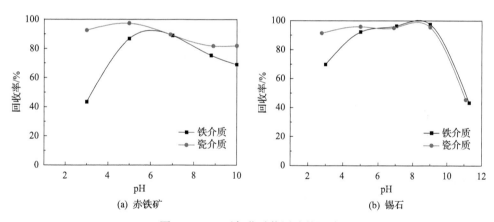

图 5.21 pH 对氧化矿物浮选的影响

在铁介质磨矿条件下，石英的回收率由 pH 为 3.00 时的 43.35%升至 pH 为 5.00 时的 86.77%。当 pH 大于 6 时，石英的回收率随 pH 的升高不断降低至 pH 为 10.00 的 68.99%；在瓷介质磨矿条件下，pH 由 3.00 增至 5.00 时，石英的回收率由 92.59%升至 97.35%，之后随 pH 的增加不断降低，最低为 81.98%，此时 pH=10.00。相同 pH 条件下，瓷介质磨矿比铁介质磨矿赤铁矿的回收率要高。

pH 在 3.00～5.00 之间时，铁磨锡石的回收率比瓷磨的低。当 pH 大于 5.00 时，无论是瓷介质还是铁介质磨矿条件下，两者的浮选行为十分相似，总体上，铁介质磨矿条件下比瓷介质磨矿条件下，锡石的浮选回收率略高。当 pH 大于 9.00 时，锡石的回收率急剧下降至 45%左右。

3)六偏磷酸钠对氧化矿物浮选的影响

(1)六偏磷酸钠用量对氧化矿物浮选的影响。

十二胺浮选体系中，六偏磷酸钠用量对赤铁矿和锡石浮选的影响如图 5.22 所示。

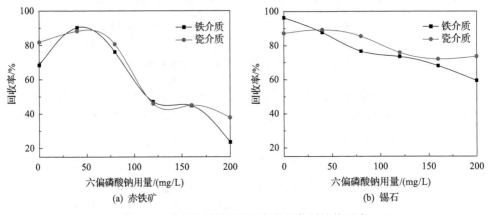

(a) 赤铁矿　　　　　　　　　　(b) 锡石

图 5.22　六偏磷酸钠用量对氧化矿物浮选的影响

无论是采用铁介质还是采用瓷介质磨矿，六偏磷酸钠对赤铁矿的抑制效果基本一致。当六偏磷酸钠用量从 40mg/L 增至 160mg/L 时，赤铁矿的回收率从 90%左右降至 50%左右。当六偏磷酸钠用量大于 120mg/L 时，六偏磷酸钠对赤铁矿的抑制效果较为明显。

六偏磷酸钠用量从 0 增至 200mg/L，铁磨锡石的回收率由 96.28%降至 59.33%，瓷磨锡石的回收率由 87.25%降至 73.54%。相同条件下，六偏磷酸钠对铁磨锡石的抑制效果优于瓷磨。

(2)不同 pH 条件下六偏磷酸钠对氧化矿物浮选的影响。

十二胺浮选体系中，六偏磷酸钠在不同 pH 条件下对赤铁矿和锡石浮选的影响如图 5.23 所示。

当 pH 偏酸性时，六偏磷酸钠对瓷磨赤铁矿的抑制效果优于铁磨，而碱性条件下的情况恰恰相反。随着 pH 的不断升高，不论是采用铁介质还是瓷介质磨矿条件下，赤铁矿的回收率均不断降低，至 pH 在 11.7 左右时，赤铁矿不上浮。

pH 在 3.0～9.5 之间时，六偏磷酸钠对铁磨锡石和瓷磨锡石的抑制作用差别不大。当 pH 大于 9.5 时，六偏磷酸钠对瓷磨锡石的抑制效果优于铁磨。

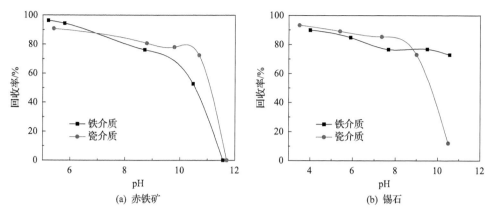

图 5.23　六偏磷酸钠在不同 pH 条件下对氧化矿物浮选的影响

4）水玻璃对氧化矿物浮选的影响

（1）水玻璃用量对氧化矿物浮选的影响。

在十二胺浮选体系中，水玻璃用量对赤铁矿和锡石浮选的影响如图 5.24 所示。

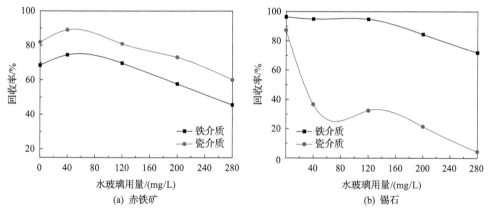

图 5.24　水玻璃用量对氧化物浮选的影响

　　水玻璃用量由 0 增至 280mg/L 时，铁磨赤铁矿回收率先由 68.35%增至 40mg/L 时的 74.50%的最高点，而后逐渐降至 280mg/L 时的 45.61%；瓷磨赤铁矿回收率由 81.80%增至 40mg/L 时的 89.05%，而后逐渐降至 280mg/L 时的 60.08%。相同条件下，水玻璃对铁磨赤铁矿的抑制效果优于瓷磨。

　　水玻璃对瓷磨锡石的抑制强烈，水玻璃用量由 0 增至 280mg/L 时，锡石的回收率由 87.25%降至 4.30%；而水玻璃对铁磨锡石的抑制效果不明显，水玻璃用量由 0 增至 280mg/L 时，锡石的回收率由 96.27%缓慢降至 71.82%。

　　（2）不同 pH 条件下水玻璃对氧化矿物浮选的影响。

　　十二胺浮选体系中，水玻璃在不同 pH 条件下对赤铁矿和锡石浮选的影响如

图 5.25 所示。

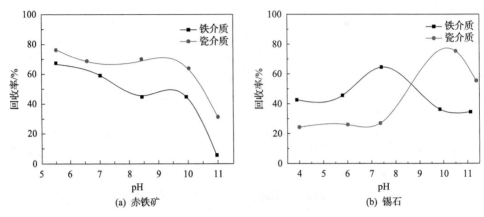

(a) 赤铁矿　(b) 锡石

图 5.25　水玻璃在不同 pH 条件下对氧化矿物浮选的影响

　　pH 由 5.5 增至 11，瓷磨赤铁矿的回收率由 77.61%逐渐降至 31.55%，铁磨赤铁矿的回收率从 67.09%降至 5.00%。水玻璃对铁磨赤铁矿的抑制效果优于瓷磨。

　　随着 pH 升高，铁磨锡石的回收率由 pH 为 3.90 时的 42.65%逐渐升至 pH 为 7.42 时的最高点 64.48%，而后降至 pH 为 11.13 时的 34.56%。pH 由 4.00 到 7.37 之间变化时，瓷磨锡石的回收率基本维持在 25%左右。pH 升高至 10.52 时，回收率达最高值 75.28%，随后急剧降低。pH 小于 8.6 时，水玻璃对瓷磨锡石的抑制效果优于铁磨。而当 pH 大于 8.6 时，其对铁磨锡石的抑制效果优于瓷磨。

　　5)淀粉对氧化矿物浮选的影响

　　(1)淀粉用量对氧化物浮选的影响。

　　十二胺浮选体系中，淀粉用量对赤铁矿和锡石浮选的影响如图 5.26 所示。

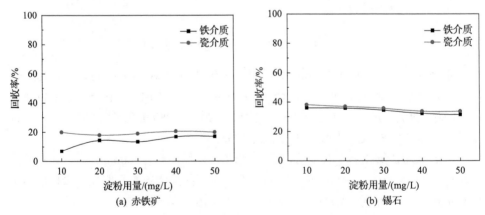

(a) 赤铁矿　(b) 锡石

图 5.26　淀粉用量对氧化矿物浮选的影响

淀粉对赤铁矿和锡石的抑制作用明显，在淀粉存在的情况下，铁磨赤铁矿、锡石和瓷磨赤铁矿、锡石的回收率均较低。总体上淀粉对铁磨赤铁矿的抑制效果优于瓷磨，淀粉对铁磨锡石和瓷磨锡石的抑制效果相近。

(2) 不同 pH 条件下淀粉对氧化矿物浮选的影响。

十二胺浮选体系中，淀粉在不同 pH 条件下对赤铁矿和锡石浮选的影响如图 5.27 所示。

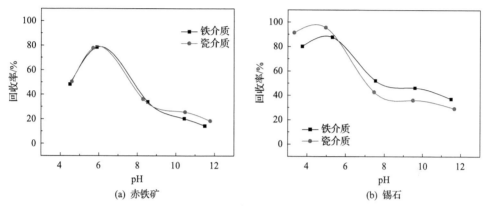

图 5.27　淀粉在不同 pH 条件下对氧化矿物浮选的影响

铁磨赤铁矿和瓷磨赤铁矿的浮选行为相近，均在 pH 为 6 左右时回收率最高，其值约为 80%，当 pH 大于 6 时，随着 pH 的不断增加，回收率均迅速下降。

pH 小于 7 时，淀粉对铁磨锡石和瓷磨锡石的抑制作用较差。pH 大于 6 时，随着 pH 的不断升高，铁磨锡石和瓷磨锡石的回收率逐渐下降，淀粉抑制作用较为明显。总体上，淀粉对瓷磨锡石的抑制作用优于铁磨。

6) 石灰对氧化矿物浮选的影响

十二胺浮选体系中，石灰用量对赤铁矿和锡石浮选的影响如图 5.28 所示。

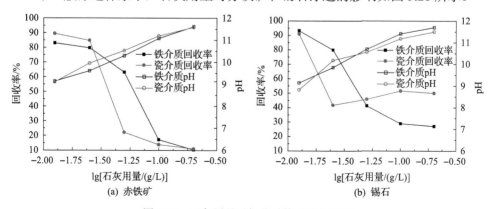

图 5.28　石灰用量对氧化矿物浮选的影响

随着石灰用量的升高，铁磨和瓷磨赤铁矿的浮选回收率都迅速下降，石灰用量为 200mg/L 时，赤铁矿得到强烈的抑制，铁磨和瓷磨赤铁矿的回收率分别为 10.39%和 11.05%。铁磨和瓷磨锡石的浮选回收率也随石灰用量的升高逐渐下降，石灰用量为 200mg/L 时，铁磨锡石的回收率为 27.00%，瓷磨锡石回收率为 50.00%，石灰对铁磨锡石的抑制效果优于瓷磨。

7) 磨矿介质对氧化矿物浮选速度的影响

十二胺浮选体系中，湿式磨矿对赤铁矿和锡石浮选速度的影响如图 5.29 所示。

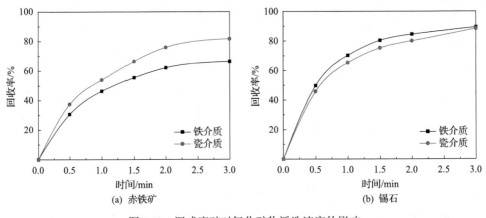

图 5.29　湿式磨矿对氧化矿物浮选速度的影响

浮选时间为 0.5min 时，瓷磨赤铁矿和铁磨赤铁矿的回收率分别为 37.49%和 30.72%。随着浮选时间的延长，瓷磨赤铁矿的回收率迅速上升，浮选 1.5min 的回收率就达到 66.46%，浮选 3min 时达 81.67%；铁磨赤铁矿浮选 1.5min 时达到 55.44%，浮选 3min 时仅达到 66.35%。瓷磨赤铁矿的浮选效果总体上优于铁磨赤铁矿。

浮选时间为 0.5min 时，瓷磨锡石和铁磨锡石的回收率分别为 45.80%和 49.70%。随着浮选时间的延长，瓷磨锡石的回收率缓慢上升，浮选 1.5min 的回收率达到 75.24%，浮选 3min 时达 88.38%；铁磨锡石与瓷磨锡石的浮选行为相似，铁磨锡石浮选 1.5min 时达到 80.36%，浮选 3min 时仅达到 89.34%。总体上，铁磨锡石与瓷磨锡石的浮选效果相近。

2. 人工混合矿浮选行为

1) 赤铁矿-石英体系

十二胺浮选体系中，不同 pH 条件下磨矿介质对赤铁矿-石英浮选分离影响的试验结果见表 5.10。

表 5.10　pH 对赤铁矿-石英浮选分离的影响(淀粉浓度为 10mg/L)

磨矿介质	pH	尾矿				精矿				I
		品位/%		回收率/%		品位/%		回收率/%		
		Fe	SiO$_2$	Fe	SiO$_2$	Fe	SiO$_2$	Fe	SiO$_2$	
铁介质	6.37	2.26	96.77	3.45	84.21	58.30	16.71	96.55	15.79	12.22
	8.30	4.25	93.93	5.11	66.31	49.18	29.74	94.89	33.69	6.05
	9.25	1.93	97.24	1.49	43.85	41.58	40.60	98.51	56.15	7.18
	10.82	1.73	97.53	1.12	35.99	38.98	44.31	98.88	64.01	7.04
	11.51	1.72	97.54	1.09	33.64	37.56	46.34	98.91	66.36	6.78
瓷介质	6.05	3.23	95.39	5.20	92.06	63.77	8.90	94.80	7.94	14.55
	8.05	3.19	95.44	5.44	91.90	63.28	9.60	94.56	8.10	14.04
	9.48	3.39	95.16	5.58	90.92	62.72	10.40	94.42	9.08	13.01
	10.30	2.92	95.83	2.49	47.20	42.25	39.64	97.51	52.80	5.91
	11.42	2.65	96.21	2.16	42.13	39.54	43.51	97.84	57.87	5.74

（1）采用铁介质磨矿、pH=6.37 时，赤铁矿-石英的选择性最高，为 12.22。此时精矿中 Fe 品位为 58.30%、回收率为 96.55%，SiO$_2$ 品位为 16.71%、回收率为 15.79%，尾矿中 Fe 品位为 2.26%、回收率为 3.45%，SiO$_2$ 品位为 96.77%、回收率为 84.21%。

（2）采用瓷介质磨矿、pH=6.05 时，赤铁矿-石英的选择性最高，为 14.55。此时精矿中 Fe 品位为 63.77%、回收率为 94.80%，SiO$_2$ 品位为 8.90%、回收率为 7.94%，尾矿中 Fe 品位为 3.23%、回收率为 5.20%，SiO$_2$ 品位为 95.39%、回收率为 92.06%。

（3）磨矿介质对赤铁矿-石英的分选效果影响较大，相同条件下瓷磨赤铁矿-石英的分离效果优于铁磨。

2）锡石-石英体系

十二胺浮选体系中不同 pH 条件下磨矿介质对锡石-石英浮选分离影响的试验结果见表 5.11。

（1）采用铁介质磨矿、pH=3.86 时，锡石-石英的选择性最高，为 4.88。此时精矿中 Sn 品位为 61.62%、回收率为 77.93%，SiO$_2$ 品位为 21.60%、回收率为 12.91%，尾矿中 Sn 品位为 10.39%、回收率为 22.07%，SiO$_2$ 品位为 86.78%、回收率为 87.09%。

（2）采用瓷介质磨矿、pH=4.02 时，锡石-石英的选择性最高，为 5.03。此时精矿中 Sn 品位为 63.55%、回收率为 80.02%，SiO$_2$ 品位为 19.15%、回收率为 13.68%，尾矿中 Sn 品位为 11.25%、回收率为 19.98%，SiO$_2$ 品位为 85.69%、回收率为 86.32%。

（3）磨矿介质对赤铁矿-石英的分选效果影响较小，相同条件下瓷磨锡石-石英的分离效果略优于铁磨。

表 5.11　pH 对锡石-石英浮选分离的影响(六偏磷酸钠浓度为 80mg/L)

磨矿介质	pH	精矿				尾矿				I
		品位/%		回收率/%		品位/%		回收率/%		
		Sn	SiO₂	Sn	SiO₂	Sn	SiO₂	Sn	SiO₂	
铁介质	3.86	61.62	21.60	77.93	12.91	10.39	86.78	22.07	87.09	4.88
	6.08	59.08	24.83	77.40	20.23	14.39	81.69	22.60	79.77	3.67
	7.65	56.47	28.16	64.81	18.75	19.04	75.78	35.19	81.25	2.83
	9.34	53.92	31.40	67.72	24.12	19.55	75.13	32.28	75.88	2.57
	11.20	28.16	64.17	50.64	54.86	31.29	60.19	49.36	45.14	0.92
瓷介质	4.02	63.55	19.15	80.02	13.68	11.25	85.69	19.98	86.32	5.03
	6.11	64.94	17.38	72.80	12.98	16.46	79.06	27.20	87.02	4.24
	7.08	66.90	14.89	52.02	6.14	20.15	74.36	47.98	93.86	4.07
	9.20	65.86	16.21	60.17	9.02	19.92	74.66	39.83	90.98	3.90
	11.27	28.72	63.46	8.39	8.54	29.08	63.00	91.61	91.46	0.99

5.3.3　螯合捕收剂浮选体系

本小节重点考察了水杨羟肟酸浮选体系不同磨矿介质对锡石浮选行为的影响。

1. 氧化物单矿物浮选行为

1)铅离子用量对锡石浮选的影响

水杨羟肟酸浮选体系中，铅离子用量对锡石浮选的影响如图 5.30 所示。

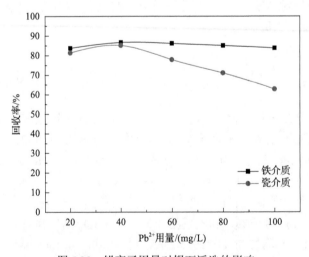

图 5.30　铅离子用量对锡石浮选的影响

　　铅离子用量由 20mg/L 增至 100mg/L 时，铁磨锡石的回收率变化不大，基本维持在 84%左右。瓷磨锡石的回收率由 20mg/L 时的 81.40%升至 40mg/L 时的最高值 85.16%，而后随着铅离子用量的增加而逐渐降低。

2）水杨羟肟酸用量对锡石浮选的影响

水杨羟肟酸浮选体系中，水杨羟肟酸用量对锡石浮选的影响如图 5.31 所示。

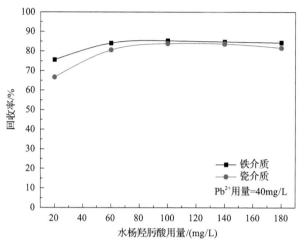

图 5.31　水杨羟肟酸用量对锡石浮选的影响

随着水杨羟肟酸用量的增加，铁磨和瓷磨锡石的回收率不断增加，水杨羟肟酸用量为 100mg/L 时达到最大值，铁磨和瓷磨锡石回收率分别为 85.31%和 83.87%，而后回收率略有降低。总体而言，铁磨锡石的回收率略高于瓷磨锡石。

3）矿浆 pH 对锡石浮选的影响

水杨羟肟酸浮选体系中，矿浆 pH 对锡石浮选的影响如图 5.32 所示。

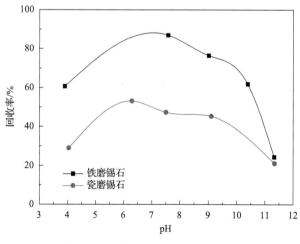

图 5.32　矿浆 pH 对锡石浮选的影响

pH 由 3.90 升至 7.58 时，铁磨锡石的回收率由 60.59%升至最高值 86.90%，而后回收率随着 pH 的升高而降低；pH 由 4.04 升至 6.30，瓷磨锡石的回收率由 28.93%升至最高值 53.16%，而后回收率随着 pH 的升高而降低。相同条件下，铁磨锡石的回收率高于瓷磨锡石。

4)铅离子活化条件下矿浆 pH 对锡石浮选的影响

在水杨羟肟酸浮选体系中，铅离子活化条件下(Pb^{2+}=40mg/L)矿浆 pH 对锡石浮选的影响如图 5.33 所示。

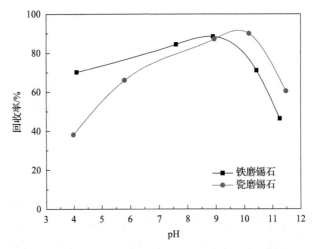

图 5.33　铅离子活化条件下矿浆 pH 对锡石浮选的影响

pH 由 4.10 升至 8.90 时，铁磨锡石的回收率由 70.17%升至最高值 88.51%，而后随着 pH 的不断升高，其回收率急剧下降；pH 由 3.98 升至 10.17 时，瓷磨锡石回收率不断升高，由 38.24%升至最高值 90.08%，而后其回收率迅速下降；由于铅离子的活化，锡石浮选 pH 范围变宽，最佳 pH 从中性移至碱性条件下，浮选回收率有所增加；pH 小于 9 时，铁磨锡石浮选回收率高于瓷磨，pH 大于 9 时，瓷磨锡石浮选回收率高于铁磨。

2. 螯合捕收剂浮选体系

羟肟酸浮选体系中，不同 pH 条件下磨矿介质对锡石-石英浮选分离的影响结果见表 5.12。

(1)采用铁介质磨矿、pH=10.36 时，锡石-石英的选择性最高，为 4.23。此时精矿中 Sn 品位为 61.38%、回收率为 84.25%，SiO_2 品位为 21.91%、回收率为 23.00%，尾矿中 Sn 品位为 13.05%、回收率为 15.75%，SiO_2 品位为 83.40%、回收率为 77.00%。

表 5.12　pH 对锡石-石英浮选分离的影响

磨矿介质	pH	精矿				尾矿				I
		品位/%		回收率/%		品位/%		回收率/%		
		Sn	SiO$_2$	Sn	SiO$_2$	Sn	SiO$_2$	Sn	SiO$_2$	
铁介质	5.2	64.82	17.53	45.08	7.67	25.36	67.73	54.92	92.33	3.14
	7.52	51.95	33.90	24.90	10.42	31.93	59.38	75.10	89.58	1.69
	9.25	53.19	32.33	83.69	40.22	16.93	78.46	16.31	59.78	2.76
	10.36	61.38	21.91	84.25	23.00	13.05	83.40	15.75	77.00	4.23
	11.52	57.56	26.77	17.64	6.58	37.23	52.63	82.36	93.42	1.74
瓷介质	5.1	59.33	24.52	40.92	9.86	25.72	67.28	59.08	90.14	2.52
	7.41	59.53	24.26	83.39	22.70	12.14	84.56	16.61	77.30	4.14
	9.42	67.38	14.28	90.68	17.19	8.92	88.65	9.32	82.81	6.85
	10.21	51.85	34.03	87.18	28.25	7.93	89.91	12.82	71.75	4.16
	11.25	68.96	12.27	49.30	6.02	25.16	67.99	50.70	93.98	3.90

(2) 采用瓷介质磨矿、pH=9.42 时，锡石-石英的选择性最高，为 6.85。此时精矿中 Sn 品位为 67.38%、回收率为 90.68%，SiO$_2$ 品位为 14.28%、回收率为 17.19%，尾矿中 Sn 品位为 8.92%、回收率为 9.32%，SiO$_2$ 品位为 88.65%、回收率为 82.81%。

(3) 磨矿介质对锡石-石英浮选分离的影响较大，瓷磨锡石-石英的分离效果优于铁磨。

5.3.4　磨矿介质影响氧化矿物浮选行为的机理分析

1. 油酸钠与矿物作用机理分析

赤铁矿在湿磨过程中，造成大量的 Fe—O 键的断裂，矿物表面裸露的 O 原子在水中吸附定位离子 H$^+$，形成羟基表面，矿物表面裸露出的 Fe 原子吸附水中的油酸根离子，形成化学吸附[1]。pH>8.79 时，水中油酸基本上以油酸根离子的形式存在[2]，化学吸附作用增强，由于赤铁矿溶解度 ($S=5.36\times10^{-9}$mol/L) 较高，水中存在一定量的三价铁离子，所以此时赤铁矿的可浮性较好。铁磨赤铁矿溶液中 Fe^{3+} 浓度为 0.313mg/L，而瓷磨赤铁矿溶液中 Fe^{3+} 浓度为 0.598mg/L (表 5.1)，铁磨赤铁矿较瓷磨赤铁矿 Fe^{3+} 浓度低，瓷磨赤铁矿溶液中的 Fe^{3+} 与油酸根离子反应，致使油酸根离子消耗。另外，由表 5.3 可知，铁磨赤铁矿较瓷磨赤铁矿表面 Fe 元素相对含量高 9.4 个百分点，Fe 元素又是油酸根离子的活性吸附点，两者共同作用使得铁磨赤铁矿可浮性高于瓷磨赤铁矿。

锡石在湿磨过程中，产生大量的新鲜表面，造成大量的 Sn—O 键断裂，矿物表面裸露出的 Sn 原子与水中的油酸根离子产生化学吸附，当 pH 在碱性条件下时，溶液中油酸主要以油酸根离子的形式存在，化学吸附作用较强，锡石具有一定的可浮性，但锡石在溶液中的溶解度（$S=2.22\times10^{-13}$ mol/L）较低，溶液中锡离子较少[3,4]，所以其可浮性较赤铁矿差，需金属阳离子活化，在铁磨过程中，钢球介质产生了大量的三价金属离子于锡石表面，起到了活化作用，所以铁磨锡石可浮性高于瓷磨锡石。

2. 十二胺与矿物作用机理分析

当 pH＞PZC 时，氧化矿物表面荷负电，此时氧化矿物的可浮性均较好，其各自浮选回收率的峰值也出现在该 pH 范围内，此时胺离子在溶液中占优势，十二胺与矿物表面的相互作用主要是由胺的阳离子 RNH_3^+ 或 $RNH_2 \cdot RNH_3^+$ 在矿物表面双电层依靠静电力吸附在荷负电的氧化矿物表面，从而使氧化矿物可浮[5]。

pH＞9.51 的强碱性介质中，十二胺以 RNH_2 为主要存在形式，RNH_3^+ 的浓度低于 RNH_2，此时矿物回收率均出现不同程度的下降，说明胺分子不能在矿物表面吸附。

铁磨赤铁矿的零电点较瓷磨赤铁矿均发生不同程度的正向漂移，而十二胺基本上以静电吸附为主。因此，在瓷磨条件下单矿物的浮选效果比在铁磨条件下好。

瓷磨锡石较铁磨锡石溶液 Sn^{2+} 浓度高，与十二胺产生竞争吸附。因此，铁磨锡石较瓷磨锡石浮选效果好。

3. 磨矿介质对氧化矿物浮选行为影响的机理分析

如前所述，铁介质在磨矿过程中与矿浆中的溶解氧发生氧化还原反应，生成铁的氧化物或羟基氧化物，这些铁的氧化物或羟基氧化物在矿物表面发生了罩盖。

铁介质磨矿过程中，在锡石表面形成有铁的氧化物或氢氧化物的罩盖，同时溶液中 Fe^{3+} 和 Fe^{2+} 水解产生的羟基铁离子在锡石表面发生吸附，这些成为锡石表面的活性质点，将阴离子油酸根吸向锡石表面，油酸钠在活化后的锡石表面发生吸附，并进一步发生化学键力吸附，与锡石表面的金属离子发生反应，生成金属油酸盐，从而引发锡石的浮选。

十二胺浮选体系中，铁介质磨矿对赤铁矿的浮选产生抑制作用。十二胺在赤铁矿表面以静电吸附为主，其表面 ζ 电位与矿物的可浮性有着密切的联系。铁介质湿磨后矿物表面 ζ 电位增加，矿物的零电点（PZC）发生正向漂移。这是由于经铁介质湿磨后，矿物表面固着铁或铁的羟基络合物，同时矿浆中存在的铁离子在矿物表面发生吸附，从而提高了矿物表面的正电性。矿物表面正电性的提高减弱了阳离子捕收剂十二胺在矿物表面的静电吸附，从而抑制赤铁矿在十二胺浮选体系中的浮选。

4. 调整剂与氧化矿物作用机理分析

1) 六偏磷酸钠与氧化矿物作用机理分析

六偏磷酸钠各水解组分的 Φ-pH 关系[2]如图 5.34 所示。

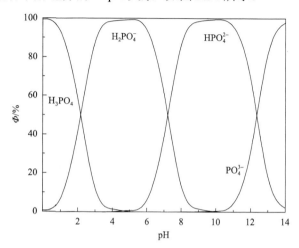

图 5.34　六偏磷酸钠溶液中各水解组分的 Φ-pH 图

由图 5.34 可见，当 pH<2.15 时，H_3PO_4 组分占优势；当 2.15<pH<7.2 时，$H_2PO_4^-$ 组分占优势；当 7.2<pH<12.35 时 HPO_4^{2-} 组分占优势；当 pH>12.35 时，PO_4^{3-} 组分占优势。因为高价态离子对矿物的抑制作用较强，所以随着 pH 的升高，六偏磷酸钠的抑制作用增强。

在十二胺浮选体系中，六偏磷酸钠对赤铁矿有较好的抑制作用，对锡石的抑制作用不太明显。六偏磷酸钠对铁磨赤铁矿和瓷磨赤铁矿抑制效果相差不大，原因是六偏磷酸钠与溶液中及表面的 Fe^{3+} 作用，使铁磨赤铁矿和瓷磨赤铁矿表面性质差异减小。六偏磷酸钠对锡石作用不明显，是因为锡石溶解度较小(S=2.22×10^{-13}mol/L)，与其作用的离子较少。

在油酸钠浮选体系中，六偏磷酸钠对赤铁矿抑制作用强于锡石。六偏磷酸钠对锡石抑制作用不明显，与锡石的溶解度较小有关。

2) 水玻璃与氧化矿物作用机理分析

水玻璃是一种强碱弱酸盐，在水中会发生强烈的水解反应，溶液中各组分的分布系数与 pH 的关系[2]如图 5.35 所示。

由图 5.35 可知，pH<9.4 时组分 $Si(OH)_4$ 占优势；9.4≤pH≤12.6 时，组分 $SiO(OH)_3^-$ 占优势；pH≥12.6 时组分 $SiO_2(OH)_2^{2-}$ 占优势。在中性及酸性条件下，水玻璃的抑制效果较弱；在碱性条件下，其抑制效果较强；随着 pH 的升高，溶液中高价离子增多，其抑制效果越发显著。

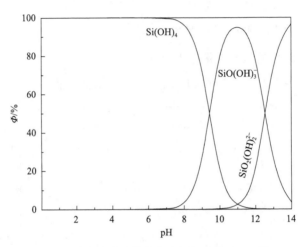

图 5.35　水玻璃溶液中各水解组分的 Φ-pH 图

　　在十二胺浮选体系中，水玻璃对铁磨和瓷磨赤铁矿、铁磨锡石抑制效果较差，对瓷磨锡石抑制效果较好。由于铁磨赤铁矿零电点发生一定的正向漂移，而十二胺主要以静电吸附为主，所以其可浮性较瓷磨赤铁矿差。水玻璃对瓷磨锡石的抑制效果好于铁磨锡石，其原因是：铁磨锡石形成了缺金属富氧的表面，而瓷磨锡石形成了缺氧富金属的表面，水玻璃溶液溶解组分均带负电，易吸附于缺氧富金属的瓷磨锡石表面，使其可浮性降低，所以水玻璃对瓷磨锡石的抑制效果好于铁磨锡石。

　　在油酸钠浮选体系中，水玻璃对赤铁矿和锡石的抑制效果均较好。当采用铁介质磨矿时赤铁矿表面 Fe：O=1：2.98，当采用瓷介质磨矿时赤铁矿表面 Fe：O=1：2.93，采用瓷介质磨矿时赤铁矿表面的 Fe/O 比略高于铁介质磨矿时的情形（表5.5）。由于 Fe 原子是油酸根离子的吸附活性点，所以瓷磨赤铁矿可浮性高于铁磨赤铁矿，另外，铁磨赤铁矿溶液中含有因磨矿介质产生的大量三价金属铁离子，消耗了部分油酸根，也可以很好地解释铁磨赤铁矿较瓷磨赤铁矿可浮性差的现象。

　　3) 石灰与氧化矿物作用机理分析

　　通常认为，石灰对氧化矿物的作用机理主要是形成了高碱环境，产生了 $Ca(OH)_2$、组成矿物的金属离子的氢氧化物在矿物表面的罩盖。

　　在十二胺浮选体系中，石灰用量较低时对瓷磨锡石的抑制作用非常有限，而对铁磨锡石的抑制作用则十分明显。这是由于铁磨时，铁介质氧化生成了大量 Fe^{3+}，添加石灰形成的高碱环境加速了铁的氢氧化物的生成并在矿物表面沉积，一方面使矿物表面零电点发生明显的正向偏移，使以静电吸附为主的十二胺与矿物作用减弱，另一方面使矿物表面的亲水性得到增强，进一步减弱了与十二胺的吸附作用。石灰对瓷磨和铁磨赤铁矿的浮选抑制作用相当，这是由于瓷磨和铁磨赤铁矿的表面电位(图 5.6)相差不大,而捕收剂十二胺以静电吸附为主,所以石灰对瓷磨和铁磨赤铁矿的抑制作用相差无几。

在油酸钠浮选体系中,石灰对瓷磨赤铁矿和铁磨赤铁矿作用差别不大,这与两者表面性质相似有关(表 5.5)。石灰对瓷磨锡石和铁磨锡石作用差别不大,但有明显的活化作用,随着用量增加其活化作用明显加强。

4)淀粉与氧化矿物作用机理分析

淀粉与矿物的作用,一般认为氢键缔合作用占有极其重要的地位。淀粉含有较多的极性基团,能发生水化作用、具有较强的亲水性,其中包括每个葡萄糖单元上的三个羟基和两个葡萄糖之间的连接氧原子。它们都可依靠氢键(缔合)吸附在晶格中含有高电负性元素(如氧、氟)的矿物表面,而分子中的其他羟基则朝外伸向介质(水),使矿物表面覆盖了一层淀粉分子或胶粒,于是使矿物亲水引起抑制作用。此外,淀粉分子对矿物表面已吸附的捕收剂还有遮盖屏蔽作用,这也可强化淀粉的抑制作用。

在十二胺浮选体系中,淀粉对矿物的抑制强度为:赤铁矿>锡石。淀粉对赤铁矿和锡石的抑制作用在铁介质和瓷介质两种磨矿条件下的差别不大,这是由于赤铁矿和锡石的表面电位在铁磨和瓷磨两种条件下变化不大。

在油酸钠浮选体系中,淀粉对两种氧化矿物均有很强的抑制作用。淀粉对铁磨锡石的抑制作用略弱于瓷磨锡石,对铁磨赤铁矿的抑制作用略强于瓷磨赤铁矿。这是由于在铁磨条件下,钢球介质在磨矿过程中产生大量的三价铁离子,活化了锡石,而对于赤铁矿来说,采用瓷介质磨矿时赤铁矿表面的 Fe 的相对含量略高(表5.5),由于 Fe 原子是油酸根离子的吸附活性点,所以其可浮性略好。

参 考 文 献

[1] 罗琳, 邱冠周, 王淀佐, 等. 赤铁矿-油酸钠体系的界面力机理研究[J]. 矿产综合利用, 1996, (3): 36-40.

[2] 王淀佐, 胡岳华. 浮选溶液化学[M]. 长沙: 湖南科学技术出版社, 1988: 27-29.

[3] 刘崇峻, 朱阳戈, 吴桂叶, 等. 锡石表面电子结构及铅活化机理第一性原理研究[J]. 矿产保护与利用, 2018, (3): 17-21.

[4] 宫贵臣, 刘杰, 韩跃新, 等. 金属离子对微细粒锡石浮选行为的影响[J]. 矿产综合利用, 2016, (4): 43-47.

[5] 胡为柏. 浮选[M]. 北京: 冶金工业出版社, 1989.

第6章　磨矿环境与矿物浮选工业实践

在许多工业实践中，选矿工作者为降低消耗和提高浮选厂的技术经济指标，针对所处理矿石的性质和所采用的药剂类型研究了很多科学合理且切实有效的磨矿浮选作业制度。

1. 澳大利亚佩利雅(Perilya)公司布罗肯希尔(Broken Hill)铅锌矿[1]

该矿是位于澳大利亚新南威尔士州的超大型铅锌矿，由南、新、北布罗肯希尔三个矿山组成。

南布罗肯希尔铅锌矿选矿厂工艺流程为：选矿厂一次粗选有三个系列，经棒磨和一段球磨后进入一段铅粗选，粗选尾矿分别经二段球磨再磨后合并进入二段铅粗选，经两粗一扫后进入锌浮选作业。一段铅粗选和二段铅粗选精矿分别进入不同的精选作业，一段铅粗选精矿直接进入铅精选 2 作业。工艺流程图如图 6.1 所示。

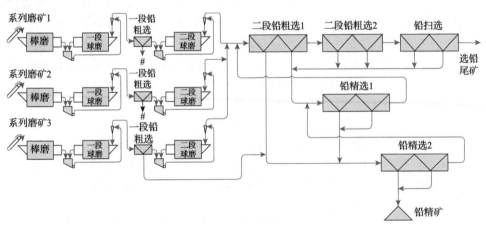

图 6.1　澳大利亚 Perilya 公司南布罗肯希尔铅锌矿选矿厂流程图

#表示铅精选 2 给矿

为了考察不同磨矿介质和药剂添加方式对浮选指标的影响，该厂的技术人员在第一和第二系列的一段铅粗选开展了不同磨矿介质和捕收剂添加方式的工业试验。工业试验期间选矿厂主要操作参数见表 6.1。

工业试验期间，分别在 1 系列和 2 系列球磨机中采用不同的磨矿介质和药剂添加方式的对比试验，具体试验方案见表 6.2。

表 6.1　选矿厂磨浮操作参数

项目	数值
给料速率	111t/h
分级溢流粒度	$P_{80}=300\mu m$
铅一段粗选浮选槽泡沫层厚度	100mm

表 6.2　工业试验方案

项目	1 系列	2 系列	试验内容
磨矿介质	铸铁介质	高铬介质	
捕收剂添加地点试验	一段粗选给矿	一段粗选给矿	测量捕收剂用量并保持稳定，取样分析，取样结束后改变捕收剂用量
	一段球磨机中	一段球磨机中	捕收剂用量保持恒定

工业试验期间，测量了两个系列中球磨机排矿和铅粗选尾矿的 Eh、pH、溶解氧和 EDTA 浸出铁含量等矿浆化学性质，以考察磨矿介质对铅浮选的影响。对所有的试验条件下的铅一段粗选给矿、精矿和尾矿进行取样分析。

两个系列 Eh、溶解氧和 EDTA 浸出铁含量如图 6.2 所示。结果表明，采用铸铁介质磨矿后，整个流程的矿浆电位(-270mV)明显低于采用高铬磨矿介质磨矿后的电位(+80mV)。采用铸铁介质磨矿后，矿浆中的溶解氧含量(0.2ppm，ppm 为 10^{-6})也远低于铬铁介质磨矿后矿浆中的溶解氧含量(1.4ppm)。采用铸铁介质磨矿后，矿浆中铁介质磨蚀产物的含量高于铬铁介质磨矿。这表明采用铬铁介质磨矿时源自磨矿介质的氢氧化铁量较少。

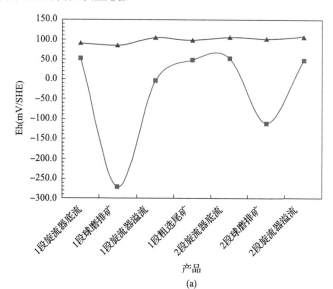

(a)

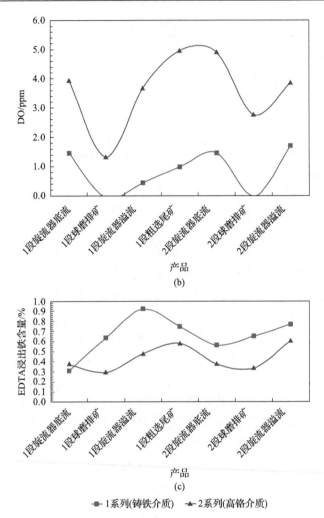

图 6.2　不同磨矿介质对 Eh(a)、溶解氧(b) 和 EDTA 浸出铁含量(c) 的影响

捕收剂用量24g/t，捕收剂添加在铅粗选搅拌槽

采用铬铁作为磨矿介质，总体趋势如下：

(1) Eh 电位值呈氧化性。

(2) 矿浆中的溶解氧含量增加。

(3) EDTA 浸出铁含量降低。

采用惰性介质(铸铁介质)磨矿，介质腐蚀程度降低，EDTA 浸出铁含量降低，从而导致矿浆中的溶解氧含量增加，Eh 值具有更高的氧化性。惰性磨矿环境下由于铁腐蚀产物少，矿浆中矿物表面相对较为干净，捕收剂吸附效率更高，选矿指标更好。

该厂技术人员研究了不同黄药添加量条件下，1 系列和 2 系列一段球磨排矿的矿浆溶液化学性质，见表 6.3。

表 6.3　不同黄药添加量条件下一段球磨排矿的矿浆溶液化学性质

黄药添加量/(g/t)	矿浆溶液化学性质			
	Eh/mV	pH	溶解氧/ppm	EDTA 浸出铁含量/%
铸铁介质（1 系列）				
6.5	−222	8.3	0.7	0.60
14.7	−200	8.3	0.3	0.54
18.5	−159	8.4	0.7	0.58
20.2	−89	8.6	0.5	0.50
24.0	−78	8.5	0.0	0.55
高铬介质（2 系列）				
4.4	112	8.0	2.9	0.39
8.4	92	8.0	1.9	0.32
12.0	120	8.3	3.9	0.39
17.5	123	8.2	4.1	0.31
20.2	64	9.4	2.6	0.45

与 2 系列相比，1 系列一段球磨排矿具有还原性更高的 Eh 值，溶解氧含量更低，EDTA 浸出铁含量更高。因此预测 1 系列磨矿产品硫化矿物表面磨矿介质腐蚀产物含量比 2 系列磨矿产品高，这些表面的污染物将阻碍黄药在矿物表面的吸附。采用高铬介质磨矿时，矿浆的溶液化学条件有助于增强黄药在矿物表面的吸附。

不同药剂添加方式下的选矿指标如图 6.3～图 6.5 所示。高铬介质磨矿有助于提高铅的品位和回收率。采用高铬介质磨矿时，使用较低用量的黄药即可获得与铸铁介质磨矿时常规用量下的相近的回收率。采用高铬介质磨矿，提高了方铅矿浮选的选择性，铅精矿品位明显高于铸铁介质磨矿产品。

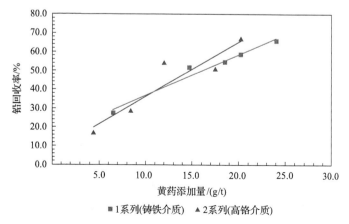

图 6.3　黄药用量对铅一段粗选回收率的影响（黄药添加到粗选给矿）

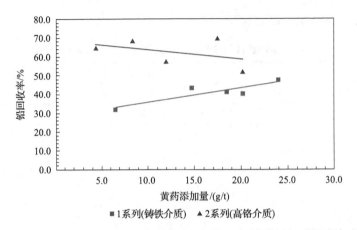

图 6.4　黄药用量对铅一段粗选铅精矿品位的影响（黄药添加到粗选给矿）

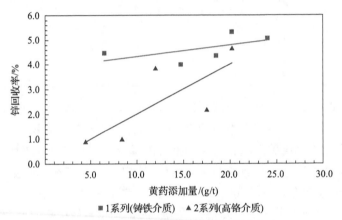

图 6.5　黄药用量对铅一段粗选锌回收率的影响（黄药添加到粗选给矿）

　　将黄药添加到一段球磨给矿中时，两个系列铅一段粗选泡沫量明显增加，粗选产率明显增加。将黄药添加在不同的地点下，两个系列一段粗选的指标对比见表 6.4。黄药添加到球磨机中提高了铜、铅、锌和铁硫化物的回收率，与工业试验过程中观测到的泡沫量变化的现象吻合。黄药添加到球磨机中对 1 系列铅回收率的影响大于 2 系列。

2. 澳大利亚坎宁顿（Cannington）铅锌银矿

　　该矿位于澳大利亚昆士兰州西北部蒙特艾萨镇，是全球最大的、成本最低的银-铅矿之一。

　　2007 年 4 月，该矿技术人员在坎宁顿选矿厂铅精选一作业考察了铅粗精矿采用不同的磨矿介质（普通钢球介质和低铬介质）再磨后对矿浆化学性质和 EDTA 浸出结果的影响。

表 6.4　不同黄药添加地点下两个系列一段粗选的指标对比

条件	Pb 品位/%	回收率/%					
		Ag	Pb	Zn	Cu	IS	NSG
1 系列-铸铁介质							
浮选给矿	40.1	40.1	58.7	5.3	34.1	4.5	2.7
球磨机中	48.8	40.1	68.3	6.0	45.9	4.8	2.7
2 系列-高铬介质							
浮选给矿	51.8	39.8	66.9	4.7	35.0	1.7	2.4
球磨机中	46.4	59.3	69.5	6.2	52.5	3.4	2.4

注：IS. 铁硫化物；NSG. 非硫化物脉石。

铅精选采用两个平行的磨矿浮选系列，其中一个系列的铅再磨采用低铬介质进行对比。

两个系列铅精选一的 Eh 测量结果如图 6.6 所示。A 系列(普通钢球介质)再磨排矿的矿浆电位明显低于 B 系列(低铬介质)。无论采用何种磨矿介质磨矿，采用 EDTA 浸出法没有测量到氧化铅或氧化铁含量的明显变化。

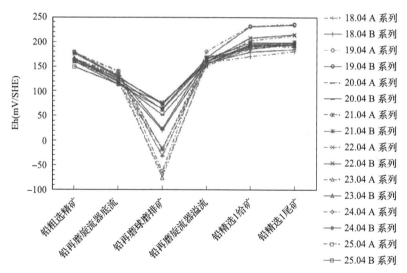

图 6.6　铅精选一采用不同介质再磨后 Eh 变化
A. 铸铁介质；B.低铬介质

将 A 和 B 系列指标中的给矿、回收率和品位数据进行对比分析，以确定在日常生产条件下两个系列的差异，作为系统误差。更换磨矿介质前后选矿指标见表 6.5。

表 6.5 B 系列使用低铬介质再磨前后 A 系列和 B 系列铅精选-选矿指标差值和置信度值

	使用前		使用后	
	差值	置信度/%	差值	置信度/%
铅				
给矿品位	0.48%	75.11	0.37%	88.28
回收率	−0.52%	91.60	−0.61%	100.00
精矿品位	0.44%	87.19	1.54%	100.0
锌				
给矿品位	0.73%	100.00	0.58%	100.00
回收率	−0.11%	52.25	−2.94%	99.96
精矿品位	−0.17%	85.85	−0.38%	99.89
银				
给矿品位	16.73ppm	65.44	29.86ppm	92.51
回收率	−0.68%	93.21	−0.65%	99.90
精矿品位	11.44ppm	63.13	91.34ppm	99.98
铁				
给矿品位	−0.06%	63.38	−0.02%	63.79
回收率	3.04%	93.68	−2.52%	99.93
精矿品位	−0.02%	59.30	−0.79%	91.86

两个系列都采用铸铁介质再磨时，B 系列回收率低 0.5%，精矿品位没有明显差异。B 系列磨机采用低铬介质后，回收率降低 0.09%，两个系列精矿品位的差值增加到 1.54%。对于铅精选一作业中锌矿物的抑制情况，A 系列和 B 系列给矿中 Zn 品位差异较大，B 系列给矿 Zn 品位比 A 系列高 0.73%。B 系列磨机采用低铬介质后，两个系列给矿中锌品位差异有所降低，但 B 系列仍比 A 系列高 0.58%。B 系列采用低铬介质再磨后铅精选一精矿中的锌回收率降低了 2.94%，Zn 品位降低了 0.38%。B 系列采用低铬球介质之后，铅精矿中银的品位明显提高[2]。

3. 广东龙门复杂铅锌硫化矿

广东龙门复杂铅锌硫化矿采用的工艺流程为浮重联合流程，用高碱优先浮选流程选出铅精矿和锌精矿，然后从锌浮选尾矿中用螺旋溜槽选出硫精矿。

该矿的工艺改造中，在磨机中添加足够量的石灰和适量的乙硫氮，充分利用石灰对特定矿浆电位的调控与稳定作用以及乙硫氮对矿物作用的选择性，实现了方铅矿与闪锌矿的高效分离。石灰和乙硫氮添加到磨机前后的生产指标对比见

表 6.6。

表 6.6　新旧生产工艺生产指标对比 (%)

选矿工艺	原矿		铅精矿			锌精矿		
	Pb	Zn	Pb	Zn	回收率	Pb	Zn	回收率
磨机中未加药	2.86	9.51	48.76	12.17	40.53	51.53	4.70	88.00
磨机中添加药（工业试验）	2.95	10.25	63.68	7.13	82.24	53.09	1.74	91.55
球磨机中添加药（正式生产）	1.56	10.60	58.40	6.50	77.50	52.87	1.10	91.78

　　石灰加在球磨机比加在粗选前，在铅回收率相近情况下，铅精矿质量有了较大的提高。这与矿浆电位及药剂作用时间密切相关，在磨机中加入石灰可使矿浆获得更低且稳定的氧化还原电位，不利于捕收剂二聚物的形成，强化了对黄铁矿、闪锌矿的捕收，使其未能得到充分抑制，导致其上浮量增加，降低了铅精矿的质量。

　　在磨机中加入石灰的同时加入适量的乙硫氮，与磨机中不加乙硫氮相比，方铅矿的浮选速度加快，有利于提高铅的回收率。这与磨矿过程中一旦产生新的矿物表面就能立即与药剂作用，减少了影响颗粒可浮性的不利因素有关[3]。

4. 莲花山钨矿

　　莲花山钨矿于1991年在现场改变铅优先浮选作业乙硫氮、石灰和硫酸锌加药地点，提高了铅精矿质量和回收率。不同加药地点选矿指标见表 6.7。

表 6.7　不同加药地点选矿指标

加药地点	原矿品位/%		铅精矿品位/%		尾矿品位/%		回收率/%	
	Pb	Zn	Pb	Zn	Pb	Zn	Pb	Zn
球磨机	2.97	3.87	71.07	5.47	0.43	3.14	86.49	—
铅粗选	3.01	3.70	58.54	3.58	0.73	3.26	77.81	—

　　乙硫氮加于球磨机中能提高回收率，原因在于：①延长了捕收剂与矿物表面接触时间，增强了矿物的浮游性，加快和加强了粗选过程。②改变了矿浆的性质，消除了有碍浮选的可溶性盐类的作用或减弱了矿泥的作用，因而有利于泡沫的形成，增强中矿浮游性，在矿浆中形成一定游离的乙硫氮有利于与矿粒的接触。石灰和硫酸锌加入球磨机后，由于石灰和硫酸锌对黄铁矿、磁黄铁矿和闪锌矿所生成的新鲜表面及时进行抑制，减少了锌、铁矿物的上浮量,使铅精矿中杂质矿物含量降低,从而提高了铅精矿质量[4]。

5. 蒙特艾萨铅锌矿

澳大利亚蒙特艾萨锌-铅-银-铜矿山公司(Mount Isa Zinc-Lead-Silver-Copper Mine)是一个澳大利亚大型矿冶联合企业之一，由一个独立的铜矿山和选矿厂、一个锌-铅-银矿山和选矿厂、一个铜冶炼厂、一个铅冶炼厂和一个锌精矿过滤厂组成。

其铅锌选矿厂存在两个选矿难题，即有用矿物嵌布粒度细、磨矿解离度不够和矿物分选效率不高。

为了提高铅锌回收率，蒙特艾萨公司在铅锌选矿厂铅和锌粗精矿再磨作业中采用 IsaMill 以降低磨矿产品粒度。采用 IsaMill 后铅粗精矿再磨产品粒度为 P_{80}=12μm，锌粗精矿再磨产品粒度为 P_{80}=12μm，精选二次再磨 P_{80}=7μm，如图 6.7 所示。

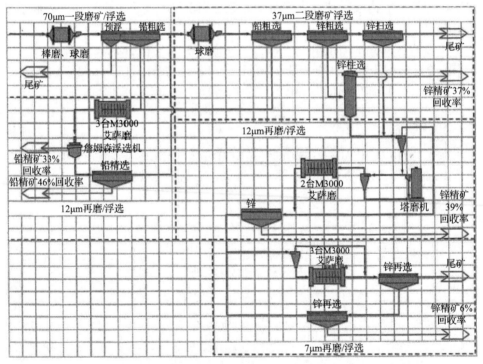

图 6.7　蒙特艾萨铅锌选矿厂 IsaMill 再磨工艺

采用该流程后，铅精矿品位提高了 5 个百分点，铅回收率提高了 5 个百分点，锌回收率提高了 10 个百分点，锌精品品位提高了 2 个百分点。选矿厂锌回收率变化如图 6.8 所示。

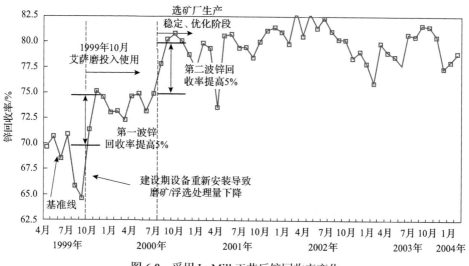

图 6.8　采用 IsaMill 工艺后锌回收率变化

蒙特艾萨选矿厂锌精选作业采用 IsaMill 再磨后各粒级的作业回收率变化如图 6.9 所示。1~37μm 粒级的回收率都达到了 95%。尽管 +38μm 粒级的回收率降低，但该粒级含量很低，且该粒级产品会进入再磨。值得注意的是，常规浮选中认为可浮性较差的"细泥"矿物——4~16μm 粒级的回收率超过了 98%[5, 6]。

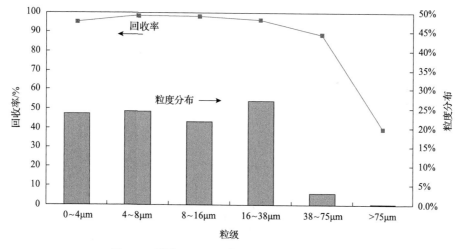

图 6.9　采用 IsaMill 工艺后各粒级锌回收率变化

6. 老挝 Phu Kham 铜金矿

Phu Kham 铜金矿位于老挝首都万象以北约 100km，该矿隶属于澳大利亚矿业公司 PanAust。

Phu Kham 铜金矿矿石性质复杂，含有原生铜、次生铜和氧化铜，黄铁矿含量高。为了提高回收率，2011 年在精选再磨采用了 3 台 M 10000 型 IsaMill（装机功率 3MW），磨矿产品粒度为 P_{80} =35μm，并使用 Jameson 浮选机，以提高浮选回收率[5]。

7. 南非莫加拉奎纳(Mogalakwena)铂矿

南非莫加拉奎纳铂矿是世界上最大的铂矿。为了提高铂族金属矿物回收率，莫加拉奎纳铂矿在其南选矿厂 C 系列安装使用了 IsaMill，二段球磨产品经 IsaMill 再磨后进行扫选，回收粗选尾矿中的 PGM 矿物，磨矿介质采用氧化锆球介质。从 2006 年底使用 IsaMill 之后，与 A 和 B 系列相比，C 系列 PGM 回收率明显提高(图 6.10)[7, 8]。

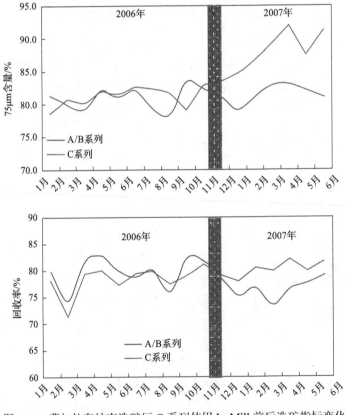

图 6.10　莫加拉奎纳南选矿厂 C 系列使用 IsaMill 前后选矿指标变化

参 考 文 献

[1] Greet C J, Bruckard W J, Mackay D. Collector-addition point and consumption[J]. Mineral Processing and Extractive Metallurgy, 2010, 119(4): 235-241.

[2] Kinal J, Greet C, Goode I. Effect of grinding media on zinc depression in a lead cleaner circuit[J]. Minerals Engineering, 2009, 22(9-10): 759-765.

[3] 刘如意, 顾帼华, 聂晓军, 等. 复杂铅锌硫化矿电位调控浮选的研究与生产实践[J]. 广东工业大学学报, 1997, (4): 27-33.

[4] 杜洽成. 改变加药地点提高铅精矿质量和回收率[J]. 有色金属(选矿部分), 1993(4): 41.

[5] DeWaal H, Barns K, Monama J. From base metals and back-IsaMills and their advantages in African base metal operations[C]. The Southern African Institute of Mining and Metallurgy Base Metals Conference, 2013.

[6] Pease J D, Young M F, Curry D, et al. Improving fines recovery by grinding finer[J]. 2010, 119(4): 216-222.

[7] Rule C. Stirred milling—new comminution technology in the PGM industry[C]. The 4th International Platinum Conference, Platinum in transition 'Boom or Bust', The Southern African Institute of Mining and Metallurgy, 2010.

[8] Rule C M, Minnaar D M, Sauermann G M. HPGR—revolution in platinum[C]? Third International Platinum Conference 'Platinum innTransformation', The Southern African Institute of Mining and Metallurgy, 2008.